可积系统中的非线性波

扎其劳 著

科学出版社

北京

内 容 简 介

本书以 Lax 可积为主线, 从变换的角度系统地研究可积系统中的非线性波的构造问题, 所介绍的内容绝大部分是作者近年来的研究成果. 具体采用 N 重 Darboux 变换、可对角化 Darboux 变换、广义 Darboux 变换、Hirota 直接方法、双 Wronskian 技巧和分部理论, 通过大量实例详细地介绍如何构造非线性波, 即孤立波、周期波、呼吸波、怪波、尖峰波、kink 波以及作用解等, 并对各种非线性波的相互作用作详尽的描述.

本书可供理工科高年级本科生、研究生和相关科技人员阅读参考.

图书在版编目(CIP)数据

可积系统中的非线性波/扎其劳著. —北京: 科学出版社, 2018.8
ISBN 978-7-03-058329-1

Ⅰ. ①可⋯　Ⅱ. ①扎⋯　Ⅲ. ①非线性波–可积性　Ⅳ. ①O534

中国版本图书馆 CIP 数据核字 (2018) 第 163734 号

责任编辑: 陈玉琢 / 责任校对: 邹慧卿
责任印制: 张　伟 / 封面设计: 陈　敬

科 学 出 版 社 出版
北京东黄城根北街 16 号
邮政编码: 100717
http://www.sciencep.com

北京中石油彩色印刷有限责任公司 印刷
科学出版社发行　各地新华书店经销
*
2018 年 8 月第　一　版　开本: 720×1000　B5
2020 年 3 月第三次印刷　印张: 15 1/2
字数: 304 000
定价: 98.00 元
(如有印装质量问题, 我社负责调换)

前　言

自然界有五彩缤纷的波动现象, 其中普遍存在着非线性效应. 因此非线性波问题成为当今众多科学领域受关注的热点问题之一. 自然科学和工程技术等应用领域对非线性波相关理论的迫切需求使得对非线性系统求解研究进一步深入.

Darboux 变换为具有 Lax 对的非线性可积系统求解显式解的十分有效的方法之一. Darboux 变换实际上是带谱 (Lax 对) 参数的能保持谱的形式不变的规范变换, 人们可用纯代数的算法构造它, 并且对谱问题中任何方程都是统一的. 从已知解出发, 应用多次 Darboux 变换或多重 Darboux 变换可得到非线性可积系统的多重非线性波解. 本书的第 1 章给出了几个 Lax 可积系统, 它们是广义 BKK-BB 族、广义 WKI 族、广义 KdV 族、广义 AKNS 族和耦合 KdV 族的可积耦合系统. 第 2~4 章分别叙述了 N 重 Darboux 变换、可对角化 Darboux 变换和广义 Darboux 变换方法, 并构造了一些非线性可积方程的孤立波解、周期波解、呼吸波解和怪波解. 第 5 章基于 Hirota 直接方法构造了非线性波方程的非奇异多 complexiton 解和高阶怪波解等. 第 6 章说明了广义 Wronskian 行列式和双 Wronskian 行列技巧如何应用于求解. 第 7 章首先利用 Darboux 变换求解 DGH 方程的多孤立子解, 然后应用分布理论讨论了 DGH 方程和 CH 类型方程的尖峰波解和 kink 波解.

本书的出版得到了国家自然科学基金（批准号：11261037, 11861050）、内蒙古自治区自然科学基金（批准号：2014MS0111）、内蒙古“草原英才”工程（批准号：CYYC2011050）和内蒙古青年科技英才计划领军人才（批准号：NJYT14A04）的资助. 感谢李志斌教授、斯仁道尔吉教授、乔志军教授、张友金教授的热情支持和真诚帮助. 同时感谢课题组的合作者以及我的研究生一起开展了有益的讨论. 特别感谢科学出版社陈玉琢对本书的出版所付出的辛勤劳动和给予的大力帮助.

由于作者的水平和能力有限, 书中难免存在不当之处, 恳请读者批评指正.

扎其劳

内蒙古师范大学

2018 年 1 月

目　　录

第1章 可 积 系 统

如果一个非线性偏微分方程可以写成一对线性谱问题的相容性条件, 则称此非线性偏微分方程是在 Lax 意义下的可积系统 [1-16]. 该线性谱问题被称为非线性偏微分方程的 Lax 对. 本章以 Lax 可积为主线, 推导出几个广义谱问题的孤子方程族.

1.1 广义 BKK-BB 族

考虑一类等谱问题 [17-20]

$$\Phi_x = U\Phi = \lambda J\Phi + P\Phi, \quad \Phi_{t_n} = V^{(n)}\Phi = \sum_{j=0}^{n} V_j^{(n)}\lambda^{n-j}\Phi, \tag{1.1}$$

其中

$$J = \begin{pmatrix} 1 & 0 \\ 0 & -1 \end{pmatrix}, \quad P = \begin{pmatrix} u & v+f(u) \\ 1 & -u \end{pmatrix}, \quad V^{(n)} = \begin{pmatrix} V_{11}^{(n)} & V_{12}^{(n)} \\ V_{21}^{(n)} & -V_{11}^{(n)} \end{pmatrix}, \tag{1.2}$$

$$V_{11}^{(n)} = \sum_{j=0}^{n} a_j\lambda^{n-j}, \quad V_{12}^{(n)} = \sum_{j=0}^{n} b_j\lambda^{n-j}, \quad V_{21}^{(n)} = \sum_{j=0}^{n} c_j\lambda^{n-j}, \tag{1.3}$$

u, v, a_j, b_j, c_j 是 x, t_n 的复值或实值函数, $f(u)$ 是 u 及其任意阶导数的可微函数, λ 是复参数, 称为谱参数. 对 $f(u)$ 任意选取, 我们可以得到许多的谱问题. 如取 $f(u) = 0$, 则 (1.1) 式就成为 Broer Kaup Kupershmidt (BKK) 谱问题 [17]. 如取 $f(u) = u_x$, 则 (1.1) 式就成为 Boussinesq-Burgers (BB) 谱问题 [18].

根据 $\Phi_{xt_n} = \Phi_{t_n x}$, 可推出 (1.1) 式的可积条件是

$$U_{t_n} - V_x^{(n)} + [U, V^{(n)}] = 0 \quad ([U, V^{(n)}] = UV^{(n)} - V^{(n)}U), \tag{1.4}$$

对一切 λ 成立. 将 (1.4) 式写成分量形式, 即

$$\begin{aligned} V_{11,x}^{(n)} &= -V_{12}^{(n)} + (v+f(u))V_{21}^{(n)} + u_t, \\ V_{12,x}^{(n)} &= 2\lambda V_{12}^{(n)} - 2(v+f(u))V_{11}^{(n)} + 2uV_{12}^{(n)} + (v+f(u))_t, \\ V_{21,x}^{(n)} &= 2V_{11}^{(n)} - 2\lambda V_{21}^{(n)} - 2uV_{21}^{(n)}. \end{aligned} \tag{1.5}$$

(1.5) 式中等式两端都是 λ 的多项式. 如果按 λ 的幂次展开, 则有

$$
\begin{aligned}
& b_0 = c_0 = 0, \\
& a_{j,x} = -b_j + (v + f(u))c_j \quad (0 \leqslant j \leqslant n-1), \\
& b_{j+1} = -ub_j + (v + f(u))a_j + \frac{1}{2}b_{j,x} \quad (0 \leqslant j \leqslant n-1), \\
& c_{j+1} = a_j - uc_j - \frac{1}{2}c_{j,x} \quad (0 \leqslant j \leqslant n-1),
\end{aligned}
\tag{1.6}
$$

及

$$
\begin{aligned}
& a_n = \frac{1}{2}c_{n,x} + uc_n, \\
& u_{t_n} = b_n + a_{n,x} - (v + f(u))c_n, \\
& v_{t_n} = b_{n,x} + 2(v + f(u))a_n - 2ub_n - (f(u))_{t_n}.
\end{aligned}
\tag{1.7}
$$

由 (1.7) 式可得

$$
\begin{aligned}
u_{t_n} = {} & \frac{1}{2}c_{n,x,x} + uc_{n,x} + u_x c_n - (v + f)c_n + b_n, \\
v_{t_n} = {} & -\frac{1}{2}f'c_{n,x,x} + (v + f - f'u)c_{n,x} + [2uf + 2uv \\
& - f'(u_x - v - f)]c_n + b_{n,x} - (2u + f')b_n,
\end{aligned}
\tag{1.8}
$$

其中 $f = f(u), f' = \dfrac{\partial f}{\partial u}$. 这时 (1.6) 式和 (1.7) 式的第一个方程可以看成是 $V_{11}^{(n)}$, $V_{12}^{(n)}$, $V_{21}^{(n)}$ 的系数所满足的微分方程, 而 (1.8) 式是 $u, v, f(u)$ 所满足的发展型方程. 这里 $a_j, b_j, c_j (j = 0, 1, 2, \cdots, n)$ 是 $u, v, f(u)$ 及其关于 x 的导数的多项式. 这些多项式的系数由 t_n 的一些任意函数所构成. 如果从 (1.7) 式和 (1.8) 式中解出 a_j, b_j, c_j 后, 将 a_j, b_j, c_j 代入 (1.8) 式, 就可得到 u, v 所满足的非线性演化方程族.

对 $j = 0, 1, 2, 3$ 时的系数是

$$
\begin{aligned}
& a_0 = \alpha_0(t_n), \ b_0 = c_0 = 0, \\
& a_1 = \alpha_1(t_n), \ b_1 = (v + f)\alpha_0(t_n), \ c_1 = \alpha_0(t_n), \\
& a_2 = -\frac{1}{2}(v + f)\alpha_0(t_n) + \alpha_2(t_n), \ c_2 = -u\alpha_0(t_n) + \alpha_1(t_n), \\
& b_2 = -(v + f)u\alpha_0(t_n) + (v + f)\alpha_1(t_n) + \frac{1}{2}(v + f)_x\alpha_0(t_n), \\
& a_3 = \frac{1}{4}[4(v + f)u\alpha_0(t_n) - 2(v + f)\alpha_1(t_n) - (v + f)_x\alpha_0(t_n)] + \alpha_3(t_n), \\
& b_3 = \frac{1}{4}[-2(v + f)^2\alpha_0(t_n) + (v + f)_{xx}\alpha_0(t_n) - 4u(v + f)_x\alpha_0(t_n)
\end{aligned}
$$

$$- 2u_x(v+f)\alpha_0(t_n) + 4u^2(v+f)\alpha_0(t_n) - 4u(v+f)\alpha_1(t_n)$$

$$+ 2(v+f)_x\alpha_1(t_n) + 4(v+f)\alpha_2(t_n)],\tag{1.9}$$

$$c_3 = \frac{1}{2}[-(v+f)\alpha_0(t_n) + 2u^2\alpha_0(t_n) + u_x\alpha_0(t_n) - 2u\alpha_1(t_n) + 2\alpha_2(t_n)],$$

其中 $\alpha_0(t_n), \alpha_1(t_n), \alpha_2(t_n), \alpha_3(t_n)$ 是 t_n 的任意函数, 它们是由 (1.6) 式的第二式为求 a_0, a_1, a_2, a_3 所作的积分而出现的积分常数.

从 (1.9) 式, 我们容易看出 $a_j, b_j, c_j\,(j=0,1,2,3)$ 是 u, v, f 的微分多项式, 它们的系数是 t_n 的函数, 这对一般的 j 结论也成立. 我们在下面的命题中给出了证明.

命题 1.1(1)　(1.6) 式, (1.7) 式所给出的 a_j, b_j, c_j 是 u, v, f 的微分多项式.

证明　用数学归纳法证明:

对 $j=0$, 结论显然成立.

假设当 $j < l\,(l \leqslant n-1)$ 时 a_j, b_j, c_j 是 u, v, f 的微分多项式, 现在要证明 a_l, b_l, c_l 也是 u, v, f 的微分多项式.

由 (1.6) 式得 b_l, c_l 是 u, v, f 的微分多项式, 因此只需要证明 a_l 是 u, v, f 的微分多项式即可. 而对 $1 \leqslant j \leqslant l-1$, 有

$$b_j c_{l+1-j} - c_j b_{l+1-j}$$

$$= b_j\left(a_{l-j} - uc_{l-j} - \frac{1}{2}c_{l-j,x}\right) - c_j\left((v+f)a_{l-j} - ub_{l-j} + \frac{1}{2}b_{l-j,x}\right)$$

$$= (b_j - c_j(v+f))\,a_{l-j} + \left(-\frac{1}{2}b_j c_{l-j,x} - ub_j c_{l-j} + uc_j b_{l-j} - \frac{1}{2}c_j b_{l-j,x}\right)$$

$$= \left(-a_j a_{l-j} - \frac{1}{2}b_j c_{l-j} - \frac{1}{2}c_j b_{l-j}\right)_x - \left(a_j - \frac{1}{2}c_{j,x} - uc_j\right)b_{l-j} \tag{1.10}$$

$$+ \left(a_j(v+f) + \frac{1}{2}b_{j,x} - ub_j\right)c_{l-j}$$

$$= \left(-a_j a_{l-j} - \frac{1}{2}b_j c_{l-j} - \frac{1}{2}c_j b_{l-j}\right)_x - c_{j+1}b_{l-j} + b_{j+1}c_{l-j}.$$

对 j 从 1 到 $l-1$ 求和, 得到

$$b_1 c_l - c_1 b_l = \sum_{j=1}^{l-1}\left(-a_j a_{l-j} - \frac{1}{2}b_j c_{l-j} - \frac{1}{2}c_j b_{l-j}\right)_x - (b_1 c_l - c_1 b_l),\tag{1.11}$$

即

$$(-b_l + (v+f)c_l) = \sum_{j=1}^{l-1}\frac{1}{2\alpha_0(t_n)}\left(-a_j a_{l-j} - \frac{1}{2}b_j c_{l-j} - \frac{1}{2}c_j b_{l-j}\right)_x,\tag{1.12}$$

从而

$$a_l = \sum_{j=1}^{l-1} \frac{1}{2\alpha_0(t_n)} \left(-a_j a_{l-j} - \frac{1}{2} b_j c_{l-j} - \frac{1}{2} c_j b_{l-j} \right) + \alpha_l(t_n) \qquad (1.13)$$

是 u, v, f 的微分多项式.

假设当 $j = n - 1$ 时, $a_{n-1}, b_{n-1}, c_{n-1}$ 是 u, v, f 的微分多项式. 由 (1.6) 式得, b_n, c_n 是 u, v, f 的微分多项式, 再由 (1.7) 式的第一式得知 a_n 也是 u, v, f 的微分多项式. 这就证明了命题.

(1.1) 式的第一个方程 (空间部分) 是完全确定的, 而第二个方程 (时间部分) 却依赖于 $\alpha_0(t_n), \cdots, \alpha_n(t_n)$ (以及 n 本身) 的选取, 发展型方程组 (1.8) 也依赖于 $\alpha_0(t_n), \cdots, \alpha_n(t_n)$ (以及 n 本身) 的选取, 而且 (1.8) 式是一系列方程. 如果 $\alpha_0(t), \cdots, \alpha_n(t)$ 都是常数, 则方程 (1.8) 的系数与 t_n 无关. 特别取 $\alpha_0(t_n) = 1, \alpha_1(t_n) = \cdots = \alpha_n(t_n) = 0$, 方程 (1.8) 可以用如下的递推算子生成:

$$\begin{pmatrix} u \\ v \end{pmatrix}_{t_n} = J K^{n-1} \begin{pmatrix} 1 \\ v + f \end{pmatrix}, \qquad (1.14)$$

其中

$$J = \begin{pmatrix} \frac{1}{2} \partial^2 + u\partial + (u_x - v - f) & 1 \\ J_{21} & \partial - (2u + f') \end{pmatrix}, \qquad (1.15)$$

$$K = \begin{pmatrix} -\frac{1}{2}\partial + \partial^{-1}(v + f) - u & -\partial^{-1} \\ (v + f)\partial^{-1}(v + f) & \frac{1}{2}\partial - (v + f)\partial^{-1} - u \end{pmatrix}, \qquad (1.16)$$

且 $J_{21} = -\frac{1}{2} f'\partial^2 + (v + f - f'u)\partial + (2uf + 2uv - f'(u_x - v - f))$.

应用 (1.14) 式计算出几个特殊孤子方程如下:

(1) 取 $n = 2$, $f = u_x$, $f' = \partial$, 得

$$\begin{cases} u_{t_2} = \frac{1}{2}[v_x - 4uu_x], \\ v_{t_2} = \frac{1}{2}[-4(vu)_x + u^{(3)}]. \end{cases} \qquad (1.17)$$

(2) 取 $n = 2$, $f = u_{xx}$, $f' = \partial^2$, 得

$$\begin{cases} u_{t_2} = \frac{1}{2}[(v + u_{xx})_x - 4uu_x - u_{xx}], \\ v_{t_2} = \frac{1}{2}[-4(vu)_x + 8u_x u_{xx} + v_{xx} - v^{(3)} + 2u^{(4)} - u^{(5)}]. \end{cases} \qquad (1.18)$$

(3) 取 $n = 2$, $f = u_{xxx}$, $f' = \partial^3$, 得

$$\begin{cases} u_{t_2} = \dfrac{1}{2}[(v + u^{(3)})_x - 4uu_x - u_{xx}], \\ v_{t_2} = \dfrac{1}{2}[-4(vu)_x + 12u_{xx}^2 + v_{xx} + 12u_x u^{(3)} - v^{(4)} + 2v^{(5)} - u^{(7)}]. \end{cases} \tag{1.19}$$

(4) 取 $n = 2$, $f = u_{xxxx}$, $f' = \partial^4$, 得

$$\begin{cases} u_{t_2} = \dfrac{1}{2}[(v + u^{(4)})_x - 4uu_x - u_{xx}], \\ v_{t_2} = \dfrac{1}{2}[v_{xx} - 4(vu)_x + 40u_{xx}u^{(3)} + 16u_x u^{(4)} - v^{(5)} + 2u^{(6)} - u^{(9)}]. \end{cases} \tag{1.20}$$

(5) 取 $n = 2$, $f = u_{xxxxx}$, $f' = \partial^5$, 得

$$\begin{cases} u_{t_2} = \dfrac{1}{2}[(v + u^{(5)})_x - 4uu_x - u_{xx}], \\ v_{t_2} = \dfrac{1}{2}[v_{xx} - 4(vu)_x + 40u_{xxx}^2 + 60u_{xx}u^{(4)} + 20u_x u^{(5)} - v^{(6)} + 2u^{(7)} \\ \qquad - u^{(11)}]. \end{cases} \tag{1.21}$$

(6) 取 $n = 3$, $f = u_{xx}$, $f' = \partial^2$, 得

$$\begin{cases} u_{t_3} = \dfrac{1}{4}[12u^2 u_x - 6u_x(v + u_{xx}) + 6u_x^2 - 6u(v + u_{xx})_x + 6uu_{xx} + u_{xxx}], \\ v_{t_3} = \dfrac{1}{4}[6(2u^2 - v + 2u_{xx})v_x - 24u_x^3 + 18(u_{xxx} - u_{xx})u_{xx} + v_{xxx} \\ \qquad - 6u_x(v_x + 5u_{xxx} - 3(v + u_{xx})_{xx}) + 6u(4vu_x - 8u_x u_{xx} - v_{xx} \\ \qquad - 2u_{xxxx} + (v + u_{xx})_{xxx})]. \end{cases} \tag{1.22}$$

1.2 广义 WKI 族

考虑谱问题[21]

$$\Phi_x = U\Phi, \quad U = \begin{pmatrix} \lambda w & \lambda u \\ \lambda v & -\lambda w \end{pmatrix}, \tag{1.23}$$

其中 u, v, w 是位势, λ 是谱参数. 当 $w = 1$ 或 $w = i$ 时, 谱问题 (1.23) 就变为 Wadati-Konno Ichikawa(WKI) 谱问题, 所以它被称为广义 WKI 谱. 我们考虑谱问题 (1.23) 的驻零曲率方程

$$V_x - [U, V] = 0, \quad V = (V_{ij})_{2 \times 2} \quad ([U, V] = UV - VU), \tag{1.24}$$

其中

$$V_{11} = -V_{22} = \sum_{j \geqslant 0} a_j \lambda^j, \quad V_{21} = \sum_{j \geqslant 0} b_j \lambda^j, \quad V_{12} = \sum_{j \geqslant 0} c_j \lambda^j. \tag{1.25}$$

将 (1.25) 式代入 (1.24) 式, 可得

$$\lambda^{-1} V_{11,x} = 2u V_{21} - 2v V_{12}, \quad \lambda^{-1} V_{21,x} = 2v V_{11} - 2w V_{21},$$
$$\lambda^{-1} V_{12,x} = -2u V_{11} + 2w V_{12}. \tag{1.26}$$

由 (1.26) 式, 可得递推关系

$$\lambda^{-1} \begin{pmatrix} 2V_{11} \\ V_{21} \\ V_{12} \end{pmatrix} = L \begin{pmatrix} 2V_{11} \\ V_{21} \\ V_{12} \end{pmatrix}, \quad L = \begin{pmatrix} 0 & 2\partial^{-1}u & -2\partial^{-1}v \\ \partial^{-1}v & -2\partial^{-1}w & 0 \\ -\partial^{-1}u & 0 & 2\partial^{-1}w \end{pmatrix}, \tag{1.27}$$

其中 $\partial = \dfrac{\partial}{\partial x}$, $\partial \partial^{-1} = \partial^{-1}\partial = 1$.

将 (1.25) 式代入 (1.27) 式, 比较 λ 各次幂的系数, 可得

$$G_{j+1} = L G_j, \quad G_j = (2a_j, b_j, c_j)^{\mathrm{T}}, \quad j \geqslant 0. \tag{1.28}$$

取初值为

$$G_0 = (2a(t), b(t), c(t))^{\mathrm{T}} \equiv (2a, b, c)^{\mathrm{T}},$$

则可以利用 (1.28) 式计算出 G_j, 其中的前几组为

$$G_1 = \begin{pmatrix} 2b\partial^{-1}u - 2c\partial^{-1}v \\ 2a\partial^{-1}v - 2b\partial^{-1}w \\ -2a\partial^{-1}u + 2c\partial^{-1}w \end{pmatrix},$$

$$G_2 = \begin{pmatrix} 4(\partial^{-1}u(a\partial^{-1}v - b\partial^{-1}w) + \partial^{-1}v(a\partial^{-1}u - c\partial^{-1}w)) \\ 2\partial^{-1}v(b\partial^{-1}u - c\partial^{-1}v) - 4\partial^{-1}w(a\partial^{-1}v - b\partial^{-1}w) \\ -2\partial^{-1}u(b\partial^{-1}u - c\partial^{-1}v) - 4w\partial^{-1}(a\partial^{-1}u - c\partial^{-1}w) \end{pmatrix}.$$

假设辅助谱问题为

$$\phi_{t_n} = V^{(-n)}\phi, \quad V^{(-n)} = (\lambda^{-n}V)_- \quad (n \geqslant 0) \tag{1.29}$$

其中负号 "$-$" 代表取 λ 的非正次幂. 由谱问题 (1.23) 式和 (1.29) 式的相容性条件

$$U_{t_n} - V_x^{(-n)} + [U, V^{(-n)}] = 0, \tag{1.30}$$

可得到广义 WKI 孤子方程族

$$\begin{pmatrix} w \\ u \\ v \end{pmatrix}_{t_n} = X_n = JG_n = KG_{n-1}, \tag{1.31}$$

其中

$$J = \begin{pmatrix} 0 & -u & v \\ u & 0 & -2w \\ -v & 2w & 0 \end{pmatrix}, \quad K = JL = \begin{pmatrix} K_{11} & 2u\partial^{-1}w & 2v\partial^{-1}w \\ 2w\partial^{-1}u & 2u\partial^{-1}u & K_{23} \\ 2w\partial^{-1}v & K_{32} & 2v\partial^{-1}v \end{pmatrix}, \tag{1.32}$$

$K_{11} = -u\partial^{-1}v - v\partial^{-1}u$, $K_{23} = -2u\partial^{-1}v - 4w\partial^{-1}w$, $K_{32} = -2v\partial^{-1}u - 4w\partial^{-1}w$. 当 $n = 1$ 和 $t_1 = t$ 时, 辅助谱问题可写成

$$\Phi_t = V^{(-1)}\Phi, \tag{1.33}$$

$$V^{(-1)} = \begin{pmatrix} \lambda^{-1}a + 2b\partial^{-1}u - 2c\partial^{-1}v & \lambda^{-1}c - 2a\lambda^{-1}u + 2c\lambda^{-1}w \\ \lambda^{-1}b + 2a\partial^{-1}v - 2b\partial^{-1}w & -\lambda^{-1}a - 2b\partial^{-1}u + 2c\partial^{-1}v \end{pmatrix}.$$

把 (1.23) 式和 (1.33) 式代入零曲率方程 (1.30), 就得到一个耦合非线性方程组

$$\begin{cases} w_t = -2a(u\partial^{-1}v + v\partial^{-1}u) + 2bu\partial^{-1}w + 2cv\partial^{-1}w, \\ u_t = 4aw\partial^{-1}u + 2bu\partial^{-1}u - 2c(u\partial^{-1}v + 2w\partial^{-1}w), \\ v_t = 4aw\partial^{-1}v - 2b(v\partial^{-1}u + 2w\partial^{-1}w) + 2cv\partial^{-1}v. \end{cases} \tag{1.34}$$

由方程组 (1.34) 可以约化出已知的无色散可积系统.

(1) 当 $w = q_x$, $u = r_x$, $v = s_x$, $a = \dfrac{1}{2}\gamma(t)$, $b = \alpha(t)$, $c = \beta(t)$ 时, 方程组 (1.34) 约化为广义无色散可积系统

$$\begin{cases} q_{xt} - 2\alpha(t)qr_x - 2\beta(t)qs_x + \gamma(t)(rs)_x = 0, \\ r_{xt} - 2\alpha(t)rr_x + 2\beta(t)(2qq_x + r_xs) - 2\gamma(t)q_xr = 0, \\ s_{xt} - 2\beta(t)ss_x + 2\alpha(t)(2qq_x + rs_x) - 2\gamma(t)sq_x = 0. \end{cases} \tag{1.35}$$

方程 (1.35) 的一些特殊情况有过大量的研究.

如果令 $\alpha(t) = \beta(t) = 0$, 可得

$$q_{xt} + \gamma(t)(rs)_x = 0, \quad r_{xt} - 2\gamma(t)q_xr = 0, \quad s_{xt} - 2\gamma(t)sq_x = 0. \tag{1.36}$$

如果令 $\alpha(t) = \beta(t) = 0$, $\gamma(t) = 1$, $r = s$, 可得

$$q_{xt} + rr_x = 0, \ r_{xt} - 2q_x r = 0. \tag{1.37}$$

近十年来, 关于方程 (1.37) 的研究一直在深入, 先后利用反散射变换、Darboux 变换、Bäcklund 变换、Painlevé 测试等方法, 获得了丰富的结果.

(2) 当 $w = \alpha q_x$, $u = v = \beta r_x$, $a = -b = -c = \dfrac{1}{4}$ 时, 方程组 (1.34) 约化为广义无色散耦合可积系统

$$q_{xt} + \beta \left(q + \frac{\beta}{\alpha} r\right) r_x = 0, \ r_{xt} - \alpha \left(\frac{\alpha}{\beta} q + r\right) q_x = 0. \tag{1.38}$$

为了获得孤子方程族 (1.31) 的广义哈密顿结构, 取 $\langle A, B \rangle = \mathrm{tr}(AB)$. 通过直接计算, 可得

$$\left\langle V, \frac{\partial U}{\partial \lambda} \right\rangle = 2wV_{11} + uV_{21} + vV_{12}, \ \left\langle V, \frac{\partial U}{\partial w} \right\rangle = 2\lambda V_{11},$$

$$\left\langle V, \frac{\partial U}{\partial u} \right\rangle = \lambda V_{21}, \ \left\langle V, \frac{\partial U}{\partial v} \right\rangle = \lambda V_{12}. \tag{1.39}$$

利用迹恒等式 [14], 我们得到

$$\left(\frac{\delta}{\delta w}, \frac{\delta}{\delta u}, \frac{\delta}{\delta v}\right) \left\langle V, \frac{\partial U}{\partial \lambda} \right\rangle$$

$$= \left(\lambda^{\Gamma}\left(\frac{\partial}{\partial \lambda}\right)\lambda^{-\Gamma}\right) \left(\left\langle V, \frac{\partial U}{\partial w} \right\rangle, \left\langle V, \frac{\partial U}{\partial u} \right\rangle, \left\langle V, \frac{\partial U}{\partial v} \right\rangle\right). \tag{1.40}$$

把 (1.25) 式和 (1.39) 式代入 (1.40) 式, 可得

$$\left(\frac{\delta}{\delta w}, \frac{\delta}{\delta u}, \frac{\delta}{\delta v}\right)(2wa_j + ub_j + vc_j) = (1 - \Gamma + j)(2a_j, b_j, c_j) \ (j \geqslant 0) \tag{1.41}$$

为确定常数 Γ 的值, 取 $j = 0$ 时, 比较系数, 可得 $\Gamma = 0$. 把 $\Gamma = 0$ 代入 (1.41) 式中, 可得

$$\left(\frac{\delta}{\delta w}, \frac{\delta}{\delta u}, \frac{\delta}{\delta v}\right) H_j = G_j^{\mathrm{T}}, \ H_j = \frac{2wa_j + ub_j + vc_j}{1 - j} \ (j \geqslant 0) \tag{1.42}$$

进而, 我们得到了孤子方程族 (1.31) 的如下广义哈密顿结构:

$$\begin{pmatrix} w \\ u \\ v \end{pmatrix}_{t_n} = K \begin{pmatrix} \dfrac{\delta H_{n-1}}{\delta w} \\ \dfrac{\delta H_{n-1}}{\delta u} \\ \dfrac{\delta H_{n-1}}{\delta v} \end{pmatrix} = J \begin{pmatrix} \dfrac{\delta H_n}{\delta w} \\ \dfrac{\delta H_n}{\delta u} \\ \dfrac{\delta H_n}{\delta v} \end{pmatrix}, \tag{1.43}$$

其中 K 和 J 在 (1.32) 式中给出.

1.3 广义 KdV 族

设给定一个 4×4 矩阵谱问题 [22, 23]

$$\phi_x = U\phi, \quad U = \begin{pmatrix} 0 & 1 & 0 & 0 \\ u-\lambda & 0 & w & 0 \\ 0 & 0 & 0 & 1 \\ v & 0 & s-\lambda & 0 \end{pmatrix}, \tag{1.44}$$

其中 u, v, w, s 是位势, λ 是谱参数. 由它可以产生一个广义 KdV 族. 我们考虑谱问题 (1.44) 的驻零曲率方程

$$V_x - [U, V] = 0, \quad V = (V_{ij})_{4\times 4} \quad ([U, V] = UV - VU). \tag{1.45}$$

设

$$V_{12} = A, \quad V_{14} = B, \quad V_{32} = C, \quad V_{34} = D, \tag{1.46}$$

$$A = \sum_{j \geqslant 0} a_j \lambda^{-j}, \quad B = \sum_{j \geqslant 0} b_j \lambda^{-j}, \quad C = \sum_{j \geqslant 0} c_j \lambda^{-j}, \quad D = \sum_{j \geqslant 0} d_j \lambda^{-j}, \tag{1.47}$$

将 (1.46) 式和 (1.47) 式代入 (1.45) 式, 可得

$$\begin{aligned}
&V_{12} = A, \quad V_{14} = B, \quad V_{32} = C, \quad V_{34} = D, \\
&2V_{11} = \partial^{-1}(-vB + wC) - A_x, \quad 2V_{22} = \partial^{-1}(-vB + wC) + A_x, \\
&2V_{33} = \partial^{-1}(vB - wC) - D_x, \quad 2V_{44} = \partial^{-1}(vB - wC) + D_x, \\
&2V_{24} = \partial^{-1}(uB - sB - wA + wD) + B_x, \\
&2V_{31} = \partial^{-1}(sC - uC + vA - vD) - C_x, \\
&2V_{13} = \partial^{-1}(uB - sB - wA + wD) - B_x, \\
&2V_{42} = \partial^{-1}(sC - uC + vA - vD) + C_x, \\
&2V_{21} = 2(u - \lambda)A + vB + wC - A_{xx}, \\
&2V_{23} = wA + (u + s - 2\lambda)B + wD - B_{xx}, \\
&2V_{41} = (u + s - 2\lambda)C + vA + vD - C_{xx}, \\
&2V_{43} = 2(s - \lambda)D + vB + wC - D_{xx}.
\end{aligned} \tag{1.48}$$

把 (1.48) 式代入以下方程:

$$\begin{aligned}
&V_{21,x} = (u - \lambda)(V_{11} - V_{22}) - vV_{24} + wV_{31}, \\
&V_{23,x} = (u - \lambda)V_{13} - (s - \lambda)V_{24} - wV_{22} + wV_{33}, \\
&V_{43,x} = (s - \lambda)(V_{33} - V_{44}) + vV_{13} - wV_{42}, \\
&V_{41,x} = (s - \lambda)V_{31} - (u - \lambda)V_{42} + vV_{11} - vV_{44},
\end{aligned} \tag{1.49}$$

得

$$4\lambda A_x = (-\partial^3 + 4u\partial + 2u_x - v\partial^{-1}w - w\partial^{-1}v)A + (2v\partial + v_x - v\partial^{-1}s$$
$$+ v\partial^{-1}u)B + (2w\partial + w_x - w\partial^{-1}s + w\partial^{-1}u)C \tag{1.50}$$
$$+ (v\partial^{-1}w + w\partial^{-1}v)D,$$

$$4\lambda B_x = (2w\partial + w_x + u\partial^{-1}w - s\partial^{-1}w)A + (-\partial^3 + 2u\partial + u_x$$
$$+ 2s\partial + s_x - u\partial^{-1}u - s\partial^{-1}s + s\partial^{-1}u + u\partial^{-1}s - 2w\partial^{-1}v)B \tag{1.51}$$
$$+ 2w\partial^{-1}wC + (2w\partial + w_x + s\partial^{-1}w - u\partial^{-1}w)D,$$

$$4\lambda C_x = (2v\partial + v_x + u\partial^{-1}v - s\partial^{-1}v)A + 2v\partial^{-1}vB + (-\partial^3 + 2s\partial + s_x$$
$$+ 2u\partial + u_x - s\partial^{-1}s - u\partial^{-1}u + s\partial^{-1}u + u\partial^{-1}s - 2v\partial^{-1}w)C \tag{1.52}$$
$$+ (2v\partial + v_x + s\partial^{-1}v - u\partial^{-1}v)D,$$

$$4\lambda D_x = (v\partial^{-1}w + w\partial^{-1}v)A + (2v\partial + v_x + v\partial^{-1}s - v\partial^{-1}u)B + (2w\partial + w_x$$
$$+ w\partial^{-1}s - w\partial^{-1}u)C + (-\partial^3 + 4s\partial + 2s_x - v\partial^{-1}w - w\partial^{-1}v)D. \tag{1.53}$$

进而, 方程 (1.50)~(1.53) 可写成如下递推关系:

$$\lambda J(A, B, C, D)^{\mathrm{T}} = K(A, B, C, D)^{\mathrm{T}}, \tag{1.54}$$

其中

$$J = \begin{pmatrix} 4\partial & 0 & 0 & 0 \\ 0 & 4\partial & 0 & 0 \\ 0 & 0 & 4\partial & 0 \\ 0 & 0 & 0 & 4\partial \end{pmatrix}, \quad K = \begin{pmatrix} K_{11} & K_{12} & K_{13} & K_{14} \\ K_{21} & K_{22} & K_{23} & K_{24} \\ K_{31} & K_{32} & K_{33} & K_{34} \\ K_{41} & K_{42} & K_{43} & K_{44} \end{pmatrix},$$

$$K_{11} = -\partial^3 + 2u\partial + 2\partial u - v\partial^{-1}w - w\partial^{-1}v, \quad K_{12} = v\partial + \partial v - v\partial^{-1}s + v\partial^{-1}u,$$
$$K_{13} = w\partial + \partial w - w\partial^{-1}s + w\partial^{-1}u, \quad K_{14} = v\partial^{-1}w + w\partial^{-1}v,$$
$$K_{21} = w\partial + \partial w + u\partial^{-1}w - s\partial^{-1}w, \quad K_{24} = w\partial + \partial w + s\partial^{-1}w - u\partial^{-1}w,$$
$$K_{22} = -\partial^3 + u\partial + \partial u + s\partial + \partial s - u\partial^{-1}u - s\partial^{-1}s + s\partial^{-1}u + u\partial^{-1}s - 2w\partial^{-1}v,$$
$$K_{31} = v\partial + \partial v + u\partial^{-1}v - s\partial^{-1}v, \quad K_{32} = 2v\partial^{-1}v,$$
$$K_{34} = v\partial + \partial v + s\partial^{-1}v - u\partial^{-1}v,$$
$$K_{33} = -\partial^3 + s\partial + \partial s + u\partial + \partial u - s\partial^{-1}s - u\partial^{-1}u + s\partial^{-1}u + u\partial^{-1}s - 2v\partial^{-1}w,$$
$$K_{41} = v\partial^{-1}w + w\partial^{-1}v, \quad K_{42} = v\partial + \partial v + v\partial^{-1}s - v\partial^{-1}u, \quad K_{23} = 2w\partial^{-1}w,$$
$$K_{43} = w\partial + \partial w + w\partial^{-1}s - w\partial^{-1}u, \quad K_{44} = -\partial^3 + 2s\partial + 2\partial s - v\partial^{-1}w - w\partial^{-1}v.$$

把 (1.47) 式代入 (1.54) 式, 并比较 λ 同次幂的系数, 给出以下关系式:

$$JG_0 = 0, \quad KG_j = JG_{j+1}, \quad G_j = (a_j, b_j, c_j, d_j)^{\mathrm{T}}, \quad j \geqslant 0. \tag{1.55}$$

取初值为

$$G_0 = (1, 0, 0, 1)^{\mathrm{T}},$$

则可以计算出 G_j, 它等价于 (1.54) 式, 其中的前几组为

$$G_1 = \begin{pmatrix} \dfrac{1}{2}u \\ \dfrac{1}{2}w \\ \dfrac{1}{2}v \\ \dfrac{1}{2}s \end{pmatrix}, \quad G_2 = \begin{pmatrix} -\dfrac{1}{8}u_{xx} + \dfrac{3}{8}u^2 + \dfrac{3}{8}vw \\ -\dfrac{1}{8}w_{xx} + \dfrac{3}{8}wu + \dfrac{3}{8}sw \\ -\dfrac{1}{8}v_{xx} + \dfrac{3}{8}uv + \dfrac{3}{8}vs \\ -\dfrac{1}{8}s_{xx} + \dfrac{3}{8}vw + \dfrac{3}{8}s^2 \end{pmatrix}.$$

假设辅助谱问题为

$$\phi_{t_n} = V^{(n)}\phi, \quad V^{(n)} = (\lambda^n V)_+, \quad n \geqslant 0, \tag{1.56}$$

其中正号 "+" 代表取 λ 的非负次幂. 由谱问题 (1.44) 式和 (1.56) 式的相容性条件

$$U_{t_n} - V_x^{(n)} + [U, V^{(n)}] = 0, \tag{1.57}$$

可得到孤子方程族

$$\begin{pmatrix} u \\ v \\ w \\ s \end{pmatrix}_{t_n} = X_n = JG_n = KG_{n-1}, \tag{1.58}$$

其中 K 和 J 在 (1.54) 式中已给出.

当 $n = 2, t_2 = t$ 时, 相应的辅助谱问题为

$$\phi_t = V^{(2)}\phi, \quad V^{(2)} = \begin{pmatrix} -\dfrac{1}{2}u_x & 2\lambda + u & -\dfrac{1}{2}w_x & w \\ v_{21}^{(2)} & \dfrac{1}{2}u_x & v_{23}^{(2)} & \dfrac{1}{2}w_x \\ -\dfrac{1}{2}v_x & v & -\dfrac{1}{2}s_x & 2\lambda + s \\ v_{41}^{(2)} & \dfrac{1}{2}v_x & v_{43}^{(2)} & \dfrac{1}{2}s_x \end{pmatrix}, \tag{1.59}$$

其中

$$v_{21}^{(2)} = -2\lambda^2 + u\lambda + u^2 + vw - \dfrac{1}{2}u_{xx}, \quad v_{41}^{(2)} = v\lambda + sv + uv - \dfrac{1}{2}v_{xx},$$

$$v_{23}^{(2)} = w\lambda + sw + uw - \frac{1}{2}w_{xx}, \quad v_{43}^{(2)} = -2\lambda^2 + s\lambda + s^2 + vw - \frac{1}{2}s_{xx}.$$

把 (1.44) 式和 (1.59) 式代入零曲率方程 (1.57), 就得到一个新的耦合非线性方程

$$\begin{cases} u_t = -\dfrac{1}{2}u_{xxx} + \dfrac{3}{2}(u^2)_x + \dfrac{3}{2}(vw)_x, \\[2mm] v_t = -\dfrac{1}{2}v_{xxx} + \dfrac{3}{2}(uv)_x + \dfrac{3}{2}(vs)_x, \\[2mm] w_t = -\dfrac{1}{2}w_{xxx} + \dfrac{3}{2}(wu)_x + \dfrac{3}{2}(sw)_x, \\[2mm] s_t = -\dfrac{1}{2}s_{xxx} + \dfrac{3}{2}(vw)_x + \dfrac{3}{2}(s^2)_x. \end{cases} \tag{1.60}$$

因为令 $u = v = w = s$ 时, 方程组 (1.60) 可约化出经典的 KdV 方程

$$u_t = -\frac{1}{2}u_{xxx} + 6uu_x, \tag{1.61}$$

所以, 称方程组 (1.60) 是一个广义耦合 KdV 方程.

为了获得孤子方程组 (1.58) 的广义哈密顿结构, 取 $\langle A, B \rangle = \mathrm{tr}(AB)$. 通过直接计算, 可得

$$\left\langle V, \frac{\partial U}{\partial \lambda} \right\rangle = -V_{12} - V_{34}, \quad \left\langle V, \frac{\partial U}{\partial u} \right\rangle = V_{12}, \quad \left\langle V, \frac{\partial U}{\partial v} \right\rangle = V_{14},$$

$$\left\langle V, \frac{\partial U}{\partial w} \right\rangle = V_{32}, \quad \left\langle V, \frac{\partial U}{\partial s} \right\rangle = V_{34}. \tag{1.62}$$

利用迹恒等式, 我们得到

$$\left(\frac{\delta}{\delta u}, \frac{\delta}{\delta v}, \frac{\delta}{\delta w}, \frac{\delta}{\delta s} \right) \left\langle V, \frac{\partial U}{\partial \lambda} \right\rangle$$
$$= \left(\lambda^{-\gamma} \left(\frac{\partial}{\partial \lambda} \right) \lambda^\gamma \right) \left(\left\langle V, \frac{\partial U}{\partial u} \right\rangle, \left\langle V, \frac{\partial U}{\partial v} \right\rangle, \left\langle V, \frac{\partial U}{\partial w} \right\rangle, \left\langle V, \frac{\partial U}{\partial s} \right\rangle \right). \tag{1.63}$$

把 (1.48) 式和 (1.62) 式代入 (1.63) 式, 可得

$$\left(\frac{\delta}{\delta u}, \frac{\delta}{\delta v}, \frac{\delta}{\delta w}, \frac{\delta}{\delta s} \right) (-a_{j+1} - d_{j+1}) = (\gamma - j - 1)(a_j, b_j, c_j, d_j), \quad j \geqslant 0. \tag{1.64}$$

为确定常数 γ 的值, 取 $j = 0$ 时, 比较系数, 可得 $\gamma = \dfrac{1}{2}$.

把 $\gamma = \dfrac{1}{2}$ 代入 (1.64) 式中, 可得

$$\left(\frac{\delta}{\delta u}, \frac{\delta}{\delta v}, \frac{\delta}{\delta w}, \frac{\delta}{\delta s} \right) H_j = G_j^{\mathrm{T}}, \quad H_j = \frac{2(a_{j+1} + d_{j+1})}{2j+1}, \quad j \geqslant 0. \tag{1.65}$$

进而, 我们得到了孤子方程组 (1.58) 的如下广义哈密顿结构:

$$
\begin{pmatrix} u \\ w \\ v \\ s \end{pmatrix}_{t_n} = K \begin{pmatrix} \dfrac{\delta H_{n-1}}{\delta u} \\[6pt] \dfrac{\delta H_{n-1}}{\delta v} \\[6pt] \dfrac{\delta H_{n-1}}{\delta w} \\[6pt] \dfrac{\delta H_{n-1}}{\delta s} \end{pmatrix} = J \begin{pmatrix} \dfrac{\delta H_n}{\delta u} \\[6pt] \dfrac{\delta H_n}{\delta v} \\[6pt] \dfrac{\delta H_n}{\delta w} \\[6pt] \dfrac{\delta H_n}{\delta s} \end{pmatrix}, \tag{1.66}
$$

其中 K 和 J 在 (1.54) 式中给出.

1.4 广义 AKNS 族

考虑一个 4×4 矩阵谱问题 [24, 25]

$$
\phi_x = U\phi, \quad U = \begin{pmatrix} \lambda & u_1 & u_2 & 0 \\ u_4 & -\lambda & 0 & u_3 \\ u_3 & 0 & -\lambda & u_4 \\ 0 & u_2 & u_1 & \lambda \end{pmatrix}, \tag{1.67}
$$

其中 u_1, u_2, u_3, u_4 是位势, λ 是谱参数. 该谱问题被称为广义 AKNS 族, 它是由一个矩阵 Lie 代数产生的 [24]. 下面计算谱问题 (1.67) 的驻零曲率方程

$$
V_x - [U, V] = 0, \quad V = (V_{ij})_{4 \times 4} \quad ([U, V] = UV - VU). \tag{1.68}
$$

设

$$
\begin{aligned}
&V_{21} = V_{34} = A, \ V_{24} = V_{31} = B, \ V_{13} = V_{24} = C, \ V_{12} = V_{43} = D, \\
&V_{11} = V_{44} = F, \ V_{22} = V_{33} = -F, \ V_{14} = V_{41} = H, \ V_{23} = V_{32} = -H,
\end{aligned} \tag{1.69}
$$

$$
A = \sum_{j \geqslant 0} a_j \lambda^{-j}, \quad B = \sum_{j \geqslant 0} b_j \lambda^{-j}, \quad C = \sum_{j \geqslant 0} c_j \lambda^{-j}, \quad D = \sum_{j \geqslant 0} d_j \lambda^{-j}. \tag{1.70}
$$

把 (1.67) 式和 (1.69) 式代入 (1.68) 式, 得

$$
F = \partial^{-1}(u_1 A + u_2 B - u_3 C - u_4 D), \quad H = \partial^{-1}(u_2 A + u_1 B - u_4 C - u_3 D), \tag{1.71}
$$

$$
\begin{aligned}
&\lambda A = u_3 H + u_4 F - \frac{1}{2} A_x, \quad \lambda B = u_4 H + u_3 F - B_x, \\
&\lambda C = u_1 H + u_2 F + \frac{1}{2} C_x, \quad \lambda D = u_2 H + u_1 F + \frac{1}{2} D_x.
\end{aligned} \tag{1.72}
$$

由 (1.71) 式和 (1.72) 式, 可得递推关系

$$\lambda(A,B,C,D)^{\mathrm{T}} = \mathcal{L}(A,B,C,D)^{\mathrm{T}}, \tag{1.73}$$

这里

$$\mathcal{L} = \begin{pmatrix} -\dfrac{1}{2}\partial + \mathcal{L}_{11} & \mathcal{L}_{12} & \mathcal{L}_{13} & \mathcal{L}_{14} \\[2mm] \mathcal{L}_{12} & -\dfrac{1}{2}\partial + \mathcal{L}_{11} & \mathcal{L}_{14} & \mathcal{L}_{13} \\[2mm] \mathcal{L}_{31} & \mathcal{L}_{32} & \dfrac{1}{2}\partial - \mathcal{L}_{33} & \mathcal{L}_{34} \\[2mm] \mathcal{L}_{32} & \mathcal{L}_{31} & \mathcal{L}_{34} & \dfrac{1}{2}\partial - \mathcal{L}_{33} \end{pmatrix},$$

其中

$$\mathcal{L}_{11} = u_3\partial^{-1}u_2 + u_4\partial^{-1}u_1, \quad \mathcal{L}_{33} = u_1\partial^{-1}u_4 + u_2\partial^{-1}u_3,$$
$$\mathcal{L}_{12} = u_3\partial^{-1}u_1 + u_4\partial^{-1}u_2, \quad \mathcal{L}_{13} = -u_3\partial^{-1}u_4 - u_4\partial^{-1}u_3,$$
$$\mathcal{L}_{14} = -u_3\partial^{-1}u_3 - u_4\partial^{-1}u_4, \quad \mathcal{L}_{31} = u_1\partial^{-1}u_2 + u_2\partial^{-1}u_1,$$
$$\mathcal{L}_{32} = u_1\partial^{-1}u_1 + u_2\partial^{-1}u_2, \quad \mathcal{L}_{34} = -u_1\partial^{-1}u_3 - u_2\partial^{-1}u_4,$$
$$\partial\partial^{-1} = \partial^{-1}\partial = 1.$$

把 (1.70) 式代入 (1.73) 式, 并比较 λ 的同次幂的系数, 得到如下关系:

$$\mathcal{L}G_j = G_{j+1}, \quad G_j = (a_j, b_j, c_j, d_j)^{\mathrm{T}}, \quad j \geqslant 0. \tag{1.74}$$

取初值为

$$G_0 = (\beta u_4, \beta u_3, \beta u_2, \beta u_1)^{\mathrm{T}},$$

则得 G_j, 它等价于 (1.74) 式. 写出它的前几组为

$$G_1 = \begin{pmatrix} -\dfrac{1}{2}\beta u_{4,x} \\[2mm] -\dfrac{1}{2}\beta u_{3,x} \\[2mm] \dfrac{1}{2}\beta u_{2,x} \\[2mm] \dfrac{1}{2}\beta u_{1,x} \end{pmatrix}, \quad G_2 = \begin{pmatrix} \dfrac{\beta}{4}\left(-4u_2u_3u_4 - 2u_1\left(u_3^2 + u_4^2\right) + u_{4,xx}\right) \\[2mm] \dfrac{\beta}{4}\left(-4u_1u_3u_4 - 2u_2\left(u_3^2 + u_4^2\right) + u_{3,xx}\right) \\[2mm] \dfrac{\beta}{4}\left(-4u_1u_2u_4 - 2u_3\left(u_1^2 + u_2^2\right) + u_{2,xx}\right) \\[2mm] \dfrac{\beta}{4}\left(-4u_1u_2u_3 - 2u_4\left(u_1^2 + u_2^2\right) + u_{1,xx}\right) \end{pmatrix},$$

$$C_3 = \begin{pmatrix} \dfrac{\beta}{8}\left(6u_2(u_4u_{3,x} + u_3u_{4,x}) + 6u_1(u_3u_{3,x} + u_4u_{4,x}) - u_{4,xxx}\right) \\[2mm] \dfrac{\beta}{8}\left(6u_1(u_4u_{3,x} + u_3u_{4,x}) + 6u_2(u_3u_{3,x} + u_4u_{4,x}) - u_{3,xxx}\right) \\[2mm] -\dfrac{\beta}{8}\left(6u_2(u_4u_{1,x} + u_3u_{2,x}) + 6u_1(u_3u_{1,x} + u_4u_{2,x}) - u_{2,xxx}\right) \\[2mm] -\dfrac{\beta}{8}\left(6u_1(u_4u_{1,x} + u_3u_{2,x}) + 6u_2(u_3u_{1,x} + u_4u_{2,x}) - u_{1,xxx}\right) \end{pmatrix}.$$

假设辅助谱问题为

$$\phi_{t_n} = V^{(n)}\phi, \quad V^{(n)} = (\lambda^n V)_+, \quad n \geqslant 0, \tag{1.75}$$

其中符号 "+" 表示取 λ 非负次幂. 把 (1.67) 式和 (1.75) 式代入零曲率方程

$$U_{t_n} - V_x^{(n)} + [U, V^{(n)}] = 0, \tag{1.76}$$

它等价于孤子族

$$\begin{pmatrix} u_1 \\ u_2 \\ u_3 \\ u_4 \end{pmatrix}_{t_n} = X_n = JG_n = KG_{n-1}, \tag{1.77}$$

其中

$$J = \begin{pmatrix} 0 & 0 & 0 & 2 \\ 0 & 0 & 2 & 0 \\ 0 & -2 & 0 & 0 \\ -2 & 0 & 0 & 0 \end{pmatrix},$$

$K = J\mathcal{L}$ 和 $\mathcal{L}$ 在 (1.73) 式中给出.

当 $n = 2$ 时, 我们得辅助谱问题

$$\phi_{t_2} = V^{(2)}\phi, \tag{1.78}$$

$$V^{(2)} = \begin{pmatrix} \beta\lambda^2 - M_5^{(2)} & M_1^{(2)} & M_2^{(2)} & -M_6^{(2)} \\ M_4^{(2)} & -\beta\lambda^2 + M_5^{(2)} & M_6^{(2)} & M_3^{(2)} \\ M_3^{(2)} & M_6^{(2)} & -\beta\lambda^2 + M_5^{(2)} & M_4^{(2)} \\ -M_6^{(2)} & M_2^{(2)} & M_1^{(2)} & \beta\lambda^2 - M_5^{(2)} \end{pmatrix},$$

其中

$$M_1^{(2)} = \beta u_1 \lambda + \frac{\beta}{2} u_{1,x}, \quad M_2^{(2)} = \beta u_2 \lambda + \frac{\beta}{2} u_{2,x}, \quad M_3^{(2)} = \beta u_3 \lambda - \frac{\beta}{2} u_{3,x},$$

$$M_4^{(2)} = \beta u_4 \lambda - \frac{\beta}{2} u_{4,x}, \quad M_5^{(2)} = \frac{\beta}{2}(u_1 u_4 + u_2 u_3), \quad M_6^{(2)} = \frac{\beta}{2}(u_1 u_3 + u_2 u_4).$$

把 (1.67) 式和 (1.78) 式代入 (1.76) 式, 可得一个新耦合非线性方程

$$\begin{cases} u_{1,t_2} = \dfrac{\beta}{2}\left(-4u_1 u_2 u_3 - 2u_4\left(u_1^2 + u_2^2\right) + u_{1,xx}\right), \\[2mm] u_{2,t_2} = \dfrac{\beta}{2}\left(-4u_1 u_2 u_4 - 2u_3\left(u_1^2 + u_2^2\right) + u_{2,xx}\right), \\[2mm] u_{3,t_2} = -\dfrac{\beta}{2}\left(-4u_1 u_3 u_4 - 2u_2\left(u_3^2 + u_4^2\right) + u_{3,xx}\right), \\[2mm] u_{4,t_2} = -\dfrac{\beta}{2}\left(-4u_2 u_3 u_4 - 2u_1\left(u_3^2 + u_4^2\right) + u_{4,xx}\right). \end{cases} \tag{1.79}$$

当 $u_2 = u_3 = 0$, $\beta = -1$ 时, 方程 (1.79) 被约化为如下耦合非线性方程:

$$u_{1,t_2} = -\frac{1}{2}u_{1,xx} + u_4 u_1^2, \quad u_{4,t_2} = \frac{1}{2}u_{4,xx} - u_1 u_4^2. \tag{1.80}$$

当 $n = 3$ 时, 我们得辅助谱问题

$$\phi_{t_3} = V^{(3)}\phi, \tag{1.81}$$

$$V^{(3)} = \begin{pmatrix} V_{11}^{(3)} & M_1^{(2)}\lambda + M_2^{(3)} & M_2^{(2)}\lambda + M_3^{(3)} & -M_6^{(2)}\lambda - M_4^{(3)} \\ M_4^{(2)}\lambda + M_5^{(3)} & -V_{11}^{(3)} & M_6^{(2)}\lambda + M_4^{(3)} & M_3^{(2)}\lambda + M_6^{(3)} \\ M_3^{(2)}\lambda + M_6^{(3)} & M_6^{(2)}\lambda + M_4^{(3)} & -V_{11}^{(3)} & M_4^{(2)}\lambda + M_5^{(3)} \\ -M_6^{(2)}\lambda + M_4^{(3)} & M_2^{(2)}\lambda + M_3^{(3)} & M_1^{(2)}\lambda + M_2^{(3)} & V_{11}^{(3)} \end{pmatrix},$$

其中

$$V_{11}^{(3)} = \beta\lambda^3 - M_5^{(2)}\lambda + M_1^{(3)},$$

$$M_1^{(3)} = \frac{\beta}{4}(-u_4 u_{1,x} - u_3 u_{2,x} + u_2 u_{3,x} + u_1 u_{4,x}),$$

$$M_2^{(3)} = \frac{\beta}{4}(-4u_1 u_2 u_3 - 2u_1^2 u_4 - 2u_2^2 u_4 + u_{1,xx}),$$

$$M_3^{(3)} = \frac{\beta}{4}(-2u_1^2 u_3 - 2u_2^2 u_3 - 4u_1 u_2 u_4 + u_{2,xx}),$$

$$M_4^{(3)} = \frac{\beta}{4}(u_3 u_{1,x} + u_4 u_{2,x} - u_1 u_{3,x} - u_2 u_{4,x}),$$

$$M_5^{(3)} = \frac{\beta}{4}(-4u_2u_3u_4 - 2u_1(u_3^2 + u_4^2) + u_{4,xx}),$$

$$M_6^{(3)} = \frac{\beta}{4}(-2u_2u_3^2 - 4u_1u_3u_4 - 2u_2u_4^2 + u_{3,xx}).$$

把 (1.67) 式和 (1.81) 式代入 (1.76) 式, 可得另一个新耦合非线性方程

$$\begin{cases} u_{1,t_3} = -\dfrac{\beta}{4}\left(6u_1(u_4u_{1,x} + u_3u_{2,x}) + 6u_2(u_3u_{1,x} + u_4u_{2,x}) - u_{1,xxx}\right), \\[2mm] u_{2,t_3} = -\dfrac{\beta}{4}\left(6u_2(u_4u_{1,x} + u_3u_{2,x}) + 6u_1(u_3u_{1,x} + u_4u_{2,x}) - u_{2,xxx}\right), \\[2mm] u_{3,t_3} = -\dfrac{\beta}{4}\left(6u_1(u_4u_{3,x} + u_3u_{4,x}) + 6u_2(u_3u_{3,x} + u_4u_{4,x}) - u_{3,xxx}\right), \\[2mm] u_{4,t_3} = -\dfrac{\beta}{4}\left(6u_2(u_4u_{3,x} + u_3u_{4,x}) + 6u_1(u_3u_{3,x} + u_4u_{4,x}) - u_{4,xxx}\right). \end{cases} \tag{1.82}$$

(1) 当 $u_4 = -1$, $u_3 = \dfrac{1}{2}$, $\beta = -4$ 和 $t_3 = t$ 时, 方程 (1.82) 被约化为耦合 KdV 方程

$$\begin{cases} u_{1,t} = 3u_2u_{1,x} + 3u_1u_{2,x} - 6u_1u_{1,x} - 6u_2u_{2,x} - u_{1,xxx}, \\[2mm] u_{2,t} = 3u_1u_{1,x} + 3u_2u_{2,x} - 6u_2u_{1,x} - 6u_1u_{2,x} - u_{2,xxx}. \end{cases} \tag{1.83}$$

当 $u_2 = u_1 = u$ 时, 方程 (1.83) 被约化为经典 KdV 方程 [2]

$$u_t + 6uu_x + u_{xxx} = 0. \tag{1.84}$$

(2) 当 $u_4 = -u_1$, $u_3 = -u_2$, 和 $t_3 = t$ 时, 方程 (1.82) 被约化为耦合 mKdV 方程

$$\begin{cases} u_{1,t} = \dfrac{\beta}{4}(6u_1^2u_{1,x} + 6u_2^2u_{1,x} + 12u_1u_2u_{2,x} + u_{1,xxx}), \\[2mm] u_{2,t} = \dfrac{\beta}{4}(6u_1^2u_{2,x} + 6u_2^2u_{2,x} + 12u_1u_2u_{1,x} + u_{2,xxx}). \end{cases} \tag{1.85}$$

当 $u_1 = u$, $u_2 = 0$ 时, 方程 (1.85) 进一步被约化为经典 mKdV 方程 [2]

$$u_t = \frac{\beta}{4}(6u^2u_x + u_{xxx}). \tag{1.86}$$

取 $\langle A, B \rangle = \mathrm{tr}(AB)$, 通过直接计算, 可得

$$\left\langle V, \frac{\partial U}{\partial \lambda} \right\rangle = 4F, \quad \left\langle V, \frac{\partial U}{\partial u_1} \right\rangle = 2A, \quad \left\langle V, \frac{\partial U}{\partial u_2} \right\rangle = 2B,$$

$$\left\langle V, \frac{\partial U}{\partial u_3} \right\rangle = 2C, \quad \left\langle V, \frac{\partial U}{\partial u_4} \right\rangle = 2D. \tag{1.87}$$

应用迹恒等式, 可得

$$\left(\frac{\delta}{\delta u_1}, \frac{\delta}{\delta u_2}, \frac{\delta}{\delta u_3}, \frac{\delta}{\delta u_4}\right)\left\langle V, \frac{\partial U}{\partial \lambda}\right\rangle$$

$$= \left(\lambda^{-\gamma}\left(\frac{\partial}{\partial \lambda}\right)\lambda^{\gamma}\right)\left(\left\langle V, \frac{\partial U}{\partial u_1}\right\rangle, \left\langle V, \frac{\partial U}{\partial u_2}\right\rangle, \left\langle V, \frac{\partial U}{\partial u_3}\right\rangle, \left\langle V, \frac{\partial U}{\partial u_4}\right\rangle\right). \tag{1.88}$$

把 (1.70) 式和 (1.87) 式代入 (1.88) 式, 可得

$$\left(\frac{\delta}{\delta u_1}, \frac{\delta}{\delta u_2}, \frac{\delta}{\delta u_3}, \frac{\delta}{\delta u_4}\right)\left(4\int (u_1 a_j + u_2 b_j - u_3 c_j - u_4 d_j)dx\right)$$

$$= (\gamma - j)(2a_j, 2b_j, 2c_j, 2d_j), \quad j \geqslant 0. \tag{1.89}$$

为确定常数 γ 的值, 取 $j = 0$ 时, 比较以上方程中的系数, 可得 $\gamma = 0$.

把 $\gamma = 0$ 代入 (1.89) 式, 有

$$\left(\frac{\delta}{\delta u_1}, \frac{\delta}{\delta u_2}, \frac{\delta}{\delta u_3}, \frac{\delta}{\delta u_4}\right)H_j = G_j^{\mathrm{T}},$$

$$H_j = \frac{2}{-j}\int (u_1 a_j + u_2 b_j - u_3 c_j - u_4 d_j)dx, \quad j \geqslant 0. \tag{1.90}$$

从而, 我们得到孤子族 (1.77) 的广义哈密顿结构

$$\begin{pmatrix} u_1 \\ u_2 \\ u_3 \\ u_4 \end{pmatrix}_{t_n} = K\begin{pmatrix} \dfrac{\delta H_{n-1}}{\delta u_1} \\[2mm] \dfrac{\delta H_{n-1}}{\delta u_2} \\[2mm] \dfrac{\delta H_{n-1}}{\delta u_3} \\[2mm] \dfrac{\delta H_{n-1}}{\delta u_4} \end{pmatrix} = J\begin{pmatrix} \dfrac{\delta H_n}{\delta u_1} \\[2mm] \dfrac{\delta H_n}{\delta u_2} \\[2mm] \dfrac{\delta H_n}{\delta u_3} \\[2mm] \dfrac{\delta H_n}{\delta u_4} \end{pmatrix}, \tag{1.91}$$

其中 K 和 J 在 (1.77) 式中给出.

1.5　耦合 KdV 族的可积耦合系统

本节首先介绍构造可积耦合系统的半直和 Lie 代数思想 [26, 27], 并利用它构造了耦合 KdV 族的可积耦合系统; 其次利用变分恒等式建立了联系耦合 KdV 族的一个可积耦合系统的双 Hamilton 结构.

1.5.1 半直和 Lie 代数

设 G 是一个矩阵 Lie 代数, 考虑矩阵谱问题 (Lax 对)

$$\phi_x = U\phi = U(u, \lambda)\phi,$$
$$\phi_t = V\phi = V\left(u, u_x, \cdots, \frac{\partial^{m_0} u}{\partial x^{m_0}}; \lambda\right)\phi, \tag{1.92}$$

其中 $U, V \in G$, $u = u(x, t)$, m_0 为正整数, λ 为谱参数. (1.92) 式的相容性条件确定了一个发展方程

$$u_t = K(u), \quad u = u(x, t). \tag{1.93}$$

为了构造 (1.93) 式的可积耦合系统, 利用 Lie 代数的半直和思想, 扩展矩阵 Lie 代数 G 为 $\overline{G}$, 即

$$\overline{G} = G \uplus G_c. \tag{1.94}$$

G 和 G_c 满足

$$[G, G_c] \subseteq G_c, \tag{1.95}$$

其中 $[G, G_c] = \{[A, B] | A \in G, B \in G_c\}$, 同时在矩阵乘积下, GG_c, $G_cG \subseteq G_c$, 即 G_c 是半直和 Lie 代数 $\overline{G}$ 的一个理想子代数.

若在 Lie 代数的半直和 $\overline{G}$ 中, 选择 Lax 矩阵为

$$M = U + U_c, \quad N = V + V_c, \quad U_c, V_c \in G_c. \tag{1.96}$$

相应的扩展的谱问题为

$$\tilde{\phi}_x = M\tilde{\phi} = M(\overline{u}, \lambda)\tilde{\phi}, \tag{1.97}$$
$$\tilde{\phi}_t = N\tilde{\phi} = N\left(\overline{u}, \overline{u}_x, \cdots, \frac{\partial^{m_0}\overline{u}}{\partial x^{m_0}}; \lambda\right)\tilde{\phi}, \tag{1.98}$$

其中 $M, N \in \overline{G}$, $\overline{u} = \overline{u}(x, t)$, m_0 为正整数.

M 的子矩阵 U_c 只依赖于新位势 v 和 λ, $\overline{u}$ 中包含原位势 u 和新位势 v. 于是相应的零曲率方程为

$$M_t - N_x + [M, N] = 0. \tag{1.99}$$

(1.99) 式等价于如下方程:

$$U_t - V_x + [U, V] = 0,$$
$$U_{c,t} - V_{c,x} + [U, V_c] + [U_c, V] + [U_c, V_c] = 0, \tag{1.100}$$

其中第一个方程就是原来的方程 (1.93), 因此我们称系统 (1.100) 为系统 (1.93) 的耦合系统.

如果选取特殊的 Lie 代数半直和如下:

$$M = \begin{pmatrix} U & U_{c_1} & \cdots & U_{c_\nu} \\ 0 & U & \ddots & \vdots \\ \vdots & \ddots & \ddots & U_{c_1} \\ 0 & \cdots & 0 & U \end{pmatrix}, \quad N = \begin{pmatrix} V & V_{c_1} & \cdots & V_{c_\nu} \\ 0 & V & \ddots & \vdots \\ \vdots & \ddots & \ddots & V_{c_1} \\ 0 & \cdots & 0 & V \end{pmatrix}, \tag{1.101}$$

那么耦合系统 (1.100) 可化为

$$U_t - V_x + [U, V] = 0,$$

$$U_{c_i,t} - V_{c_i,x} + \sum_{k+l=i, k,l \geqslant 0} [U_{c_k}, V_{c_l}] = 0, \ 1 \leqslant i \leqslant \nu, \tag{1.102}$$

其中 $U_{c_0} = U$, $V_{c_0} = V$.

1.5.2　耦合 KdV 族

如果在 1.1 节的 (1.1) 式中, 令 $u = \frac{1}{2}q$, $v = -r$, $f(u) = 0$, 且 λ 由 $-\frac{1}{2}\lambda$ 来替换后, 得耦合 KdV 谱问题

$$\phi_x = U\phi, \quad U = U(u, \lambda) = \begin{pmatrix} -\frac{1}{2}\lambda + \frac{1}{2}q & -r \\ 1 & \frac{1}{2}\lambda - \frac{1}{2}q \end{pmatrix} \phi, \quad u = \begin{pmatrix} q \\ r \end{pmatrix}, \tag{1.103}$$

其中 q 和 r 为独立变量. 令

$$V = \begin{pmatrix} a & b \\ c & -a \end{pmatrix} = \sum_{i \geqslant 0} V_i \lambda^{-i} = \sum_{i \geqslant 0} \begin{pmatrix} a_i & b_i \\ c_i & -a_i \end{pmatrix} \lambda^{-i}, \tag{1.104}$$

并取初始值

$$a_0 = -\frac{1}{2}, \quad b_0 = c_0 = 0.$$

我们考虑驻定零曲率方程 $V_x = [U, V]$ 产生递推关系式

$$\begin{cases} a_{i+1,x} = -b_{i+1} - rc_{i+1}, \\ b_{i+1} = qb_i + 2ra_i - b_{i,x}, \\ c_{i+1} = c_{i,x} + qc_i - 2a_i, \end{cases} \tag{1.105}$$

其中 $i \geqslant 0$. 假设 $a_i |_{u=0} = b_i |_{u=0} = c_i |_{u=0} = 0$, $i \geqslant 2$ (或等价于选取积分常数为零), 则由递推关系式 (1.105) 唯一确定一系列关于 q 和 r 的发展方程. 列出它们的前面

几组系数为

$$\begin{cases} a_1 = 0, \ b_1 = -r, \ c_1 = 1, \\ a_2 = -r, \ b_2 = r_x - rq, \ c_2 = q, \\ a_3 = r_x - 2rq, \ b_3 = -q^2r - 2r^2 + rq_x + 2qr_x - r_{xx}, \ c_3 = q^2 + 2rq_x, \cdots \end{cases} \quad (1.106)$$

根据矩阵谱问题的相容性条件, 有

$$\phi_x = U\phi, \quad \phi_t = V^{[m]}\phi, \quad V^{[m]} = (\lambda^m V)_+ + \Delta_m, \quad m \geqslant 0, \quad (1.107)$$

其中

$$\Delta_m = \begin{pmatrix} \dfrac{1}{2}c_{m+1} & 0 \\ 0 & -\dfrac{1}{2}c_{m+1} \end{pmatrix},$$

由此确定了耦合 KdV 族

$$u_{t_m} = \begin{pmatrix} q \\ r \end{pmatrix}_{t_m} = K_m = \begin{pmatrix} c_{m+1,x} \\ -a_{m+1,x} \end{pmatrix} = \Phi^{m-1}\begin{pmatrix} -r \\ -q \end{pmatrix} = J\frac{\delta H_m}{\delta u}, \quad m \geqslant 0,$$

$$(1.108)$$

其中 J 为 Hamilton 算子, Φ 和 H_m 分别为耦合 KdV 族的递推算子和 Hamilton 函数, 即

$$J = \begin{pmatrix} 0 & -\partial \\ -\partial & 0 \end{pmatrix}, \quad \Phi = \begin{pmatrix} \Phi_{11} & \partial^{-1}r\partial + r \\ 2 & \partial + q \end{pmatrix}, \quad H_m = \int \frac{a_{m+2}}{m+1}dx, \quad (1.109)$$

其中 $\partial = \dfrac{\partial}{\partial x}$, $\Phi_{11} = -\partial + \partial^{-1}q\partial, m \geqslant 0$.

1.5.3 扩展的耦合 KdV 族

为了构造发展方程族 (1.108) 的可积耦合系统 [27], 我们选取 4×4 矩阵的 Lie 代数半直和

$$G = \left\{ \begin{pmatrix} A & 0 \\ 0 & A \end{pmatrix} \Big| A \in \mathbb{R}[\lambda] \otimes sl(2) \right\},$$

$$G_c = \left\{ \begin{pmatrix} 0 & B \\ 0 & 0 \end{pmatrix} \Big| B \in \mathbb{R}[\lambda] \otimes sl(2) \right\},$$

$$(1.110)$$

其中 Lie 代数 $\mathbb{R}[\lambda] \otimes sl(2)$ 由 $\{\lambda^n A \mid n \geqslant 0, A \in sl(2)\}$ 生成, 且 $\bar{G} = G \uplus G_c$. 此时, G_c 是 $\bar{G}$ 的一个理想 Lie 子代数. 定义谱问题 (1.103) 的扩展谱问题为

$$M = M(\bar{u}, \lambda) = \begin{pmatrix} U & U_a \\ 0 & U \end{pmatrix} \in G \uplus G_c, \quad U_a = U_a(v) = \begin{pmatrix} -v_1 & v_2 \\ v_3 & v_1 \end{pmatrix}, \quad (1.111)$$

其中

$$U = U_0\lambda + U_1, \quad U_0 = \begin{pmatrix} -\dfrac{1}{2} & 0 \\ 0 & \dfrac{1}{2} \end{pmatrix}, \quad U_1 = \begin{pmatrix} \dfrac{1}{2}q & -r \\ 1 & -\dfrac{1}{2}q \end{pmatrix}, \tag{1.112}$$

$v_i\ (1 \leqslant i \leqslant 3)$ 为新位势, 且

$$v = (v_1, v_2, v_3)^{\mathrm{T}}, \quad \bar{u} = (u^{\mathrm{T}}, v^{\mathrm{T}})^{\mathrm{T}} = (q, r, v_1, v_2, v_3)^{\mathrm{T}}. \tag{1.113}$$

考虑扩展的驻定零曲率方程 $N_x = [M, N]$, 其中

$$N = \begin{pmatrix} V & V_a \\ 0 & V \end{pmatrix}, \quad V_a = V_a(\bar{u}, \lambda) = \begin{pmatrix} e & f \\ g & -e \end{pmatrix}, \tag{1.114}$$

V 是 $V_x = [U, V]$ 的解, 由 (1.105) 式确定. 然而, 扩展的驻定零曲率方程化为

$$V_{a,x} = [U, V_a] + [U_a, V]. \tag{1.115}$$

(1.115) 式等价于

$$\begin{cases} e_x = -f - rg + v_2c - v_3b, \\ f_x = -f\lambda + qf + 2re - 2v_1b - 2v_2a, \\ g_x = g\lambda + 2e - qg + 2v_1c + 2v_3a. \end{cases}$$

假设

$$e = \sum_{i \geqslant 0} e_i\lambda^{-i}, \quad f = \sum_{i \geqslant 0} f_i\lambda^{-i}, \quad g = \sum_{i \geqslant 0} g_i\lambda^{-i},$$

我们有

$$\begin{cases} e_{i+1,x} = -f_{i+1} - rg_{i+1} + v_2c_{i+1} - v_3b_{i+1}, \\ f_{i,x} = -f_{i+1} + qf_i + 2re_i - 2v_1b_i - 2v_2a_i, \\ g_{i,x} = g_{i+1} + 2e_i - qg_i + 2v_1c_i + 2v_3a_i, \end{cases} \tag{1.116}$$

其中 $i \geqslant 0$, 令初始值为

$$e_0 = -1, \quad f_0 = g_0 = 0. \tag{1.117}$$

假设 $e_i\,|_{u=0} = f_i\,|_{u=0} = g_i\,|_{u=0} = 0, i \geqslant 2$, 则所有的 e_i, f_i 和 g_i 被唯一确定, 写出它

们的前面几组为

$$\begin{cases} e_1 = 0, \ f_1 = v_2 - 2r, \ g_1 = 2 + v_3, \ e_2 = v_2 - 2r - rv_3, \\ f_2 = -2qr + 2rv_1 + qv_2 + 2r_x - v_{2,x}, \ g_2 = 2q - 2v_1 + qv_3 + v_{3,x}, \\ e_3 = -4qr + 4rv_1 + 2qv_2 + 2r_x + v_3(r_x - 2qr) - v_{2,x} - rv_{3,x}, \\ f_3 = -2q^2 r - 4r^2 + 4qrv_1 + q^2 v_2 + 4rv_2 - 2r^2 v_3 + 2rq_x - v_2 q_x \\ \qquad + 4qr_x - 4v_1 r_x - 2rv_{1,x} - 2qv_{2,x} - 2r_{xx} + v_{2,xx}, \\ g_3 = 2q^2 + 4r - 4qv_1 - 2v_2 + q^2 v_3 + 4rv_3 + 2q_x + v_3 q_x - 2v_{1,x} \\ \qquad + 2qv_{3,x} + v_{3,xx}. \end{cases} \tag{1.118}$$

V_a 展开为

$$V_a = \sum_{i \geqslant 0} V_{a,i} \lambda^{-i}. \tag{1.119}$$

由 (1.115) 式得

$$(V_{a,i})_x = [U_0, V_{a,i+1}] + [U_1, V_{a,i}] + [U_a, V_i], \quad i \geqslant 0. \tag{1.120}$$

现在, 我们定义

$$N^{[m]} = \begin{pmatrix} V^{[m]} & V_a^{[m]} \\ 0 & V^{[m]} \end{pmatrix} \in \overline{G}, \quad V_a^{[m]} = (\lambda^m V_a)_+ + \Delta_{m,a}, \quad m \geqslant 0, \tag{1.121}$$

其中 $V^{[m]}$ 由 (1.107) 式定义, 并取修正项 $\Delta_{m,a}$ 为

$$\Delta_{m,a} = \begin{pmatrix} -\delta_m & 0 \\ 0 & \delta_m \end{pmatrix}, \quad m \geqslant 0, \tag{1.122}$$

其中 $\delta_m, m \geqslant 0$, 为待定函数. 然而, 扩展的 m 阶零曲率方程为

$$M_{t_m} - (N^{[m]})_x + [M, N^{[m]}] = 0.$$

进一步推导出

$$U_{a,t_m} - (V_a^{[m]})_x + [U, V_a^{[m]}] + [U_a, V^{[m]}] = 0,$$

由 (1.108) 式中的 m 阶耦合 KdV 方程, 基于 (1.120) 式, 它可以化为

$$U_{a,t_m} - (\Delta_{m,a})_x - [U_0, V_{a,m+1}] + [U_1, \Delta_{m,a}] = 0.$$

用它可给出

$$v_{t_m} = \begin{pmatrix} v_1 \\ v_2 \\ v_3 \end{pmatrix}_{t_m} = S_m(u,v) = \begin{pmatrix} \delta_{m,x} \\ -f_{m+1} + v_2 c_{m+1} + 2r\delta_m \\ g_{m+1} - v_3 c_{m+1} + 2\delta_m \end{pmatrix}, \quad m \geqslant 0, \tag{1.123}$$

其中 $v = (v_1, v_2, v_3)^{\mathrm{T}}$ 在 (1.113) 式中给出. 我们得到了耦合 KdV 族一个耦合系统为

$$\bar{u}_{t_m} = \left(\begin{array}{c} u \\ v \end{array} \right)_{t_m} = \bar{K}_m(\bar{u}) = \left(\begin{array}{c} K_m(u) \\ S_m(u, v) \end{array} \right), \quad m \geqslant 0. \tag{1.124}$$

为了得到耦合系统 (1.124) 的 Hamilton 结构, 我们需要构造非退化的双线性形式. 首先将 Lie 代数转化为向量形式. 定义映射

$$\delta : \overline{G} \to \mathbb{R}^6, \ A \to (a_1, a_2, \cdots, a_6)^{\mathrm{T}},$$

$$A = \left(\begin{array}{cccc} a_1 & a_2 & a_4 & a_5 \\ a_3 & -a_1 & a_6 & -a_4 \\ 0 & 0 & a_1 & a_2 \\ 0 & 0 & a_3 & -a_1 \end{array} \right) \in \overline{G}.$$

在 $\mathbb{R}^6$ 上, 定义交换子 $[\cdot, \cdot]$ 为

$$[a, b]^{\mathrm{T}} = a^{\mathrm{T}} R(b), \quad a = (a_1, \cdots, a_6)^{\mathrm{T}}, \quad b = (b_1, \cdots, b_6)^{\mathrm{T}} \in \mathbb{R}^6,$$

其中

$$R(b) = \left(\begin{array}{cccccc} 0 & 2b_2 & -2b_3 & 0 & 2b_5 & -2b_6 \\ b_3 & -2b_1 & 0 & b_6 & -2b_4 & 0 \\ -b_2 & 0 & 2b_1 & -b_5 & 0 & 2b_4 \\ 0 & 0 & 0 & 2b_2 & 2b_2 & -2b_3 \\ 0 & 0 & 0 & b_3 & -2b_1 & 0 \\ 0 & 0 & 0 & -b_2 & 0 & 2b_1 \end{array} \right).$$

在 $\mathbb{R}^6$ 上, 可定义双线性形式为

$$\langle a, b \rangle = a^{\mathrm{T}} F b,$$

其中 F 为常数矩阵. 关于对称性质 $\langle a, b \rangle = \langle b, a \rangle$, 要求满足

$$F^{\mathrm{T}} = F.$$

在对称条件下, 由 Lie 运算的不变性

$$\langle a, [b, c] \rangle = \langle [a, b], c \rangle, \tag{1.125}$$

利用 (1.125) 式中的 $[b, c] = -[c, b]$, 对一切 $b \in \mathbb{R}^6$, 要求满足

$$F(R(b))^{\mathrm{T}} = -R(b)F.$$

解相关系统得

$$F = \begin{pmatrix} 2\eta_1 & 0 & 0 & 2\eta_2 & 0 & 0 \\ 0 & 0 & \eta_1 & 0 & 0 & \eta_2 \\ 0 & \eta_1 & 0 & 0 & \eta_2 & 0 \\ 2\eta_2 & 0 & 0 & 0 & 0 & 0 \\ 0 & 0 & \eta_1 & 0 & 0 & 0 \\ 0 & \eta_2 & 0 & 0 & 0 & 0 \end{pmatrix}, \tag{1.126}$$

其中 η_1 和 η_2 为任意常数. 现在, 在半直和 Lie 代数 $\overline{G}$ 中定义双线性形式为

$$\begin{aligned}
\langle A, B \rangle_{\overline{G}} &= \langle \delta^{-1}(A), \delta^{-1}(B) \rangle_{\mathbb{R}^6} = (a_1, \cdots, a_6) F (b_1, \cdots, b_6)^{\mathrm{T}} \\
&= \eta_1(2a_1 b_1 + a_2 b_3 + a_3 b_2) + \eta_2(2a_1 b_4 + a_2 b_6 + a_3 b_5 + 2a_4 b_1 \\
&\quad + a_5 b_3 + a_6 b_2),
\end{aligned} \tag{1.127}$$

其中

$$A = \begin{pmatrix} a_1 & a_2 & a_4 & a_5 \\ a_3 & -a_1 & a_6 & -a_4 \\ 0 & 0 & a_1 & a_2 \\ 0 & 0 & a_3 & -a_1 \end{pmatrix}, \quad B = \begin{pmatrix} b_1 & b_2 & b_4 & b_5 \\ b_3 & -b_1 & b_6 & -b_4 \\ 0 & 0 & b_1 & b_2 \\ 0 & 0 & b_3 & -b_1 \end{pmatrix}. \tag{1.128}$$

我们考虑半直和 Lie 代数 $\bar{G} = G \oplus G_c$ 的一种非退化情形

$$\eta_1 = \eta_2 = 1.$$

有

$$\langle N, M_\lambda \rangle = -a - e, \tag{1.129}$$

其中 M 和 N 由 (1.111) 式和 (1.114) 式分别确定. (1.126) 式将用于构造可积耦合系统 (1.123) 的 Hamilton 结构.

令 $\delta_m = 0, v_1 = \alpha(\alpha$ 为常数), 则 $\bar{u} = (q, r, v_2, v_3)^{\mathrm{T}}$. 我们有

$$\left\langle N, \frac{\partial \bar{M}}{\partial \bar{u}} \right\rangle = (a + e, -c - g, c, b)^{\mathrm{T}}. \tag{1.130}$$

由变分恒等式计算出

$$\frac{\delta}{\delta \bar{u}} \int (-a - e) dx = \lambda^{-\gamma} \frac{\partial}{\partial \lambda} \lambda^\gamma (a + e, -c - g, c, b)^{\mathrm{T}}.$$

上式等价于

$$\frac{\delta}{\delta \bar{u}} \int (-a_{m+1} - e_{m+1}) dx = (-m + \gamma)(a_m + e_m, -c_m - g_m, c_m, b_m)^{\mathrm{T}}.$$

比较 λ^{-m-1} $(m \geqslant 0)$ 的系数, 并取 $m = 0$, 得 $\gamma = 0$. 我们有

$$(a_{m+1} + e_{m+1}, -c_{m+1} - g_{m+1}, c_{m+1}, b_{m+1})^{\mathrm{T}} = \frac{\delta}{\delta \bar{u}} \int \frac{a_{m+2} + e_{m+2}}{m+1} dx, \quad m \geqslant 0. \tag{1.131}$$

(1.124) 式化为

$$\bar{u}_{t_m} = \begin{pmatrix} u \\ v \end{pmatrix}_{t_m} = \bar{K}_m(\bar{u}) = \begin{pmatrix} K_m(u) \\ S_m(u,v) \end{pmatrix} = \begin{pmatrix} c_{m+1,x} \\ -a_{m+1,x} \\ -f_{m+1} + v_2 c_{m+1} \\ g_{m+1} - v_3 c_{m+1} \end{pmatrix}, \quad m \geqslant 0. \tag{1.132}$$

(1.132) 式的第一个非平凡的非线性系统为

$$\begin{cases} q_{t_2} = 2qq_x + 2r_x + q_{xx}, \ r_{t_2} = 2rq_x + 2qr_x - r_{xx}, \\ v_{2t_2} = -4\alpha qr + 2q^2 r + 4r^2 - 2rv_2 + 2r^2 v_3 - 2rq_x + 2v_2 q_x + 4\alpha r_x \\ \qquad -4qr_x + 2qv_2 + 2r_{xx} - v_{2xx}, \\ v_{3t_2} = -4\alpha q + 2q^2 + 4r - 2v_2 + 2rv_3 + 2q_x + 2qv_{3x} + v_{3xx}. \end{cases} \tag{1.133}$$

因此, 我们有

$$(c_{m+1x}, -a_{m+1x}, -f_{m+1} + v_2 c_{m+1}, g_{m+1} - v_3 c_{m+1})^{\mathrm{T}}$$
$$= \bar{J}(a_{m+1} + e_{m+1}, -c_{m+1} - g_{m+1}, c_{m+1}, b_{m+1})^{\mathrm{T}},$$

其中 $\bar{J}$ 为 Hamilton 算子

$$\bar{J} = \begin{pmatrix} 0 & 0 & \partial & 0 \\ 0 & 0 & r & 1 \\ \partial & -r & 0 & v_3 + 1 \\ 0 & -1 & -v_3 - 1 & 0 \end{pmatrix}. \tag{1.134}$$

扩展族 (1.132) 拥有如下 Hamilton 结构:

$$\bar{u}_{t_m} = \overline{K}_m = \overline{J} \frac{\delta \overline{H}_m}{\delta \bar{u}}, \ m \geqslant 0, \tag{1.135}$$

其中

$$\overline{H}_m = \int \frac{a_{m+2} + e_{m+2}}{m+1} dx, \ m \geqslant 0. \tag{1.136}$$

易见 $\overline{H}_0 = \int (v_2 - 3r - rv_3) dx$. 基于递推关系 (1.105) 和 (1.116), 可得系统 (1.132)

的递推算子如下:

$$(a_{m+1} + e_{m+1}, -c_{m+1} - g_{m+1}, c_{m+1}, b_{m+1})^{\mathrm{T}} = \bar{\Phi}(a_m + e_m, -c_m - g_m, c_m, b_m)^{\mathrm{T}},$$

其中

$$\bar{\Phi}(\bar{u}) = \begin{pmatrix} \bar{\Phi}_{11} & r + \partial^{-1}r\partial & \bar{\Phi}_{13} & \bar{\Phi}_{14} \\ 2 & \partial + q & 2v_1 - 2v_3\partial^{-1}r & -2v_3\partial^{-1} \\ 0 & 0 & \partial + q + 2\partial^{-1}r & 2\partial^{-1} \\ 0 & 0 & -2r\partial^{-1}r & -\partial + q - 2r\partial^{-1} \end{pmatrix}, \quad (1.137)$$

$$\bar{\Phi}_{11} = -\partial + \partial^{-1}q\partial, \ \bar{\Phi}_{13} = v_2 + \partial^{-1}v_2\partial + 2\partial^{-1}v_1 r, \ \bar{\Phi}_{14} = -v_3 + \partial^{-1}v_3\partial + 2\partial^{-1}v_1.$$

所以,

$$\bar{u}_{t_m} = \begin{pmatrix} u \\ v \end{pmatrix}_{t_m} = \bar{J}\frac{\delta\overline{H}_m}{\delta\bar{u}} = \bar{J}\,\bar{\Phi}\frac{\delta\overline{H}_{m-1}}{\delta\bar{u}} = \bar{J}\,\bar{\Phi}^m f(\bar{u}).$$

容易验证 $\bar{J}$ 与 $\bar{\Phi}$ 满足

$$\bar{J}\bar{\Phi} = \bar{\Phi}^*\bar{J} = \begin{pmatrix} 0 & 0 & \partial^2 + \partial q + 2r & 2 \\ 0 & 0 & r\partial + rq & -\partial + q \\ -\partial^2 + q\partial - 2r & \partial r - rq & A & B \\ -2 & -\partial - q & C & D \end{pmatrix}, \quad (1.138)$$

其中

$$A = \partial v_2 + v_2\partial - 2\partial^{-1}r, \ B = -\partial v_3 + 2v_1 + v_3 q - \partial + q - 2r\partial^{-1},$$
$$C = -v_3\partial - 2v_1 - v_3 q - \partial - q - 2\partial^{-1}r, \ D = -2\partial^{-1}.$$

若 $m > n$,

$$\{\overline{H}_n, \overline{H}_m\} = \int \left\langle \frac{\delta\overline{H}_n}{\delta\bar{u}}, \bar{J}\frac{\delta\overline{H}_m}{\delta\bar{u}} \right\rangle dx = \int \left\langle \bar{\Phi}^n f(\bar{u}), \bar{J}\bar{\Phi}^m f(\bar{u}) \right\rangle dx$$

$$= \int \left\langle \bar{\Phi}^n f(\bar{u}), \bar{\Phi}^*\bar{J}\bar{\Phi}^{m-1}f(\bar{u}) \right\rangle dx = \int \left\langle \bar{\Phi}^{n+1}f(\bar{u}), \bar{J}\bar{\Phi}^{m-1}f(\bar{u}) \right\rangle dx$$

$$= \{\overline{H}_{n+1}, \overline{H}_{m-1}\} = \cdots = \{\overline{H}_m, \overline{H}_n\}.$$

又由 $\{\overline{H}_n, \overline{H}_m\} = -\{\overline{H}_m, \overline{H}_n\}$, 所以 $\{\overline{H}_n, \overline{H}_m\} = 0$.

$$\{\overline{H}_n, \overline{H}_m\} := \int \left\langle \frac{\delta\overline{H}_n}{\delta\bar{u}}, \bar{J}\frac{\delta\overline{H}_m}{\delta\bar{u}} \right\rangle dx = 0,$$

$$\frac{d\overline{H}_n}{dt_m} = \int \left\langle \frac{\delta\overline{H}_n}{\delta\bar{u}}, \bar{u}_{t_m} \right\rangle dx = \int \left\langle \frac{\delta\overline{H}_n}{\delta\bar{u}}, \bar{J}\frac{\delta\overline{H}_m}{\delta\bar{u}} \right\rangle dx = \{\overline{H}_m, \overline{H}_n\} = 0,$$

故, $\bar{J}$ 与 $\bar{\Phi}\bar{J}$ 构成 Hamilton 算子对, 所以扩展族 (1.132) 类似耦合 KdV 族 (1.108) 拥有双 Hamilton 结构.

第 2 章 N 重 Darboux 变换与孤立波

Darboux 阵是用纯代数的算法构造而成, 所以适宜于进行计算机符号推演, 并且 Darboux 阵对谱问题里的任何方程都是统一的. 利用 N 重 Darboux 阵, 可以得到 N 重 Darboux 变换, 从而获得非线性演化方程的多孤立子解的一般表达式 [28−39]. 本章首先介绍基于 2×2 矩阵谱问题的三种基本的 N 重 Darboux 阵, 然后给出 N 重 Darboux 变换的一些应用, 最后列出几个广义孤子族的 1 重 Darboux 变换的结果.

2.1 N 重 Darboux 变换的三种基本形式

N 重 Darboux 阵有如下三种基本形式:

$$
T_1^{(N)} = \begin{pmatrix} \alpha & 0 \\ 0 & 0 \end{pmatrix} \lambda^N + \alpha \sum_{j=0}^{N-1} \begin{pmatrix} A_j & B_j \\ C_j & D_j \end{pmatrix} \lambda^j, \tag{2.1}
$$

$$
T_2^{(N)} = \begin{pmatrix} 0 & 0 \\ 0 & \beta \end{pmatrix} \lambda^N + \beta \sum_{j=0}^{N-1} \begin{pmatrix} A_j & B_j \\ C_j & D_j \end{pmatrix} \lambda^j, \tag{2.2}
$$

$$
T_3^{(N)} = \begin{pmatrix} A_N & 0 \\ 0 & \dfrac{1}{A_N} \end{pmatrix} \lambda^N + \begin{pmatrix} A_N & 0 \\ 0 & \dfrac{1}{A_N} \end{pmatrix} \sum_{j=0}^{N-1} \begin{pmatrix} A_j & B_j \\ C_j & D_j \end{pmatrix} \lambda^j, \tag{2.3}
$$

其中 λ 是谱参数, α, β, A_N, A_j, B_j, C_j 和 D_j $(j = 0, 1, \cdots, N-1)$ 是关于时间和空间变量的可微函数. 以上三种 N 重 Darboux 阵之间有着密切的联系, 例如, 当 $N = 1$ 时, 文献 [35] 和 [36] 给出了 $T_2^{(1)} \cdot T_1^{(1)} = T_3^{(1)}$ 的一个证明.

2.2   广义 BKK-BB 族的 Darboux 变换及其应用

在本节, 我们利用 N 重 Darboux 阵 $T_3^{(N)}$ 构造了广义 BKK-BB 谱问题 (1.1) 的 N 重 Darboux 变换, 并应用它获得了方程 (1.17)~(1.22) 的新多孤立子解.

实际上, Darboux 阵 T 是能保持 Lax 对形式不变的. 令

$$
\overline{\Phi} = T\Phi, \tag{2.4}
$$

要求 $\bar{\Phi}$ 也满足同样形式的 Lax 对 (1.1), 即

$$\bar{\Phi}_x = \overline{U}\bar{\Phi}, \qquad \overline{U} = (T_x + TU)T^{-1}, \tag{2.5}$$

$$\bar{\Phi}_{t_n} = \overline{V}^{(n)}\bar{\Phi}, \qquad \overline{V}^{(n)} = (T_{t_n} + TV^{(n)})T^{-1}. \tag{2.6}$$

通过交叉微分 (2.5) 和 (2.6), 即 $\bar{\Phi}_{xt_n} = \bar{\Phi}_{t_n x}$, 我们得到

$$\overline{U}_{t_n} - \overline{V}_x^{(n)} + [\overline{U}, \overline{V}^{(n)}] = T\left(U_t - V_x^{(n)} + [U, V^{(n)}]\right)T^{-1}. \tag{2.7}$$

这表明要使方程 (1.17)~(1.22) 在规范变换下不变, 就要求 $\overline{U}$ 和 $\overline{V}^{(n)}$ 与 U 和 $V^{(n)}$ 有相同的形式. 这样 U, $V^{(n)}$ 中旧位势 u, v 被映为 $\overline{U}$, $\overline{V}^{(n)}$ 中的新位势 $\overline{u}$, $\overline{v}$. 通常这种过程可不断地进行下去并产生方程 (1.17)~(1.22) 的一系列多孤立子解.

取 $T = T_3^{(N)}$, 我们可直接构造方程 (1.17)~(1.22) 的如下 N 重 Darboux 变换:

$$T = T_3^{(N)} = \begin{pmatrix} A(\lambda) & B(\lambda) \\ C(\lambda) & D(\lambda) \end{pmatrix}, \tag{2.8}$$

其中

$$A(\lambda) = A_N\left(\lambda^N + \sum_{k=0}^{N-1} A_k\lambda^k\right), \qquad B(\lambda) = A_N\left(\sum_{k=0}^{N-1} B_k\lambda^k\right), \tag{2.9}$$

$$C(\lambda) = \frac{1}{A_N}\left(\sum_{k=0}^{N-1} C_k\lambda^k\right), \qquad D(\lambda) = \frac{1}{A_N}\left(\lambda^N + \sum_{k=0}^{N-1} D_k\lambda^k\right). \tag{2.10}$$

假设 $\Phi(x, t_n, \lambda_j) = (\phi_1(x, t_n, \lambda_j), \phi_2(x, t_n, \lambda_j))^{\mathrm{T}}$ 和 $\Psi(x, t_n, \lambda_j) = (\psi_1(x, t_n, \lambda_j), \psi_2(x, t_n, \lambda_j))^{\mathrm{T}}$ 为谱问题 (1.1) 的两个基本解. 由 (2.4), 存在一组常数 r_j $(0 \leqslant j \leqslant 2N)$, 能使 T 中的 $A(\lambda_j)$, $B(\lambda_j)$, $C(\lambda_j)$ 和 $D(\lambda_j)$ 满足

$$[A(\lambda_j)\phi_1(\lambda_j) + B(\lambda_j)\phi_2(\lambda_j)] - r_j[A(\lambda_j)\psi_1(\lambda_j) + B(\lambda_j)\psi_2(\lambda_j)] = 0, \tag{2.11}$$

$$[C(\lambda_j)\phi_1(\lambda_j) + D(\lambda_j)\phi_2(\lambda_j)] - r_j[C(\lambda_j)\psi_1(\lambda_j) + D(\lambda_j)\psi_2(\lambda_j)] = 0. \tag{2.12}$$

(2.11) 和 (2.12) 可进一步写成如下线性系统:

$$A(\lambda_j) + \delta_j B(\lambda_j) = 0, \qquad C(\lambda_j) + \delta_j D(\lambda_j) = 0, \tag{2.13}$$

或

$$\sum_{k=0}^{N-1}(A_k + \delta_j B_k)\lambda_j^k = -\lambda_j^N, \qquad \sum_{k=0}^{N-1}(C_k + \delta_j D_k)\lambda_j^k = -\delta_j\lambda_j^N, \tag{2.14}$$

其中

$$\delta_j = \frac{\phi_2(\lambda_j) - r_j\psi_2(\lambda_j)}{\phi_1(\lambda_j) - r_j\psi_1(\lambda_j)}, \quad 1 \leqslant j \leqslant 2N. \tag{2.15}$$

如果适当选取参数 λ_j, r_j (当 $k \neq j$ 时, $\lambda_k \neq \lambda_j$) 使得线性系统 (2.14) 的系数行列式不为零, 则 A_N, A_k, B_k, C_k 和 D_k 能被 (2.14) 唯一确定.

易见 $\det T$ 为 λ 的 $2N$ 阶多项式, 且

$$\det T = A(\lambda_j)D(\lambda_j) - B(\lambda_j)C(\lambda_j). \tag{2.16}$$

另一方面, 由 (2.13) 可得

$$A(\lambda_j) = -\delta_j B(\lambda_j), \quad C(\lambda_j) = -\delta_j D(\lambda_j). \tag{2.17}$$

从而得到

$$\det T(\lambda_j) = 0, \tag{2.18}$$

这表明 $\lambda_j(1 \leqslant j \leqslant 2N)$ 是 $\det T(\lambda)$ 的 $2N$ 个根, 即

$$\det T(\lambda) = \beta \prod_{j=1}^{2N}(\lambda - \lambda_j), \tag{2.19}$$

其中 β 不依赖于 λ.

接下来, 通过考虑谱问题 (1.1) 的空间部分, 我们给出它的 N 重 Darboux 变换, 并加以证明.

命题 2.2(1)　假设 A_N 满足一阶常微分方程

$$\partial_x \ln A_N = A_{N-1} + \frac{u - 2C_{N-2} - D_{N-1}}{1 + 2C_{N-1}} - u \tag{2.20}$$

和

$$A_N^2 = 1 + 2C_{N-1}, \tag{2.21}$$

则由 (2.5) 决定的矩阵 $\overline{U}$ 与 U 具有相同的形式, 即

$$\overline{U} = \begin{pmatrix} \lambda + \overline{u} & \overline{v} + f(\overline{u}) \\ 1 & -\lambda - \overline{u} \end{pmatrix},$$

其中 u, v 与 $\overline{u}, \overline{v}$ 之间的变换由下式给出:

$$\begin{aligned} \overline{u}[N] &= u + \frac{C_{N-1,x}}{1 + 2C_{N-1}}, \\ \overline{v}[N] &= (1 + 2C_{N-1})(v - 2B_{N-1} + f(u)) - f\left(u + \frac{C_{N-1,x}}{1 + 2C_{N-1}}\right), \end{aligned} \tag{2.22}$$

且

$$
\begin{aligned}
A_{N-m,x} &= -B_{N-m} - 2B_{N-1}C_{N-m} + C_{N-m}(v + f(u)), \\
B_{N-m,x} &= 2B_{N-m-1} - 2B_{N-1}D_{N-m} + 2uB_{N-m} \\
&\quad + (D_{N-m} - A_{N-m})(v + f(u)), \\
C_{N-m,x} &= A_N^2 A_{N-m} - 2C_{N-m-1} - D_{N-m} - 2uC_{N-m}, \\
D_{N-m,x} &= A_N^2 B_{N-m} - C_{N-m}(v + f(u)),
\end{aligned}
\tag{2.23}
$$

其中 $1 \leqslant m \leqslant N$, 以及 $A_{-1} = B_{-1} = C_{-1} = D_{-1} = 0$.

证明 令 $T^{-1} = T^*/\det T$ 及

$$
(T_x + TU)T^* = \begin{pmatrix} f_{11}(\lambda) & f_{12}(\lambda) \\ f_{21}(\lambda) & f_{22}(\lambda) \end{pmatrix}.
\tag{2.24}
$$

容易看出 $f_{11}(\lambda)$ 和 $f_{22}(\lambda)$ 为 λ 的 $(2N+1)$ 阶多项式, $f_{12}(\lambda)$ 和 $f_{21}(\lambda)$ 为 λ 的 $2N$ 阶多项式. 当 $\lambda = \lambda_j$ $(0 \leqslant j \leqslant 2N)$ 时, 由 (2.15) 和 (1.1) 的第一个方程, 我们得到

$$
\delta_{jx} = 1 - 2(\lambda_j + u)\delta_j - (v + f(u))\delta_j^2.
\tag{2.25}
$$

通过直接计算, 可验证 $\lambda_j (0 \leqslant j \leqslant 2N)$ 是 $f_{ns}(\lambda)(n, s = 1, 2)$ 的根, 结合 (2.19) 和 (2.24) 可给出

$$
(T_x + TU)T^* = (\det T)P(\lambda),
\tag{2.26}
$$

其中

$$
P(\lambda) = \begin{pmatrix} p_{11}^{(1)}\lambda + p_{11}^{(0)} & p_{12}^{(0)} \\ p_{21}^{(0)} & p_{22}^{(1)}\lambda + p_{22}^{(0)} \end{pmatrix},
\tag{2.27}
$$

$p_{ns}^{(l)}$ $(n, s = 1, 2, l = 0, 1)$ 不依赖于 λ. 现在 (2.26) 可写成

$$
(T_x + TU) = P(\lambda)T.
\tag{2.28}
$$

比较 (2.28) 中 λ^{N+1} 和 λ^N 的系数得

$$
p_{11}^{(1)} = -p_{22}^{(1)} = 1,
\tag{2.29}
$$

$$
p_{11}^{(0)} = -p_{22}^{(0)} = u + \partial_x \ln A_N,
\tag{2.30}
$$

$$
p_{12}^{(0)} = -A_N^2(2B_{N-1} - v - f(u)) = (1 + 2C_{N-1})(v + f(u) - 2B_{N-1}),
\tag{2.31}
$$

$$
p_{21}^{(0)} = \frac{1 + 2C_{N-1}}{A_N^2}.
\tag{2.32}
$$

将 (2.20) 代入 (2.30), 并利用 (2.22) 中的 $\bar{u}$, 可得

$$
p_{11}^{(0)} = -p_{22}^{(0)} = \bar{u}.
$$

利用 (2.22) 中的 $\overline{v}$, 将 (2.21) 代入 (2.31) 和 (2.32), 我们有

$$p_{12}^{(0)} = \overline{v} + f(\overline{u}), \quad p_{21}^{(0)} = 1.$$

所以 $P(\lambda) = \overline{U}$, 则该命题得证.

在以下的实例中, 我们给出了在 Darboux 变换 (2.22) 下谱问题 (1.1) 的时间部分 $\overline{V}^{(n)}$ 与 $V^{(n)}$ 具有相同形式的证明.

例 2.2(1)　如果取 $n = 2$, $f(u) = \alpha \dfrac{\partial^i u}{\partial x^i}$, $t_2 = t$, 则谱问题 (1.1) 的辅助谱问题变为

$$\Phi_t = V_i^{(2)} \Phi \quad (i = 1, 2, 3, \cdots) \tag{2.33}$$

其中

$$V_i^{(2)} = \begin{pmatrix} \lambda^2 - \frac{1}{2} u_x - u^2 & \lambda \left(v + \alpha \frac{\partial^i u}{\partial x^i} \right) - u \left(v + \alpha \frac{\partial^i u}{\partial x^i} \right) + \frac{1}{2} \left(v + \alpha \frac{\partial^i u}{\partial x^i} \right)_x \\ \lambda - u & -\lambda^2 + \frac{1}{2} u_x + u^2 \end{pmatrix},$$

α 为常数.

利用零曲率方程 $U_t - V_{ix}^{(2)} + [U, V_i^{(2)}] = 0$ 得 [20]

$$\begin{cases} u_t = \dfrac{1}{2} \left[\left(v + \alpha \dfrac{\partial^i u}{\partial x^i} \right)_x - 4 u u_x - u_{xx} \right], \\ v_t = \dfrac{1}{2} \left[-4 \left(u \left(v + \alpha \dfrac{\partial^i u}{\partial x^i} \right) \right)_x + \left(v + \alpha \dfrac{\partial^i u}{\partial x^i} \right)_{xx} \right] - \alpha \left(\dfrac{\partial^i u}{\partial x^i} \right)_t. \end{cases} \tag{2.34}$$

当 $v = -\alpha \dfrac{\partial^i u}{\partial x^i}$ $(i = 1, 2, 3, \ldots)$ 时, 方程 (2.34) 被约化为著名的 Burgers 方程 $u_t = \dfrac{1}{2}(-4 u u_x - u_{xx})$. 当 $\alpha = 1$, $i = 1, 2, 3, 4, 5$ 时, 由方程 (2.34) 分别得出方程 (1.17)~(1.21).

下面我们证明 (2.6) 中的 $\overline{V}^{(n)}$ 取为 $\overline{V}_i^{(2)}$ 时, 在变换 (2.4) 和 (2.22) 下, 它与 $V_i^{(2)}$ 有相同的形式.

命题 2.2(2)　假设 A_N 满足相容的一阶常微分方程

$$\partial_t \ln A_N = -B_{N-1} + u^2 - \overline{u}^2 + \frac{1}{2}(u - \overline{u})_x + \frac{C_{N-1} \left(\overline{v} + \alpha \dfrac{\partial^i \overline{u}}{\partial x^i} \right)}{1 + 2 C_{N-1}}, \tag{2.35}$$

则在变换 (2.4) 和 (2.22) 下, (2.6) 中的矩阵 $\overline{V}_i^{(2)}$ 与 $V_i^{(2)}$ 有相同的形式.

证明　令 $T^{-1} = T^* / \det T$ 和

$$(T_t + T V_i^{(2)}) T^* = \begin{pmatrix} g_{11}(\lambda) & g_{12}(\lambda) \\ g_{21}(\lambda) & g_{22}(\lambda) \end{pmatrix}. \tag{2.36}$$

易见 $g_{11}(\lambda), g_{22}(\lambda)$ 为关于 λ 的 $(2N+2)$ 阶多项式, $g_{12}(\lambda), g_{21}(\lambda)$ 为关于 λ 的 $(2N+1)$ 阶多项式. 当 $\lambda = \lambda_j (0 \leqslant j \leqslant 2N)$ 时, 利用 (2.15) 和 (2.33), 得

$$
\begin{aligned}
\delta_{jt} - (\lambda_j - u) - 2\left(\lambda_j^2 - \frac{1}{2}u_x - u^2\right)\delta_j - \left[(\lambda_j - u)\left(v + \alpha\frac{\partial^i u}{\partial x^i}\right)\right. \\
\left. + \frac{1}{2}\left(v + \alpha\frac{\partial^i u}{\partial x^i}\right)_x\right]\delta_j^2.
\end{aligned}
\tag{2.37}
$$

通过直接计算知 $\lambda_j (0 \leqslant j \leqslant 2N)$ 为 $g_{ns}(\lambda)$ $(n, s = 1, 2)$ 的根. 结合 (2.19) 和 (2.36), 有

$$
(T_t + TV_i^{(2)})T^* = (\det T)Q(\lambda),
\tag{2.38}
$$

其中

$$
Q(\lambda) = \begin{pmatrix}
q_{11}^{(2)}\lambda^2 + q_{11}^{(1)}\lambda + q_{11}^{(0)} & q_{12}^{(1)}\lambda + q_{12}^{(0)} \\
q_{21}^{(1)}\lambda + q_{21}^{(0)} & q_{22}^{(2)}\lambda^2 + q_{22}^{(1)}\lambda + q_{22}^{(0)}
\end{pmatrix},
$$

$q_{ns}^{(l)}$ $(n, s = 1, 2, l = 0, 1, 2)$ 不依赖于 λ. (2.38) 可以写成

$$
T_t + TV_i^{(2)} = Q(\lambda)T.
\tag{2.39}
$$

比较 (2.39) 中 $\lambda^{N+2}, \lambda^{N+1}$ 和 λ^N 的系数得

$$
\begin{aligned}
& q_{11}^{(2)} = -q_{22}^{(2)} = 1, \quad q_{11}^{(1)} = q_{22}^{(1)} = 0, \\
& q_{12}^{(1)} = (1 + 2C_{N-1})\left(v + \alpha\frac{\partial^i u}{\partial x^i} - 2B_{N-1}\right) = \overline{v} + \alpha\frac{\partial^i \overline{u}}{\partial x^i}, \\
& q_{21}^{(1)} = \frac{1 + 2C_{N-1}}{A_N^2} = 1, \\
& q_{21}^{(0)} = -\left(A_{N-1} + \frac{u - 2C_{N-2} - D_{N-1}}{1 + 2C_{N-1}}\right) = -\overline{u},
\end{aligned}
\tag{2.40}
$$

$$
\begin{aligned}
q_{12}^{(0)} = & \frac{1}{2}A_N^2\left(2(A_{N-1} - u)\left(v + \alpha\frac{\partial^i u}{\partial x^i}\right) + \left(v + \alpha\frac{\partial^i u}{\partial x^i}\right)_x - 4B_{N-2}\right) \\
& - D_{N-1}\left(\overline{v} + \alpha\frac{\partial^i \overline{u}}{\partial x^i}\right),
\end{aligned}
\tag{2.41}
$$

$$
q_{11}^{(0)} = -q_{22}^{(0)} = B_{N-1} - u^2 - \frac{1}{2}u_x + \frac{A_N A_{Nt} - C_{N-1}\overline{v} - C_{N-1}\alpha\frac{\partial^i \overline{u}}{\partial x^i}}{1 + 2C_{N-1}},
$$

把 (2.35), (2.21) 和 (2.23) 代入 (2.41), 并利用 (2.22) 得

$$
q_{12}^{(0)} = -\overline{u}\left(\overline{v} + \alpha\frac{\partial^i \overline{u}}{\partial x^i}\right) + \frac{1}{2}\left(\overline{v} + \alpha\frac{\partial^i \overline{u}}{\partial x^i}\right)_x, \quad -q_{11}^{(0)} = q_{22}^{(0)} = \frac{1}{2}\overline{u}_x + \overline{u}^2.
$$

所以 $Q(\lambda) = \overline{V}_i^{(2)}$.

命题 2.2(1) 和命题 2.2(2) 表明, 变换 (2.4) 和 (2.22) 将 Lax 对 (1.1) 变为相同形式的 Lax 对 (2.5), (2.6). 因此两种 Lax 对给出相同的方程 (1.17)∼(1.21). 我们称变换 $(\Phi, u, v) \to (\overline{\Phi}, \overline{u}, \overline{v})$ 为方程 (1.17)∼(1.21) 的 Darboux 变换. 综上所述, 我们有以下定理.

定理 2.2(1)　在 Darboux 变换 (2.4) 和 (2.22) 下, 方程 (1.17)∼(1.21) 的解 (u, v) 变为新的解 $(\overline{u}, \overline{v})$, 其中 C_{N-1} 和 B_{N-1} 由 (2.14) 给出.

下面, 我们应用 Darboux 变换 (2.22) 构造方程 (1.17)∼(1.21) 的精确解. 我们从方程 (2.34) 的种子解 $u = 0$, $v = -1$ 出发, 将 $u = 0$, $v = -1$ 代入 Lax 对 (1.1) 的第一个方程和 (2.33), 发现该 Lax 对的两个基本解可选为

$$
\Phi(\lambda_j) = \begin{pmatrix} \cosh \xi_j \\ -\mu_j \sinh \xi_j + \lambda_j \cosh \xi_j \end{pmatrix}, \quad \Psi(\lambda_j) = \begin{pmatrix} \sinh \xi_j \\ -\mu_j \cosh \xi_j + \lambda_j \sinh \xi_j \end{pmatrix},
$$

其中　$\mu_j = \sqrt{\lambda_j^2 - 1}$, $\xi_j = \mu_j(x + \lambda_j t)(0 \leqslant j \leqslant 2N)$.

根据 (2.15), 我们有

$$
\delta_j = -\mu_j \frac{\tanh \xi_j - r_j}{1 - r_j \tanh \xi_j} + \lambda_j \quad (0 \leqslant j \leqslant 2N). \tag{2.42}
$$

为了简洁, 这里我们仅讨论情况 $N = 1$. 当 $N = 1$ 时, 解线性系统 (2.14) 给出

$$
A_0 = \frac{\delta_1 \lambda_2 - \delta_2 \lambda_1}{\delta_2 - \delta_1}, \quad B_0 = \frac{\lambda_1 - \lambda_2}{\delta_2 - \delta_1}, \quad C_0 = \frac{\delta_1 \delta_2(\lambda_2 - \lambda_1)}{\delta_2 - \delta_1}, \quad D_0 = \frac{\delta_1 \lambda_1 - \delta_2 \lambda_2}{\delta_2 - \delta_1}. \tag{2.43}
$$

将 (2.43), (2.42) 和 $f(u) = \alpha \dfrac{\partial^i u}{\partial x^i}$ 代入 (2.22), 便可得方程 (2.34) 的解

$$
\begin{aligned}
\overline{u}[1] = &\frac{1}{\rho} \left[\frac{\mu_1 \lambda_2(\tanh \xi_1 - r_1)}{1 - r_1 \tanh \xi_1} - \frac{\mu_2 \lambda_1(\tanh \xi_2 - r_2)}{1 - r_2 \tanh \xi_2} \right] \\
&+ \frac{\dfrac{\mu_2 \lambda_2(\tanh \xi_2 - r_2)}{1 - r_2 \tanh \xi_2} - \dfrac{\mu_1 \lambda_1(\tanh \xi_1 - r_1)}{1 - r_1 \tanh \xi_1} + (\lambda_1^2 - \lambda_2^2)}{\rho - 2(\lambda_2 - \lambda_1)g},
\end{aligned} \tag{2.44}
$$

$$
\overline{v}[1] = \left[-1 + \frac{2(\lambda_2 - \lambda_1)g}{\rho} \right] \left[\frac{2(\lambda_2 - \lambda_1)}{\rho} + 1 \right] - \alpha \frac{\partial^i \overline{u}[1]}{\partial x^i}, \tag{2.45}
$$

其中

$$
\rho = \frac{\mu_2(\tanh \xi_2 - r_2)}{1 - r_2 \tanh \xi_2} - \frac{\mu_1(\tanh \xi_1 - r_1)}{1 - r_1 \tanh \xi_1} + \lambda_1 - \lambda_2,
$$

$$
g = \left[\frac{\mu_1(\tanh \xi_1 - r_1)}{1 - r_1 \tanh \xi_1} - \lambda_1 \right] \left[\frac{\mu_2(\tanh \xi_2 - r_2)}{1 - r_2 \tanh \xi_2} - \lambda_2 \right],
$$

$\mu_j = \sqrt{\lambda_j^2 - 1}$, $\xi_j = \mu_j(x + \lambda_j t)$, $r_j, \lambda_j (j = 1, 2)$ 为任意的参数.

适当选取 (2.44) 和 (2.45) 中的参数, 我们可获得方程 (2.34) 的双向双孤立子解. 然而, 当参数选为 $r_1 = \pm 1$ 或 $r_2 = \pm 1$ 时, 由 (2.44) 和 (2.45) 可退化出方程 (2.34) 的单孤立子解. 如取 $r_2 = -1$, 我们得到了下面的单孤立子解表达式:

$$\overline{u}[\xi_1] = \frac{\lambda_2}{h}\left[\lambda_1 - \frac{\mu_1(\tanh \xi_1 - r_1)}{1 - r_1 \tanh \xi_1}\right] - \frac{\lambda_1(\lambda_2 - \mu_2)}{h}$$
$$- \frac{\left[\lambda_1 - \dfrac{\mu_1(\tanh \xi_1 - r_1)}{1 - r_1 \tanh \xi_1}\right]\lambda_1 - (\lambda_2 - \mu_2)\lambda_2}{h + 2\left[\lambda_1 - \dfrac{\mu_1(\tanh \xi_1 - r_1)}{1 - r_1 \tanh \xi_1}\right](\lambda_1 - \mu_2)(\lambda_2 - \lambda_1)}, \tag{2.46}$$

$$\overline{v}[\xi_1] = \left[1 + \frac{2(\lambda_2 - \lambda_1)(\lambda_2 - \mu_2)}{h}\left(\lambda_1 - \frac{\mu_1(\tanh \xi_1 - r_1)}{1 - r_1 \tanh \xi_1}\right)\right]$$
$$\times \left[-\frac{2(\lambda_1 - \lambda_2)}{h} - 1\right] - \alpha \frac{\partial^i \overline{u}[\xi_1]}{\partial x^i}, \tag{2.47}$$

其中 $h = -\mu_2 + \lambda_2 - \lambda_1 + \mu_1(\tanh \xi_1 - r_1)/(1 - r_1 \tanh \xi_1)$.

不失一般性, 当 $\alpha = 1$, $i = 1, 2, 3, 4, 5$ 时, 由 (2.44), (2.45) 和 (2.46), (2.47) 分别给出方程 (1.17)~(1.21) 的多峰状的单孤立子解 (图 2.1 和图 2.2) 和新双向双孤立子解 (图 2.3 和图 2.4).

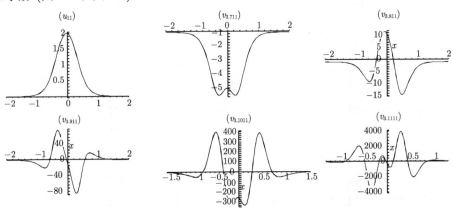

图 2.1 $(u_{3.711}, v_{3.711})$~$(u_{3.1111}, v_{3.1111})$ $(u_{3.711} = u_{3.811} = u_{3.911} = u_{3.1011} = u_{3.1111} = u_{11})$
分别表示方程 (1.17)~(1.21) 的右行单孤立子解
$\lambda_1 = -\lambda_2 = -3$, $r_1 = 0.5$, $r_2 = -1$, $t = 0.2$

例 2.2(2)　令 $t_2 = y$, $t_3 = t$, 利用联系谱问题 (1.1) 的两个方程 (1.18) 和 (1.22), 通过简单计算可得一个新 (2+1) 维方程

$$\begin{cases} u_t = \dfrac{1}{4}[6u_x(u_x - (v + u_{xx}) - 2u^2) - 12uu_y + u_{xxx}] \\[2mm] v_t = \dfrac{1}{4}[v_{xxx} + 18u_{xx}(v + u_{xx})_x - 12uv_y - 24u_x^3 - 12u^2v_x - 18u_{xx}^2 \\[2mm] \qquad -6v_x(v + u_{xx}) - 6u_x(v_x + 5u_{xxx} - 3(v + u_{xx})_{xx})], \end{cases} \tag{2.48}$$

其实这给出了 (2+1) 维方程 (2.48) 关于 (1+1) 维方程 (1.18) 和 (1.22) 的一个分解.

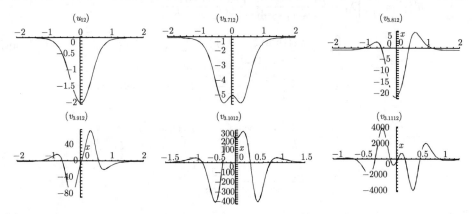

图 2.2 $(u_{3.712}, v_{3.712}) \sim (u_{3.1112}, v_{3.1112})$ $(u_{3.712} = u_{3.812} = u_{3.912} = u_{3.1012} = u_{3.1112} = u_{12})$

分别表示方程 (1.17)~(1.21) 的左行单孤立子解

$\lambda_1 = -\lambda_2 = 3, r_1 = 0.5, r_2 = -1, t = 0.2$

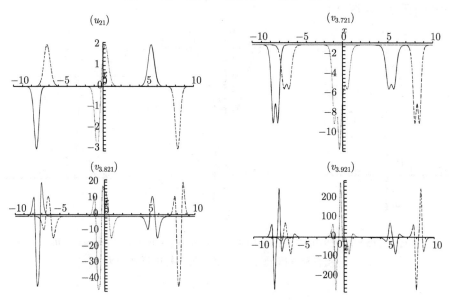

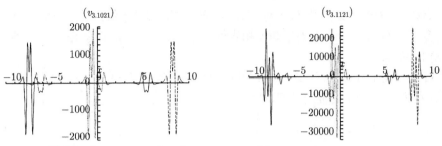

图 2.3 $(u_{3.721}, v_{3.721}) \sim (u_{3.1121}, v_{3.1121})(u_{3.721} = u_{3.821} = u_{3.921} = u_{3.1021} = u_{3.1121} = u_{21})$ 分别表示方程 (1.17)~(1.21) 的对撞双孤立子解

其中 $\lambda_1 = -3, \lambda_2 = 4, r_1 = -r_2 = 0.5$, 线 $(- - -)$, $(\cdots\cdots)$ 和 (——) 分别表示行波在时刻 $t = -2, t = 0.3$ 和 $t = 2$ 的演化形状

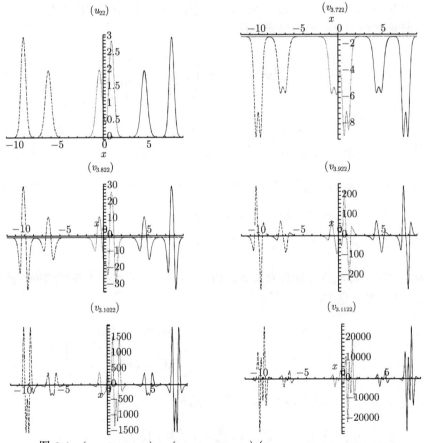

图 2.4 $(u_{3.722}, v_{3.722}) \sim (u_{3.1122}, v_{3.1122})$ $(u_{3.722} = u_{3.822} = u_{3.922} = u_{3.1022} = u_{3.1122} = u_{22})$ 分别表示方程 (1.17)~(1.21) 的追赶双孤立子解

其中 $\lambda_1 = -3, \lambda_2 = -4, r_1 = -0.5, r_2 = -2$, 线 $(- - -)$, $(\cdots\cdots)$ 和 (——) 分别表示行波在时刻 $t = -2, t = 0.3$ 和 $t = 2$ 的演化形状

定理 2.2(2)　　如果从 Lax 对 (1.1) 出发, 求得 (1+1) 维方程 (1.18) 和 (1.22) 的相容解 $(u(x,y,t),\, v(x,y,t))$, 则该相容解 $(u(x,y,t), v(x,y,t))$ 就是 (2+1) 维方程 (2.48) 的新解.

可见方程 (1.18) 和 (1.22) 具有相同的空间部分 U, 若令 $n = i = 2$, $\alpha = 1$, 由 (2.33) 得方程 (1.18) 的辅助谱问题

$$\Phi_{t_2} = V^{(2)}\Phi,$$

$$V^{(2)} = \begin{pmatrix} \lambda^2 - u^2 - \dfrac{1}{2}u_x & \lambda(v + u_{xx}) - u(v + u_{xx}) + \dfrac{1}{2}(v + u_{xx})_x \\[3mm] \lambda - u & -\lambda^2 + u^2 + \dfrac{1}{2}u_x \end{pmatrix}. \qquad (2.49)$$

再令 $n = 3$, $\alpha_0(t_3) = 1$, $\alpha_1(t_3) = \alpha_2(t_3) = \alpha_3(t_3) = 0$, 则由 (1.2), (1.3) 和 (1.1), 可计算出联系方程 (1.22) 的辅助谱问题

$$\Phi_{t_3} = V^{(3)}\Phi, \quad V^{(3)} = \begin{pmatrix} v_{11}^{(3)} & v_{12}^{(3)} \\[2mm] v_{21}^{(3)} & -v_{11}^{(3)} \end{pmatrix}, \qquad (2.50)$$

其中

$$v_{11}^{(3)} = \lambda^3 - \frac{1}{2}\lambda(v + u_{xx}) + \frac{1}{4}(4u^3 - 2u(v + u_{xx}) + 6uu_x - (v + u_{xx})_x + u_{xx}),$$

$$v_{12}^{(3)} = \lambda^2(v + u_{xx}) + \frac{1}{2}\lambda(-2u(v + u_{xx}) + (v + u_{xx})_x) + \frac{1}{4}((4u^2 - 2(v + u_{xx})$$

$$- 2u_x)(v + u_{xx}) - 4u(v + u_{xx})_x + (v + u_{xx})_{xx}),$$

$$v_{21}^{(3)} = \lambda^2 - \lambda u + \frac{1}{2}(2u^2 - (v + u_{xx}) + u_x).$$

为了利用计算机符号计算来验证构造 Darboux 变换过程中各附加条件的相容性, 以下仅考虑 2 重 Darboux 阵, 即

$$T_3^{(2)} = \begin{pmatrix} A_2(\lambda^2 + A_1\lambda + A_0) & A_2(B_1\lambda + B_0) \\[3mm] \dfrac{1}{A_2}(C_1\lambda + C_0) & \dfrac{1}{A_2}(\lambda^2 + D_1\lambda + D_0) \end{pmatrix}.$$

设 $t_2 = y$, $t_3 = t$, 则由 (2.6) 知, $T_3^{(2)}$ 应满足

$$\begin{aligned} \bar{\Phi}_x &= \overline{U}\bar{\Phi}, & \overline{U} &= \left(T_{3,x}^{(2)} + T_3^{(2)}U\right)T_3^{(2)-1}, \\ \bar{\Phi}_y &= \overline{V}^{(2)}\bar{\Phi}, & \overline{V}^{(2)} &= \left(T_{3,y}^{(2)} + T_3^{(2)}V^{(2)}\right)T_3^{(2)-1}, \\ \bar{\Phi}_t &= \overline{V}^{(3)}\bar{\Phi}, & \overline{V}^{(3)} &= \left(T_{3,t}^{(2)} + T_3^{(2)}V^{(3)}\right)T_3^{(2)-1}. \end{aligned} \qquad (2.51)$$

类似例 2.2(1) 的讨论, 我们可以给出如下命题, 并在附录 A 中给出了各命题的证明. 在附录 B 中给出了相关附加条件相容性的验证.

命题 2.2(3) 假设 A_2 满足

$$\partial_x \ln A_2 = A_1 + \frac{u - 2C_0 - D_1}{1 + 2C_1} - u, \quad A_2^2 = 1 + 2C_1, \tag{2.52}$$

则由 (2.51) 决定的矩阵 $\overline{U}$ 与 U 具有相同的形式, 即

$$\overline{U} = \begin{pmatrix} \lambda + \overline{u} & \overline{v} + \overline{u}_{xx} \\ 1 & -\lambda - \overline{u} \end{pmatrix},$$

其中 u, v 与 $\overline{u}, \overline{v}$ 之间的变换由下式给出:

$$\overline{u} = A_1 + \frac{u - 2C_0 - D_1}{1 + 2C_1}, \quad \overline{v} = (1 + 2C_1)(v + u_{xx} - 2B_1) - \overline{u}_{xx} \tag{2.53}$$

且

$$
\begin{aligned}
A_{2-m,x} &= -B_{2-m} - 2B_1 C_{2-m} + C_{2-m}(v + u_{xx}), \\
B_{2-m,x} &= 2B_{2-m-1} - 2B_1 D_{2-m} + 2u B_{2-m} + (D_{2-m} - A_{2-m})(v + u_{xx}), \\
C_{2-m,x} &= A_2^2 A_{2-m} - 2C_{2-m-1} - D_{2-m} - 2u C_{2-m}, \\
D_{2-m,x} &= A_2^2 B_{2-m} - C_{2-m}(v + u_{xx}),
\end{aligned}
\tag{2.54}
$$

这里 $1 \leqslant m \leqslant 2$, 和 $A_{-1} = B_{-1} = C_{-1} = D_{-1} = 0$.

命题 2.2(4) 假设 A_2 满足

$$\partial_y \ln A_2 = -B_1 + u^2 - \overline{u}^2 + \frac{1}{2}(u - \overline{u})_x + \frac{C_1(\overline{v} + \overline{u}_{xx})}{1 + 2C_1}, \tag{2.55}$$

则在变换 (2.53) 下, (2.51) 中的矩阵 $\overline{V}^{(2)}$ 与 $V^{(2)}$ 有相同的形式.

命题 2.2(5) 假设 A_2 满足

$$
\begin{aligned}
\partial_t \ln A_2 = \frac{1}{A_2^2} \bigg[& (C_0 - \overline{u}C_1)(\overline{v} + \overline{u}_{xx}) + \frac{1}{2}C_1(\overline{v} + \overline{u}_{xx})_x - (B_0 - u B_1 \\
& + u^3 - \overline{u}^3) + \frac{1}{2}((A_1 + u)(v + u_{xx}) - (A_1 + \overline{u})(\overline{v} + \overline{u}_{xx})) \\
& - \frac{1}{4}((\overline{v} + \overline{u}_{xx})_x - (v + u_{xx})_x + 6(u u_x - \overline{u}\,\overline{u}_x) + (u + \overline{u})_{xx}) \bigg],
\end{aligned}
\tag{2.56}
$$

则在变换 (2.53) 下, (2.51) 中的矩阵 $\overline{V}^{(3)}$ 与 $V^{(3)}$ 有相同的形式.

　　下面利用 Darboux 变换 (2.53), 我们给出新 (2+1) 维方程 (2.48) 的多孤立子解. 如果从该方程的种子解 $u = 0$, $v = -1$ 出发, 我们可选择 Lax 对 (1.1) 的第一个方程、(2.49) 和 (2.50) 的如下两个基本解:

$$\Phi(\lambda_j) = \begin{pmatrix} \cosh\xi_j \\ -\mu_j \sinh\xi_j + \lambda_j \cosh\xi_j \end{pmatrix}, \quad \Psi(\lambda_j) = \begin{pmatrix} \sinh\xi_j \\ -\mu_j \cosh\xi_j + \lambda_j \sinh\xi_j \end{pmatrix},$$

其中 $\mu_j = \sqrt{\lambda_j^2 - 1}$, $\xi_j = \mu_j \left(x + \lambda_j y + \left(\dfrac{1}{2} + \lambda_j^2 \right) t \right)$, $0 \leqslant j \leqslant 4$.

　　根据 (2.15), 我们有

$$\delta_j = -\mu_j \frac{\tanh\xi_j - r_j}{1 - r_j \tanh\xi_j} + \lambda_j \quad (0 \leqslant j \leqslant 4). \tag{2.57}$$

　　下面我们分 $N = 1$ 和 $N = 2$ 两种情况讨论.

　　情况 1 ($N = 1$)　　假设 $\lambda = \lambda_j (j = 1, 2)$, 解线性系统 (2.14) 给出

$$A_0 = \frac{\delta_1\lambda_2 - \delta_2\lambda_1}{\delta_2 - \delta_1}, \quad B_0 = \frac{\lambda_1 - \lambda_2}{\delta_2 - \delta_1}, \quad C_0 = \frac{\delta_1\delta_2(\lambda_2 - \lambda_1)}{\delta_2 - \delta_1}, \quad D_0 = \frac{\delta_1\lambda_1 - \delta_2\lambda_2}{\delta_2 - \delta_1}. \tag{2.58}$$

　　将 (2.58) 和 (2.57) 代入 (2.53) 得 (2+1) 维方程 (2.48) 的精确解

$$\bar{u}[1] = \frac{1}{\rho}\left[\frac{\mu_1\lambda_2(\tanh\xi_1 - r_1)}{1 - r_1\tanh\xi_1} - \frac{\mu_2\lambda_1(\tanh\xi_2 - r_2)}{1 - r_2\tanh\xi_2} \right]$$
$$+ \frac{\dfrac{\mu_2\lambda_2(\tanh\xi_2 - r_2)}{1 - r_2\tanh\xi_2} - \dfrac{\mu_1\lambda_1(\tanh\xi_1 - r_1)}{1 - r_1\tanh\xi_1} + (\lambda_1^2 - \lambda_2^2)}{\rho - 2(\lambda_2 - \lambda_1)g}, \tag{2.59}$$

$$\bar{v}[1] = \left[-1 + \frac{2(\lambda_2 - \lambda_1)g}{\rho} \right]\left[\frac{2(\lambda_2 - \lambda_1)}{\rho} + 1 \right] - \bar{u}[1]_{xx}, \tag{2.60}$$

其中

$$\rho = \frac{\mu_2(\tanh\xi_2 - r_2)}{1 - r_2\tanh\xi_2} - \frac{\mu_1(\tanh\xi_1 - r_1)}{1 - r_1\tanh\xi_1} + \lambda_1 - \lambda_2,$$

$$g = \left[\frac{\mu_1(\tanh\xi_1 - r_1)}{1 - r_1\tanh\xi_1} - \lambda_1 \right]\left[\frac{\mu_2(\tanh\xi_2 - r_2)}{1 - r_2\tanh\xi_2} - \lambda_2 \right],$$

$$\mu_j = \sqrt{\lambda_j^2 - 1}, \; \xi_j = \mu_j\left(x + \lambda_j y + (\frac{1}{2} + \lambda_j^2)t \right),$$

且 $r_j, \lambda_j, (j = 1, 2)$ 为任意参数.

　　适当选取 (2.59) 和 (2.60) 中的参数, 我们可获得方程 (2.48) 的双向双孤立子解 (图 2.7). 然而, 当参数选为 $r_1 = \pm 1$ 或 $r_2 = \pm 1$ 时, 由 (2.59) 和 (2.60) 可退化出方程 (2.48) 的双向单孤立子解 (图 2.5 和图 2.6).

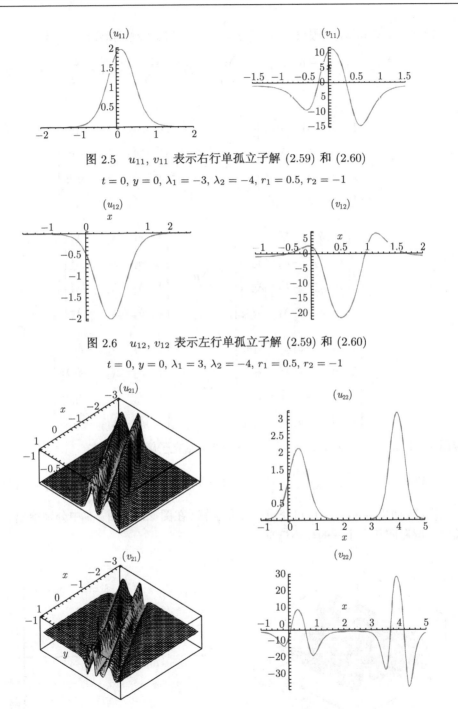

图 2.5 u_{11}, v_{11} 表示右行单孤立子解 (2.59) 和 (2.60)

$t = 0$, $y = 0$, $\lambda_1 = -3$, $\lambda_2 = -4$, $r_1 = 0.5$, $r_2 = -1$

图 2.6 u_{12}, v_{12} 表示左行单孤立子解 (2.59) 和 (2.60)

$t = 0$, $y = 0$, $\lambda_1 = 3$, $\lambda_2 = -4$, $r_1 = 0.5$, $r_2 = -1$

图 2.7 u_{21}, v_{21} $(t = 0)$ 和 u_{22}, v_{22} $(t = -0.5, y = -1)$ 表示追赶双孤立子解 (2.59) 和 (2.60)

$\lambda_1 = -3$, $\lambda_2 = -4$, $r_1 = 0.5$, $r_2 = -0.5$

情况 2 ($N = 2$)　　假设 $\lambda = \lambda_j$ $(j = 1, 2, 3, 4)$, 解线性系统 (2.14) 得

$$A_1 = \frac{\Delta_{A_1}}{\Delta_1}, \quad B_1 = \frac{\Delta_{B_1}}{\Delta_1}, \quad C_1 = \frac{\Delta_{C_1}}{\Delta_1}, \quad D_1 = \frac{\Delta_{D_1}}{\Delta_1}, \quad C_0 = \frac{\Delta_{C_0}}{\Delta_1}, \tag{2.61}$$

其中

$$\Delta_1 = \begin{vmatrix} 1 & \delta_1 & \lambda_1 & \lambda_1\delta_1 \\ 1 & \delta_2 & \lambda_2 & \lambda_2\delta_2 \\ 1 & \delta_3 & \lambda_3 & \lambda_3\delta_3 \\ 1 & \delta_4 & \lambda_4 & \lambda_4\delta_4 \end{vmatrix}, \quad \Delta_{C_0} = \begin{vmatrix} -\delta_1\lambda_1^2 & \delta_1 & \lambda_1 & \lambda_1\delta_1 \\ -\delta_2\lambda_2^2 & \delta_2 & \lambda_2 & \lambda_2\delta_2 \\ -\delta_3\lambda_3^2 & \delta_3 & \lambda_3 & \lambda_3\delta_3 \\ -\delta_4\lambda_4^2 & \delta_4 & \lambda_4 & \lambda_4\delta_4 \end{vmatrix},$$

$$\Delta_{A_1} = \begin{vmatrix} 1 & \delta_1 & -\lambda_1^2 & \lambda_1\delta_1 \\ 1 & \delta_2 & -\lambda_2^2 & \lambda_2\delta_2 \\ 1 & \delta_3 & -\lambda_3^2 & \lambda_3\delta_3 \\ 1 & \delta_4 & -\lambda_4^2 & \lambda_4\delta_4 \end{vmatrix}, \quad \Delta_{B_1} = \begin{vmatrix} 1 & \delta_1 & \lambda_1 & -\lambda_1^2 \\ 1 & \delta_2 & \lambda_2 & -\lambda_2^2 \\ 1 & \delta_3 & \lambda_3 & -\lambda_3^2 \\ 1 & \delta_4 & \lambda_4 & -\lambda_4^2 \end{vmatrix},$$

$$\Delta_{C_1} = \begin{vmatrix} 1 & \delta_1 & -\delta_1\lambda_1^2 & \lambda_1\delta_1 \\ 1 & \delta_2 & -\delta_2\lambda_2^2 & \lambda_2\delta_2 \\ 1 & \delta_3 & -\delta_3\lambda_3^2 & \lambda_3\delta_3 \\ 1 & \delta_4 & -\delta_4\lambda_4^2 & \lambda_4\delta_4 \end{vmatrix}, \quad \Delta_{D_1} = \begin{vmatrix} 1 & \delta_1 & \lambda_1 & -\delta_1\lambda_1^2 \\ 1 & \delta_2 & \lambda_2 & -\delta_2\lambda_2^2 \\ 1 & \delta_3 & \lambda_3 & -\delta_3\lambda_3^2 \\ 1 & \delta_4 & \lambda_4 & -\delta_4\lambda_4^2 \end{vmatrix}.$$

应用 Darboux 变换 (2.53), 得方程 (2.48) 的四孤立子解的表达式

$$\bar{u}[2] = A_1 + \frac{-2C_0 - D_1}{1 + 2C_1}, \quad \bar{v}[2] = (1 + 2C_1)(-2B_1 - 1) - \bar{u}[2]_{xx}. \tag{2.62}$$

同样, 如果取 $r_4 = \pm 1$, 可获得三孤立子解. 在图 2.8 和图 2.9 中分别给出了三孤立子解和四孤立子解的作用情况.

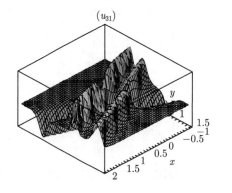

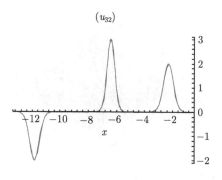

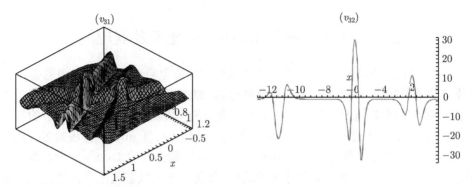

图 2.8 u_{31}, v_{31} $(t = 0)$ 和 u_{32} ,v_{32} $(t = 0.8, y = 1)$

表示两个右行和一个左行对撞的三孤立子解 (2.62)

$\lambda_1 = -\lambda_2 = 3, \lambda_3 = -\lambda_4 = -4,\ r_1 = -r_2 = 0.5, r_3 = 4,\ r_4 = -1$

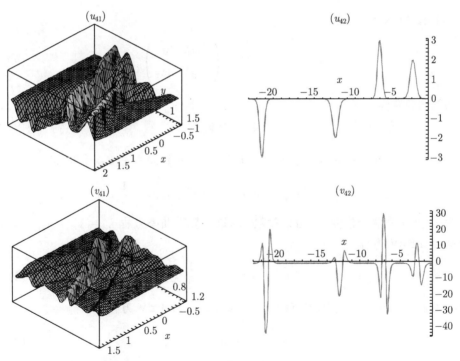

图 2.9 u_{41}, v_{41} $(t = 0)$ 和 u_{42} ,v_{42} $(t = 0.8, y = 1)$

表示两个右行和两个左行对撞的四孤立子解 (2.62)

$\lambda_1 = -\lambda_2 = 3, \lambda_3 = -\lambda_4 = -4,\ r_1 = -r_2 = 0.5, r_3 = 4,\ r_4 = -4$

2.3　AKNS 族的 Darboux 变换及其应用

在 Darboux 变换的应用中, 对单个非线性演化方程来说, 其 Lax 对往往是从一个无约化的谱问题约化而来. 对谱问题约化后, 原谱问题的 Darboux 变换可能无法保证约束条件成立. 因此需要做 Darboux 变换的深度约化 [40-42]. 在本节的第一部分中, 讨论 AKNS 谱问题 Darboux 变换的一种约化与复 mKdV 方程的多孤立子解 [27]. 在本节的第二部分中, 介绍如何利用 (1+1) 维方程的 Darboux 变换求解高维方程 [43]. 基本思想是如果利用某种约束, 能把一个维数较高的非线性演化方程分解为几个 (1+1) 维方程, 然后通过构造这些 (1+1) 维方程的 Darboux 变换就可以实现求解维数较高的非线性演化方程的目的, 用实例来说明该方法的具体过程.

2.3.1　Darboux 变换的约化及其应用

考虑 AKNS 谱问题

$$\Phi_x = U\Phi, \quad U = \begin{pmatrix} -\mathrm{i}\lambda & u \\ v & \mathrm{i}\lambda \end{pmatrix}, \tag{2.63}$$

取辅助谱问题为

$$\Phi_t = V\Phi, \tag{2.64}$$

$$V = \begin{pmatrix} -2\mathrm{i}\lambda^3 - iuv\lambda + \dfrac{1}{2}(u_xv - uv_x) & 2u\lambda^2 + iu_x\lambda - \dfrac{1}{2}(u_{xx} - 2u^2v) \\ 2v\lambda^2 - iv_x\lambda - \dfrac{1}{2}(v_{xx} - 2uv^2) & 2\mathrm{i}\lambda^3 + iuv\lambda - \dfrac{1}{2}(u_xv - uv_x) \end{pmatrix},$$

其中 u 和 v 为两个位势, λ 为谱参数. 通过计算零曲率方程 $U_t - V_x + [U, V] = 0$, 得耦合 mKdV 方程

$$u_t + \frac{1}{2}u_{xxx} - 3uu_xv = 0, \quad v_t + \frac{1}{2}v_{xxx} - 3uvv_x = 0. \tag{2.65}$$

令约束条件为 $v = -u^*$, 则由方程 (2.65) 约化出复 mKdV 方程

$$u_t + \frac{1}{2}u_{xxx} + 3|u|^2u_x = 0. \tag{2.66}$$

取 AKNS 谱问题的 Darboux 阵 $T = T_3^{(N)}$, 其中 $A_N = 1$, 令

$$\bar{\Phi} = T\Phi, \tag{2.67}$$

要使 T 成为 AKNS 谱问题 (2.63) 和 (2.64) 的规范变换, 则应满足

$$\bar{\Phi}_x = \overline{U}\bar{\Phi}, \quad \overline{U} = (T_x + TU)T^{-1}, \tag{2.68}$$

$$\bar{\Phi}_t = \overline{V}\Phi, \qquad \overline{V} = (T_t + TV)T^{-1}. \tag{2.69}$$

假设

$$Y = \begin{pmatrix} \phi_1(x,t,\lambda_j) & \psi_1(x,t,\lambda_j) \\ \psi_2(x,t,\lambda_j) & \psi_2(x,t,\lambda_j) \end{pmatrix} \quad (1 \leqslant j \leqslant 2N),$$

为 AKNS 谱问题 (2.63) 和 (2.64) 的基本解. 类似 2.2 节的讨论, 我们可给出线性系统

$$\sum_{k=0}^{N-1}(A_k + \alpha_j B_k)\lambda_j^k = -\lambda_j^N, \quad \sum_{k=0}^{N-1}(C_k + \alpha_j D_k)\lambda_j^k = -\alpha_j\lambda_j^N, \tag{2.70}$$

其中

$$\alpha_j = \frac{\phi_2(\lambda_j) - r_j\psi_2(\lambda_j)}{\phi_1(\lambda_j) - r_j\psi_1(\lambda_j)}, \quad 1 \leqslant j \leqslant 2N, \tag{2.71}$$

λ_j, r_j (当 $k \neq j$ 时, $\lambda_k \neq \lambda_j$) 为参数. 如果适当选取其中的参数, 使得线性系统 (2.70) 的系数行列式非零, 则 A_k, B_k, C_k 和 D_k 可被 (2.70) 唯一确定. 通过推导, 可得出以下结果.

命题 2.3(1)　要使 (2.68) 所确定的 $\overline{U}$ 与 U 有相同的形式, 即

$$\overline{U} = \begin{pmatrix} -\mathrm{i}\lambda & \bar{u} \\ \bar{v} & \mathrm{i}\lambda \end{pmatrix},$$

则 u, v 与 $\bar{u}, \bar{v}$ 之间应满足

$$\bar{u} = u + 2\mathrm{i}B_{N-1}, \quad \bar{v} = v - 2\mathrm{i}C_{N-1} \tag{2.72}$$

和

$$\begin{aligned}
A_{N-m_x} &= 2\mathrm{i}B_{N-1}C_{N-m} + C_{N-m}u - B_{N-m}v, \\
B_{N-m_x} &= -2\mathrm{i}(B_{N-m-1} - B_{N-1}D_{N-m}) - A_{N-m}u + D_{N-m}u, \\
C_{N-m_x} &= -2\mathrm{i}(A_{N-m}C_{N-1} - C_{N-m-1}) + (A_{N-m} - D_{N-m})v, \\
D_{N-m_x} &= -2\mathrm{i}B_{N-m}C_{N-1} \quad C_{N-m}u + B_{N-m}v,
\end{aligned} \tag{2.73}$$

其中 $1 \leqslant m \leqslant N$, $A_{-1} = B_{-1} = C_{-1} = D_{-1} = 0$.

命题 2.3(2)　在变换 (2.72) 和条件 (2.73) 下, (2.69) 中的矩阵 $\overline{V}$ 与 V 具有相同形式.

类似于命题 2.2(1) 和命题 2.2(2) 的证明及附录 C, 我们可以给出命题 2.3(1) 和命题 2.3(2) 的证明 (为节省篇幅, 这里就不一一列出). 由命题 2.3(1) 和命题 2.3(2) 可知, (2.72) 给出了耦合 mKdV 方程 (2.65) 的 N 重 Darboux 变换. 综上所述, 我们有以下定理.

定理 2.3(1)　在 Darboux 变换 (2.72) 下, 耦合 mKdV 方程 (2.65) 的解 (u,v) 变为新的解 $(\bar{u},\bar{v})$, 其中 B_{N-1} 和 C_{N-1} 由 (2.70) 给出.

下面, 我们利用约化技巧将耦合 mKdV 方程 (2.65) 的 N 重 Darboux 变换约化为复 mKdV 方程 (2.66) 的 Darboux 变换. 为此, 我们令 $v = -u^*$, 并选取 Lax 对 (2.63) 和 (2.64) 的解为

$$\phi(\lambda) = (\phi_1(\lambda), \phi_2(\lambda))^{\mathrm{T}}, \quad \psi(\lambda) = (-\phi_2^*(\lambda^*), \phi_1^*(\lambda^*))^{\mathrm{T}},$$

其中参数

$$\lambda_{2j} = \lambda_{2j-1}^*, \; r_{2j} = -r_{2j-1}^{*-1} \quad (1 \leqslant j \leqslant N).$$

于是有

$$\alpha_{2j}^{-1} = -\alpha_{2j-1}^*, \quad D_k^* = A_k, \quad C_k^* = -B_k \quad (0 \leqslant k \leqslant N-1).$$

相应的线性系统 (2.70) 被约化为

$$\sum_{k=0}^{N-1} (A_k + \alpha_{2j-1} B_k)\lambda_{2j-1}^k = -\lambda_{2j-1}^N,$$

$$\sum_{k=0}^{N-1} (\alpha_{2j-1}^* A_k + B_k){\lambda^*}_{2j-1}^k = -\alpha_{2N-1}^* {\lambda^*}_{2j-1}^N, \tag{2.74}$$

其中

$$\alpha_{2j-1} = \frac{\phi_2(\lambda_{2j-1}) - r_{2j-1}\psi_2(\lambda_{2j-1})}{\phi_1(\lambda_{2j-1}) - r_{2j-1}\psi_1(\lambda_{2j-1})} \quad (1 \leqslant j \leqslant N). \tag{2.75}$$

现在, 从复 mKdV 方程 (2.66) 的种子解 $u = \delta + \theta i$, $v = -\delta + \theta i$ (δ 和 θ 为实常数) 出发, 把它们代入 Lax 对 (2.63) 和 (2.64) 中, 并取其基本解为

$$\phi(\lambda_j) = \begin{pmatrix} \cosh \mu_j \\ \dfrac{\mathrm{i}\lambda_j}{u} \cosh \mu_j + \dfrac{c_j}{u} \sinh \mu_j \end{pmatrix}, \quad \psi(\lambda_j) = \begin{pmatrix} \sinh \mu_j \\ \dfrac{\mathrm{i}\lambda_j}{u} \sinh \mu_j + \dfrac{c_j}{u} \cosh \mu_j \end{pmatrix},$$

其中

$$\mu_j = c_j(x + (uv + 2\lambda_j^2)t), \quad c_j = \sqrt{uv - \lambda_j^2} \quad (1 \leqslant j \leqslant 2N).$$

根据 (2.75), 我们有

$$\alpha_{2j-1} = \frac{c_{2j-1}}{u} \frac{\tanh \mu_{2j-1} - r_{2j-1}}{1 - r_{2j-1}\tanh \mu_{2j-1}} + \frac{\mathrm{i}\lambda_{2j-1}}{u} \quad (1 \leqslant j \leqslant N). \tag{2.76}$$

因此, 我们给出下面定理:

定理 2.3(2)　假设 $\alpha_{2j-1}(1 \leqslant j \leqslant N)$ 由 (2.75) 确定, 而 B_k 由线性系统 (2.74) 确定, 则在 Darboux 变换

$$\overline{u}[N] = u + 2\mathrm{i}B_{N-1} = u + 2\mathrm{i}\frac{\Delta_{B_{N-1}}}{\Delta} \tag{2.77}$$

下, 复 mKdV 方程 (2.66) 的解 u 变为新解 $\bar{u}[N]$. 其中 Δ 是线性系统 (2.74) 的系数行列式, 即

$$\Delta = \begin{vmatrix} 1 & \alpha_1 & \lambda_1 & \alpha_1\lambda_1 & \cdots & \lambda_1^{N-1} & \alpha_1\lambda_1^{N-1} \\ \vdots & \vdots & \vdots & \vdots & & \vdots & \vdots \\ 1 & \alpha_{2N-1} & \lambda_{2N-1} & \alpha_{2N-1}\lambda_{2N-1} & \cdots & \lambda_{2N-1}^{N-1} & \alpha_{2N-1}\lambda_{2N-1}^{N-1} \\ \alpha_1^* & -1 & \alpha_1^*\lambda_1^* & -\lambda_1^* & \cdots & \alpha_1^*\lambda_1^{*^{N-1}} & -\lambda_1^{*^{N-1}} \\ \vdots & \vdots & \vdots & \vdots & & \vdots & \vdots \\ \alpha_{2N-1}^* & -1 & \alpha_{2N-1}^*\lambda_{2N-1}^* & -\lambda_{2N-1}^* & \cdots & \alpha_{2N-1}^*\lambda_{2N-1}^{*^{N-1}} & -\lambda_{2N-1}^{*^{N-1}} \end{vmatrix},$$

$\Delta_{B_{N-1}}$ 由 Δ 中的第 $2N$ 列被 $(-\lambda_1^N, \cdots, -\lambda_{2N-1}^N, -\alpha_1^*\lambda_1^*, \cdots, -\alpha_{2N-1}^*\lambda_{2N-1}^*)^{\mathrm{T}}$ 替换得到. α_{2j-1} 由 (2.76) 来确定, λ_{2j-1} 为谱参数. (2.77) 统一地给出了 k 孤立子解 $(k = 1, 2, \cdots, N)$ 的显式表达式, 由它可以产生一系列复 mKdV 方程的多孤立子解.

以下, 我们讨论 $N = 1$ 和 $N = 2$ 两种基本情况.

情况 1 $(N = 1)$ 令 $u = \delta + \theta\mathrm{i}$, $v = -\delta + \theta\mathrm{i}$, $\lambda_1 = \xi_1 + \mathrm{i}\eta_1$ 和 $r_1 = \rho_1 + \omega_1\mathrm{i}$. 解线性系统 (2.74) 得

$$B_0 = \frac{(\lambda_1 - \lambda_1^*)\alpha_1^*}{-1 - |\alpha_1|^2}. \tag{2.78}$$

根据 (2.77), 得复 mKdV 方程的一个解

$$\bar{u}[1] = u + 2\mathrm{i}\frac{(\lambda_1 - \lambda_1^*)\left(\dfrac{c_1}{u}\dfrac{\tanh\mu_1 - r_1}{1 - r_1\tanh\mu_1} + \dfrac{\mathrm{i}\lambda_1}{u}\right)^*}{-1 - \left|\dfrac{c_1}{u}\dfrac{\tanh\mu_1 - r_1}{1 - r_1\tanh\mu_1} + \dfrac{\mathrm{i}\lambda_1}{u}\right|^2}. \tag{2.79}$$

适当选取参数, $\bar{u}[1]$ 为复 mKdV 方程的单孤立子解 (图 2.10).

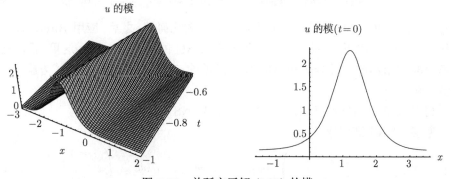

图 2.10 单孤立子解 (2.79) 的模

$\delta = \theta = 0.1, \xi_1 = 0.3, \eta_1 = 1.2, \rho_1 = \omega_1 = 0$

情况 2 ($N = 2$)　令 $u = \delta + \theta i$, $v = -\delta + \theta i$, $\lambda_1 = \xi_1 + i\eta_1$, $\lambda_3 = \xi_3 + i\eta_3$, $r_1 = \rho_1 + \omega_1 i$ 和 $r_3 = \rho_3 + \omega_3 i$. 解线性系统 (2.74) 得

$$\overline{u}[2] = u + 2i\frac{\Delta_{B_1}}{\Delta}, \tag{2.80}$$

其中

$$\Delta = \begin{vmatrix} 1 & \alpha_1 & \lambda_1 & \lambda_1\alpha_1 \\ 1 & \alpha_3 & \lambda_3 & \lambda_3\alpha_3 \\ \alpha_1^* & -1 & \alpha_1^*\lambda_1^* & -\lambda_1^* \\ \alpha_3^* & -1 & \alpha_3^*\lambda_3^* & -\lambda_3^* \end{vmatrix}, \quad \Delta_{B_1} = \begin{vmatrix} 1 & \alpha_1 & \lambda_1 & -\lambda_1^2 \\ 1 & \alpha_3 & \lambda_3 & -\lambda_3^2 \\ \alpha_1^* & -1 & \alpha_1^*\lambda_1^* & -\alpha_1^*\lambda_1^{*2} \\ \alpha_3^* & -1 & \alpha_3^*\lambda_3^* & -\alpha_3^*\lambda_3^{*2} \end{vmatrix}.$$

适当选取参数, $\overline{u}[2]$ 为复 mKdV 方程的双孤立子解 (图 2.11).

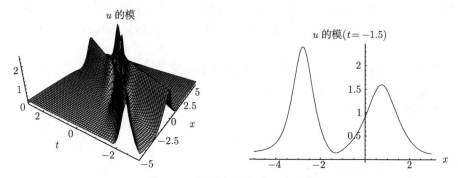

图 2.11　双孤立子解 (2.80) 的模

$\delta = \theta = 0.1, \xi_1 = 0.3, \xi_3 = -0.2, \eta_1 = 1.2, \eta_3 = 0.8, \rho_1 = \rho_3 = \omega_1 = \omega_3 = 0$

2.3.2　高维方程的求解

例 2.3(1)　考虑一个 (3+1) 维非线性演化方程

$$3w_{xz} - (2w_t + w_{xxx} - 2ww_x)_y + 2(w_x\partial_x^{-1}w_y)_x = 0. \tag{2.81}$$

该方程首次在文献 [44] 中提出, 并求得它的代数几何解. 之后, 应用 Hirota 直接方法和 Wronskian 技巧, 文献 [45] 给出了方程 (2.81) 的 N 孤立子解. 这里, 我们利用文献 [46] 中给出的一种分解和 AKNS 谱问题的 Darboux 变换, 获得了方程 (2.81) 的多种解.

利用 AKNS 谱问题产生三个 (1+1) 维 AKNS 方程.

考察 AKNS 谱问题

$$\Phi_x = U\Phi, \quad U = \begin{pmatrix} \lambda & u \\ v & -\lambda \end{pmatrix}, \quad \Phi_{t_m} = V^{(m)}\Phi, \quad V^{(m)} = \begin{pmatrix} V_{11}^{(m)} & V_{12}^{(m)} \\ V_{21}^{(m)} & -V_{11}^{(m)} \end{pmatrix} \tag{2.82}$$

其中

$$V_{11}^{(m)} = \alpha\lambda^m + \sum_{j=0}^{m-1} a_j\lambda^j, \qquad V_{12}^{(m)} = \sum_{j=0}^{m-1} b_j\lambda^j, \qquad V_{21}^{(m)} = \sum_{j=0}^{m-1} c_j\lambda^j,$$

a_j, b_j 和 c_j $(j = 0, 1, \cdots, m-1)$ 为 x 和 t_m 的可微函数, λ 为谱参数, α 为常数.

(2.82) 的可积条件是零曲率方程 $U_{t_m} - V_x^{(m)} + [U, V^{(m)}] = 0$, 利用它可产生 AKNS 族

$$\begin{pmatrix} u \\ -v \end{pmatrix}_{t_m} = 2\alpha\varphi^m \begin{pmatrix} u \\ v \end{pmatrix}$$

其中

$$\varphi = \begin{pmatrix} \dfrac{1}{2}\partial_x - u\partial_x^{-1}v & u\partial_x^{-1}u \\ -v\partial_x^{-1}v & -\dfrac{1}{2}\partial_x + v\partial_x^{-1}u \end{pmatrix},$$

$$\begin{pmatrix} b_{j-1} \\ c_{j-1} \end{pmatrix} = \varphi \begin{pmatrix} b_j \\ c_j \end{pmatrix} \qquad (j = 1, 2, \cdots, m-1),$$

$$b_{m-1} = \alpha u, \quad c_{m-1} = \alpha v.$$

我们给出 AKNS 族中的前三个方程:

令 $m = 2$, $t_2 = y$ 和 $\alpha = -2$, 得 AKNS 方程

$$u_y = -u_{xx} + 2u^2v, \quad v_y = v_{xx} - 2uv^2, \tag{2.83}$$

与其相应的辅助谱问题为

$$V^{(2)} = \begin{pmatrix} 2\lambda^2 + uv & -2\lambda u - u_x \\ -2\lambda v + v_x & 2\lambda^2 - uv \end{pmatrix}. \tag{2.84}$$

令 $m = 3$, $t_3 = t$ 和 $\alpha = 4$, 得 AKNS 方程

$$u_t = u_{xxx} - 6uvu_x, \quad v_t = v_{xxx} - 6uvv_x, \tag{2.85}$$

与其相应的辅助谱问题为

$$V^{(3)} = \begin{pmatrix} 4\lambda^3 - 2\lambda uv - vu_x + uv_x & 4\lambda^2 u + 2\lambda u_x + u_{xx} - 2u^2v \\ 4\lambda^2 v - 2\lambda v_x + v_{xx} - 2uv^2 & -4\lambda^3 + 2\lambda uv + vu_x - uv_x \end{pmatrix}. \tag{2.86}$$

令 $m = 4$, $t_4 = z$ 和 $\alpha = -8$, 得 AKNS 方程

$$u_z = -u_{xxxx} + 8uvu_{xx} + 6u_x^2 v + 4uu_x v_x + 2u^2 v_{xx} - 6u^3 v^2,$$
$$v_z = v_{xxxx} - 8uvv_{xx} - 6uv_x^2 - 4vu_x v_x - 2v^2 u_{xx} + 6u^2 v^3, \tag{2.87}$$

与其相应的辅助谱问题为

$$V^{(4)} = \begin{pmatrix} V_{11}^{(4)} & V_{12}^{(4)} \\ V_{21}^{(4)} & -V_{11}^{(4)} \end{pmatrix}, \tag{2.88}$$

其中

$$V_{11}^{(4)} = -8\lambda^4 + 4\lambda^2 uv - 2\lambda(uv_x - vu_x) - 3u^2 v^2 - u_x v_x + vu_{xx} + uv_{xx},$$
$$V_{12}^{(4)} = -8\lambda^3 u - 4\lambda^2 u_x + \lambda(4u^2 v - 2u_{xx}) + 6uvu_x - u_{xxx},$$
$$V_{21}^{(4)} = -8\lambda^3 v + 4\lambda^2 v_x + \lambda(4uv^2 - 2v_{xx}) - 6uvv_x + v_{xxx}.$$

利用约束[46] $w = 3uv$, (3+1) 维非线性演化方程 (2.81) 被分解到三个 (1+1) 维 AKNS 方程 (2.83), (2.85) 和 (2.87).

命题 2.3(3)　如果 (u, v) 为 (1+1) 维 AKNS 方程 (2.83),(2.85) 和 (2.87) 的相容解, 则约束

$$w = 3uv \tag{2.89}$$

为 (3+1) 维非线性演化方程 (2.81) 的解.

证明　利用 (2.89) 和方程 (2.83),(2.85) 和 (2.87), 通过直接计算, 得

$$w_y = 3(uv_{xx} - u_{xx}v), \quad w_x^{-1}w_y = 3(uv_x - u_x v),$$
$$w_{xxxy} = 3(uv_{xxx} - u_{xxxx}v)_x + 6(u_x v_{xxx} - u_{xxx}v_x)_x,$$
$$w_t = 3(u_{xxx}v + uv_{xxx}) - 2(3uv)(3uv)_x, \quad w_x \partial_x^{-1} w_y = 9(u^2 v_x^2 - u_x^2 v^2), \tag{2.90}$$
$$w_{ty} = 3(uv_{xxxx} - u_{xxxx}v)_x + 3(u_{xxx}v_x - u_x v_{xxx})_x - 2(3uv\partial_x^{-1}(3uv)_y)_{xx},$$
$$w_{zx} = 3(uv_{xxxx} + u_{xxxx}v)_x - 2(3uv(3uv)_y + (3uv)_x \partial_x^{-1}(3uv)_y)_x.$$

将 (2.90) 代入方程 (2.81) 的左侧, 化简得零.

把 (2.63) 中的参数 λ 替换为 λi, 就得到 (2.82). 下面给出有关 (1+1) 维 AKNS 方程 (2.83), (2.85) 和 (2.87) 的 *N* 重 Darboux 变换的命题.

命题 2.3(4)　要使 (2.68) 所确定的 $\overline{U}$ 与 U 有相同的形式, 即

$$\overline{U} = \begin{pmatrix} \lambda & \overline{u} \\ \overline{v} & -\lambda \end{pmatrix}$$

则 u, v 与 $\overline{u}, \overline{v}$ 之间应满足

$$\overline{u} = u - 2B_{N-1}, \quad \overline{v} = v + 2C_{N-1} \tag{2.91}$$

和

$$\begin{aligned}
A_{N-l_x} &= C_{N-l}(u - 2B_{N-1}) - vB_{N-l}, \\
B_{N-l_x} &= 2B_{N-l-1} - uA_{N-l} + D_{N-l}(u - 2B_{N-1}), \\
C_{N-l_x} &= -2C_{N-l-1} - vD_{N-l} + A_{N-l}(v + 2C_{N-1}), \\
D_{N-l_x} &= -uC_{N-l} + B_{N-l}(v + 2C_{N-1}),
\end{aligned} \tag{2.92}$$

其中 $1 \leqslant l \leqslant N$, $A_{-1} = B_{-1} = C_{-1} = D_{-1} = 0$.

命题 2.3(5) 在变换 (2.91) 和条件 (2.92) 下, 矩阵 $\overline{V}^{(2)}$ 与 (2.84) 中的矩阵 $V^{(2)}$ 具有相同形式.

命题 2.3(6) 在变换 (2.91) 和条件 (2.92) 下, 矩阵 $\overline{V}^{(3)}$ 与 (2.86) 中的矩阵 $V^{(3)}$ 具有相同形式.

命题 2.3(7) 在变换 (2.91) 和条件 (2.92) 下, 矩阵 $\overline{V}^{(4)}$ 与 (2.88) 中的矩阵 $V^{(4)}$ 具有相同形式.

在附录 C 中, 我们给出了命题 2.3(4)~ 命题 2.3(7) 的详细证明. 综上所述, 我们可以把命题 2.3(3) 改写为如下命题:

命题 2.3(3′) 从方程 (2.83),(2.85) 和 (2.87) 的已知解 u, v 出发, 在 Darboux 变换 (2.91) 下, 约束 (2.89) 给出了 (3+1) 维非线性演化方程 (2.81) 的新解

$$\overline{w}[N] = 3(u - 2B_{N-1})(v + 2C_{N-1}) = 3\left(u - 2\frac{\Delta_{B_{N-1}}}{\Delta_{N-1}}\right)\left(v + 2\frac{\Delta_{C_{N-1}}}{\Delta_{N-1}}\right), \tag{2.93}$$

其中 Δ_{N-1} 为线性系统 (2.70) 的系数行列式 (令 $\alpha_j = \delta_j$, $1 \leqslant j \leqslant 2N$)

$$\Delta_{N-1} = \begin{vmatrix}
1 & \delta_1 & \lambda_1 & \delta_1\lambda_1 & \cdots & \lambda_1^{N-1} & \delta_1\lambda_1^{N-1} \\
1 & \delta_2 & \lambda_2 & \delta_2\lambda_2 & \cdots & \lambda_2^{N-1} & \delta_2\lambda_2^{N-1} \\
\vdots & \vdots & \vdots & \vdots & & \vdots & \vdots \\
1 & \delta_{2N-1} & \lambda_{2N-1} & \delta_{2N-1}\lambda_{2N-1} & \cdots & \lambda_{2N-1}^{N-1} & \delta_{2N-1}\lambda_{2N-1}^{N-1} \\
1 & \delta_{2N} & \lambda_{2N} & \delta_{2N}\lambda_{2N} & \cdots & \lambda_{2N}^{N-1} & \delta_{2N}\lambda_{2N}^{N-1}
\end{vmatrix},$$

$\Delta_{B_{N-1}}$ 由 Δ_{N-1} 的第 $2N$ 列用 $(-\lambda_1^N, \cdots, -\lambda_{2N}^N)^{\mathrm{T}}$ 替换得到, $\Delta_{C_{N-1}}$ 由 Δ_{N-1} 的第 $(2N-1)$ 列用 $(-\delta_1\lambda_1^N, \cdots, -\delta_{2N}\lambda_{2N}^N)^{\mathrm{T}}$ 替换得到, δ_j $(1 \leqslant j \leqslant 2N)$ 由 (2.71) 给出, λ_j $(1 \leqslant j \leqslant 2N)$ 为谱参数. 表达式 (2.93) 给出了 (3+1) 维非线性演化方程 (2.81) 的显式解.

接下来, 从不同的种子解出发获得了 AKNS 谱问题的形式各异的基本解组, 利用命题 2.3(3′), 求出 (3+1) 维非线性演化方程 (2.81) 的多种解, 其中包括多孤立子解、孤立子共振解和多 complexiton 解.

1. 孤立子解

从方程 (2.81) 的种子解 $\omega = 0(u = v = 0)$ 出发, 并将它代入谱问题 (2.82), (2.84), (2.86) 和 (2.88), 我们可选两个基本解为

$$\Phi(\lambda_j) = \begin{pmatrix} \exp(\xi_j) \\ 0 \end{pmatrix}, \quad \Psi(\lambda_j) = \begin{pmatrix} 0 \\ \exp(-\xi_j) \end{pmatrix}, \tag{2.94}$$

其中 $\xi_j = \lambda_j x - 2\lambda_j^2 y + 4\lambda_j^3 t - 8\lambda_j^4 z (1 \leqslant j \leqslant 2N)$.

根据 (2.71), 我们有

$$\delta_j = -r_j \exp(-2\xi_j) \quad (1 \leqslant j \leqslant 2N). \tag{2.95}$$

当 $N = 1$, $N = 2$ 和 $N = 3$ 时, 我们将讨论命题 2.3(3′) 的三种基本情况.

情况 1 ($N = 1$)　令 λ_j r_j 中 $j = 1, 2$, 由命题 2.3(3′) 和 (2.95) 给出 (3+1) 维非线性演化方程 (2.81) 的单孤立子解

$$\overline{w}[1] = 3\overline{u}[1]\overline{v}[1] = -12B_0 C_0 = \frac{12 r_1 r_2 (\lambda_1 - \lambda_2)^2}{[r_1 \exp(\eta_1) - r_2 \exp(-\eta_1)]^2}, \tag{2.96}$$

其中

$$A_0 = \frac{\delta_1 \lambda_2 - \delta_2 \lambda_1}{\delta_2 - \delta_1}, \quad B_0 = \frac{\lambda_1 - \lambda_2}{\delta_2 - \delta_1}, \quad C_0 = \frac{\delta_1 \delta_2 (\lambda_2 - \lambda_1)}{\delta_2 - \delta_1}, \quad D_0 = \frac{\delta_1 \lambda_1 - \delta_2 \lambda_2}{\delta_2 - \delta_1},$$

$\eta_1 = \xi_1 - \xi_2$. 在图 2.12 中给出了单孤立子解 (2.96) 的图形.

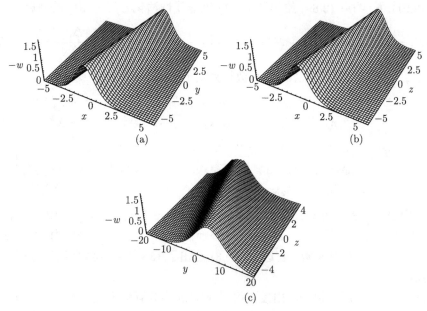

图 2.12　单孤立子解 (2.96)

$\lambda_1 = -0.3$, $\lambda_2 = 0.4$, $r_1 = -0.5$, $r_2 = 0.6$. (a) $t = z = 0$; (b) $t = y = 0$; (c) $t = x = 0$

情况 2 ($N = 2$) 令 λ_j r_j 中 $j = 1, 2, 3, 4$, 由命题 2.3($3'$) 和 (2.95) 给出 (3+1) 维非线性演化方程 (2.81) 的双向双孤立子解

$$\overline{w}[2] = -12B_1 C_1 = -12\frac{\Delta_{B_1}\Delta_{C_1}}{\Delta_1^2},\tag{2.97}$$

其中

$$\Delta_1 = \begin{vmatrix} 1 & \delta_1 & \lambda_1 & \delta_1\lambda_1 \\ 1 & \delta_2 & \lambda_2 & \delta_2\lambda_2 \\ 1 & \delta_3 & \lambda_3 & \delta_3\lambda_3 \\ 1 & \delta_4 & \lambda_4 & \delta_4\lambda_4 \end{vmatrix}, \quad \Delta_{B_1} = \begin{vmatrix} 1 & \delta_1 & \lambda_1 & -\lambda_1^2 \\ 1 & \delta_2 & \lambda_2 & -\lambda_2^2 \\ 1 & \delta_3 & \lambda_3 & -\lambda_3^2 \\ 1 & \delta_4 & \lambda_4 & -\lambda_4^2 \end{vmatrix},$$

$$\Delta_{C_1} = \begin{vmatrix} 1 & \delta_1 & -\delta_1\lambda_1^2 & \delta_1\lambda_1 \\ 1 & \delta_2 & -\delta_2\lambda_2^2 & \delta_2\lambda_2 \\ 1 & \delta_3 & -\delta_3\lambda_3^2 & \delta_3\lambda_3 \\ 1 & \delta_4 & -\delta_4\lambda_4^2 & \delta_4\lambda_4 \end{vmatrix}.$$

在图 2.13 和图 2.14 中给出了双向双孤立子解 (2.97) 的图形.

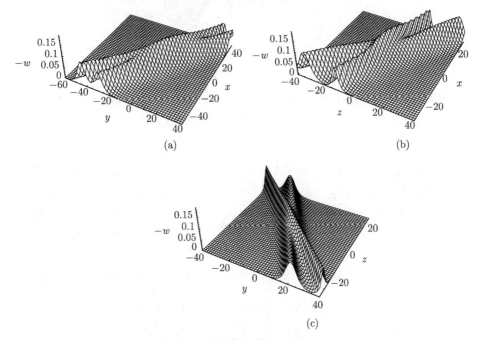

(a)

(b)

(c)

图 2.13　追赶的双孤立子解 (2.97)

$\lambda_1 = 0.2$, $\lambda_2 = 0.3$, $\lambda_3 = 0.4$, $\lambda_4 = 0.5$, $r_1 = 0.5$, $r_2 = -0.6$, $r_3 = 0.4$, $r_4 = -0.3$. (a) $t = z = 0$;

(b) $t = y = 0$; (c) $t = x = 0$

情况 3 ($N = 3$) 令 λ_j r_j 中 $j = 1, 2, 3, 4, 5, 6$, 由命题 2.3($3'$) 和 (2.95) 给出

(3+1) 维非线性演化方程 (2.81) 的双向三孤立子解

$$\overline{w}[3] = -12B_2C_2 = -12\frac{\Delta_{B_2}\Delta_{C_2}}{\Delta_2^2},\tag{2.98}$$

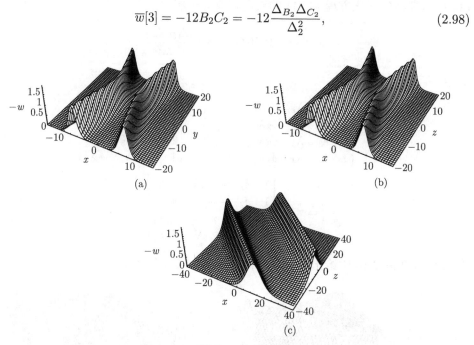

图 2.14　对撞的双孤立子解 (2.97)

$\lambda_1 = -0.3,\ \lambda_2 = 0.3,\ \lambda_3 = 0.4,\ \lambda_4 = -0.4,\ r_1 = 0.5,\ r_2 = -0.6,\ r_3 = 0.4,\ r_4 = -0.3.$ (a) $t = z = 0$;

(b) $t = y = 0$; (c) $t = -18, x = 1$

其中

$$\Delta_2 = \begin{vmatrix} 1 & \delta_1 & \lambda_1 & \delta_1\lambda_1 & \lambda_1^2 & \delta_1\lambda_1^2 \\ 1 & \delta_2 & \lambda_2 & \delta_2\lambda_2 & \lambda_2^2 & \delta_2\lambda_2^2 \\ 1 & \delta_3 & \lambda_3 & \delta_3\lambda_3 & \lambda_3^2 & \delta_3\lambda_3^2 \\ 1 & \delta_4 & \lambda_4 & \delta_4\lambda_4 & \lambda_4^2 & \delta_4\lambda_4^2 \\ 1 & \delta_5 & \lambda_5 & \delta_5\lambda_5 & \lambda_5^2 & \delta_5\lambda_5^2 \\ 1 & \delta_6 & \lambda_6 & \delta_6\lambda_6 & \lambda_6^2 & \delta_6\lambda_6^2 \end{vmatrix},\quad \Delta_{B_2} = \begin{vmatrix} 1 & \delta_1 & \lambda_1 & \delta_1\lambda_1 & \lambda_1^2 & -\lambda_1^3 \\ 1 & \delta_2 & \lambda_2 & \delta_2\lambda_2 & \lambda_2^2 & -\lambda_2^3 \\ 1 & \delta_3 & \lambda_3 & \delta_3\lambda_3 & \lambda_3^2 & -\lambda_3^3 \\ 1 & \delta_4 & \lambda_4 & \delta_4\lambda_4 & \lambda_4^2 & -\lambda_4^3 \\ 1 & \delta_5 & \lambda_5 & \delta_5\lambda_5 & \lambda_5^2 & -\lambda_5^3 \\ 1 & \delta_6 & \lambda_6 & \delta_6\lambda_6 & \lambda_6^2 & -\lambda_6^3 \end{vmatrix},$$

$$\Delta_{C_2} = \begin{vmatrix} 1 & \delta_1 & \lambda_1 & \delta_1\lambda_1 & -\delta_1\lambda_1^3 & \delta_1\lambda_1^2 \\ 1 & \delta_2 & \lambda_2 & \delta_2\lambda_2 & -\delta_2\lambda_2^3 & \delta_2\lambda_2^2 \\ 1 & \delta_3 & \lambda_3 & \delta_3\lambda_3 & -\delta_3\lambda_3^3 & \delta_3\lambda_3^2 \\ 1 & \delta_4 & \lambda_4 & \delta_4\lambda_4 & -\delta_4\lambda_4^3 & \delta_4\lambda_4^2 \\ 1 & \delta_5 & \lambda_5 & \delta_5\lambda_5 & -\delta_5\lambda_5^3 & \delta_5\lambda_5^2 \\ 1 & \delta_6 & \lambda_6 & \delta_6\lambda_6 & -\delta_6\lambda_6^3 & \delta_6\lambda_6^2 \end{vmatrix}.$$

在图 2.15 和图 2.16 中给出了三孤立子解 (2.98) 的相互作用的图形.

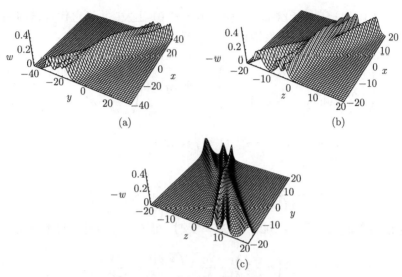

图 2.15 相互追赶的三孤立子解 (2.98)

$\lambda_1 = 0.2, \lambda_2 = 0.3,\ \lambda_3 = 0.4,\ \lambda_4 = 0.5,\ \lambda_5 = 0.6,\ \lambda_6 = 0.7,\ r_1 = 0.5,\ r_2 = -0.6,\ r_3 = 0.4,\ r_4 = -0.4,$
$r_5 = 0.3,\ r_6 = -0.3.$ (a) $t = z = 0$; (b) $t = y = 0$; (c) $t = x = 0$

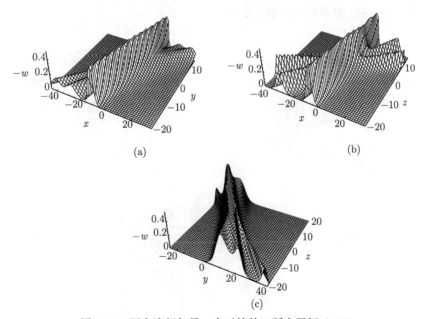

图 2.16 两个追赶与另一个对撞的三孤立子解 (2.98)

$\lambda_1 = 0.2,\ \lambda_2 = 0.3,\ \lambda_3 = 0.4,\ \lambda_4 = 0.5,\ \lambda_5 = 0.6,\ \lambda_6 = -0.1,\ r_1 = 0.5,\ r_2 = -0.5,\ r_3 = 0.4,$
$r_4 = -0.4,\ r_5 = 0.3,\ r_6 = -0.3.$ (a) $t = z = 0$; (b) $t = y = 0$; (c) $t = x = 0$

2. 共振孤立子解

从方程 (2.81) 的种子解 $\omega = 0(v = 0, u \neq 0)$ 出发, 并将它代入谱问题 (2.82), (2.84), (2.86) 和 (2.88), 我们发现两个基本解为

$$\Phi(\lambda_j) = \begin{pmatrix} \cosh \eta_j \\ \dfrac{\lambda_j}{u} \sinh \eta_j - \dfrac{\lambda_j}{u} \cosh \eta_j \end{pmatrix}, \quad \Psi(\lambda_j) = \begin{pmatrix} \sinh \eta_j \\ \dfrac{\lambda_j}{u} \cosh \eta_j - \dfrac{\lambda_j}{u} \sinh \eta_j \end{pmatrix},$$
(2.99)

其中 $\eta_j = \lambda_j x - 2\lambda_j^2 y + 4\lambda_j^3 t - 8\lambda_j^4 z \ (1 \leqslant j \leqslant 2N)$.

根据 (2.71), 我们有

$$\delta_j = \frac{\lambda_j(\tanh \eta_j - r_j)}{u(1 - r_j \tanh \eta_j)} - \frac{\lambda_j}{u} \quad (1 \leqslant j \leqslant 2N).$$
(2.100)

利用命题 2.3(3′) 和 (2.100), 当 $N = 1$ 时, 得 (3+1) 维非线性演化方程 (2.81) 的解

$$\overline{w} = 6\left(u - 2\frac{\lambda_1 - \lambda_2}{\delta_2 - \delta_1}\right)\left(\frac{\delta_1 \delta_1(\lambda_2 - \lambda_1)}{\delta_2 - \delta_1}\right),$$
(2.101)

其中 δ_1 和 δ_2 由 (2.100) 确定. 适当选取参数, $|r_i| \neq 1 \ (i = 1, 2)$, (2.101) 为方程 (2.81) 的共振双孤立子解 (图 2.17). 当参数选为 $r_1 = \pm 1$ 或 $r_2 = \pm 1$ 时, 由 (2.101) 退化出方程 (2.81) 的单孤立子解 (图 2.18).

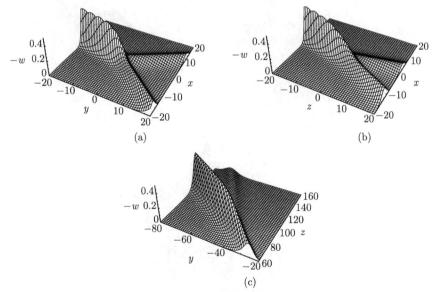

图 2.17　共振双孤立子解 (2.101)

$u = -3.5, \lambda_1 = 0.2, \lambda_2 = -0.2, r_1 = -0.5, r_2 = -0.3.$ (a) $t = z = 0$; (b) $t = y = 0$;
(c) $t = -20, x = 0$

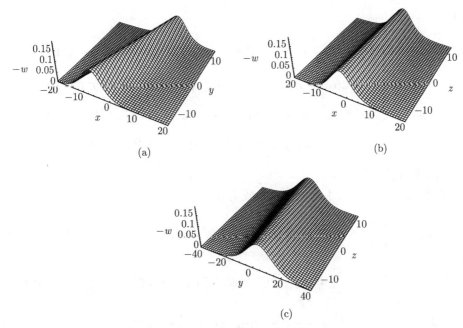

图 2.18 从 (2.101) 退化出的单孤立子解

$u = 1$, $\lambda_1 = 0.2$, $\lambda_2 = -0.2$, $r_1 = -0.5$, $r_2 = 1$. (a) $t = z = 0$; (b) $t = y = 0$; (c) $t = x = 0$

3. complexiton 解

从方程 (2.81) 的种子解 $\omega = 0(u = v = 0)$ 出发, 并取谱参数为共轭复数

$$\lambda_{4j-3} = \alpha_j + \mathrm{i}\beta_j := \lambda_j^{(1)}, \quad \lambda_{4j-2} = -(\alpha_j + \mathrm{i}\beta_j) := \lambda_j^{(2)},$$

$$\lambda_{4j-1} = \alpha_j - \mathrm{i}\beta_j := \overline{\lambda^{(1)}}_j, \quad \lambda_{4j} = -\alpha_j + \mathrm{i}\beta_j := \overline{\lambda^{(2)}}_j, \tag{2.102}$$

其中 $j = 1, 2, \cdots, N$, 从而相应于这些谱参数, 有谱问题 (2.82), (2.84), (2.86) 和 (2.88) 的下列基本解:

$$\Phi(\lambda_{4j-3}) = \begin{pmatrix} \phi_1(\lambda_{4j-3}) \\ \phi_2(\lambda_{4j-3}) \end{pmatrix} = \begin{pmatrix} \exp(\eta_j^-)(\cos(\xi_j^-) + \mathrm{i}\sin(\xi_j^-)) \\ \exp(-\eta_j^-)(\cos(\xi_j^-) - \mathrm{i}\sin(\xi_j^-)) \end{pmatrix}, \tag{2.103}$$

$$\Phi(\lambda_{4j-2}) = \begin{pmatrix} \phi_1(\lambda_{4j-2}) \\ \phi_2(\lambda_{4j-2}) \end{pmatrix} = \begin{pmatrix} \exp(\eta_j^+)(\cos(\xi_j^+) - \mathrm{i}\sin(\xi_j^+)) \\ \exp(-\eta_j^+)(\cos(\xi_j^+) + \mathrm{i}\sin(\xi_j^+)) \end{pmatrix}, \tag{2.104}$$

$$\Phi(\lambda_{4j-1}) = \begin{pmatrix} \phi_1(\lambda_{4j-1}) \\ \phi_2(\lambda_{4j-1}) \end{pmatrix} = \begin{pmatrix} \exp(\eta_j^-)(\cos(\xi_j^-) - \mathrm{i}\sin(\xi_j^-)) \\ \exp(-\eta_j^-)(\cos(\xi_j^-) + \mathrm{i}\sin(\xi_j^-)) \end{pmatrix}, \tag{2.105}$$

$$\Phi(\lambda_{4j}) = \begin{pmatrix} \phi_1(\lambda_{4j}) \\ \phi_2(\lambda_{4j}) \end{pmatrix} = \begin{pmatrix} \exp(\eta_j^+)(\cos(\xi_j^+) + \mathrm{i}\sin(\xi_j^+)) \\ \exp(-\eta_j^+)(\cos(\xi_j^+) - \mathrm{i}\sin(\xi_j^+)) \end{pmatrix}, \tag{2.106}$$

其中

$$\eta_j^- = \alpha_j x - 2(\alpha_j^2 - \beta_j^2)y - 8(\alpha_j^4 - 6\alpha_j^2\beta_j^2 + \beta_j^4)z - 4\alpha_j(3\beta_j^2 - \alpha_j^2)t,$$

$$\eta_j^+ = -\alpha_j x - 2(\alpha_j^2 - \beta_j^2)y - 8(\alpha_j^4 - 6\alpha_j^2\beta_j^2 + \beta_j^4)z + 4\alpha_j(3\beta_j^2 - \alpha_j^2)t,$$

$$\xi_j^- = \beta_j(x - 4\alpha_j y + 32\alpha_j(\beta_j^2 + \alpha_j^2)z + 4(3\alpha_j^2 - \beta_j^2)t),$$

$$\xi_j^+ = \beta_j(x + 4\alpha_j y + 32\alpha_j(\beta_j^2 + \alpha_j^2)z + 4(3\alpha_j^2 - \beta_j^2)t),$$

α_j 和 β_j 是任意的实常数.

根据 (2.71) $(r_j = 0, 1 \leqslant j \leqslant 4N)$, 我们有

$$\delta_{4j-3} = \frac{\phi_2(\lambda_{4j-3})}{\phi_1(\lambda_{4j-3})} = \exp(-2\eta_j^-)[\cos 2(\xi_j^-) - \mathrm{i}\sin 2(\xi_j^-)] := \delta_j^{(1)}, \tag{2.107}$$

$$\delta_{4j-2} = \frac{\phi_2(\lambda_{4j-2})}{\phi_1(\lambda_{4j-2})} = \exp(-2\eta_j^+)[\cos 2(\xi_j^+) + \mathrm{i}\sin 2(\xi_j^+)] := \delta_j^{(2)}, \tag{2.108}$$

$$\delta_{4j-1} = \frac{\phi_2(\lambda_{4j-1})}{\phi_1(\lambda_{4j-1})} = \exp(-2\eta_j^-)[\cos 2(\xi_j^-) + \mathrm{i}\sin 2(\xi_j^-)] := \overline{\delta^{(1)}}_j, \tag{2.109}$$

$$\delta_{4j} = \frac{\phi_2(\lambda_{4j})}{\phi_1(\lambda_{4j})} = \exp(-2\eta_j^+)[\cos 2(\xi_j^+) - \mathrm{i}\sin 2(\xi_j^+)] := \overline{\delta^{(2)}}_j, \tag{2.110}$$

将 (2.102) 和 (2.107)~(2.110) 代入 (2.93) 得 (3+1) 维非线性演化方程 (2.81) 的 N-complexiton 解

$$
\begin{aligned}
w = -12 &\frac{\det\left(b_1^{(1)}, b_1^{(2)}, \overline{b^{(1)}}_1, \overline{b^{(2)}}_1, \cdots, b_N^{(1)}, b_N^{(2)}, \overline{b^{(1)}}_N, \overline{b^{(2)}}_N\right)^{\mathrm{T}}}{\det\left(\sigma_1^{(1)}, \sigma_1^{(2)}, \overline{\sigma^{(1)}}_1, \overline{\sigma^{(2)}}_1, \cdots, \sigma_N^{(1)}, \sigma_N^{(2)}, \overline{\sigma^{(1)}}_N, \overline{\sigma^{(2)}}_N\right)^{\mathrm{T}}} \\
&\times \frac{\det\left(c_1^{(1)}, c_1^{(2)}, \overline{c^{(1)}}_1, \overline{c^{(2)}}_1, \cdots, c_N^{(1)}, c_N^{(2)}, \overline{c^{(1)}}_N, \overline{c^{(2)}}_N\right)^{\mathrm{T}}}{\det\left(\sigma_1^{(1)}, \sigma_1^{(2)}, \overline{\sigma^{(1)}}_1, \overline{\sigma^{(2)}}_1, \cdots, \sigma_N^{(1)}, \sigma_N^{(2)}, \overline{\sigma^{(1)}}_N, \overline{\sigma^{(2)}}_N\right)^{\mathrm{T}}},
\end{aligned}
\tag{2.111}
$$

其中

$$\sigma_j^{(l)} = \left(1, \delta_j^{(l)}, \lambda_j^{(l)}, \delta_j^{(l)}\lambda_j^{(l)}, \cdots, \lambda_j^{(l)2N-2}, \delta_j^{(l)}\lambda_j^{(l)2N-2}, \lambda_j^{(l)2N-1}, \delta_j^{(l)}\lambda_j^{(l)2N-1}\right),$$

$$c_j^{(l)} = \left(1, \delta_j^{(l)}, \lambda_j^{(l)}, \delta_j^{(l)}\lambda_j^{(l)}, \cdots, \lambda_j^{(l)2N-2}, \delta_j^{(l)}\lambda_j^{(l)2N-2}, -\delta_j^{(l)}\lambda_j^{(l)2N-1}, \delta_j^{(l)}\lambda_j^{(l)2N-1}\right),$$

$$b_j^{(l)} = \left(1, \delta_j^{(l)}, \lambda_j^{(l)}, \delta_j^{(l)}\lambda_j^{(l)}, \cdots, \lambda_j^{(l)2N-2}, \delta_j^{(l)}\lambda_j^{(l)2N-2}, \lambda_j^{(l)2N-1}, -\lambda_j^{(l)2N}\right),$$

$\overline{\sigma^{(l)}}_j$, $\overline{c^{(l)}}_j$ 和 $\overline{b^{(l)}}_j$ 分别表示 $\sigma_j^{(l)}$, $c_j^{(l)}$ 和 $b_j^{(l)}$ $(l = 1, 2)$ 的复共轭.

利用行列式的性质, 我们将 (3+1) 维非线性演化方程 (2.81) 的 N-complexiton 解 (2.111) 写为实的形式

$$w = -12 \frac{\det\left(\mathrm{Re}b_1^{(1)}, \mathrm{Re}b_1^{(2)}, \mathrm{Im}b_1^{(1)}, \mathrm{Im}b_1^{(2)}, \cdots, \mathrm{Re}b_N^{(1)}, \mathrm{Re}b_N^{(2)}, \mathrm{Im}b_N^{(1)}, \mathrm{Im}b_N^{(2)}\right)^{\mathrm{T}}}{\det\left(\mathrm{Re}\sigma_1^{(1)}, \mathrm{Re}\sigma_1^{(2)}, \mathrm{Im}\sigma_1^{(1)}, \mathrm{Im}\sigma_1^{(2)}, \cdots, \mathrm{Re}\sigma_N^{(1)}, \mathrm{Re}\sigma_N^{(2)}, \mathrm{Im}\sigma_N^{(1)}, \mathrm{Im}\sigma_N^{(2)}\right)^{\mathrm{T}}}$$

$$\times \frac{\det\left(\mathrm{Re}c_1^{(1)}, \mathrm{Re}c_1^{(2)}, \mathrm{Im}c_1^{(1)}, \mathrm{Im}c_1^{(2)}, \cdots, \mathrm{Re}c_N^{(1)}, \mathrm{Re}c_N^{(2)}, \mathrm{Im}c_N^{(1)}, \mathrm{Im}c_N^{(2)}\right)^{\mathrm{T}}}{\det\left(\mathrm{Re}\sigma_1^{(1)}, \mathrm{Re}\sigma_1^{(2)}, \mathrm{Im}\sigma_1^{(1)}, \mathrm{Im}\sigma_1^{(2)}, \cdots, \mathrm{Re}\sigma_N^{(1)}, \mathrm{Re}\sigma_N^{(2)}, \mathrm{Im}\sigma_N^{(1)}, \mathrm{Im}\sigma_N^{(2)}\right)^{\mathrm{T}}}.$$

$$\tag{2.112}$$

当 $j = 1$ 时, 由 (2.112), 直接计算出 (3+1) 维非线性演化方程 (2.81) 的单 complexiton 解

$$\begin{aligned}
w = -12B_1C_1 = &-12[16\alpha_1\beta_1\exp(\Omega_1^-)(\beta_1\cos(2\xi_1^+) + \alpha_1\sin(2\xi_1^+)) \\
& + 16\alpha_1\beta_1\exp(\Omega_1^+)(-\beta_1\cos(2\xi_1^-) + \alpha_1\sin(2\xi_1^-))] \\
& \times [16\alpha_1\beta_1\exp(\Gamma_1^+)(\beta_1\cos(2\xi_1^+) - \alpha_1\sin(2\xi_1^+)) - 16\alpha_1\beta_1\exp(\Gamma_1^-) \\
& \times (\beta_1\cos(\xi_1^-) + \alpha_1\sin(\xi_1^-))]/[8\exp(\zeta)(\beta_1^2\cosh(\chi) \\
& - (\beta_1^2\cos(2\xi_1^+)\cos(2\xi_1^-) + (2\alpha_1^2 + \beta_1^2\sin(2\xi_1^+)\sin(2\xi_1^-))))]^2,
\end{aligned} \tag{2.113}$$

其中

$$\Omega_1^- = -2\alpha_1 x + 12(\alpha_1^2 - \beta_1^2)y + 48(\alpha_1^4 - 6\alpha_1^2\beta_1^2 + \beta_1^4)z + 8\alpha_1(3\beta_1^2 - \alpha_1^2)t,$$

$$\Omega_1^+ = 2\alpha_1 x + 12(\alpha_1^2 - \beta_1^2)y + 48(\alpha_1^4 - 6\alpha_1^2\beta_1^2 + \beta_1^4)z + 8\alpha_1(\alpha_1^2 - 3\beta_1^2)t,$$

$$\Gamma_1^+ = 2\alpha_1 x + 4(\alpha_1^2 - \beta_1^2)y + 16(\alpha_1^4 - 6\alpha_1^2\beta_1^2 + \beta_1^4)z + 8\alpha_1(\alpha_1^2 - 3\beta_1^2)t,$$

$$\Gamma_1^- = -2\alpha_1 x + 4(\alpha_1^2 - \beta_1^2)y + 16(\alpha_1^4 - 6\alpha_1^2\beta_1^2 + \beta_1^4)z + 8\alpha_1(3\beta_1^2 - \alpha_1^2)t,$$

$$\zeta = 8(\alpha_1^2 - \beta_1^2)y + 32(\alpha_1^4 - 6\alpha_1^2\beta_1^2 + \beta_1^4)z, \chi = 4\alpha_1 x + 16\alpha_1(\alpha_1^2 - 3\beta_1^2)t.$$

例 2.3(2) 考虑 (2+1) 维 KP 方程

$$(u_t + u_{xxx} - 6uu_x)_x + 3u_{yy} = 0. \tag{2.114}$$

在对称约束 [47, 48]

$$u = -2G \tag{2.115}$$

下, KP 方程 (2.114) 可分解为 (1+1) 维 Broer-Kaup(BK) 方程

$$H_y = H_{xx} - 2HH_x - 2G_x, \qquad G_y = -G_{xx} - 2(GH)_x, \tag{2.116}$$

和高阶 (1+1) 维 Broer-Kaup 方程

$$H_t = -4(H_{xx} + H^3 - 3HH_x + 6HG)_x,$$

$$G_t = -4(G_{xx} + 3H^2G + 3HG_x + 3G^2)_x. \tag{2.117}$$

联系方程 (2.116) 和 (2.117) 的谱问题为

$$\phi_x = U\phi = \begin{pmatrix} \frac{1}{2}(\lambda - H) & -G \\ 1 & -\frac{1}{2}(\lambda - H) \end{pmatrix} \phi, \tag{2.118}$$

$$\phi_y = V^{(1)}\phi = \begin{pmatrix} -\frac{1}{2}\lambda^2 - \frac{1}{2}(H_x - H^2) & G\lambda + G_x + HG \\ -\lambda - H & \frac{1}{2}\lambda^2 + \frac{1}{2}(H_x - H^2) \end{pmatrix} \phi, \tag{2.119}$$

$$\phi_t = V^{(2)}\phi = 4 \begin{pmatrix} v_{11}^{(2)} & v_{12}^{(2)} \\ v_{21}^{(2)} & -v_{11}^{(2)} \end{pmatrix} \phi, \tag{2.120}$$

其中

$$v_{11}^{(2)} = -\frac{1}{2}\lambda^3 - G\lambda + \frac{1}{2}(H_{xx} - 2G_x + H^3 + 2HG - 3HH_x),$$

$$v_{12}^{(2)} = G\lambda^2 + (G_x + HG)\lambda + [(G_x + HG)_x + H(G_x + HG) + 2G^2],$$

$$v_{21}^{(2)} = -\lambda^2 - H\lambda + (H_x - 2G - H^2),$$

H 和 G 为两个位势, λ 为谱参数. 通过直接计算零曲率方程 $U_y - V_x^{(1)} + [U, V^{(1)}] = 0$ 和 $U_t - V_x^{(2)} + [U, V^{(2)}] = 0$, 分别得方程 (2.116) 和 (2.117).

类似 2.2 节的讨论, 我们取 Darboux 阵为 $T_3^{(N)}$, 可得如下命题和定理.

命题 2.3(8)　假设 A_N 满足

$$\partial_x \ln A_N = \frac{1}{2}\left(A_{N-1} - \frac{H + C_{N-2} + D_{N-1}}{1 + C_{N-1}} + H\right) \tag{2.121}$$

和

$$A_N^2 = 1 + C_{N-1}, \tag{2.122}$$

则矩阵 $\overline{U}$ 与 U 具有相同形式, 即

$$\overline{U} = \begin{pmatrix} \frac{1}{2}(\lambda - \overline{H}) & -\overline{G} \\ 1 & -\frac{1}{2}(\lambda - \overline{H}) \end{pmatrix},$$

其中旧位势 H 和 G 将被映成新位势

$$\overline{H}[N] = -A_{N-1} + \frac{H + C_{N-2} + D_{N-1}}{1 + C_{N-1}}, \quad \overline{G}[N] = (1 + C_{N-1})(B_{N-1} + G). \tag{2.123}$$

命题 2.3(9) 假设 A_N 满足

$$\partial_y \ln A_N = \frac{1}{2}(\overline{H}_{xx} - 2\overline{G}_x + \overline{H}^3 + 2\overline{H}\,\overline{G} - 3\overline{H}\,\overline{H}_x)$$
$$+ B_{N-1}(1 + C_{N-1}) + C_{N-1}G - \frac{1}{2}(H^2 - H_x), \tag{2.124}$$

则在变换 (2.123) 下, $V^{(1)}$ 中的旧位势 H 和 G 将被映成新位势 $\overline{H}$ 和 $\overline{G}$.

命题 2.3(10) 假设 A_N 满足

$$\partial_t \ln A_N = 2[(\overline{H} - H)_{xx} - 2(\overline{G} - G)_x - 3(\overline{H}\,\overline{H}_x - HH_x) + (\overline{H}^3 - H^3)$$
$$+ 2(\overline{H}\,\overline{G} - HG)] + 4[A_N^2(B_{N-2} - A_{N-1}B_{N-1}) + B_{N-1}(C_{N-2} + H)$$
$$+ C_{N-1}(GH + G_x - D_{N-1}(B_{N-1} + G)) + GC_{N-2}], \tag{2.125}$$

则在变换 (2.123) 下, $V^{(2)}$ 中的旧位势 H 和 G 将被映成新位势 $\overline{H}$ 和 $\overline{G}$.

注 当 $N = 1$ 时, 令 $A_{-1} = B_{-1} = C_{-1} = D_{-1} = 0$, 则 Darboux 变换 (2.123) 可写为

$$\overline{H}[1] = -A_0 + \frac{H + D_0}{1 + C_0}, \quad \overline{G}[1] = (1 + C_0)(B_0 + G). \tag{2.126}$$

定理 2.3(3) 如果 (H, G) 为 (1+1) 维 BK 方程 (2.116) 和高阶 BK 方程 (2.117) 的相容解, 则 $\overline{H}, \overline{G}$ 为它们的新相容解, 并且约束

$$\overline{u} = -2\overline{G} \tag{2.127}$$

给出 (2+1) 维 KP 方程 (2.114) 的新解.

我们将利用 Darboux 变换 (2.123) 来构造 (1+1) 维 BK 方程、高阶 BK 方程和 (2+1) 维 KP 方程的多孤立子解. 取种子解 H 和 G 为常数, 且 $G \neq 0$. 将 (H, G) 代入谱问题 (2.118)~(2.120), 可选择它们的相容解为

$$\phi(\lambda_j) = \begin{pmatrix} \cosh \xi_j \\ -\dfrac{\mu_j}{G}\sinh \xi_j + \dfrac{\lambda_j - H}{2G}\cosh \xi_j \end{pmatrix},$$

$$\psi(\lambda_j) = \begin{pmatrix} \sinh \xi_j \\ -\dfrac{\mu_j}{G}\cosh \xi_j + \dfrac{\lambda_j - H}{2G}\sinh \xi_j \end{pmatrix},$$

其中

$$\xi_j = \mu_j[x - (\lambda_j + H)y - 4(\lambda_j^2 + \lambda_j H + H^2 + 2G)t],$$
$$\mu_j = \pm\frac{1}{2}\sqrt{(\lambda_j - H)^2 - 4G} \quad (1 \leqslant j \leqslant 2N).$$

由 (2.71) 可得

$$\alpha_j = -\frac{\mu_j}{G}\frac{\tanh\xi_j - r_j}{1 - r_j\tanh\xi_j} + \frac{\lambda_j - H}{2G} \quad (1 \leqslant j \leqslant 2N), \tag{2.128}$$

则我们给出 (1+1) 维 BK 方程和高阶 BK 方程的 2*N* 孤立子解的表达式

$$\overline{H}[N] = -\frac{\Delta_{A_{N-1}}}{\Delta} + \frac{\Delta H + \Delta_{C_{N-2}} + \Delta_{D_{N-1}}}{\Delta + \Delta_{C_{N-1}}}, \tag{2.129}$$

$$\overline{G}[N] = \left(1 + \frac{\Delta_{C_{N-1}}}{\Delta}\right)\left(\frac{\Delta_{B_{N-1}}}{\Delta} + G\right). \tag{2.130}$$

进一步, 给出 (2+1) 维 KP 方程的新 2*N* 孤立子解

$$\overline{u}[N] = -2\left(1 + \frac{\Delta_{C_{N-1}}}{\Delta}\right)\left(\frac{\Delta_{B_{N-1}}}{\Delta} + G\right), \tag{2.131}$$

其中

$$\Delta = \begin{vmatrix} 1 & \alpha_1 & \lambda_1 & \alpha_1\lambda_1 & \cdots & \lambda_1^{N-1} & \alpha_1\lambda_1^{N-1} \\ 1 & \alpha_2 & \lambda_2 & \alpha_2\lambda_2 & \cdots & \lambda_2^{N-1} & \alpha_2\lambda_2^{N-1} \\ \vdots & \vdots & \vdots & \vdots & & \vdots & \vdots \\ 1 & \alpha_{2N-1} & \lambda_{2N-1} & \alpha_{2N-1}\lambda_{2N-1} & \cdots & \lambda_{2N-1}^{N-1} & \alpha_{2N-1}\lambda_{2N-1}^{N-1} \\ 1 & \alpha_{2N} & \lambda_{2N} & \alpha_{2N}\lambda_{2N} & \cdots & \lambda_{2N}^{N-1} & \alpha_{2N}\lambda_{2N}^{N-1} \end{vmatrix},$$

$\Delta_{A_{N-1}}$, $\Delta_{B_{N-1}}$ 是由 Δ 中的第 $(2N-1)$ 列和第 $2N$ 列被 $(-\lambda_1^N, -\lambda_2^N, \cdots, -\lambda_{2N}^N)^{\mathrm{T}}$ 分别替换产生的, $\Delta_{D_{N-1}}$, $\Delta_{C_{N-1}}$ 和 $\Delta_{C_{N-2}}$ 是由 Δ 中的第 $2N$ 列、第 $(2N-1)$ 列和第 $(2N-3)$ 列被 $(-\alpha_1\lambda_1^N, -\alpha_2\lambda_2^N, \cdots, -\alpha_{2N}\lambda_{2N}^N)^{\mathrm{T}}$ 分别替换产生的, α_j $(j = 1, 2, \cdots, 2N)$ 由 (2.128) 给出.

为节省篇幅, 下面仅给出 $N = 1$ 时 (2+1) 维 KP 方程的多孤立子解. 取 $\lambda = \lambda_j$ $(j = 1, 2)$, 假设 $A_{-1} = B_{-1} = C_{-1} = D_{-1} = 0$, 则有

$$A_0 = \frac{\alpha_1\lambda_2 - \alpha_2\lambda_1}{\alpha_2 - \alpha_1}, \quad B_0 = \frac{\lambda_1 - \lambda_2}{\alpha_2 - \alpha_1}, \quad C_0 = \frac{\alpha_1\alpha_2(\lambda_2 - \lambda_1)}{\alpha_2 - \alpha_1}, \quad D_0 = \frac{\alpha_1\lambda_1 - \alpha_2\lambda_2}{\alpha_2 - \alpha_1}. \tag{2.132}$$

从而求得 (2+1) 维 KP 方程 (2.114) 的解

$$\overline{u}[1] = -2\frac{(G(\alpha_1 - \alpha_2) - \lambda_1 + \lambda_2)(\alpha_1 - \alpha_2 + \alpha_1\alpha_2(\lambda_1 - \lambda_2))}{(\alpha_1 - \alpha_2)^2}, \tag{2.133}$$

其中 $\alpha_j = -(\mu_j/G)(\tanh\xi_j - r_j)/(1 - r_j\tanh\xi_j) + (\lambda_j - H)/2G$, $\xi_j = \mu_j[x - (H + \lambda_j)y - 4(\lambda_j^2 + \lambda_j H + H^2 + 2G)t]$, $\mu_j = \pm\frac{1}{2}\sqrt{(\lambda_j - H)^2 - 4G}$, $r_j, \lambda_j (j = 1, 2)$ 为任意参数.

当 $|r_i| \neq 1$ $(i = 1, 2)$ 时, (2.133) 表示 (2+1) 维 KP 方程 (2.114) 的相互作用的双孤立子解

$$\overline{u}[1] = \left(G + \frac{(\lambda_2 - \lambda_1)(\lambda_1 - H - \dfrac{\mu_1(\tanh\xi_1 - r_1)}{1 - r_1\tanh\xi_1})(\lambda_2 - H - \dfrac{\mu_2(\tanh\xi_2 - r_2)}{1 - r_2\tanh\xi_2})}{\lambda_2 - \lambda_1 + \dfrac{\mu_1(\tanh\xi_1 - r_1)}{1 - r_1\tanh\xi_1} - \dfrac{\mu_2(\tanh\xi_2 - r_2)}{1 - r_2\tanh\xi_2}} \right)$$

$$\times \left(\frac{2(\lambda_2 - \lambda_1)}{\lambda_2 - \lambda_1 + \dfrac{\mu_1(\tanh\xi_1 - r_1)}{1 - r_1\tanh\xi_1} - \dfrac{\mu_2(\tanh\xi_2 - r_2)}{1 - r_2\tanh\xi_2}} - 2 \right).$$
(2.134)

在图 2.21 中给出了双孤立子解 (2.134) 的图形.

然而, 当 $r_1 = \pm 1$ 或 $r_2 = \pm 1$ 时, (2.134) 就退化为单孤立子解. 例如, 当取 $r_2 = -1$ 时, 我们得到如下单孤立子解:

$$\overline{u}[\xi_1] = \left(G + \frac{(\lambda_2 - \lambda_1)(\lambda_2 - H - \mu_2)(\lambda_1 - H - \dfrac{\mu_1(\tanh\xi_1 - r_1)}{1 - r_1\tanh\xi_1})}{\lambda_2 - \lambda_1 - \mu_2 + \dfrac{\mu_1(\tanh\xi_1 - r_1)}{1 - r_1\tanh\xi_1}} \right)$$
(2.135)

$$\times \left(\frac{2(\lambda_2 - \lambda_1)}{\lambda_2 - \lambda_1 - \mu_2 + \dfrac{\mu_1(\tanh\xi_1 - r_1)}{1 - r_1\tanh\xi_1}} - 2 \right),$$

其中 $\xi_1 = \mu_1[x - (\lambda_1 + H)y - 4(\lambda_1^2 + \lambda_1 H + H^2 + 2G)t]$, $\mu_1 = \pm\frac{1}{2}\sqrt{(\lambda_1 - H)^2 - 4G}$. 在图 2.19 和图 2.20 中给出该解 (2.135) 的图形.

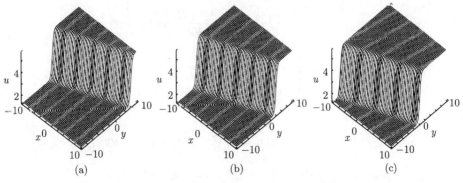

图 2.19 左行单孤立子解 (2.135)

$G = 1, H = 1/50, \lambda_1 = 2.5, \ \lambda_2 = -3.5, r_1 = -0.5, r_2 = -1.$ (a) $t = -0.3$; (b) $t = 0$; (c) $t = 0.3$

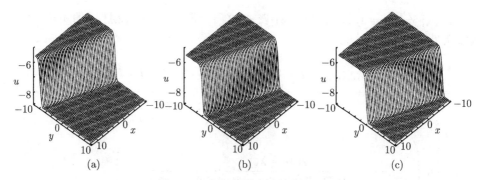

图 2.20 右行单孤立子解 (2.135)

$G = 1, H = 1/50, \lambda_1 = -2.5, \lambda_2 = -3.5, r_1 = -0.5, r_2 = -1.$ (a) $t = -0.3$; (b) $t = 0$; (c) $t = 0.3$

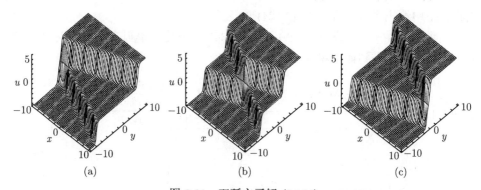

图 2.21 双孤立子解 (2.134)

$G = 1/2, H = 0, \lambda_1 = 2.5, \lambda_2 = -2.5, r_1 = 0.5, r_2 = -0.5.$ (a) $t = -0.3$; (b) $t = 0$; (c) $t = 0.3$

另外, 我们还可以选取谱问题 (2.118)~(2.120) 的如下相容解:

$$\phi(\lambda_j) = \begin{pmatrix} \cos \xi_j \\ \dfrac{\mu_j}{G} \sin \xi_j + \dfrac{\lambda_j - H}{2G} \cos \xi_j \end{pmatrix},$$

$$\psi(\lambda_j) = \begin{pmatrix} \sin \xi_j \\ -\dfrac{\mu_j}{G} \cos \xi_j + \dfrac{\lambda_j - H}{2G} \sin \xi_j \end{pmatrix},$$

其中

$$\xi_j = \mu_j[x - (\lambda_j + H)y - 4(\lambda_j^2 + \lambda_j H + H^2 + 2G)t],$$

$$\mu_j = \pm \frac{1}{2} \sqrt{4G - (\lambda_j - H)^2} \quad (1 \leqslant j \leqslant 2N).$$

利用该基本解可获得 (1+1) 维 BK 方程 (2.116)、高阶 BK 方程 (2.117) 和 (2+1) 维 KP 方程 (2.114) 的一系列周期波解.

2.4 1 重 Darboux 变换

2.4.1 广义 WKI 族的 Darboux 变换

令 $\lambda = \lambda_j \ (j = 1, 2)$, $(\varphi_{1j}, \varphi_{2j})^{\mathrm{T}}$ 和 $(\psi_{1j}, \psi_{2j})^{\mathrm{T}} \ (j = 1, 2)$ 是 Lax 对 (1.23) 的两个基本解, 定义

$$\sigma_j = \frac{\varphi_{2j} - r_j \psi_{2j}}{\varphi_{1j} - r_j \psi_{1j}}, \tag{2.136}$$

其中 $r_j \ (j = 1, 2)$ 为常数. Lax 对 (1.23) 在 Darboux 阵的作用下

$$\bar{\varphi} = T\varphi, \tag{2.137}$$

其中

$$T = \begin{pmatrix} \dfrac{1}{\lambda} + \dfrac{\lambda_1 \sigma_1 - \lambda_2 \sigma_2}{\lambda_1 \lambda_2 (\sigma_2 - \sigma_1)} & \dfrac{\lambda_1 - \lambda_2}{\lambda_1 \lambda_2 (\sigma_1 - \sigma_2)} \\[3mm] \dfrac{(\lambda_2 - \lambda_1)\sigma_1 \sigma_2}{\lambda_1 \lambda_2 (\sigma_1 - \sigma_2)} & \dfrac{1}{\lambda} + \dfrac{\lambda_2 \sigma_1 - \lambda_1 \sigma_2}{\lambda_1 \lambda_2 (\sigma_2 - \sigma_1)} \end{pmatrix}, \tag{2.138}$$

可得新位势和旧位势之间的关系如下 [49]:

$$\begin{aligned} \bar{w} &= w + \left(\frac{(\lambda_1 - \lambda_2)\sigma_1}{\lambda_1 \lambda_2 (\sigma_2 - \sigma_1)} \right)_x, \quad \bar{u} = u + \left(\frac{\lambda_2 - \lambda_1}{\lambda_1 \lambda_2 (\sigma_2 - \sigma_1)} \right)_x, \\ \bar{v} &= v + \left(\frac{(\lambda_1 - \lambda_2)\sigma_1 \sigma_2}{\lambda_1 \lambda_2 (\sigma_2 - \sigma_1)} \right)_x. \end{aligned} \tag{2.139}$$

2.4.2 广义 KdV 族的 Darboux 变换

令 $\lambda = \lambda_j \ (j = 1, 2)$ 时, $(\phi_{1k}(\lambda_j), \phi_{2k}(\lambda_j), \phi_{3k}(\lambda_j), \phi_{4k}(\lambda_j))^{\mathrm{T}} \ (k = 1, 2, 3, 4)$ 是 Lax 对 (1.44) 的解, 定义 [23]

$$\delta_1^{(j)} = \frac{\phi_{21}(\lambda_j) - r_1^{(j)} \phi_{22}(\lambda_j) - r_2^{(j)} \phi_{23}(\lambda_j) - r_3^{(j)} \phi_{24}(\lambda_j)}{\phi_{11}(\lambda_j) - r_1^{(j)} \phi_{12}(\lambda_j) - r_2^{(j)} \phi_{13}(\lambda_j) - r_3^{(j)} \phi_{14}(\lambda_j)}, \tag{2.140}$$

$$\delta_2^{(j)} = \frac{\phi_{31}(\lambda_j) - r_1^{(j)} \phi_{32}(\lambda_j) - r_2^{(j)} \phi_{33}(\lambda_j) - r_3^{(j)} \phi_{34}(\lambda_j)}{\phi_{11}(\lambda_j) - r_1^{(j)} \phi_{12}(\lambda_j) - r_2^{(j)} \phi_{13}(\lambda_j) - r_3^{(j)} \phi_{14}(\lambda_j)}, \tag{2.141}$$

$$\delta_3^{(j)} = \frac{\phi_{41}(\lambda_j) - r_1^{(j)} \phi_{42}(\lambda_j) - r_2^{(j)} \phi_{43}(\lambda_j) - r_3^{(j)} \phi_{44}(\lambda_j)}{\phi_{11}(\lambda_j) - r_1^{(j)} \phi_{12}(\lambda_j) - r_2^{(j)} \phi_{13}(\lambda_j) - r_3^{(j)} \phi_{14}(\lambda_j)}, \tag{2.142}$$

其中 $r_k^{(j)} \ (j = 1, 2; k = 1, 2, 3, 4)$ 为常数. Lax 对 (1.44) 在 Darboux 阵的作用下

$$\bar{\Phi} = T\Phi, \tag{2.143}$$

其中

$$T = \begin{pmatrix} a & 1 & b & 0 \\ -\lambda + u + a_x & a & w + b_x & b \\ c & 0 & d & 1 \\ v + c_x & c & -\lambda + s + d_x & d \end{pmatrix}, \tag{2.144}$$

可得新位势和旧位势之间的关系如下:

$$\bar{u} = u + 2a_x, \quad \bar{v} = v + 2c_x, \quad \bar{w} = w + 2b_x, \quad \bar{s} = s + 2d_x, \tag{2.145}$$

其中

$$a = \frac{\delta_1^{(1)}\delta_2^{(2)} - \delta_1^{(2)}\delta_2^{(1)}}{\delta_2^{(1)} - \delta_2^{(2)}}, \quad b = \frac{\delta_1^{(2)} - \delta_1^{(1)}}{\delta_2^{(1)} - \delta_2^{(2)}}, \tag{2.146}$$

$$c = \frac{\delta_2^{(2)}\delta_3^{(1)} - \delta_2^{(1)}\delta_3^{(2)}}{\delta_2^{(1)} - \delta_2^{(2)}}, \quad d = \frac{\delta_3^{(2)} - \delta_3^{(1)}}{\delta_2^{(1)} - \delta_2^{(2)}}. \tag{2.147}$$

2.4.3　广义 AKNS 族的 Darboux 变换

令 $\lambda = \lambda_l$ $(l = 1, 2)$ 时, $(f_1^{(l)}, f_2^{(l)}, f_3^{(l)}, f_4^{(l)})^{\mathrm{T}}$ $(l = 1, 2)$ 是 Lax 对 (1.67) 的解. Lax 对 (1.67) 在 Darboux 阵的作用下 [25]

$$\bar{\Phi} = T\Phi, \tag{2.148}$$

其中

$$T = \begin{pmatrix} \lambda + a & b & c & d \\ s & \lambda + h & g & f \\ f & g & \lambda + h & s \\ d & c & b & \lambda + d \end{pmatrix}, \tag{2.149}$$

可得新位势和旧位势之间的关系如下:

$$\bar{u}_1 = u_1 - \frac{2\Delta_b}{\Delta}, \quad \bar{u}_2 = u_2 - \frac{2\Delta_c}{\Delta}, \quad \bar{u}_3 = u_3 + \frac{2\Delta_f}{\Delta}, \quad \bar{u}_4 = u_4 + \frac{2\Delta_s}{\Delta}, \tag{2.150}$$

其中

$$\Delta = \begin{vmatrix} f_1^{(1)} & f_2^{(1)} & f_3^{(1)} & f_4^{(1)} \\ f_1^{(2)} & f_2^{(2)} & f_3^{(2)} & f_4^{(2)} \\ f_4^{(1)} & f_3^{(1)} & f_2^{(1)} & f_1^{(1)} \\ f_4^{(2)} & f_3^{(2)} & f_2^{(2)} & f_1^{(2)} \end{vmatrix}, \quad \Delta_b = \begin{vmatrix} f_1^{(1)} & -\lambda_1 f_1^{(1)} & f_3^{(1)} & f_4^{(1)} \\ f_1^{(2)} & -\lambda_2 f_1^{(2)} & f_3^{(2)} & f_4^{(2)} \\ f_4^{(1)} & -\lambda_1 f_4^{(1)} & f_2^{(1)} & f_1^{(1)} \\ f_4^{(2)} & -\lambda_2 f_4^{(2)} & f_2^{(2)} & f_1^{(2)} \end{vmatrix}, \tag{2.151}$$

$$\Delta_c = \begin{vmatrix} f_1^{(1)} & f_2^{(1)} & -\lambda_1 f_1^{(1)} & f_4^{(1)} \\ f_1^{(2)} & f_2^{(2)} & -\lambda_2 f_1^{(2)} & f_4^{(2)} \\ f_4^{(1)} & f_3^{(1)} & -\lambda_1 f_4^{(1)} & f_1^{(1)} \\ f_4^{(2)} & f_3^{(2)} & -\lambda_2 f_4^{(2)} & f_1^{(2)} \end{vmatrix}, \quad \Delta_s = \begin{vmatrix} -\lambda_1 f_2^{(1)} & f_2^{(1)} & f_3^{(1)} & f_4^{(1)} \\ -\lambda_2 f_2^{(2)} & f_2^{(2)} & f_3^{(2)} & f_4^{(2)} \\ -\lambda_1 f_3^{(1)} & f_3^{(1)} & f_2^{(1)} & f_1^{(1)} \\ -\lambda_2 f_3^{(2)} & f_3^{(2)} & f_2^{(2)} & f_1^{(2)} \end{vmatrix},$$

$$(2.152)$$

$$\Delta_f = \begin{vmatrix} f_1^{(1)} & f_2^{(1)} & f_3^{(1)} & -\lambda_1 f_2^{(1)} \\ f_1^{(2)} & f_2^{(2)} & f_3^{(2)} & -\lambda_2 f_2^{(2)} \\ f_4^{(1)} & f_3^{(1)} & f_2^{(1)} & -\lambda_1 f_3^{(1)} \\ f_4^{(2)} & f_3^{(2)} & f_2^{(2)} & -\lambda_2 f_3^{(2)} \end{vmatrix}.$$

$$(2.153)$$

第3章 可对角化的 Darboux 阵与孤立波

可对角化的 Darboux 阵是研究 AKNS 谱问题的 Darboux 变换时建立起来的, 它对整个 AKNS 系统中的任何方程都是统一的. 可对角化的 Darboux 阵方法已成功地应用于 KdV 梯队、mKdV-SG 梯队、NLS 梯队和 DS 方程等 [28]. 本章扩展了可对角化的 Darboux 阵方法, 并将它应用于其他谱问题的研究中. 利用计算机符号计算工具和可对角化的 Darboux 阵方法, 我们成功构造出一个新谱问题、Boiti-Tu 谱问题和一个广义 Kaup-Newell 谱问题的 Darboux 变换等. 作为 Darboux 变换的应用, 获得了一个无色散可积耦合方程的 N 孤立子解、广义耦合 mKdV 方程的孤立波解和一个广义导数非线性 Schrödinger 方程的周期波解. 利用可对角化的 Darboux 阵方法, 我们给出了构造谱问题的 Darboux 变换的一种算法, 并在计算机代数系统 Maple 上实现了该算法.

3.1 Darboux 变换的行列式表示

3.1.1 无色散可积耦合方程的多孤立子解

无色散模型在数学物理等问题中得到了广泛的应用和深入的研究 [50, 51]. 本节给出了一个无色散耦合方程, 并应用可对角化的 Darboux 阵方法构造了其谱问题的 Darboux 变换, 从而求得该方程的 N 孤立子解.

考虑无色散耦合方程 [52]

$$
\begin{cases}
q_{xt} + \beta \left(q + \dfrac{\beta}{\alpha} r \right) r_x = 0, \\
r_{xt} - \alpha \left(\dfrac{\alpha}{\beta} q + r \right) q_x = 0,
\end{cases}
\tag{3.1}
$$

其中 α 和 β 是任意的非零常数, 位势 q 与 r 是关于变量 x 和 t 的可微函数. 对方程 (3.1) 进行 Painlevé检验, 我们获得它的共振点为 $-1, 1, 2, 4$. 在每个正共振点处相容性条件恒成立, 所以我们称耦合方程 (3.1) 为 Painlevé意义下的可积方程.

联系方程 (3.1) 的新谱问题为

$$
\phi_x = U\phi, \quad U = \begin{pmatrix} \alpha q_x \lambda & \beta r_x \lambda \\ \beta r_x \lambda & -\alpha q_x \lambda \end{pmatrix},
\tag{3.2}
$$

和

$$\phi_t = V\phi, \quad V = \begin{pmatrix} \dfrac{1}{4\lambda} & -\dfrac{1}{4\lambda} - \dfrac{1}{2}(\alpha q + \beta r) \\ -\dfrac{1}{4\lambda} + \dfrac{1}{2}(\alpha q + \beta r) & -\dfrac{1}{4\lambda} \end{pmatrix}. \tag{3.3}$$

谱问题 (3.2) 和 (3.3) 的可积条件是零曲率方程

$$U_t - V_x + [U, V] = 0. \tag{3.4}$$

通过直接计算 (3.4), 就得到方程 (3.1).

因为 Darboux 变换 T 是谱问题 (3.2) 和 (3.3) 的特殊的规范变换, 所以

$$\overline{\phi} = T\phi, \tag{3.5}$$

需要 $\overline{\phi}$ 满足同样形式的谱问题

$$\overline{\phi}_x = \overline{U}\,\overline{\phi}, \quad \overline{U} = (T_x + TU)T^{-1}, \quad \overline{U} = \begin{pmatrix} \alpha\overline{q}_x\lambda & \beta\overline{r}_x\lambda \\ \beta\overline{r}_x\lambda & -\alpha\overline{q}_x\lambda \end{pmatrix}, \tag{3.6}$$

$$\overline{\phi}_t = \overline{V}\,\overline{\phi}, \quad \overline{V} = (T_t + TV)T^{-1}, \quad \overline{V} = \begin{pmatrix} \dfrac{1}{4\lambda} & -\dfrac{1}{4\lambda} - \dfrac{1}{2}(\alpha\overline{q} + \beta\overline{r}) \\ -\dfrac{1}{4\lambda} + \dfrac{1}{2}(\alpha\overline{q} + \beta\overline{r}) & -\dfrac{1}{4\lambda} \end{pmatrix}. \tag{3.7}$$

通过交叉微分 (3.6) 和 (3.7), 即 $\overline{\phi}_{xt} = \overline{\phi}_{tx}$, 我们得到

$$\overline{U}_t - \overline{V}_x + [\overline{U}, \overline{V}] = T(U_t - V_x + [U, V])T^{-1}.$$

这意味着矩阵 T 能使 $\overline{U}$ 和 $\overline{V}$ 与 U 和 V 拥有相同的形式, 同时 U 和 V 中的旧位势 q, r 被映为 $\overline{U}$ 和 $\overline{V}$ 中新的位势 $\overline{q}, \overline{r}$, 通常这个过程可不断地进行下去并产生一系列孤立子解.

下面我们来构造具体的变换, 令 $\lambda = \lambda_k$ 时, 谱问题 (3.2) 和 (3.3) 的解为 $h^{(k)} = (h_1^{(k)}, h_2^{(k)})^{\mathrm{T}}$, 易得 $h^{(k)-} = (h_2^{(k)}, -h_1^{(k)})^{\mathrm{T}}$ 为 $\lambda = -\lambda_k$ 时的解. 假设

$$H = \begin{pmatrix} h_1^{(k)} & h_2^{(k)} \\ h_2^{(k)} & -h_1^{(k)} \end{pmatrix}, \quad \Lambda = \begin{pmatrix} \dfrac{1}{\lambda_k} & 0 \\ 0 & -\dfrac{1}{\lambda_k} \end{pmatrix}. \tag{3.8}$$

令 $\sigma = h_2^{(k)}/h_1^{(k)}$, 可得

$$S^{(k)} = H\Lambda H^{-1} = \frac{1}{\lambda_k(1 + \sigma^2)} \begin{pmatrix} 1 - \sigma^2 & 2\sigma \\ 2\sigma & \sigma^2 - 1 \end{pmatrix}. \tag{3.9}$$

为简单起见, 记 $\tan\dfrac{\theta}{2} = \sigma$, 则

$$S^{(k)} = \frac{1}{\lambda_k} \begin{pmatrix} \cos\theta & \sin\theta \\ \sin\theta & -\cos\theta \end{pmatrix} \triangleq \begin{pmatrix} A & B \\ B & -A \end{pmatrix}. \tag{3.10}$$

利用

$$\sigma_x = \beta r_x \lambda_k (1 - \sigma^2) - 2\alpha q_x \lambda_k \sigma, \tag{3.11}$$

我们得

$$\theta_x = 2\beta r_x \lambda_k \cos\theta - 2\alpha q_x \lambda_k \sin\theta. \tag{3.12}$$

取 Darboux 阵

$$T = \frac{1}{\lambda} I - S^{(k)} = \begin{pmatrix} \dfrac{1}{\lambda} - \dfrac{1}{\lambda_k}\cos\theta & -\dfrac{1}{\lambda_k}\sin\theta \\ -\dfrac{1}{\lambda_k}\sin\theta & \dfrac{1}{\lambda} + \dfrac{1}{\lambda_k}\cos\theta \end{pmatrix}, \tag{3.13}$$

我们有

$$\begin{aligned}
\overline{U} &= (T_x + TU)T^{-1} \\
&= \begin{pmatrix} \alpha\left(q_x\cos 2\theta + \dfrac{\beta}{\alpha}r_x\sin 2\theta\right)\lambda & \beta\left(\dfrac{\alpha}{\beta}q_x\sin 2\theta - r_x\cos 2\theta\right)\lambda \\ \beta\left(\dfrac{\alpha}{\beta}q_x\sin 2\theta - r_x\cos 2\theta\right)\lambda & -\alpha\left(q_x\cos 2\theta + \dfrac{\beta}{\alpha}r_x\sin 2\theta\right)\lambda \end{pmatrix}.
\end{aligned} \tag{3.14}$$

利用 (3.6) 和 (3.14) 得

$$\begin{aligned}
\overline{q}_x &= q_x\cos 2\theta + \frac{\beta}{\alpha}r_x\sin 2\theta = \left(q - \frac{1}{\alpha\lambda_k}\cos\theta\right)_x, \\
\overline{r}_x &= \frac{\alpha}{\beta}q_x\sin 2\theta - r_x\cos 2\theta = \left(r - \frac{1}{\beta\lambda_k}\sin\theta\right)_x,
\end{aligned} \tag{3.15}$$

即

$$\overline{q} = q - \frac{1}{\alpha\lambda_k}\cos\theta = q - \frac{1}{\alpha}A, \quad \overline{r} = r - \frac{1}{\beta\lambda_k}\sin\theta = r - \frac{1}{\beta}B. \tag{3.16}$$

基于以上计算, 我们给出如下命题.

命题 3.1(1)　如果 q, r 为 (3.1) 的已知解, 当 $\lambda = \lambda_k$ 时, 谱问题 (3.2) 和 (3.3) 的解为 $(h_1^{(k)}, h_2^{(k)})^{\mathrm{T}}$, 则利用 Darboux 阵 T 和 (3.16), 有

$$\overline{U} = (T_x + TU)T^{-1} \tag{3.17}$$

成立.

同样, 我们可给出辅助谱问题的相关命题.

命题 3.1(2) 如果 q, r 为 (3.1) 的已知解, 当 $\lambda = \lambda_k$ 时, 谱问题 (3.2) 和 (3.3) 的解为 $(h_1^{(k)}, h_2^{(k)})^{\mathrm{T}}$, 则利用 Darboux 阵 T 和 (3.16), 有

$$\overline{V} = (T_t + TV)T^{-1} \tag{3.18}$$

成立.

证明 直接计算, 得

$$\sigma_t = \left(-\frac{1}{4\lambda_k} + \frac{1}{2}(\alpha q + \beta r) \right) - \frac{1}{2\lambda_k}\sigma + \left(\frac{1}{4\lambda_k} + \frac{1}{2}(\alpha q + \beta r) \right) \sigma^2,$$

$$\theta_t = (\alpha q + \beta r) - \frac{1}{2\lambda_k}(\cos\theta + \sin\theta). \tag{3.19}$$

将 (3.13), (3.16) 和 (3.19) 代入 (3.18), 计算得条件成立. 所以命题得证.

命题 3.1(1) 和命题 3.1(2) 表明, 变换 (3.5), (3.16) 将 Lax 对 (3.2) 和 (3.3) 变为相同形式的 Lax 对 (3.6) 和 (3.7). 因此两种 Lax 对都给出相同的无色散可积耦合方程 (3.1). 我们称变换 $(\Phi, q, r) \to (\overline{\Phi}, \overline{q}, \overline{r})$ 为无色散可积耦合方程 (3.1) 的 Darboux 变换.

定理 3.1(1) 在 Darboux 变换 (3.5), (3.16) 下, 无色散可积耦合方程 (3.1) 的解 (q, r) 变为新解 $(\overline{q}, \overline{r})$, 其中

$$\overline{q} = q - \frac{1}{\alpha\lambda_k}\frac{1 - \sigma^2}{1 + \sigma^2} = q - \frac{1}{\alpha}A, \quad \overline{r} = r - \frac{1}{\beta\lambda_k}\frac{2\sigma}{1 + \sigma^2} = r - \frac{1}{\beta}B. \tag{3.20}$$

从无色散可积耦合方程 (3.1) 的种子解 $q = q_0$, $r = r_0$ 出发, 当 $\lambda = \lambda_k$ 时, 选取 Lax 对 (3.2) 和 (3.3) 的解为

$$h^{(k)} = \begin{pmatrix} h_1^{(k)} \\ h_2^{(k)} \end{pmatrix} \quad (1 \leqslant k \leqslant N). \tag{3.21}$$

下面我们将构造出方程 (3.1) 的一系列精确解.

首先, 我们构造

$$H^{(1)} = (h^{(1)}, h^{(1)-}), \quad \Lambda^{(1)} = \begin{pmatrix} \dfrac{1}{\lambda_1} & 0 \\ 0 & -\dfrac{1}{\lambda_1} \end{pmatrix}, \tag{3.22}$$

$$S^{(1)} = H^{(1)}\Lambda^{(1)}(H^{(1)})^{-1} = \frac{1}{\lambda_1\left(h_1^{(1)^2} + h_2^{(1)^2}\right)} \begin{pmatrix} h_1^{(1)^2} - h_2^{(1)^2} & 2h_1^{(1)}h_2^{(1)} \\ 2h_1^{(1)}h_2^{(1)} & h_2^{(1)^2} - h_1^{(1)^2} \end{pmatrix}$$

$$= \begin{pmatrix} A^{(1)} & B^{(1)} \\ B^{(1)} & -A^{(1)} \end{pmatrix}. \tag{3.23}$$

应用定理 3.1(1), 我们获得方程 (3.1) 的新解

$$q[1] = q_0 - \frac{1}{\alpha}A^{(1)}, \quad r[1] = r_0 - \frac{1}{\beta}B^{(1)}. \tag{3.24}$$

其次, 利用 (3.24) 和 (3.13) 计算出 Lax 对 (3.2) 和 (3.3) 的新解. 取 $q = q[1], r = r[1]$ 和 $\lambda = \lambda_i$ 时, 这个解可表示为行列式

$$\overline{h}_{[1]}^{(i)} = \begin{pmatrix} \overline{h}_{1[1]}^{(i)} \\ \overline{h}_{2[1]}^{(i)} \end{pmatrix} = \left(\frac{1}{\lambda_i}I - S^{(1)}\right)\begin{pmatrix} h_1^{(i)} \\ h_2^{(i)} \end{pmatrix} = \frac{\frac{1}{\lambda_1} + \frac{1}{\lambda_i}}{[h^{(1)}, h^{(1)}]}\left(\begin{vmatrix} h_1^{(i)} & [h^{(i)}, h^{(1)}] \\ h_1^{(1)} & [h^{(1)}, h^{(1)}] \\ h_2^{(i)} & [h^{(i)}, h^{(1)}] \\ h_2^{(1)} & [h^{(1)}, h^{(1)}] \end{vmatrix}\right), \tag{3.25}$$

其中 $[h^{(i)}, h^{(j)}] = \dfrac{h_1^{(i)}h_1^{(j)} + h_2^{(i)}h_2^{(j)}}{(1/\lambda_i + 1/\lambda_j)}$.

我们构造

$$H^{(2)} = (\overline{h}_{[1]}^{(2)}, \overline{h}_{[1]}^{(2)-}), \quad \Lambda^{(2)} = \begin{pmatrix} \dfrac{1}{\lambda_2} & 0 \\ 0 & -\dfrac{1}{\lambda_2} \end{pmatrix},$$

$$S^{(2)} = H^{(2)}\Lambda^{(2)}(H^{(2)})^{-1}$$

$$= \frac{1}{\lambda_2\left(\overline{h}_{1[1]}^{(2)^2} + \overline{h}_{2[1]}^{(2)^2}\right)}\begin{pmatrix} \overline{h}_{1[1]}^{(2)^2} - \overline{h}_{2[1]}^{(2)^2} & 2\overline{h}_{1[1]}^{(2)}\overline{h}_{2[1]}^{(2)} \\ 2\overline{h}_{1[1]}^{(2)}\overline{h}_{2[1]}^{(2)} & \overline{h}_{2[1]}^{(2)^2} - \overline{h}_{1[1]}^{(2)^2} \end{pmatrix}$$

$$= \begin{pmatrix} A^{(2)} & B^{(2)} \\ B^{(2)} & -A^{(2)} \end{pmatrix},$$

其中 $h_{1[1]}^{(2)}$ 和 $h_{2[1]}^{(2)}$ 由 (3.25) (当 $i = 2$ 时) 给出.

这样, 我们计算出方程 (3.1) 的另一个新解

$$q[2] = q[1] - \frac{1}{\alpha}A^{(2)}, \quad r[2] = r[1] - \frac{1}{\beta}B^{(2)}. \tag{3.26}$$

利用 (3.25) 和 $S^{(2)}$, 并再次应用 Darboux 变换, 取 $q = q[2], r = r[2]$ 和 $\lambda = \lambda_3$, 我

们得 Lax 对 (3.2) 和 (3.3) 的解为

$$
\overline{h}_{[2]}^{(3)} = \begin{pmatrix} \overline{h}_{1[2]}^{(3)} \\ \overline{h}_{2[2]}^{(3)} \end{pmatrix} = \left(\frac{1}{\lambda_3} I - S^{(2)} \right) \begin{pmatrix} \overline{h}_{1[1]}^{(3)} \\ \overline{h}_{2[1]}^{(3)} \end{pmatrix}
$$

$$
= \frac{\left(\dfrac{1}{\lambda_3} + \dfrac{1}{\lambda_2} \right) \left(\dfrac{1}{\lambda_3} + \dfrac{1}{\lambda_1} \right)}{[h^{(1)}, h^{(1)}][h^{(2)}, h^{(2)}] - [h^{(2)}, h^{(1)}]^2} \begin{pmatrix} \begin{vmatrix} h_1^{(3)} & [h^{(3)}, h^{(1)}] & [h^{(3)}, h^{(2)}] \\ h_1^{(1)} & [h^{(1)}, h^{(1)}] & [h^{(1)}, h^{(2)}] \\ h_1^{(2)} & [h^{(2)}, h^{(1)}] & [h^{(2)}, h^{(2)}] \end{vmatrix} \\ \begin{vmatrix} h_2^{(3)} & [h^{(3)}, h^{(1)}] & [h^{(3)}, h^{(2)}] \\ h_2^{(1)} & [h^{(1)}, h^{(1)}] & [h^{(1)}, h^{(2)}] \\ h_2^{(2)} & [h^{(2)}, h^{(1)}] & [h^{(2)}, h^{(2)}] \end{vmatrix} \end{pmatrix}.
$$

$$(3.27)$$

如果我们作 $(N-1)$ 次 Darboux 变换, 得方程 (3.1) 的解 $q[N-1]$, $r[N-1]$, 则 Lax 对 (3.2) 和 (3.3) 的解可表示为行列式

$$
\overline{h}_{[N-1]}^{(N)} = \begin{pmatrix} \overline{h}_{1[N-1]}^{(N)} \\ \overline{h}_{2[N-1]}^{(N)} \end{pmatrix} = \Delta_N \begin{pmatrix} \begin{vmatrix} h_1^{(N)} & [h^{(N)}, h^{(1)}] & \cdots & [h^{(N)}, h^{(N-1)}] \\ h_1^{(1)} & [h^{(1)}, h^{(1)}] & \cdots & [h^{(1)}, h^{(N-1)}] \\ \vdots & \vdots & & \vdots \\ h_1^{(N-1)} & [h^{(N-1)}, h^{(1)}] & \cdots & [h^{(N-1)}, h^{(N-1)}] \end{vmatrix} \\ \begin{vmatrix} h_2^{(N)} & [h^{(N)}, h^{(1)}] & \cdots & [h^{(N)}, h^{(N-1)}] \\ h_2^{(1)} & [h^{(1)}, h^{(1)}] & \cdots & [h^{(1)}, h^{(N-1)}] \\ \vdots & \vdots & & \vdots \\ h_2^{(N-1)} & [h^{(N-1)}, h^{(1)}] & \cdots & [h^{(N-1)}, h^{(N-1)}] \end{vmatrix} \end{pmatrix},
$$

$$(3.28)$$

其中

$$
\Delta_N = \frac{\left(\dfrac{1}{\lambda_N} + \dfrac{1}{\lambda_1} \right) \left(\dfrac{1}{\lambda_N} + \dfrac{1}{\lambda_2} \right) \cdots \left(\dfrac{1}{\lambda_N} + \dfrac{1}{\lambda_{N-1}} \right)}{\begin{vmatrix} [h^{(1)}, h^{(1)}] & [h^{(1)}, h^{(2)}] & \cdots & [h^{(1)}, h^{(N-1)}] \\ [h^{(2)}, h^{(1)}] & [h^{(2)}, h^{(2)}] & \cdots & [h^{(2)}, h^{(N-1)}] \\ \vdots & \vdots & & \vdots \\ [h^{(N-1)}, h^{(1)}] & [h^{(N-1)}, h^{(2)}] & \cdots & [h^{(N-1)}, h^{(N-1)}] \end{vmatrix}}.
$$

我们构造

$$H^{(N)} = \left(\overline{h}_{[N-1]}^{(N)}, \overline{h}_{[N-1]}^{(N)-} \right), \quad \Lambda^{(N)} = \begin{pmatrix} \dfrac{1}{\lambda_N} & 0 \\ 0 & -\dfrac{1}{\lambda_N} \end{pmatrix},$$

$$S^{(N)} = H^{(N)} \Lambda^{(N)} (H^{(N)})^{-1} = \frac{1}{\lambda_N \left(\overline{h}_{1[N-1]}^{(N)2} + \overline{h}_{2[N-1]}^{(N)2} \right)}$$

$$\times \begin{pmatrix} \overline{h}_{1[N-1]}^{(N)2} - \overline{h}_{2[N-1]}^{(N)2} & 2\overline{h}_{1[N-1]}^{(N)} \overline{h}_{2[N-1]}^{(N)} \\ 2\overline{h}_{1[N-1]}^{(N)} \overline{h}_{2[N-1]}^{(N)} & \overline{h}_{2[N-1]}^{(N)2} - \overline{h}_{1[N-1]}^{(N)2} \end{pmatrix} = \begin{pmatrix} A^{(N)} & B^{(N)} \\ B^{(N)} & -A^{(N)} \end{pmatrix}.$$

这样, 连续作 N 次 Darboux 变换后, 可得方程 (3.1) 的求解公式

$$q[N] = q[N-1] - \frac{1}{\alpha} A^{(N)}, \quad r[N] = r[N-1] - \frac{1}{\beta} B^{(N)}. \tag{3.29}$$

利用 (3.29), 可以获得该方程的一系列新解.

作为 Darboux 变换的应用, 我们将构造出无色散可积耦合方程 (3.1) 的多孤立子解. 将种子解 $q = \beta x$, $r = -\alpha x$ 代入 Lax 对 (3.2) 和 (3.3), 并取 $\lambda = \lambda_k$, 选取它的如下解:

$$h^{(k)} = \begin{pmatrix} h_1^{(k)} \\ h_2^{(k)} \end{pmatrix} = \begin{pmatrix} \cosh \xi_k \\ \cosh \xi_k - \sqrt{2} \sinh \xi_k \end{pmatrix}, \quad 1 \leqslant k \leqslant N, \tag{3.30}$$

其中 $\xi_k = \sqrt{2}\alpha\beta\lambda_k \left(x + \dfrac{t}{4\alpha\beta\lambda_k^2} \right) + \xi_k^{(0)}$.

我们构造

$$H^{(1)} = (h^{(1)}, h^{(1)-}) = \begin{pmatrix} \cosh \xi_1 & \cosh \xi_1 - \sqrt{2} \sinh \xi_1 \\ \cosh \xi_1 - \sqrt{2} \sinh \xi_1 & -\cosh \xi_1 \end{pmatrix}, \tag{3.31}$$

$$\Lambda^{(1)} = \begin{pmatrix} \dfrac{1}{\lambda_1} & 0 \\ 0 & -\dfrac{1}{\lambda_1} \end{pmatrix}, \quad S^{(1)} = H^{(1)} \Lambda^{(1)} (H^{(1)})^{-1} = \begin{pmatrix} A^{(1)} & B^{(1)} \\ B^{(1)} & -A^{(1)} \end{pmatrix}, \tag{3.32}$$

其中

$$A^{(1)} = \frac{\sinh \xi_1 (\sqrt{2} \cosh \xi_1 - \sinh \xi_1)}{\lambda_1 \cosh 2\xi_1 - \dfrac{\lambda_1}{\sqrt{2}} \sinh 2\xi_1}, \quad B^{(1)} = \frac{\cosh \xi_1 (-\sqrt{2} \sinh \xi_1 + \cosh \xi_1)}{\lambda_1 \cosh 2\xi_1 - \dfrac{\lambda_1}{\sqrt{2}} \sinh 2\xi_1}.$$

由 (3.24), 我们给出方程 (3.1) 的单孤立子解

$$q[1] = \beta x - \frac{1}{\alpha} A^{(1)} = \beta x - \frac{1}{\alpha} \frac{\sinh \xi_1 (\sqrt{2} \cosh \xi_1 - \sinh \xi_1)}{\lambda_1 \cosh 2\xi_1 - \frac{\lambda_1}{\sqrt{2}} \sinh 2\xi_1},$$

$$r[1] = -\alpha x - \frac{1}{\beta} B^{(1)} = -\alpha x - \frac{1}{\beta} \frac{\cosh \xi_1 (-\sqrt{2} \sinh \xi_1 + \cosh \xi_1)}{\lambda_1 \cosh 2\xi_1 - \frac{\lambda_1}{\sqrt{2}} \sinh 2\xi_1},$$

(3.33)

其中 $\xi_1 = \sqrt{2}\alpha\beta\lambda_1 \left(x + \dfrac{t}{4\alpha\beta\lambda_1^2} \right) + \xi_1^{(0)}$. 在图 3.1 中, 给出了单孤立子解的图形.

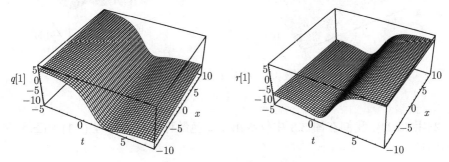

图 3.1 单孤立子解 (3.33)

$\alpha = \beta = 0.1$, $\lambda_1 = 1$, $\xi_1^{(0)} = 0$

当 $\lambda = \lambda_2$ 时, 选取另一组解为

$$h^{(2)} = \begin{pmatrix} h_1^{(2)} \\ h_2^{(2)} \end{pmatrix} = \begin{pmatrix} \cosh \xi_2 \\ \cosh \xi_2 - \sqrt{2} \sinh \xi_2 \end{pmatrix},$$

(3.34)

其中 $\xi_2 = \sqrt{2}\alpha\beta\lambda_2 \left(x + \dfrac{t}{4\alpha\beta\lambda_2^2} \right) + \xi_2^{(0)}$. 从而, 我们给出方程 (3.1) 的双孤立子解

$$q[2] = \beta x - \frac{1}{\alpha} \frac{\sinh \xi_1 (\sqrt{2} \cosh \xi_1 - \sinh \xi_1)}{\lambda_1 \cosh 2\xi_1 - \frac{\lambda_1}{\sqrt{2}} \sinh 2\xi_1} - \frac{1}{\alpha} A^{(2)},$$

$$r[2] = -\alpha x - \frac{1}{\beta} \frac{\cosh \xi_1 (-\sqrt{2} \sinh \xi_1 + \cosh \xi_1)}{\lambda_1 \cosh 2\xi_1 - \frac{\lambda_1}{\sqrt{2}} \sinh 2\xi_1} - \frac{1}{\beta} B^{(2)},$$

(3.35)

其中

$$A^{(2)} = \frac{\overline{h}_{1[1]}^{(2)^2} - \overline{h}_{2[1]}^{(2)^2}}{\lambda_2 \left(\overline{h}_{1[1]}^{(2)^2} + \overline{h}_{2[1]}^{(2)^2} \right)}, \quad B^{(2)} = \frac{2\overline{h}_{1[1]}^{(2)} \overline{h}_{2[1]}^{(2)}}{\lambda_2 \left(\overline{h}_{1[1]}^{(2)^2} + \overline{h}_{2[1]}^{(2)^2} \right)},$$

$$\overline{h}^{(2)}_{1[1]} = \frac{\frac{1}{\lambda_2} + \frac{1}{\lambda_1}}{[h^{(1)}, h^{(1)}]} \begin{vmatrix} h^{(2)}_1 & [h^{(2)}, h^{(1)}] \\ h^{(1)}_1 & [h^{(1)}, h^{(1)}] \end{vmatrix}, \quad \overline{h}^{(2)}_{2[1]} = \frac{\frac{1}{\lambda_2} + \frac{1}{\lambda_1}}{[h^{(1)}, h^{(1)}]} \begin{vmatrix} h^{(2)}_2 & [h^{(2)}, h^{(1)}] \\ h^{(1)}_2 & [h^{(1)}, h^{(1)}] \end{vmatrix}.$$

在图 3.2 中, 给出了双孤立子解的图形.

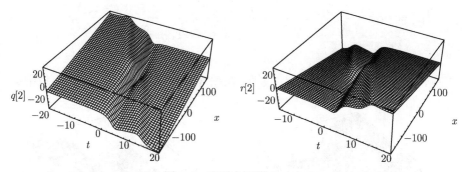

图 3.2　双孤立子解 (3.35)

$$\alpha = \beta = 0.1, \ \lambda_1 = 1, \ \lambda_2 = 1.1, \ \xi^{(0)}_1 = \xi^{(0)}_2 = 0$$

利用 (3.29), 我们在图 3.3 中仅给出了无色散可积耦合方程 (3.1) 的三孤立子解的图形.

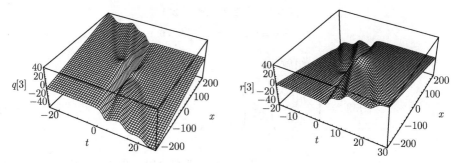

图 3.3　三孤立子解

$$\alpha = \beta = 0.1, \ \lambda_1 = 1, \ \lambda_2 = 1.1, \ \lambda_3 = 1.2, \ \xi^{(0)}_1 = \xi^{(0)}_2 = \xi^{(0)}_3 = 0$$

3.1.2　广义耦合 mKdV 方程的孤立波解

考虑广义耦合 mKdV 方程 [53]

$$\begin{cases} u_t = \dfrac{3}{2}u^2 u_x - \dfrac{1}{4}u_{xxx} - \dfrac{1}{2}v_{xx} + 2u_x s + us_x + 2vs + vu^2, \\[2mm] v_t = -s\left(u^3 - \dfrac{1}{2}u_{xx} - v_x + 2us\right), \\[2mm] s_t = -v\left(u^3 - \dfrac{1}{2}u_{xx} - v_x + 2us\right). \end{cases} \tag{3.36}$$

该方程是从 Boiti-Tu(BT) 族中推出 [53], BT 族是刘维尔意义下的无穷维可积 Hamilton 系统. 当取 $v = s = 0$ 时, 方程 (3.36) 退化为熟知的 mKdV 方程 $u_t = \dfrac{3}{2}u^2 u_x - \dfrac{1}{4}u_{xxx}$, 所以称方程 (3.36) 为广义耦合 mKdV 方程.

考虑谱问题

$$\phi_x = U\phi, \quad U = \begin{pmatrix} -\mathrm{i}\lambda + \dfrac{\mathrm{i}s}{\lambda} & u + \dfrac{\mathrm{i}v}{\lambda} \\[2mm] u - \dfrac{\mathrm{i}v}{\lambda} & \mathrm{i}\lambda - \dfrac{\mathrm{i}s}{\lambda} \end{pmatrix}, \quad \phi = \begin{pmatrix} \phi_1 \\[1mm] \phi_2 \end{pmatrix}. \tag{3.37}$$

如果选取谱问题 (3.37) 的辅助谱问题为 [54]

$$\phi_t = V\phi, \quad V = \begin{pmatrix} -\mathrm{i}\lambda^3 - \dfrac{1}{2}\mathrm{i}\lambda u^2 & v_{12} \\[2mm] v_{21} & \mathrm{i}\lambda^3 + \dfrac{1}{2}\mathrm{i}\lambda u^2 \end{pmatrix}, \tag{3.38}$$

其中

$$v_{12} = \lambda^2 u + \frac{1}{2}\mathrm{i}\lambda(2v + u_x) + \frac{1}{4}(4su + 2u^3 - 2v_x - u_{xx}),$$

$$v_{21} = \lambda^2 u - \frac{1}{2}\mathrm{i}\lambda(2v + u_x) + \frac{1}{4}(4su + 2u^3 - 2v_x - u_{xx}).$$

(3.37) 与 (3.38) 的可积条件为零曲率方程

$$U_t - V_x + [U, V] = 0. \tag{3.39}$$

直接计算 (3.39), 便得方程 (3.36).

令

$$\overline{\phi} = T\phi, \tag{3.40}$$

要求 $\overline{\phi}$ 满足谱问题

$$\overline{\phi}_x = \overline{U}\,\overline{\phi}, \quad \overline{U} = (T_x + TU)T^{-1}, \quad \overline{U} = \begin{pmatrix} -\mathrm{i}\lambda + \dfrac{\mathrm{i}\overline{s}}{\lambda} & \overline{u} + \dfrac{\mathrm{i}\overline{v}}{\lambda} \\[2mm] \overline{u} - \dfrac{\mathrm{i}\overline{v}}{\lambda} & \mathrm{i}\lambda - \dfrac{\mathrm{i}\overline{s}}{\lambda} \end{pmatrix}, \tag{3.41}$$

$$\overline{\phi}_t = \overline{V}\,\overline{\phi}, \quad \overline{V} = (T_t + TV)T^{-1}, \quad \overline{V} = \begin{pmatrix} -\mathrm{i}\lambda^3 - \dfrac{1}{2}\mathrm{i}\lambda\overline{u}^2 & \overline{v}_{12} \\[2mm] \overline{v}_{21} & \mathrm{i}\lambda^3 + \dfrac{1}{2}\mathrm{i}\lambda\overline{u}^2 \end{pmatrix}, \tag{3.42}$$

其中

$$\overline{v}_{12} = \lambda^2 \overline{u} + \frac{1}{2}\mathrm{i}\lambda(2\overline{v} + \overline{u}_x) + \frac{1}{4}(4\overline{s}\,\overline{u} + 2\overline{u}^3 - 2\overline{v}_x - \overline{u}_{xx}),$$

$$\overline{v}_{21} = \lambda^2 \overline{u} - \frac{1}{2}\mathrm{i}\lambda(2\overline{v} + \overline{u}_x) + \frac{1}{4}(4\overline{s}\,\overline{u} + 2\overline{u}^3 - 2\overline{v}_x - \overline{u}_{xx}).$$

这表明 Darboux 阵 T 能使 U, V 中的旧位势 u, v 和 s 分别被映成新位势 $\overline{u}$, $\overline{v}$ 和 $\overline{s}$.

现在我们构造具体变换. 令 $\lambda = \lambda_k$, $h^{(k)} = (h_1^{(k)}, h_2^{(k)})^{\mathrm{T}}$ 为谱问题 (3.37) 和 (3.38) 的解. 容易得到, 当 $\lambda = -\lambda_k$ 时, 谱问题 (3.37) 和 (3.38) 的解为 $h^{(k)-} = (h_2^{(k)}, h_1^{(k)})^{\mathrm{T}}$. 假设

$$H = \begin{pmatrix} h_1^{(k)} & h_2^{(k)} \\ h_2^{(k)} & h_1^{(k)} \end{pmatrix}, \quad \Lambda = \begin{pmatrix} \lambda_k & 0 \\ 0 & -\lambda_k \end{pmatrix}. \tag{3.43}$$

令 $\sigma = h_2^{(k)}/h_1^{(k)}$, 可得

$$S^{(k)} = H\Lambda H^{-1} = \frac{\lambda_k}{(1-\sigma^2)} \begin{pmatrix} 1+\sigma^2 & -2\sigma \\ 2\sigma & -\sigma^2-1 \end{pmatrix}. \tag{3.44}$$

为了简单起见, 记 $\tan\dfrac{\theta}{2} = \sigma$, 则

$$S^{(k)} = \lambda_k \begin{pmatrix} \sec\theta & -\tan\theta \\ \tan\theta & -\sec\theta \end{pmatrix} \triangleq \lambda_k \begin{pmatrix} A & -B \\ B & -A \end{pmatrix}. \tag{3.45}$$

利用

$$\sigma_x = u - \frac{\mathrm{i}v}{\lambda_k} + \left(2\mathrm{i}\lambda_k - \frac{2\mathrm{i}s}{\lambda_k}\right)\sigma - \left(u + \frac{\mathrm{i}v}{\lambda_k}\right)\sigma^2, \tag{3.46}$$

我们得到

$$\theta_x = \left(2\mathrm{i}\lambda_k - \frac{2\mathrm{i}s}{\lambda_k}\right)\sin\theta + 2u\cos\theta - \frac{2\mathrm{i}v}{\lambda_k}. \tag{3.47}$$

令 Darboux 阵

$$T = \lambda I - S^{(k)} = \begin{pmatrix} \lambda - \lambda_k\sec\theta & \lambda_k\tan\theta \\ -\lambda_k\tan\theta & \lambda + \lambda_k\sec\theta \end{pmatrix}, \tag{3.48}$$

我们有

$$\overline{U} = (T_x + TU)T^{-1} = \begin{pmatrix} Q_{11} & Q_{12} \\ Q_{21} & Q_{22} \end{pmatrix}, \tag{3.49}$$

其中

$$Q_{11} = -Q_{22} = -i\lambda + \frac{i}{\lambda}\left[-\frac{1}{2}\sec^2\theta(s(\cos 2\theta - 3) - 4v\sin\theta)\right],$$

$$Q_{12} = -i\sec^2\theta\left[-\lambda_k\sin 2\theta + 1u\cos^2\theta\right] + \frac{i}{\lambda}\left[-\frac{1}{2}\sec^2\theta(4s\sin\theta + 3v - v\cos 2\theta)\right],$$

$$Q_{21} = i\sec^2\theta\left[\lambda_k\sin 2\theta - iu\cos^2\theta\right] - \frac{i}{\lambda}\left[-\frac{1}{2}\sec^2\theta(4s\sin\theta + 3v - v\cos 2\theta)\right].$$

$$(3.50)$$

利用 (3.41) 和 (3.49), (3.50) 得

$$\begin{cases} \overline{u} = u + 2i\lambda_k\tan\theta = u + 2i\lambda_k B, \\ \overline{v} = v - 2s\sec\theta\tan\theta - 2v\sec^2\theta = v - 2sAB - 2vA^2, \\ \overline{s} = s + 2s\tan^2\theta + 2v\sec\theta\tan\theta = s + 2sB^2 + 2vAB. \end{cases} \quad (3.51)$$

根据以上计算, 可知以下命题成立.

命题 3.1(3)   如果 u, v 和 s 为 (3.36) 的已知解, 当 $\lambda = \lambda_k$ 时, 谱问题 (3.37) 和 (3.38) 的解为 $(h_1^{(k)}, h_2^{(k)})^{\mathrm{T}}$, 则利用 Darboux 阵 T, (3.48), (3.47) 和 (3.51), 有

$$\overline{U} = (T_x + TU)T^{-1} \quad (3.52)$$

成立.

命题 3.1(4)   如果 u, v 和 s 为 (3.36) 的已知解, 当 $\lambda = \lambda_k$ 时, 谱问题 (3.37) 和 (3.38) 的解为 $(h_1^{(k)}, h_2^{(k)})^{\mathrm{T}}$, 则利用 Darboux 阵 T, (3.48) 和 (3.51), 有

$$\overline{V} = (T_t + TV)T^{-1} \quad (3.53)$$

成立.

证明   直接计算, 得

$$\sigma_t = u\lambda_k^2 + su + \frac{1}{2}u^3 - i\lambda_k v - \frac{1}{2}i\lambda_k u_x - \frac{1}{2}v_x - \frac{1}{4}u_{xx} + \left(2i\lambda_k^3 + i\lambda_k u^2\right)\sigma$$
$$+ \left(-\lambda_k^2 u - su - \frac{1}{2}u^3 - i\lambda_k v - \frac{1}{2}i\lambda_k u_x + \frac{1}{2}v_x + \frac{1}{4}u_{xx}\right)\sigma^2,$$
$$\theta_t = -2i\lambda_k v - i\lambda_k u_x + \left(2i\lambda_k^3 + i\lambda_k u^2\right)\sin\theta$$
$$+ \left(2\lambda_k^2 u + 2su + u^3 - v_x - \frac{1}{2}u_{xx}\right)\cos\theta. \quad (3.54)$$

将 (3.48), (3.51) 和 (3.54) 代入 (3.53), 计算得条件成立. 所以命题得证.

综上所述, 我们有以下定理.

定理 3.1(2)　在 Darboux 变换 (3.48), (3.51) 下, 广义耦合 mKdV 方程 (3.36) 的解 (u, v, s) 变为新解 $(\bar{u}, \bar{v}, \bar{s})$, 其中

$$\begin{cases} \bar{u} = u + 2\mathrm{i}\lambda_k \left(\dfrac{2\sigma}{1-\sigma^2} \right), \\[3mm] \bar{v} = v - 2s \left(\dfrac{1+\sigma^2}{1-\sigma^2} \right) \left(\dfrac{2\sigma}{1-\sigma^2} \right) - 2v \left(\dfrac{1+\sigma^2}{1-\sigma^2} \right)^2, \\[3mm] \bar{s} = s + 2s \left(\dfrac{2\sigma}{1-\sigma^2} \right)^2 + 2v \left(\dfrac{1+\sigma^2}{1-\sigma^2} \right) \left(\dfrac{2\sigma}{1-\sigma^2} \right). \end{cases} \tag{3.55}$$

类似 3.1.1 节的推导, 下面给出 N 次 Darboux 变换的显式结果.

如果我们作 $(N-1)$ 次 Darboux 变换, 得方程 (3.36) 的解 $u[N-1]$, $v[N-1]$ 和 $s[N-1]$, 则 Lax 对 (3.37) 和 (3.38) 的解可表示为行列式

$$\bar{h}_{[N-1]}^{(N)} = \begin{pmatrix} \bar{h}_{1[N-1]}^{(N)} \\ \bar{h}_{2[N-1]}^{(N)} \end{pmatrix} = \Delta_N \begin{pmatrix} \begin{vmatrix} h_1^{(N)} & [h^{(N)}, h^{(1)}] & \cdots & [h^{(N)}, h^{(N-1)}] \\ h_1^{(1)} & [h^{(1)}, h^{(1)}] & \cdots & [h^{(1)}, h^{(N-1)}] \\ \vdots & \vdots & & \vdots \\ h_1^{(N-1)} & [h^{(N-1)}, h^{(1)}] & \cdots & [h^{(N-1)}, h^{(N-1)}] \\ h_2^{(N)} & [h^{(N)}, h^{(1)}] & \cdots & [h^{(N)}, h^{(N-1)}] \\ h_2^{(1)} & [h^{(1)}, h^{(1)}] & \cdots & [h^{(1)}, h^{(N-1)}] \\ \vdots & \vdots & & \vdots \\ h_2^{(N-1)} & [h^{(N-1)}, h^{(1)}] & \cdots & [h^{(N-1)}, h^{(N-1)}] \end{vmatrix} \end{pmatrix},$$

$$\tag{3.56}$$

其中 $[h^{(i)}, h^{(j)}] = \dfrac{h_1^{(i)} h_1^{(j)} + h_2^{(i)} h_2^{(j)}}{(1/\lambda_i + 1/\lambda_j)}$ $(1 \leqslant j, i \leqslant N)$,

$$\Delta_N = \frac{(\lambda_N + \lambda_1)(\lambda_N + \lambda_2) \cdots (\lambda_N + \lambda_{N-1})}{\begin{vmatrix} [h^{(1)}, h^{(1)}] & [h^{(1)}, h^{(2)}] & \cdots & [h^{(1)}, h^{(N-1)}] \\ [h^{(2)}, h^{(1)}] & [h^{(2)}, h^{(2)}] & \cdots & [h^{(2)}, h^{(N-1)}] \\ \vdots & \vdots & & \vdots \\ [h^{(N-1)}, h^{(1)}] & [h^{(N-1)}, h^{(2)}] & \cdots & [h^{(N-1)}, h^{(N-1)}] \end{vmatrix}}.$$

构造

$$H^{(N)} = \left(\bar{h}_{[N-1]}^{(N)}, \bar{h}_{[N-1]}^{(N)-} \right), \quad \Lambda^{(N)} = \begin{pmatrix} \lambda_N & 0 \\ 0 & -\lambda_N \end{pmatrix},$$

$$S^{(N)} = H^{(N)} \Lambda^{(N)} (H^{(N)})^{-1}$$

$$= \frac{\lambda_N}{\left(h_{1[N-1]}^{(N)^2} - h_{2[N-1]}^{(N)^2} \right)} \begin{pmatrix} \overline{h}_{1[N-1]}^{(N)^2} + \overline{h}_{2[N-1]}^{(N)^2} & -2\overline{h}_{1[N-1]}^{(N)} \overline{h}_{2[N-1]}^{(N)} \\ 2\overline{h}_{1[N-1]}^{(N)} \overline{h}_{2[N-1]}^{(N)} & -\overline{h}_{2[N-1]}^{(N)^2} - \overline{h}_{1[N-1]}^{(N)^2} \end{pmatrix}$$

$$= \lambda_N \begin{pmatrix} A^{(N)} & B^{(N)} \\ B^{(N)} & -A^{(N)} \end{pmatrix}.$$

则我们得到方程 (3.36) 的求解公式

$$\begin{cases} u[N] = u[N-1] + 2\mathrm{i}\lambda_N B^{(N)}, \\ v[N] = v[N-1] - 2s[N-1]A^{(N)}B^{(N)} - 2v[N-1]A^{(N)^2}, \\ s[N] = s[N-1] + 2s[N-1]B^{(N)^2} + 2v[N-1]A^{(N)}B^{(N)}. \end{cases} \tag{3.57}$$

由 (3.57), 可获得方程 (3.36) 的一系列新解.

作为 Darboux 变换的应用, 我们将构造广义耦合 mKdV 方程 (3.36) 的孤立波解. 将种子解 $u_0 = s_0 = 0$, $v_0 = v$ (v 为非零常数) 代入 Lax 对 (3.37) 和 (3.38). 当 $\lambda = \lambda_k$ 时, 选取如下解:

$$h^{(k)} = \begin{pmatrix} h_1^{(k)} \\ h_2^{(k)} \end{pmatrix} = \begin{pmatrix} c^{(k)} \cosh \eta_k + d^{(k)} \sinh \eta_k \\ a^{(k)} \cosh \eta_k + b^{(k)} \sinh \eta_k \end{pmatrix}, \quad 1 \leqslant k \leqslant N, \tag{3.58}$$

其中

$$c^{(k)} = \frac{\lambda_k}{v} \left(a^{(k)} \lambda_k \pm \mathrm{i} b^{(k)} \sqrt{\frac{v^2 - \lambda_k^4}{\lambda_k^2}} \right), \quad d^{(k)} = \frac{\lambda_k}{v} \left(b^{(k)} \lambda_k \pm \mathrm{i} a^{(k)} \sqrt{\frac{v^2 - \lambda_k^4}{\lambda_k^2}} \right),$$

$$\eta_k = \pm \sqrt{\frac{v^2 - \lambda_k^4}{\lambda_k^2}} (x + \lambda_k^2 t) + \eta_k^{(0)}.$$

我们构造

$$H^{(1)} = (h^{(1)}, h^{(1)-}) = \begin{pmatrix} c^{(1)} \cosh \eta_1 + d^{(1)} \sinh \eta_1 & a^{(1)} \cosh \eta_1 + b^{(1)} \sinh \eta_1 \\ a^{(1)} \cosh \eta_1 + b^{(1)} \sinh \eta_1 & c^{(1)} \cosh \eta_1 + d^{(1)} \sinh \eta_1 \end{pmatrix}, \tag{3.59}$$

$$\Lambda^{(1)} = \begin{pmatrix} \lambda_1 & 0 \\ 0 & -\lambda_1 \end{pmatrix}, \quad S^{(1)} = H^{(1)} \Lambda^{(1)} (H^{(1)})^{-1} = \lambda_1 \begin{pmatrix} A^{(1)} & B^{(1)} \\ B^{(1)} & -A^{(1)} \end{pmatrix}, \tag{3.60}$$

其中

$$A^{(1)} = \frac{\left(a^{(1)^2} + c^{(1)^2}\right)\cosh^2\eta_1 + \left(b^{(1)^2} + d^{(1)^2}\right)\sinh^2\eta_1 + \left(a^{(1)}b^{(1)} + c^{(1)}d^{(1)}\right)\sinh 2\eta_1}{\left(a^{(1)^2} - c^{(1)^2}\right)\cosh^2\eta_1 + \left(b^{(1)^2} - d^{(1)^2}\right)\sinh^2\eta_1 + \left(a^{(1)}b^{(1)} - c^{(1)}d^{(1)}\right)\sinh 2\eta_1},$$

$$B^{(1)} = -\frac{2\left(a^{(1)}\cosh\eta_1 + b^{(1)}\sinh\eta_1\right)\left(c^{(1)}\cosh\eta_1 + d^{(1)}\sinh\eta_1\right)}{\left(a^{(1)^2} - c^{(1)^2}\right)\cosh^2\eta_1 + \left(b^{(1)^2} - d^{(1)^2}\right)\sinh^2\eta_1 + \left(a^{(1)}b^{(1)} - c^{(1)}d^{(1)}\right)\sinh 2\eta_1}.$$

当 $N = 1$ 时, 由 (3.57) 给出方程 (3.36) 的孤立波解

$$u[1] = \frac{-4\mathrm{i}\lambda_1\left(a^{(1)}\cosh\eta_1 + b^{(1)}\sinh\eta_1\right)\left(c^{(1)}\cosh\eta_1 + d^{(1)}\sinh\eta_1\right)}{\left(a^{(1)^2} - c^{(1)^2}\right)\cosh^2\eta_1 + \left(b^{(1)^2} - d^{(1)^2}\right)\sinh^2\eta_1 + \left(a^{(1)}b^{(1)} - c^{(1)}d^{(1)}\right)\sinh 2\eta_1},$$

$$v[1] = v - 2v$$

$$\times\left(\frac{\left(a^{(1)^2} + c^{(1)^2}\right)\cosh^2\eta_1 + \left(b^{(1)^2} + d^{(1)^2}\right)\sinh^2\eta_1 + \left(a^{(1)}b^{(1)} + c^{(1)}d^{(1)}\right)\sinh 2\eta_1}{\left(a^{(1)^2} - c^{(1)^2}\right)\cosh^2\eta_1 + \left(b^{(1)^2} - d^{(1)^2}\right)\sinh^2\eta_1 + \left(a^{(1)}b^{(1)} - c^{(1)}d^{(1)}\right)\sinh 2\eta_1}\right)^2,$$

$$s[1] = \frac{\left(a^{(1)^2} + c^{(1)^2}\right)\cosh^2\eta_1 + \left(b^{(1)^2} + d^{(1)^2}\right)\sinh^2\eta_1 + \left(a^{(1)}b^{(1)} + c^{(1)}d^{(1)}\right)\sinh 2\eta_1}{\left(a^{(1)^2} - c^{(1)^2}\right)\cosh^2\eta_1 + \left(b^{(1)^2} - d^{(1)^2}\right)\sinh^2\eta_1 + \left(a^{(1)}b^{(1)} - c^{(1)}d^{(1)}\right)\sinh 2\eta_1}$$

$$\times\frac{4v\left(a^{(1)}\cosh\eta_1 + b^{(1)}\sinh\eta_1\right)\left(c^{(1)}\cosh\eta_1 + d^{(1)}\sinh\eta_1\right)}{\left(a^{(1)^2} - c^{(1)^2}\right)\cosh^2\eta_1 + \left(b^{(1)^2} - d^{(1)^2}\right)\sinh^2\eta_1 + \left(a^{(1)}b^{(1)} - c^{(1)}d^{(1)}\right)\sinh 2\eta_1},$$

$$\tag{3.61}$$

其中

$$c^{(1)} = \frac{\lambda_1}{v}\left(a^{(1)}\lambda_1 \mp \mathrm{i}b^{(1)}\sqrt{\frac{v^2 - \lambda_1^4}{\lambda_1^2}}\right), \quad d^{(1)} = \frac{\lambda_1}{v}\left(b^{(1)}\lambda_1 \mp \mathrm{i}a^{(1)}\sqrt{\frac{v^2 - \lambda_1^4}{\lambda_1^2}}\right),$$

$$\eta_1 = \mp\sqrt{\frac{v^2 - \lambda_1^4}{\lambda_1^2}}(x + \lambda_1^2 t) + \eta_1^{(0)}.$$

当 $\lambda = \lambda_2$ 时, 我们选取另一组解

$$h^{(2)} = \begin{pmatrix} h_1^{(2)} \\ h_2^{(2)} \end{pmatrix} = \begin{pmatrix} c^{(2)}\cosh\eta_2 + d^{(2)}\sinh\eta_2 \\ a^{(2)}\cosh\eta_2 + b^{(2)}\sinh\eta_2 \end{pmatrix}, \tag{3.62}$$

其中

$$c^{(2)} = \frac{\lambda_2}{v}\left(a^{(2)}\lambda_2 \mp \mathrm{i}b^{(2)}\sqrt{\frac{v^2 - \lambda_2^4}{\lambda_2^2}}\right), \quad d^{(2)} = \frac{\lambda_2}{v}\left(b^{(2)}\lambda_2 \mp \mathrm{i}a^{(2)}\sqrt{\frac{v^2 - \lambda_2^4}{\lambda_2^2}}\right),$$

$$\eta_2 = \mp\sqrt{\frac{v^2 - \lambda_2^4}{\lambda_2^2}}(x + \lambda_2^2 t) + \eta_2^{(0)}.$$

当 $N = 2$ 时, 利用 (3.61) 和 (3.62), 由 (3.57) 给出方程 (3.36) 的一组新孤立波

解

$$
\begin{cases}
u[2] = u[1] + 2\mathrm{i}\lambda_2 B^{(2)}, \\
v[2] = v[1] - 2s[1]A^{(2)}B^{(2)} - 2v[1]A^{(2)^2}, \\
s[2] = s[1] + 2s[1]B^{(2)^2} + 2v[1]A^{(2)}B^{(2)},
\end{cases}
$$

其中

$$
A^{(2)} = \frac{\overline{h}_{1[1]}^{(2)^2} + \overline{h}_{2[1]}^{(2)^2}}{\left(\overline{h}_{1[1]}^{(2)^2} - \overline{h}_{2[1]}^{(2)^2}\right)}, \quad B^{(2)} = \frac{2\overline{h}_{1[1]}^{(2)}\overline{h}_{2[1]}^{(2)}}{\left(\overline{h}_{1[1]}^{(2)^2} - \overline{h}_{2[1]}^{(2)^2}\right)},
$$

这里

$$
h_{1[1]}^{(2)} = \frac{\lambda_2 + \lambda_1}{[h^{(1)}, h^{(1)}]}
\begin{vmatrix}
h_1^{(2)} & [h^{(2)}, h^{(1)}] \\
h_1^{(1)} & [h^{(1)}, h^{(1)}]
\end{vmatrix}, \quad
\overline{h}_{2[1]}^{(2)} = \frac{\lambda_2 + \lambda_1}{[h^{(1)}, h^{(1)}]}
\begin{vmatrix}
h_2^{(2)} & [h^{(2)}, h^{(1)}] \\
h_2^{(1)} & [h^{(1)}, h^{(1)}]
\end{vmatrix}.
$$

3.1.3 广义导数非线性 Schrödinger 方程的周期波解

考虑广义导数非线性 Schrödinger 方程

$$
\mathrm{i}\psi_t = \frac{1}{2}\psi_{xx} - \frac{1}{2}\mathrm{i}|\psi|^2\psi_x + \psi\mathrm{Im}(\psi\psi_x^*) + \frac{1}{4}\psi|\psi|^4, \tag{3.63}
$$

其中 ψ^* 表示 ψ 的复共轭. 方程 (3.63) 首先在文献 [55] 中提出, 并给出了广义 Kaup-Newell 谱问题的 N-Hamilton 结构, r-矩阵, 有限维完全可积系统及其对合解.

广义 Kaup-Newell 谱问题为

$$
\phi_x = U\phi =
\begin{pmatrix}
\lambda q & \lambda^2 + \lambda r + \dfrac{1}{2}(q^2 + r^2) \\
-\lambda^2 + \lambda r - \dfrac{1}{2}(q^2 + r^2) & -\lambda q
\end{pmatrix}\phi, \tag{3.64}
$$

和

$$
\phi_t = V\phi =
\begin{pmatrix}
v_{11} & v_{12} \\
v_{21} & -v_{11}
\end{pmatrix}\phi, \tag{3.65}
$$

其中

$$
v_{11} = \lambda^3 q - \frac{1}{2}\lambda r_x,
$$

$$
v_{12} = \lambda^4 + \lambda^3 r + \frac{1}{2}\lambda^2(q^2 + r^2) + \frac{1}{2}\lambda q_x + \frac{1}{2}(rq_x - qr_x) - \frac{1}{8}(q^2 + r^2)^2,
$$

$$
v_{21} = -\lambda^4 + \lambda^3 r - \frac{1}{2}\lambda^2(q^2 + r^2) + \frac{1}{2}\lambda q_x - \frac{1}{2}(rq_x - qr_x) + \frac{1}{8}(q^2 + r^2)^2.
$$

直接计算可积条件 $U_t - V_x + [U, V] = 0$ 可得方程

$$q_t = -\frac{1}{2}r_{xx} - r(qr_x - rq_x) - \frac{1}{4}r(q^2 + r^2)^2 - \frac{1}{2}q_x(q^2 + r^2),$$
$$r_t = \frac{1}{2}q_{xx} + q(qr_x - rq_x) + \frac{1}{4}q(q^2 + r^2)^2 - \frac{1}{2}r_x(q^2 + r^2). \tag{3.66}$$

如果令 $q = \operatorname{Im}(\psi)$, $r = \operatorname{Re}(\psi)$, 则方程 (3.63) 可以分解为方程 (3.66). 值得注意的是, 一旦求出方程 (3.66) 的解 (q, r), 则相应广义导数非线性 Schrödinger 方程的解为 $\psi = r + \mathrm{i}q$.

现在构造 Darboux 变换 [56]. 设

$$\overline{\phi} = T\phi, \tag{3.67}$$

要求 $\overline{\phi}$ 满足与 (3.64) 和 (3.65) 具有相同形式的 Lax 对, 即

$$\overline{\phi}_x = \overline{U}\,\overline{\phi}, \quad \overline{U} = (T_x + TU)T^{-1}, \tag{3.68}$$

$$\overline{\phi}_t = \overline{V}\,\overline{\phi}, \quad \overline{V} = (T_t + TV)T^{-1}, \tag{3.69}$$

这表明 T 能使 U 和 V 中的旧位势 q, r 被映成新位势 $\overline{q}, \overline{r}$.

令当 $\lambda = \lambda_k$ 时, 谱问题 (3.64), (3.65) 的解为 $(\alpha, \beta)^{\mathrm{T}}$, 通过计算知, 当 $\lambda = -\lambda_k$ 时, $(\beta, -\alpha)^{\mathrm{T}}$ 也为谱问题的解. 假设

$$\Lambda = \begin{pmatrix} \lambda_k & 0 \\ 0 & -\lambda_k \end{pmatrix}, \quad H = \begin{pmatrix} \alpha & \beta \\ \beta & -\alpha \end{pmatrix}. \tag{3.70}$$

令 $\sigma = \beta/\alpha$, 可得

$$S := H\Lambda H^{-1} = \lambda_k \begin{pmatrix} \dfrac{1 - \sigma^2}{1 + \sigma^2} & \dfrac{2\sigma}{1 + \sigma^2} \\ \dfrac{2\sigma}{1 + \sigma^2} & \dfrac{\sigma^2 - 1}{1 + \sigma^2} \end{pmatrix}. \tag{3.71}$$

为简单起见, 记 $\tan\dfrac{\theta}{2} = \sigma$, 则

$$S = \lambda_k \begin{pmatrix} \cos\theta & \sin\theta \\ \sin\theta & -\cos\theta \end{pmatrix}. \tag{3.72}$$

利用

$$\sigma_x = \lambda_k r(1 - \sigma^2) - \left(\lambda_k^2 + \frac{1}{2}(q^2 + r^2)\right)(1 + \sigma^2) - 2\lambda_k q\sigma, \tag{3.73}$$

我们得

$$\theta_x = 2\lambda_k r \cos\theta - 2\lambda_k q \sin\theta - (q^2 + r^2) - 2\lambda_k^2. \tag{3.74}$$

设 Darboux 阵

$$T = \lambda I - S = \begin{pmatrix} \lambda - \lambda_k \cos\theta & -\lambda_k \sin\theta \\ -\lambda_k \sin\theta & \lambda + \lambda_k \cos\theta \end{pmatrix}, \tag{3.75}$$

我们有

$$\overline{U} = (T_x + TU)T^{-1} = \begin{pmatrix} \overline{u}_{11} & \overline{u}_{12} \\ \overline{u}_{21} & -\overline{u}_{11} \end{pmatrix}, \tag{3.76}$$

其中

$$\overline{u}_{11} = \lambda(q + 2\lambda_k \sin\theta),$$
$$\overline{u}_{12} = \lambda^2 + \lambda(r - 2\lambda_k \cos\theta) + \frac{1}{2}(4\lambda_k^2 + q^2 + r^2 + 4\lambda_k(q\sin\theta - r\cos\theta)),$$
$$\overline{u}_{21} = -\lambda^2 + \lambda(r - 2\lambda_k \cos\theta) - \frac{1}{2}(4\lambda_k^2 + q^2 + r^2 + 4\lambda_k(q\sin\theta - r\cos\theta)).$$

利用 (3.68) 和 (3.76) 得

$$\overline{q} = q + 2\lambda_k \sin\theta, \quad \overline{r} = r - 2\lambda_k \cos\theta. \tag{3.77}$$

综上所述, 我们有如下命题和定理.

命题 3.1(5) 如果 q 和 r 为 (3.66) 的已知解, 当 $\lambda = \lambda_k$ 时, 谱问题 (3.64) 和 (3.65) 的解为 $(\alpha, \beta)^{\mathrm{T}}$, 则利用 Darboux 阵 T (3.75), (3.74) 和 (3.77), 有

$$\overline{U} = (T_x + TU)T^{-1} \tag{3.78}$$

成立.

命题 3.1(6) 如果 q 和 r 为 (3.66) 的已知解, 当 $\lambda = \lambda_k$ 时, 谱问题 (3.64) 和 (3.65) 的解为 $(\alpha, \beta)^{\mathrm{T}}$, 则利用 Darboux 阵 T (3.75) 和 (3.77), 有

$$\overline{V} = (T_t + TV)T^{-1} \tag{3.79}$$

成立.

证明 直接计算, 我们得

$$\sigma_t = (1 + \sigma^2)\left\{\frac{1}{8}[q^4 - 4\lambda_k^2 + r^4 - 2q(2\lambda_k^2 - r^2)] - \frac{1}{2}rq_x - 8\lambda_k^4 + 4qr_x\right\}$$
$$+ (1 - \sigma^2)(r\lambda_k^3 + 4\lambda_k q_x) + 8\lambda_k\sigma(r_x - 2\lambda_k^2 q),$$

$$\theta_t = \frac{1}{4}\{q^4 - 4\lambda_k^2 r^2 + r^4 + q^2(2r^2 - 4\lambda_k^2) + r(8\lambda_k^2 \cos\theta - 4q_x)$$
$$+ q(4r_x - 8\lambda_k^3 \sin\theta) + 4\lambda_k(r_x \sin\theta + q_x \cos\theta - 2\lambda_k^3)\}. \tag{3.80}$$

将 (3.75), (3.77) 和 (3.80) 代入 (3.79), 并验证条件成立. 此命题得证.

定理 3.1(3)　如果 $q = \text{Im}(\psi)$, $r = \text{Re}(\psi)$ 为方程 (3.66) 的已知解, 则 ψ 为广义导数非线性 Schrödinger 方程 (3.63) 的已知解. 设 λ_k ($\lambda_k \neq 0$) 为任意常数, 当 $\lambda = \lambda_k$ 时, $(\alpha, \beta)^{-1}$ 为 Lax 对 (3.64) 和 (3.65) 的解. 记 $\sigma = \beta/\alpha = \tan\frac{\theta}{2}$, 则

$$T = \begin{pmatrix} \lambda - \lambda_k\cos\theta & -\lambda_k\sin\theta \\ -\lambda_k\sin\theta & \lambda + \lambda_k\cos\theta \end{pmatrix} = \begin{pmatrix} \lambda - \lambda_k\dfrac{1-\sigma^2}{1+\sigma^2} & -\lambda_k\dfrac{2\sigma}{1+\sigma^2} \\ -\lambda_k\dfrac{2\sigma}{1+\sigma^2} & \lambda + \lambda_k\dfrac{1-\sigma^2}{1+\sigma^2} \end{pmatrix} \tag{3.81}$$

是方程 (3.66) 的 Darboux 阵, 映 (q,r) 为新解 $(\overline{q}, \overline{r})$. $(\overline{q}, \overline{r})$ 与 (q,r) 之间变换关系为

$$\overline{q} = q + 2\lambda_k\frac{2\sigma}{1+\sigma^2}, \quad \overline{r} = r - 2\lambda_k\frac{1-\sigma^2}{1+\sigma^2}, \tag{3.82}$$

应用 Darboux 变换给出广义导数非线性 Schrödinger 方程 (3.63) 的新解为

$$\overline{\psi} = \overline{r} + \mathrm{i}\overline{q} = r - 2\lambda_k\frac{1-\sigma^2}{1+\sigma^2} + \mathrm{i}\left(q + 2\lambda_k\frac{2\sigma}{1+\sigma^2}\right). \tag{3.83}$$

我们将构造广义导数非线性 Schrödinger 方程 (3.63) 的新周期波解. 如果取方程 (3.63) 的种子解为 $\psi = 0$, 那么方程 (3.66) 的种子解就为 $q = r = 0$. 将 $q = r = 0$ 代入 Lax 对 (3.64) 和 (3.65), 并令 $\lambda = \lambda_k$, Lax 对 (3.64) 和 (3.65) 的相容解取为

$$\phi = h^{(k)} = \begin{pmatrix} h_1^{(k)} \\ h_2^{(k)} \end{pmatrix} = \begin{pmatrix} c\cos\lambda_k^2(x + \lambda_k^2 t) - a\sin\lambda_k^2(x + \lambda_k^2 t) \\ -a\cos\lambda_k^2(x + \lambda_k^2 t) - c\sin\lambda_k^2(x + \lambda_k^2 t) \end{pmatrix}, \tag{3.84}$$

其中 a 和 c 为常数, λ_k 为谱参数.

设

$$\sigma^{(k)} = \frac{h_2^{(k)}}{h_1^{(k)}} = \frac{-a\cos\lambda_k^2(x + \lambda_k^2 t) - c\sin\lambda_k^2(x + \lambda_k^2 t)}{c\cos\lambda_k^2(x + \lambda_k^2 t) - a\sin\lambda_k^2(x + \lambda_k^2 t)}. \tag{3.85}$$

为简洁起见, 我们仅讨论 $k = 1$ 和 $k = 2$ 两种特殊情况.

情况 1　设 $\lambda = \lambda_1$, (3.85) 可写为

$$\sigma^{(1)} = \frac{h_2^{(1)}}{h_1^{(1)}} = \frac{-a\cos\lambda_1^2(x + \lambda_1^2 t) - c\sin\lambda_1^2(x + \lambda_1^2 t)}{c\cos\lambda_1^2(x + \lambda_1^2 t) - a\sin\lambda_1^2(x + \lambda_1^2 t)}. \tag{3.86}$$

将 (3.86) 代入 (3.83), 我们获得方程 (3.63) 的一个新周期波解

$$\psi[1] = \overline{\psi} = -2\lambda_1\frac{1-\sigma^{(1)2}}{1+\sigma^{(1)2}} + \mathrm{i}\left(\frac{4\lambda_1\sigma^{(1)2}}{1+\sigma^{(1)2}}\right) \tag{3.87}$$

其中 $\sigma^{(1)} = \dfrac{-a\cos\xi_1 - c\sin\xi_1}{c\cos\xi_1 - a\sin\xi_1}$, $\xi_1 = \lambda_1^2(x + \lambda_1^2 t)$.

情况 2 设 $\lambda = \lambda_2$, 利用 Darboux 阵 (3.81), 给出 Lax 对 (3.64) 和 (3.65) 的解为

$$\overline{\phi} = h_{[1]}^{(2)} = \begin{pmatrix} h_{1[1]}^{(2)} \\ h_{2[1]}^{(2)} \end{pmatrix} = T(x, t, \lambda_1, \lambda_2) h^{(2)}$$

$$= \begin{pmatrix} \lambda_2 - \lambda_1 \dfrac{1 - \sigma^{(1)2}}{1 + \sigma^{(1)2}} & -\lambda_1 \dfrac{2\sigma^{(1)}}{1 + \sigma^{(1)2}} \\ -\lambda_1 \dfrac{2\sigma^{(1)}}{1 + \sigma^{(1)2}} & \lambda_2 + \lambda_1 \dfrac{1 - \sigma^{(1)2}}{1 + \sigma^{(1)2}} \end{pmatrix} \begin{pmatrix} c\cos\xi_2 - a\sin\xi_2 \\ -a\cos\xi_2 - c\sin\xi_2 \end{pmatrix}, \tag{3.88}$$

且

$$\sigma_{[1]}^{(2)} = \dfrac{\left(-\lambda_1 \dfrac{2\sigma^{(1)}}{1 + \sigma^{(1)2}}\right)(h_1^{(2)}) - \left(\lambda_2 + \lambda_1 \dfrac{1 - \sigma^{(1)2}}{1 + \sigma^{(1)2}}\right)(-h_2^{(2)})}{\left(\lambda_2 - \lambda_1 \dfrac{1 - \sigma^{(1)2}}{1 + \sigma^{(1)2}}\right)(h_1^{(2)}) + \left(\lambda_1 \dfrac{2\sigma^{(1)}}{1 + \sigma^{(1)2}}\right)(-h_2^{(2)})}, \tag{3.89}$$

其中 $h_1^{(2)} = c\cos\xi_2 - a\sin\xi_2$, $-h_2^{(2)} = a\cos\xi_2 + c\sin\xi_2$, $\xi_2 = \lambda_2^2(x + \lambda_2^2 t)$, $\sigma^{(1)}$ 由 (3.86) 确定.

利用 (3.83), 获得方程 (3.63) 的另一个新周期波解

$$\psi[2] = -2\lambda_1 \dfrac{1 - \sigma^{(1)2}}{1 + \sigma^{(1)2}} + i\left(\dfrac{4\lambda_1\sigma^{(1)2}}{1 + \sigma^{(1)2}}\right) - 2\lambda_2 \dfrac{1 - \sigma_{[1]}^{(2)}}{1 + \sigma_{[1]}^{(2)}} + i\left(\dfrac{4\lambda_2\sigma_{[1]}^{(2)}}{1 + \sigma_{[1]}^{(2)}}\right), \tag{3.90}$$

其中 $\sigma^{(1)}$ 和 $\sigma_{[1]}^{(2)}$ 由 (3.86) 和 (3.89) 分别给出. 在图 3.4 中给出了新周期波解 (3.90) 的图形.

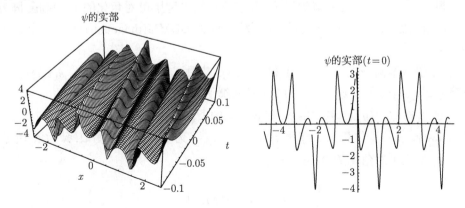

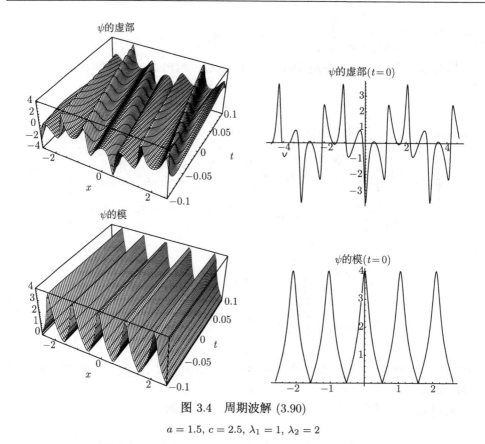

图 3.4　周期波解 (3.90)

$a = 1.5$, $c = 2.5$, $\lambda_1 = 1$, $\lambda_2 = 2$

反复使用上述方法, 我们可求得广义导数非线性 Schrödinger 方程 (3.63) 的一系列新周期波解.

3.1.4　构造 Darboux 变换的算法及实现

根据 3.1.1 节 ~3.1.3 节的讨论, 我们将总结出利用可对角化的 Darboux 阵方法构造谱问题的 Darboux 变换的如下统一算法 DDMM(diagonal Darboux matrix method):

(1) 输入谱问题中的 $U(u, \lambda)$ 和 $V(u, \lambda)$, 其中 $u = (q(x, t), r(x, t), s(x, t), \cdots)$, 位势 $q(x, t)$, $r(x, t)$, $s(x, t)$, $\cdots$ 为 x, t 的可微函数, λ 为谱参数.

(2) 构造与 $U(u, \lambda)$ 和 $V(u, \lambda)$ 形式相同的 $\overline{U}(\overline{u}, \lambda)$ 和 $\overline{V}(\overline{u}, \lambda)$, 同上 $\overline{u} = (\overline{q}(x, t),$ $\overline{r}(x, t), \overline{s}(x, t), \cdots)$, 位势 $\overline{q}(x, t)$, $\overline{r}(x, t)$, $\overline{s}(x, t)$, $\cdots$ 为 x, t 的可微函数, λ 为谱参数.

(3) 选取可对角化的 Darboux 阵:

$$T = \lambda I - H \Lambda H^{-1} \tag{3.91}$$

或

$$T = \frac{1}{\lambda}I - H\Lambda^{-1}H^{-1}, \tag{3.92}$$

其中

$$I = \begin{pmatrix} 1 & & 0 \\ & \ddots & \\ 0 & & 1 \end{pmatrix}, \quad \Lambda = \begin{pmatrix} \lambda_1 & & 0 \\ & \ddots & \\ 0 & & \lambda_n \end{pmatrix},$$

$$H = \begin{pmatrix} \phi_1^{(1)}(x,t;\lambda_1) & & \phi_1^{(n)}(x,t;\lambda_n) \\ & \ddots & \\ \phi_n^{(1)}(x,t;\lambda_1) & & \phi_n^{(n)}(x,t;\lambda_n) \end{pmatrix}, \tag{3.93}$$

$(\phi_1^{(i)}, \cdots \phi_n^{(i)})^{\mathrm{T}}$ 为 $\lambda = \lambda_i$ $(1 \leqslant i \leqslant n)$ 时线性谱问题 (Lax 对)

$$\begin{cases} \Phi_x = U(u,\lambda)\Phi \\ \Phi_t = V(u,\lambda)\Phi \end{cases} \tag{3.94}$$

的 n 组线性无关解.

(4) 计算 $T_x + TU = \overline{U}T$. 通过比较等式中 λ 的各次幂的系数来获得一个代数方程组, 如果能从该代数方程组中解出 $\overline{u}$ 与 u 之间的变换关系 $\overline{u} = f(u,H)$, 就可初步判定谱问题 $U(u,\lambda)$ 具有 Darboux 变换.

(5) 输出 $\overline{u} = f(u,H)$. 如果该变换关系满足以下条件:

① $f(u,H)$ 中必须含有 H 的元素;

② 解代数方程组时产生的附加条件必须与 $f(u,H)$ 是相容的;

③ $f(u,H)$ 与 λ 无关.

那么称该变换为谱问题 $U(u,\lambda)$ 的非平凡 Darboux 变换.

(6) 在变换 $\overline{u} = f(u,H)$ 下, 验证 $T_t + TV = \overline{V}T$ 是否成立.

注 1 算法 DDMM 是按照构造无约化谱问题的 Darboux 变换设计的, 而用 DDMM 构造约化谱问题的 Darboux 变换时, 一般要求 λ_i $(1 \leqslant i \leqslant n)$ 之间有一定联系, 同时 $(\phi_1^{(i)}, \cdots, \phi_n^{(i)})^{\mathrm{T}}$ $(1 \leqslant i \leqslant n)$ 要相互表示才行.

注 2 如果谱问题中的各元素为谱参数 λ 的齐次式, 要用到式 (3.92).

根据算法 DDMM, 我们在计算机代数系统 Maple 上编写了计算无约化谱问题的 Darboux 变换和在条件

$$\Lambda = \begin{pmatrix} \lambda_1 & 0 \\ 0 & -\lambda_1 \end{pmatrix} \tag{3.95}$$

下, 2×2 谱问题的解满足

$$H = \begin{pmatrix} \phi_1 & \phi_2 \\ \phi_2 & -\phi_1 \end{pmatrix} \quad 或 \quad H = \begin{pmatrix} \phi_1 & \phi_2 \\ \phi_2 & \phi_1 \end{pmatrix} \tag{3.96}$$

的约化谱问题的 Darboux 变换的代码, 实现了一些谱问题 Darboux 变换的自动计算. 下面列出所得到的一些结果.

情形 1　选取 (3.91) 和 (3.93) 时, DDMM 给出算例如下:

算例 1. 考虑 AKNS 谱问题 [2], 其中

$$U = \begin{pmatrix} -\mathrm{i}\lambda & q \\ r & \mathrm{i}\lambda \end{pmatrix}. \tag{3.97}$$

输入 AKNS 谱问题中的 U, DDMM 输出 AKNS 族的 Darboux 变换为

$$\bar{q} = q - \frac{2\mathrm{i}(\lambda_1 - \lambda_2)}{\delta_1 - \delta_2}, \quad \bar{r} = r - \frac{2\mathrm{i}(\lambda_1 - \lambda_2)\delta_1\delta_2}{\delta_1 - \delta_2}, \tag{3.98}$$

其中 $\delta_1 = \phi_2^{(1)}/\phi_1^{(1)}$, $\delta_2 = \phi_2^{(2)}/\phi_1^{(2)}$. 该结果与 2.3.2 节中用 1 重 Darboux 阵方法所得的结果 (2.91) 完全一致.

算例 2. 考虑 Dirac 谱问题 [57], 其中

$$U = \begin{pmatrix} q & -\lambda + r \\ \lambda + r & -q \end{pmatrix}. \tag{3.99}$$

输入 Dirac 谱问题中的 U, DDMM 输出 Dirac 族的 Darboux 变换为

$$\bar{q} = q + \frac{(\lambda_1 - \lambda_2)(\delta_1\delta_2 - 1)}{\delta_1 - \delta_2}, \quad \bar{r} = r - \frac{(\lambda_1 - \lambda_2)(\delta_1 + \delta_2)}{\delta_1 - \delta_2}, \tag{3.100}$$

其中 $\delta_1 = \phi_2^{(1)}/\phi_1^{(1)}$, $\delta_2 = \phi_2^{(2)}/\phi_1^{(2)}$.

算例 3. 考虑一个 3×3 谱问题, 其中

$$U = \begin{pmatrix} -\mathrm{i}\lambda & 0 & u_1 \\ 0 & -\mathrm{i}\lambda & v_1 \\ v_2 & u_2 & \mathrm{i}\lambda \end{pmatrix}. \tag{3.101}$$

输入 3×3 谱问题中的 U, DDMM 输出该谱问题的 Darboux 变换为

$$\overline{u}_1 = u_1 - 2\mathrm{i}[(\lambda_2 - \lambda_3)\delta_1^{(1)} + (-\lambda_1 + \lambda_3)\delta_2^{(1)} + (\lambda_1 - \lambda_2)\delta_3^{(1)}]/\Delta,$$

$$\overline{u}_2 = u_2 + 2\mathrm{i}[(\lambda_2 - \lambda_3)\delta_2^{(2)}\delta_3^{(2)} + \delta_1^{(2)}((\lambda_1 - \lambda_2)\delta_2^{(2)} + (-\lambda_1 + \lambda_3)\delta_3^{(2)})]/\Delta,$$

$$\overline{v}_1 = v_1 - 2\mathrm{i}[(-\lambda_2 + \lambda_3)\delta_2^{(1)}\delta_3^{(1)} + \delta_1^{(1)}((-\lambda_1 + \lambda_2)\delta_2^{(1)} + (\lambda_1 - \lambda_3)\delta_3^{(1)})]/\Delta,$$

$$\overline{v}_2 = v_2 + 2\mathrm{i}[(-\lambda_2 + \lambda_3)\delta_1^{(1)}\delta_2^{(2)}\delta_3^{(2)} + \delta_2^{(1)}((-\lambda_1 + \lambda_2)\delta_2^{(2)})\delta_3^{(1)}$$

$$+ (\lambda_1 - \lambda_3)\delta_2^{(1)}\delta_3^{(2)}]/\Delta,$$

$$\Delta = -\delta_2^{(2)}\delta_3^{(1)} + \delta_1^{(2)}(-\delta_2^{(1)} + \delta_3^{(1)}) + \delta_1^{(1)}(\delta_2^{(2)} - \delta_3^{(2)}) + \delta_2^{(1)}\delta_3^{(2)},$$

$$\delta_m^{(1)} = \phi_2^{(m)}/\phi_1^{(m)}, \quad \delta_m^{(2)} = \phi_3^{(m)}/\phi_1^{(m)} \quad (m = 1, 2, 3).$$

情形 2 选取 (3.92) 和 (3.93) 时, DDMM 给出算例如下:

算例. 考虑 Heisenberg-Ferromagnet (HF) 方程 [6]

$$\mathrm{i}S_t = \frac{1}{2}[S_{xx}, S] \Leftarrow U_t - V_x + UV - VU = 0, \tag{3.102}$$

其中

$$U = -\mathrm{i}\lambda S, \quad V = -2\mathrm{i}\lambda^2 S - \lambda S_x S, \tag{3.103}$$

$$S = \begin{pmatrix} s & q - \mathrm{i}r \\ q + \mathrm{i}r & -s \end{pmatrix}, \quad q^2 + r^2 + s^2 = 1. \tag{3.104}$$

输入 U, DDMM 输出 HF 族的 Darboux 变换为

$$\overline{r} = \frac{1}{2\lambda_1\lambda_2(\delta_1 - \delta_2)^2}(r(-(\lambda_1 - \lambda_2)^2 - 4\lambda_1\lambda_2\delta_1\delta_2 + (\lambda_1^2 + \lambda_2^2)\delta_2^2$$

$$+ \delta_1^2(\lambda_1^2 + \lambda_2^2 - (\lambda_1 - \lambda_2)^2\delta_2^2)) + \mathrm{i}(\lambda_1 - \lambda_2)(2\mathrm{i}q(\lambda_2\delta_2 - \lambda_2\delta_1^2\delta_2$$

$$+ \lambda_1\delta_1(-1 + \delta_2^2)) + s(-\lambda_1 + \lambda_2 + (\lambda_1 + \lambda_2)\delta_2^2$$

$$+ \delta_1^2(-\lambda_1 - \lambda_2 + (\lambda_1 - \lambda_2)\delta_2^2)))),$$

$$\overline{s} = \frac{1}{2\lambda_1\lambda_2(\delta_1 - \delta_2)^2}\mathrm{i}(r(-(\lambda_1 - \lambda_2)^2 + (-\lambda_1^2 + \lambda_2^2)\delta_2^2 + \delta_1^2(\lambda_1^2 - \lambda_2^2$$

$$+ (\lambda_1 - \lambda_2)^2\delta_2^2)) - \mathrm{i}(2\mathrm{i}q(\lambda_2(-\lambda_1 + \lambda_2)\delta_2 + \lambda_2(-\lambda_1 + \lambda_2)\delta_1^2\delta_2 \tag{3.105}$$

$$+ \lambda_1(\lambda_1 - \lambda_2)\delta_1(1 + \delta_2^2)) + s((\lambda_1 - \lambda_2)^2 - 4\lambda_1\lambda_2\delta_1\delta_2 + (\lambda_1^2 + \lambda_2^2)\delta_2^2$$

$$+ \delta_1^2(\lambda_1^2 + \lambda_2^2 + (\lambda_1 - \lambda_2)^2\delta_2^2)))),$$

$$\overline{q} = \frac{1}{\lambda_1\lambda_2(\delta_1 - \delta_2)^2}(r(\lambda_1(\lambda_1 - \lambda_2)\delta_2 + \lambda_1(-\lambda_1 + \lambda_2)\delta_1^2\delta_2 + (\lambda_1 - \lambda_2)$$

$$\times \lambda_2\delta_1(-1 + \delta_2^2)) + \mathrm{i}(\mathrm{i}q(-\lambda_1\lambda_2\delta_1^2 + 2(\lambda_1^2 - \lambda_1\lambda_2 + \lambda_2^2)\delta_1\delta_2 - \lambda_1\lambda_2\delta_2^2)$$

$$+ (\lambda_1 - \lambda_2)s(\lambda_1\delta_2 + \lambda_1\delta_1^2\delta_2 - \lambda_2\delta_1(1 + \delta_2^2)))),$$

其中 $\delta_1 = \phi_2^{(1)}/\phi_1^{(1)}, \delta_2 = \phi_2^{(2)}/\phi_1^{(2)}$.

情形 3　选取 (3.91), (3.95) 和 (3.96) 时, DDMM 给出算例如下:

算例 1. 考虑 mKdV 方程 [6]

$$q_t + 6q^2 q_x + q_{xxx} = 0 \Leftarrow U_t - V_x + UV - VU = 0, \tag{3.106}$$

其中

$$U = \begin{pmatrix} -i\lambda & q \\ -q & i\lambda \end{pmatrix}, \tag{3.107}$$

$$V = \begin{pmatrix} -4i\lambda^3 + 2i\lambda q^2 & 4\lambda^2 q + 2i\lambda q_x - 2q^3 - q_{xx} \\ -4\lambda^2 q + 2i\lambda q_x + 2q^3 + q_{xx} & 4i\lambda^3 - 2i\lambda q^2 \end{pmatrix}. \tag{3.108}$$

输入 U, DDMM 输出 mKdV 族的 Darboux 变换为

$$\bar{q} = q - \frac{4i\lambda_1 \delta_1}{1 + \delta_1^2}, \tag{3.109}$$

其中 $\delta_1 = \phi_2/\phi_1$.

算例 2. 考虑 SG 方程 [6]

$$q_{xt} = \sin q \Leftarrow U_t - V_x + UV - VU = 0, \tag{3.110}$$

其中

$$U = \begin{pmatrix} -i\lambda & -\frac{1}{2}q_x \\ \frac{1}{2}q_x & i\lambda \end{pmatrix}, \quad V = \begin{pmatrix} \frac{i\cos q}{4\lambda} & \frac{i\sin q}{4\lambda} \\ \frac{i\sin q}{4\lambda} & -\frac{i\cos q}{4\lambda} \end{pmatrix}. \tag{3.111}$$

输入 U, DDMM 输出 SG 族的 Darboux 变换为

$$\bar{q}_x = q_x + \frac{8i\lambda_1 \delta_1}{1 + \delta_1^2}, \tag{3.112}$$

其中 $\delta_1 = \phi_2/\phi_1$.

算例 3. 考虑 Zhang 谱问题 [58], 其中

$$U = \begin{pmatrix} \frac{q}{2\lambda} & \frac{\lambda}{2} + \frac{1}{2}r + \frac{s}{2\lambda} \\ \frac{\lambda}{2} - \frac{1}{2}r + \frac{s}{2\lambda} & -\frac{q}{2\lambda} \end{pmatrix}. \tag{3.113}$$

输入 Zhang 谱问题中的 U, DDMM 输出 Zhang 族的 Darboux 变换为

$$\bar{q} = \frac{q(1 - 6\delta_1^2 + \delta_1^4)}{(1 + \delta_1^2)^2} + \frac{4s\delta_1(1 - \delta_1^2)}{(1 + \delta_1^2)^2},$$

$$\bar{r} = r - \frac{2\lambda_1(1 - \delta_1^2)}{1 + \delta_1^2}, \tag{3.114}$$

$$\bar{s} = \frac{4q(1 - \delta_1^2)\delta_1}{(1 + \delta_1^2)^2} - \frac{s(1 - 6\delta_1^2 + \delta_1^4)}{(1 + \delta_1^2)^2},$$

其中 $\delta_1 = \phi_2/\phi_1$.

算例 4. 考虑一个谱问题 [6]

$$U = \begin{pmatrix} \lambda & q \\ q & -\lambda \end{pmatrix}, \tag{3.115}$$

输入该谱问题中的 U, DDMM 输出谱的 Darboux 变换为

$$\bar{q} = q + \frac{4\lambda_1\delta_1}{\delta_1^2 - 1}, \tag{3.116}$$

其中 $\delta_1 = \phi_2/\phi_1$.

算例 5. 考虑 SHG 方程 [28]

$$q_{xt} = \sinh q \Leftarrow U_t - V_x + UV - VU = 0, \tag{3.117}$$

其中

$$U = \begin{pmatrix} -\mathrm{i}\lambda & \dfrac{1}{2}q_x \\ \dfrac{1}{2}q_x & \mathrm{i}\lambda \end{pmatrix}, \quad V = \begin{pmatrix} \dfrac{\mathrm{i}\cosh q}{4\lambda} & -\dfrac{\mathrm{i}\sinh q}{4\lambda} \\ \dfrac{\mathrm{i}\sinh q}{4\lambda} & -\dfrac{\mathrm{i}\cosh q}{4\lambda} \end{pmatrix}. \tag{3.118}$$

输入 U, DDMM 输出 SHG 族的 Darboux 变换为

$$\bar{q}_x = q_x + \frac{8\mathrm{i}\lambda_1\delta_1}{\delta_1^2 - 1}, \tag{3.119}$$

其中 $\delta_1 = \phi_2/\phi_1$.

情形 4 选取 (3.92), (3.95) 和 (3.96) 时, DDMM 给出算例如下:

算例 1. 考虑一个新谱问题 [49], 其中

$$U = \begin{pmatrix} \lambda s & \lambda q \\ \lambda q & -\lambda s \end{pmatrix}. \tag{3.120}$$

输入该谱问题中的 U, DDMM 输出该谱问题的 Darboux 变换为

$$\begin{aligned} \bar{q} &= -\frac{q(1 - 6\delta_1^2 + \delta_1^4)}{(1 + \delta_1^2)^2} - \frac{4s\delta_1(\delta_1^2 - 1)}{(1 + \delta_1^2)^2}, \\ \bar{s} &= \frac{4q(1 - \delta_1^2)\delta_1}{(1 + \delta_1^2)^2} + \frac{s(1 - 6\delta_1^2 + \delta_1^4)}{(1 + \delta_1^2)^2}, \end{aligned} \tag{3.121}$$

其中 $\delta_1 = \phi_2/\phi_1$.

算例 2. 考虑一个无色散可积耦合方程 [50, 51]

$$q_t + 2rr_x = 0, \quad r_{xt} - 2qr = 0, \quad \Leftarrow U_t - V_x + UV - VU = 0, \tag{3.122}$$

其中

$$U = \begin{pmatrix} -\mathrm{i}\lambda q & -\mathrm{i}\lambda r_x \\ -\mathrm{i}\lambda r_x & \mathrm{i}\lambda q \end{pmatrix}, \quad V = \begin{pmatrix} \dfrac{\mathrm{i}}{2\lambda} & -r \\ r & -\dfrac{\mathrm{i}}{2\lambda} \end{pmatrix}. \tag{3.123}$$

输入 U, DDMM 输出该族的 Darboux 变换为

$$\begin{aligned}
\bar{q} &= \frac{q(1 - 6\delta_1^2 + \delta_1^4)}{(1 + \delta_1^2)^2} + \frac{4r_x\delta_1(1 - \delta_1^2)}{(1 + \delta_1^2)^2}, \\
\bar{r}_x &= -\frac{4q(\delta_1^2 - 1)\delta_1}{(1 + \delta_1^2)^2} - \frac{r_x(1 - 6\delta_1^2 + \delta_1^4)}{(1 + \delta_1^2)^2},
\end{aligned} \tag{3.124}$$

其中 $\delta_1 = \phi_2/\phi_1$.

使用 DDMM, 同样可以自动计算出 3.1.1 节 ~3.1.3 节中讨论过的方程 (3.1)、(3.36) 和 (3.66) 的 Darboux 变换. 利用 3.1.1 节 ~3.1.3 节中 Darboux 变换的应用技巧, 我们可构造出以上算例中各方程的显式精确解. 另外, 算法 DDMM 也适合于一些 4×4 等矩阵谱问题 Darboux 变换的计算.

3.2　Darboux 变换的拟行列式表示

3.2.1　二分量短脉冲方程的 Darboux 变换

短脉冲方程

$$u_{xt} = u + \frac{1}{6}(u^3)_{xx} \tag{3.125}$$

其中 $u = u(x,t)$ 是关于变元 x 和 t 的实值函数, 短脉冲方程描述光纤在三次非线性介质中传播的模型.

2011 年, Matsuno 提出一个新的多分量短脉冲方程 [59], 其中的二分量系统为

$$u_{xt} = u + \frac{1}{2}(uvu_x)_x, \quad v_{xt} = v + \frac{1}{2}(uvv_x)_x. \tag{3.126}$$

其实, 该二分量短脉冲方程含在 WKI 族的负阶流中 [21]. 当 $u = v$ 时, 二分量短脉冲方程 (3.126) 可约化为短脉冲方程 (3.125).

二分量短脉冲方程 (3.126) 拥有以下的 Lax 对:

$$\Psi_x = P\Psi, \quad \Psi_t = Q\Psi, \tag{3.127}$$

其中

$$P = \lambda \begin{pmatrix} 1 & u_x \\ v_x & -1 \end{pmatrix},$$

$$Q = \frac{1}{2}\begin{pmatrix} 0 & -u \\ v & 0 \end{pmatrix} + \frac{1}{4\lambda}\begin{pmatrix} 1 & 0 \\ 0 & -1 \end{pmatrix} + \frac{\lambda}{2}\begin{pmatrix} uv & uvu_x \\ uvv_x & -uv \end{pmatrix}.$$

如果令

$$u = q + \mathrm{i}r, \quad v = q - \mathrm{i}r, \tag{3.128}$$

则二分量短脉冲方程 (3.126) 化为如下耦合短脉冲方程:

$$q_{xt} = q + \frac{1}{2}\left[(q^2 + r^2)q_x\right]_x, \quad r_{xt} = r + \frac{1}{2}\left[(q^2 + r^2)r_x\right]_x. \tag{3.129}$$

如果 $r = 0$ (或 $q = 0$), 则耦合短脉冲方程 (3.129) 化为短脉冲方程 (3.125).

接下来我们通过构造坐标变换将 Lax 对 (3.127) 转化为联系 HF 族的 Lax 对. 我们引入独立变量 w, 让它满足

$$w^2 = 1 + v_x u_x. \tag{3.130}$$

应用二分量短脉冲方程 (3.126), 获得如下守恒律:

$$w_t = \left(\frac{1}{2}uvw\right)_x. \tag{3.131}$$

我们定义坐标变换 $(x,t) \to (y,\tau)$ 通过

$$dy = wdx + \frac{1}{2}uvwdt, \quad d\tau = dt, \tag{3.132}$$

或等价于

$$\frac{\partial}{\partial x} = w\frac{\partial}{\partial y}, \quad \frac{\partial}{\partial t} = \frac{\partial}{\partial \tau} + \frac{1}{2}uvw\frac{\partial}{\partial y}. \tag{3.133}$$

在新的坐标下二分量短脉冲方程 (3.126) 可表示为

$$x_{y\tau} = -\frac{1}{2}(uv)_y, \quad u_{y\tau} = x_y u, \quad v_{y\tau} = x_y v. \tag{3.134}$$

系统 (3.134) 产生于零曲率方程 $U_\tau - V_y + [U,V] = 0$. U 和 V 来自于如下 Lax 对:

$$\Psi_y = U(y,\tau;\lambda)\Psi, \quad \Psi_\tau = V(y,\tau;\lambda)\Psi, \tag{3.135}$$

其中

$$U(y,\tau;\lambda) = \lambda\partial_y R, \quad V(y,\tau;\lambda) = S + \frac{1}{\lambda}W, \tag{3.136}$$

$$R = \begin{pmatrix} x & u \\ v & -x \end{pmatrix}, \quad S = \frac{1}{2}\begin{pmatrix} 0 & -u \\ v & 0 \end{pmatrix}, \quad W = \frac{1}{4}\begin{pmatrix} 1 & 0 \\ 0 & -1 \end{pmatrix}. \tag{3.137}$$

所以, 系统 (3.134) 产生于 HF 族的负阶流.

我们考虑如下 Darboux 变换:

$$\Psi[1] = D\Psi, \tag{3.138}$$

这里 D 是 Darboux 阵, $\Psi[1]$ 能使 Lax 对 (3.135) 的形状保持不变

$$\Psi[1]_y = U[1]\Psi[1] = \lambda(\partial_y R[1])\Psi[1], \quad U[1] = (D_y + DU)D^{-1}, \tag{3.139}$$

$$\Psi[1]_\tau = V[1]\Psi[1] = \left(S[1] + \frac{1}{\lambda}W[1]\right)\Psi[1], \quad V[1] = (D_\tau + DV)D^{-1}, \tag{3.140}$$

其中

$$R[1] = \begin{pmatrix} x[1] & u[1] \\ v[1] & -x[1] \end{pmatrix}, \quad S[1] = \frac{1}{2}\begin{pmatrix} 0 & -u[1] \\ v[1] & 0 \end{pmatrix}, \quad W[1] = \frac{1}{4}\begin{pmatrix} 1 & 0 \\ 0 & -1 \end{pmatrix}, \tag{3.141}$$

于是 $x[1]$, $u[1]$ 和 $v[1]$ 是方程 (3.134) 的新解, 可以表示为

$$x[1]_{y\tau} = -\frac{1}{2}(u[1]v[1])_y, \quad u[1]_{y\tau} = x[1]_y u[1], \quad v[1]_{y\tau} = x[1]_y v[1]. \tag{3.142}$$

这表明在 Darboux 变换 (3.138) 下, 应要求 $R[1]$, $S[1]$ 和 $W[1]$ 与 R, S 和 W 有相同的形式, 同时 R 和 S 中旧位势 x, u 和 v 被映成 $R[1]$ 和 $S[1]$ 中的新位势函数 $x[1]$, $u[1]$ 和 $v[1]$.

定义 Darboux 阵

$$\Psi[1] = D\Psi \equiv (\lambda^{-1}I - M)\Psi, \tag{3.143}$$

其中 I 是 2×2 单位矩阵且

$$M = H\Lambda^{-1}H^{-1}, \tag{3.144}$$

这里

$$\Lambda^{-1} = \begin{pmatrix} \dfrac{1}{\lambda_1} & 0 \\ 0 & \dfrac{1}{\lambda_2} \end{pmatrix}, \quad H = (\Psi(\lambda_1)|e_1\rangle, \quad \Psi(\lambda_2)|e_2\rangle). \tag{3.145}$$

在方程 (3.145) 中, $|e_1\rangle$ 和 $|e_2\rangle$ 是两个常向量, $\Psi(\lambda_1)$ 和 $\Psi(\lambda_2)$ 是对应 λ_1 和 λ_2 时, Lax 对 (3.135) 的基本解. 所以, Lax 对 (3.135) 也可以写成如下矩阵形式:

$$H_y = R_y H\Lambda, \tag{3.146}$$

$$H_\tau = SH + WH\Lambda^{-1}, \tag{3.147}$$

其中 H 是 Lax 对 (3.135) 的矩阵解.

根据以上讨论, 我们得以下命题.

命题 3.2(1) 在 Darboux 变换 (3.143) 下, (3.141) 中的矩阵 $R[1]$ 与 (3.137) 中矩阵 R 具有相同的形式, 且有

$$R[1] = R - M, \tag{3.148}$$

其中矩阵 M 满足条件

$$M_y M = [R_y, M]. \tag{3.149}$$

证明 令 $R - R[1] = M$, 我们证明在 Darboux 变换 (3.143) 下, $M = H\Lambda^{-1}H^{-1}$ 是方程 (3.149) 的解. 对 $M = H\Lambda^{-1}H^{-1}$ 两边关于 y 求导, 有

$$
\begin{aligned}
M_y &= H_y \Lambda^{-1} H^{-1} + H\Lambda^{-1} H_y^{-1} \\
&= R_y - H\Lambda^{-1} H^{-1} H_y H^{-1} \\
&= R_y - H\Lambda^{-1} H^{-1} R_y H\Lambda H^{-1} \\
&= R_y - M R_y M^{-1},
\end{aligned}
\tag{3.150}
$$

这等价于条件 (3.149), 命题 3.2(1) 得证.

命题 3.2(2) 在 Darboux 变换 (3.143) 下, (3.141) 中的矩阵 $S[1]$ 和 $W[1]$ 与 (3.137) 中的矩阵 S 和 W 有相同的形式, 且

$$S[1] = S + [W, M], \quad W[1] = W, \tag{3.151}$$

其中矩阵 M 满足

$$M_\tau = [S, M] + [W, M]M. \tag{3.152}$$

证明 令 $S[1] - S = [W, M]$, 其中 M 是待定的. 显然, 比较 (3.141) 和 (3.137), 有 $W[1] = W$. 让我们证明在 Darboux 变换 (3.143) 下, $M = H\Lambda^{-1}H^{-1}$ 是方程 (3.152) 的解.

对 $M = H\Lambda^{-1}H^{-1}$ 两边关于 τ 求导, 有

$$
\begin{aligned}
M_\tau &= H_\tau \Lambda^{-1} H^{-1} + H\Lambda^{-1} H_\tau^{-1} \\
&= SH\Lambda^{-1} H^{-1} + WH\Lambda^{-2} H^{-1} - H\Lambda^{-1} H^{-1} S - H\Lambda^{-1} H^{-1} W H\Lambda^{-1} H^{-1} \\
&= SM + WM^2 - MS - MWM \\
&= [S, M] + [W, M]M,
\end{aligned}
$$

$$\tag{3.153}$$

这等价于 (3.152), 命题 3.2(2) 得证.

　　Darboux 变换 N 次迭代后, 可以写成 N 重 Darboux 变换, 而且可以用拟行列式来表示. 首先引入 Gelfand 和 Retakh [60] 给出的拟行列式的定义. D 是 $n \times n$ 矩阵

$$\begin{vmatrix} A & B \\ C & \boxed{D} \end{vmatrix} = D - CA^{-1}B, \tag{3.154}$$

其中 A, B 和 C 是 $n \times n$ 矩阵, 且 A 是可逆矩阵. 根据 (3.143), (3.148) 和 (3.151), 1 重 Darboux 变换 (3.143), 以及矩阵 R, S 和 W 用拟行列式表示如下:

$$\Psi[1] = (\lambda^{-1}I - H\Lambda^{-1}H^{-1})\Psi = \begin{vmatrix} H & \Psi \\ H\Lambda^{-1} & \boxed{\lambda^{-1}\Psi} \end{vmatrix}, \tag{3.155}$$

$$R[1] = R - H\Lambda^{-1}H^{-1} = R + \begin{vmatrix} H & I \\ H\Lambda^{-1} & \boxed{0} \end{vmatrix}, \tag{3.156}$$

$$S[1] = S - [W, -H\Lambda^{-1}H^{-1}] = S - \left[W, \begin{vmatrix} H & I \\ H\Lambda^{-1} & \boxed{0} \end{vmatrix}\right], \tag{3.157}$$

$$W[1] = W, \tag{3.158}$$

其中 0 表示零矩阵. 为了用拟行列式表示 N 重 Darboux 变换, 令当 $\Lambda = \Lambda_k$ $(k = 1, 2, \cdots, N)$ 时, H_k $(k = 1, 2, \cdots, N)$ 为 Lax 对 (3.135) 的可逆矩阵解, 则 Lax 对 (3.135) 的 N 重 Darboux 变换可写成

$$\Psi[N] = \begin{vmatrix} H_1 & H_2 & \cdots & H_N & \Psi \\ H_1\Lambda_1^{-1} & H_2\Lambda_2^{-1} & \cdots & H_N\Lambda_N^{-1} & \lambda^{-1}\Psi \\ H_1\Lambda_1^{-2} & H_2\Lambda_2^{-2} & \cdots & H_N\Lambda_N^{-2} & \lambda^{-2}\Psi \\ \vdots & \vdots & & \vdots & \vdots \\ H_1\Lambda_1^{-N} & H_2\Lambda_2^{-N} & \cdots & H_N\Lambda_N^{-N} & \boxed{\lambda^{-N}\Psi} \end{vmatrix}. \tag{3.159}$$

N 重 Darboux 变换使矩阵 R, S 和 W 变为

$$R[N] = R + \begin{vmatrix} H_1 & H_2 & \cdots & H_N & 0 \\ H_1\Lambda_1^{-1} & H_2\Lambda_2^{-1} & \cdots & H_N\Lambda_N^{-1} & 0 \\ H_1\Lambda_1^{-2} & H_2\Lambda_2^{-2} & \cdots & H_N\Lambda_N^{-2} & 0 \\ \vdots & \vdots & & \vdots & \vdots \\ H_1\Lambda_1^{-(N-1)} & H_2\Lambda_2^{-(N-1)} & \cdots & H_N\Lambda_N^{-(N-1)} & I \\ H_1\Lambda_1^{-N} & H_2\Lambda_2^{-N} & \cdots & H_N\Lambda_N^{-N} & \boxed{0} \end{vmatrix}, \tag{3.160}$$

$$S[N] = S \cdot \left[W, \left| \begin{array}{ccccc} H_1 & H_2 & \cdots & H_N & 0 \\ H_1\Lambda_1^{-1} & H_2\Lambda_2^{-1} & \cdots & H_N\Lambda_N^{-1} & 0 \\ H_1\Lambda_1^{-2} & H_2\Lambda_2^{-2} & \cdots & H_N\Lambda_N^{-2} & 0 \\ \vdots & \vdots & & \vdots & \vdots \\ H_1\Lambda_1^{-(N-1)} & H_2\Lambda_2^{-(N-1)} & \cdots & H_N\Lambda_N^{-(N-1)} & I \\ H_1\Lambda_1^{-N} & H_2\Lambda_2^{-N} & \cdots & H_N\Lambda_N^{-N} & \boxed{0} \end{array} \right| \right], \quad (3.161)$$

$$W[N] = W. \tag{3.162}$$

3.2.2 二分量短脉冲方程的 loop 孤立子解和呼吸子解

根据命题 3.2(1) 和命题 3.2(2), 我们构造 Lax 对 (3.135) 的 N 重 Darboux 的标量形式, 进而获得二分量短脉冲方程 (3.126) 的多 loop 孤立子解和呼吸子解.

当 $\lambda = \lambda_k$ $(k = 1, 2, \cdots, N)$ 时, 设 $(\psi_{(1,k)}, \phi_{(1,k)})^{\mathrm{T}}$ 和 $(\psi_{(2,k)}, \phi_{(2,k)})^{\mathrm{T}}$ 是 Lax 对 (3.135) 的线性无关解

$$\begin{pmatrix} \psi_k \\ \phi_k \end{pmatrix} = \begin{pmatrix} \psi_{(1,k)} & \psi_{(2,k)} \\ \phi_{(1,k)} & \phi_{(2,k)} \end{pmatrix} |e_k\rangle, \tag{3.163}$$

其中 $|e_k\rangle$ 是一个二维常向量. 不失一般性, 取 $|e_k\rangle = (\mu_k, 1)^{\mathrm{T}}$, 这里 $\mu_k \in \mathbb{R}$ $(k = 1, 2, \cdots, N)$.

为了构造 Lax 对 (3.135) 的 N 重 Darboux 变换, 设

$$\Psi[N] = D\Psi = \begin{pmatrix} A & B \\ C & E \end{pmatrix} \Psi, \tag{3.164}$$

定义 Darboux 阵 D 的元素为

$$A = \lambda^{-N} + \sum_{k=0}^{N-1} A_k\lambda^{-k}, \quad B = \sum_{k=0}^{N-1} B_k\lambda^{-k}, \quad C = \sum_{k=0}^{N-1} C_k\lambda^{-k}, \quad E = \lambda^{-N} + \sum_{k=0}^{N-1} E_k\lambda^{-k}, \tag{3.165}$$

其中 A_k, B_k, C_k 和 E_k $(k = 0, 1, 2, \cdots, N-1)$ 是关于 y 和 τ 的函数, 则 Lax 对 (3.135) 的 N 重 Darboux 变换有如下的标量形式.

命题 3.2(1′) 在 Darboux 变换 (3.164) 下, 方程 (3.141) 中的 $R[1]$ 与方程 (3.137) 中的 R 有相同的形式, 即把旧的位势 x, u, 和 v 变为

$$x[N] = x[0] + \frac{\Delta_{A_{N-1}}}{\Delta_{N-1}}, \quad u[N] = u[0] + \frac{\Delta_{B_{N-1}}}{\Delta_{N-1}}, \quad v[N] = v[0] + \frac{\Delta_{C_{N-1}}}{\Delta_{N-1}}, \tag{3.166}$$

其中

$$\Delta_{N-1} = \begin{vmatrix} \psi_1 & \psi_1^{(1)} & \cdots & \psi_1^{(N-2)} & \psi_1^{(N-1)} & \phi_1 & \phi_1^{(1)} & \cdots & \phi_1^{(N-2)} & \phi_1^{(N-1)} \\ \psi_2 & \psi_2^{(1)} & \cdots & \psi_2^{(N-2)} & \psi_2^{(N-1)} & \phi_2 & \phi_2^{(1)} & \cdots & \phi_2^{(N-2)} & \phi_2^{(N-1)} \\ \vdots & \vdots & & \vdots & \vdots & \vdots & \vdots & & \vdots & \vdots \\ \psi_{2N} & \psi_{2N}^{(1)} & \cdots & \psi_{2N}^{(N-2)} & \psi_{2N}^{(N-1)} & \phi_{2N} & \phi_{2N}^{(1)} & \cdots & \phi_{2N}^{(N-2)} & \phi_{2N}^{(N-1)} \end{vmatrix}, \tag{3.167}$$

$$\Delta_{A_{N-1}} = \begin{vmatrix} \psi_1 & \psi_1^{(1)} & \cdots & \psi_1^{(N-2)} & -\psi_1^{(N)} & \phi_1 & \phi_1^{(1)} & \cdots & \phi_1^{(N-2)} & \phi_1^{(N-1)} \\ \psi_2 & \psi_2^{(1)} & \cdots & \psi_2^{(N-2)} & -\psi_2^{(N)} & \phi_2 & \phi_2^{(1)} & \cdots & \phi_2^{(N-2)} & \phi_2^{(N-1)} \\ \vdots & \vdots & & \vdots & \vdots & \vdots & \vdots & & \vdots & \vdots \\ \psi_{2N} & \psi_{2N}^{(1)} & \cdots & \psi_{2N}^{(N-2)} & -\psi_{2N}^{(N)} & \phi_{2N} & \phi_{2N}^{(1)} & \cdots & \phi_{2N}^{(N-2)} & \phi_{2N}^{(N-1)} \end{vmatrix}, \tag{3.168}$$

$$\Delta_{B_{N-1}} = \begin{vmatrix} \psi_1 & \psi_1^{(1)} & \cdots & \psi_1^{(N-2)} & \psi_1^{(N-1)} & \phi_1 & \phi_1^{(1)} & \cdots & \phi_1^{(N-2)} & -\psi_1^{(N)} \\ \psi_2 & \psi_2^{(1)} & \cdots & \psi_2^{(N-2)} & \psi_2^{(N-1)} & \phi_2 & \phi_2^{(1)} & \cdots & \phi_2^{(N-2)} & -\psi_2^{(N)} \\ \vdots & \vdots & & \vdots & \vdots & \vdots & \vdots & & \vdots & \vdots \\ \psi_{2N} & \psi_{2N}^{(1)} & \cdots & \psi_{2N}^{(N-2)} & \psi_{2N}^{(N-1)} & \phi_{2N} & \phi_{2N}^{(1)} & \cdots & \phi_{2N}^{(N-2)} & -\psi_{2N}^{(N)} \end{vmatrix}, \tag{3.169}$$

$$\Delta_{C_{N-1}} = \begin{vmatrix} \psi_1 & \psi_1^{(1)} & \cdots & \psi_1^{(N-2)} & -\phi_1^{(N)} & \phi_1 & \phi_1^{(1)} & \cdots & \phi_1^{(N-2)} & \phi_1^{(N-1)} \\ \psi_2 & \psi_2^{(1)} & \cdots & \psi_2^{(N-2)} & -\phi_2^{(N)} & \phi_2 & \phi_2^{(1)} & \cdots & \phi_2^{(N-2)} & \phi_2^{(N-1)} \\ \vdots & \vdots & & \vdots & \vdots & \vdots & \vdots & & \vdots & \vdots \\ \psi_{2N} & \psi_{2N}^{(1)} & \cdots & \psi_{2N}^{(N-2)} & -\phi_{2N}^{(N)} & \phi_{2N} & \phi_{2N}^{(1)} & \cdots & \phi_{2N}^{(N-2)} & \phi_{2N}^{(N-1)} \end{vmatrix}. \tag{3.170}$$

在方程 (3.166)～方程 (3.170) 中, 记 $x[0] = x$, $u[0] = u$, $v[0] = v$, $\psi_k^{(j)} = \lambda_k^{-j}\psi_k$ 和 $\phi_k^{(j)} = \lambda_k^{-j}\phi_k$ $(k = 1, 2, \cdots, 2N;\ j = 1, 2, \cdots, N)$.

证明　令 $D^{-1} = D^*/\det D$,

$$(D_y + DU)D^* = \begin{pmatrix} f_{11}(\lambda) & f_{12}(\lambda) \\ f_{21}(\lambda) & f_{22}(\lambda) \end{pmatrix}. \tag{3.171}$$

不难得出 $f_{11}(\lambda)$, $f_{12}(\lambda)$, $f_{21}(\lambda)$ 和 $f_{22}(\lambda)$ 是 λ 的 $(-2N + 1)$ 次多项式. 把 (3.163) 代入 (3.135) 的第一个方程, 得

$$\psi_{ky} = \lambda_k(x_y\psi_k + u_y\phi_k), \quad \phi_{ky} = \lambda_k(v_y\psi_k - x_y\phi_k) \quad (0 \leqslant k \leqslant 2N). \tag{3.172}$$

直接计算得知, 所有 $\lambda_k(1 \leqslant k \leqslant 2N)$ 是 $f_{mn}(m, n = 1, 2)$ 的根. 从 (3.171), 有

$$(D_y + DU)D^* = (\det D)\lambda P, \tag{3.173}$$

其中

$$\lambda P = \lambda \begin{pmatrix} p_{11}^{(1)} & p_{12}^{(1)} \\ p_{21}^{(1)} & p_{22}^{(1)} \end{pmatrix} \tag{3.174}$$

且 $p_{mn}^{(i)}(m, n = 1, 2; i = 1)$ 与 λ 无关. 方程 (3.173) 可以写成

$$D_y + DU = \lambda PD. \tag{3.175}$$

通过比较方程 (3.175) 两边 λ^{-N+1} 和 λ^{-N+m} 的系数, 可得

$$\begin{aligned}
&p_{11}^{(1)} = x_y + A_{N-1,y} = x[1]_y, \quad p_{12}^{(1)} = u_y + B_{N-1,y} = u[1]_y, \\
&p_{21}^{(1)} = v_y + C_{N-1,y} = v[1]_y, \quad p_{22}^{(1)} = -x_y + E_{N-1,y} = -x[1]_y,
\end{aligned} \tag{3.176}$$

$$\begin{aligned}
&A_{N-m,y} = -A_{N-m+1}(x_y - x[1]_y) + C_{N-m+1}u[1]_y - B_{N-m+1}v_y, \\
&B_{N-m,y} = B_{N-m+1}(x_y + x[1]_y) - A_{N-m+1}u_y + E_{N-m+1}u[1]_y, \\
&C_{N-m,y} = C_{N-m+1}(x_y + x[1]_y) + A_{N-m+1}v[1]_y - E_{N-m+1}v_y, \\
&E_{N-m,y} = E_{N-m+1}(x_y - x[1]_y) + B_{N-m+1}v[1]_y - C_{N-m+1}u_y, \\
&2 \leqslant m \leqslant N.
\end{aligned} \tag{3.177}$$

从方程 (3.166) 和 (3.176), 可得 $P = R[1]$, 命题得证.

命题 3.2(2′) 在 Darboux 变换 (3.164) 下, 方程 (3.141) 中的矩阵 $S[1]$ 的 $W[1]$ 与方程 (3.137) 中的 S 和 W 矩阵有相同形式.

证明 令 $D^{-1} = D^*/\det D$,

$$(D_\tau + DV)D^* = \begin{pmatrix} g_{11}(\lambda) & g_{12}(\lambda) \\ g_{21}(\lambda) & g_{22}(\lambda) \end{pmatrix}. \tag{3.178}$$

容易得知 $g_{11}(\lambda), g_{12}(\lambda), g_{21}(\lambda)$ 和 $g_{22}(\lambda)$ 是 λ 的 $(-2N - 1)$ 次多项式. 把 (3.163) 代入 (3.135) 的第二个方程, 得

$$\psi_{k\tau} = \frac{1}{4\lambda_k}\psi_k - \frac{1}{2}u\phi_k, \quad \phi_{k\tau} = \frac{1}{2}v\psi_k - \frac{1}{4\lambda_k}\phi_k \quad (0 \leqslant k \leqslant 2N). \tag{3.179}$$

直接计算得 $\lambda_k(1 \leqslant k \leqslant 2N)$ 是 $g_{mn}(m, n = 1, 2)$ 的根. 然而, 得

$$(D_\tau + DV)D^* = (\det D)Q(\lambda), \tag{3.180}$$

其中

$$Q(\lambda) = \frac{1}{2} \begin{pmatrix} q_{11}^{(0)} & q_{12}^{(0)} \\ q_{21}^{(0)} & q_{22}^{(0)} \end{pmatrix} + \frac{1}{4\lambda} \begin{pmatrix} q_{11}^{(1)} & q_{12}^{(1)} \\ q_{21}^{(1)} & q_{22}^{(1)} \end{pmatrix} \tag{3.181}$$

且 $q_{mn}^{(i)}(m, n = 1, 2; i = 1, 2)$ 与 λ 无关. 所以, 方程 (3.180) 可以写成

$$D_\tau + DV = Q(\lambda)D. \tag{3.182}$$

比较方程 (3.182) 两边 λ^{-N-1} 和 λ^{-N} 的系数, 得

$$q_{11}^{(1)} = -q_{22}^{(1)} = 1, \quad q_{21}^{(1)} = q_{12}^{(1)} = 0, \tag{3.183}$$

$$q_{21}^{(0)} = v + C_{N-1} = v[1], \quad q_{12}^{(0)} = -u - B_{N-1} = -u[1], \quad q_{11}^{(0)} = q_{22}^{(0)} = 0. \tag{3.184}$$

从方程 (3.141) 和 (3.181), 可得 $Q(\lambda) = V$, 命题得证.

注 1

(1) 如果 $(x(y, \tau), u(y, \tau), v(y, \tau))$ 是一个参数方程表示的二分量短脉冲方程 (3.126) 的解, 则 $(x(-y, \tau), u(-y, \tau), v(-y, \tau))$ 也是一个解, 且对任意复常数 C, $(x(y, \tau) + C, u(y, \tau), v(y, \tau))$ 仍然是一个解;

(2) 二分量短脉冲方程 (3.126) 拥有平凡解 $(x, u, v) = (\alpha y + \beta \tau + x_0, 0, 0)$, 其中 $\alpha, \beta, x_0 \in \mathbb{R}$.

把平凡解 $x = \alpha y + \beta \tau + x_0$, $u = v = 0$ 代入 Lax 对 (3.135), 可得其解

$$\begin{pmatrix} \psi_{(1,k)} \\ \phi_{(1,k)} \end{pmatrix} = \begin{pmatrix} e^{\xi_k} \\ 0 \end{pmatrix}, \quad \begin{pmatrix} \psi_{(2,k)} \\ \phi_{(2,k)} \end{pmatrix} = \begin{pmatrix} 0 \\ e^{-\xi_k} \end{pmatrix}, \tag{3.185}$$

其中 $\xi_k = \alpha \lambda_k y + \dfrac{1}{4\lambda_k}\tau$, $(1 \leqslant k \leqslant 2N)$. 根据 (3.163), 有

$$\begin{pmatrix} \psi_k \\ \phi_k \end{pmatrix} = \begin{pmatrix} \mu_k e^{\xi_k} \\ e^{-\xi_k} \end{pmatrix}. \tag{3.186}$$

基于条件 $\lambda_{2k-1}\lambda_{2k} < 0$, $\mu_{2k-1}\mu_{2k} < 0$ $(k = 1, 2, \cdots, N)$, 把 (3.186) 代入 (3.166), 得二分量短脉冲方程 (3.126) 的 N 孤立子解.

注 2　如果 $\lambda_{2k} = -\lambda_{2k-1}$ 和 $\mu_{2k}\mu_{2k-1} = -1$ $(k = 1, 2, \cdots, N)$, 则 (3.166) 是短脉冲方程 (3.125) 的 N 孤立子解.

下面研究三种基本情形 $N = 1$, $N = 2$ 和 $N = 3$.

情形 1($N = 1$) 由 (3.166), 可得二分量短脉冲方程 (3.126) 的单孤立子解

$$x[1] = \alpha y + \beta \tau + x_0 - \frac{\lambda_2 \mu_1 e^{\zeta_1} - \lambda_1 \mu_2 e^{\zeta_2}}{\lambda_1 \lambda_2 (\mu_1 e^{\zeta_1} - \mu_2 e^{\zeta_2})}, \tag{3.187}$$

$$u[1] = u[0] - \frac{(\lambda_1 - \lambda_2)\mu_1 \mu_2 e^{\zeta_1 + \zeta_2}}{\lambda_1 \lambda_2 (\mu_1 e^{\zeta_1} - \mu_2 e^{\zeta_2})}, \tag{3.188}$$

$$v[1] = v[0] + \frac{\lambda_1 - \lambda_2}{\lambda_1 \lambda_2 (\mu_1 e^{\zeta_1} - \mu_2 e^{\zeta_2})}, \tag{3.189}$$

其中 $\zeta_k = 2\left(\alpha\lambda_k y + \frac{1}{4\lambda_k}\tau\right)$ $(k = 1, 2)$, $u[0] = u = 0$, $v[0] = v = 0$ 和 $x_0 = 0$, 且参数应满足 $\lambda_1\lambda_2 < 0$, $\mu_1\mu_2 < 0$.

依据注 2, 如果把 $\lambda_2 = -\lambda_1$, $\mu_2 = -\mu_1^{-1}$ 代入 (3.187)~(3.189), 则 (3.188) 和 (3.189) 变为短脉冲方程 (3.125) 的单 loop 孤立子解

$$x[1] = \alpha y + \beta \tau - \frac{1}{\lambda_1} \tanh(\zeta_1 + \ln|\mu_1|), \tag{3.190}$$

$$u[1] = v[1] = -\frac{1}{\lambda_1} \operatorname{sech}(\zeta_1 + \ln|\mu_1|), \tag{3.191}$$

其中 $\zeta_1 = 2\left(\alpha\lambda_1 y + \frac{1}{4\lambda_1}\tau\right)$.

通过适当的参数选取, (3.188) 和 (3.189) 表示二分量短脉冲方程 (3.126) 的不同形状的 loop 孤立子解. 例如, 图 3.5 和图 3.6 分别给出正 loop 孤立子解和反 loop 孤立子解.

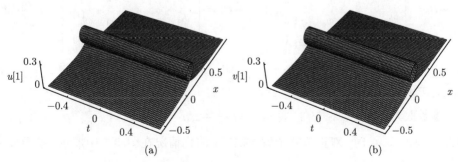

(a)   (b)

图 3.5 正单 loop 孤立子解 (3.188) 和 (3.189)

取参数 $\lambda_1 = -3$, $\lambda_2 = \dfrac{10}{3}$, $\mu_1 = 2$, $\mu_2 = -\dfrac{1}{2}$, $\alpha = 1$, $\beta = 0$

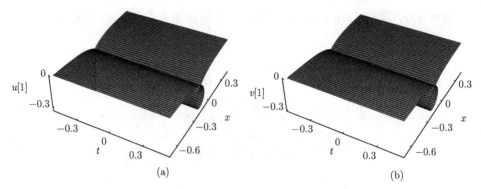

图 3.6　反单 loop 孤立子解 (3.188) 和 (3.189)

取参数 $\lambda_1 = 3$, $\lambda_2 = -\dfrac{10}{3}$, $\mu_1 = 2$, $\mu_2 = -\dfrac{1}{2}$, $\alpha = 1$, $\beta = 0$

情形 2$(N = 2)$　　由 (3.166), 可得二分量短脉冲方程 (3.126) 的双孤立子解

$$x[2] = \alpha y + \beta \tau + x_0 + \frac{\Delta_{A_1}}{\Delta_1}, \quad u[2] = u[0] + \frac{\Delta_{B_1}}{\Delta_1}, \quad v[2] = v[0] + \frac{\Delta_{C_1}}{\Delta_1}, \qquad (3.192)$$

其中

$$\Delta_1 = \begin{vmatrix} \psi_1 & \psi_1^{(1)} & \phi_1 & \phi_1^{(1)} \\ \psi_2 & \psi_2^{(1)} & \phi_2 & \phi_2^{(1)} \\ \psi_3 & \psi_3^{(1)} & \phi_3 & \phi_3^{(1)} \\ \psi_4 & \psi_4^{(1)} & \phi_4 & \phi_4^{(1)} \end{vmatrix}, \quad \Delta_{A_1} = \begin{vmatrix} \psi_1 & -\psi_1^{(2)} & \phi_1 & \phi_1^{(1)} \\ \psi_2 & -\psi_2^{(2)} & \phi_2 & \phi_2^{(1)} \\ \psi_3 & -\psi_3^{(2)} & \phi_3 & \phi_3^{(1)} \\ \psi_4 & -\psi_4^{(2)} & \phi_4 & \phi_4^{(1)} \end{vmatrix}, \qquad (3.193)$$

$$\Delta_{B_1} = \begin{vmatrix} \psi_1 & \psi_1^{(1)} & \phi_1 & -\psi_1^{(2)} \\ \psi_2 & \psi_2^{(1)} & \phi_2 & -\psi_2^{(2)} \\ \psi_3 & \psi_3^{(1)} & \phi_3 & -\psi_3^{(2)} \\ \psi_4 & \psi_4^{(1)} & \phi_4 & -\psi_4^{(2)} \end{vmatrix}, \quad \Delta_{C_1} = \begin{vmatrix} \psi_1 & -\phi_1^{(2)} & \phi_1 & \phi_1^{(1)} \\ \psi_2 & -\phi_2^{(2)} & \phi_2 & \phi_2^{(1)} \\ \psi_3 & -\phi_3^{(2)} & \phi_3 & \phi_3^{(1)} \\ \psi_4 & -\phi_4^{(2)} & \phi_4 & \phi_4^{(1)} \end{vmatrix}, \qquad (3.194)$$

$u[0] = v[0] = x_0 = 0$, $\psi_k^{(j)} = \lambda_k^{-j} \psi_k$, $\phi_k^{(j)} = \lambda_k^{-j} \phi_k$ $(k = 1, 2, 3, 4; j = 1, 2)$, 和 $(\psi_k, \phi_k)^{\mathrm{T}}$ 在 (3.186) 中给出.

参数取为 $\lambda_1 = -\lambda_2 = 3$, $\lambda_3 = -\lambda_4 = -2, \mu_1 = 2$, $\mu_2 = -\dfrac{1}{2}$, $\mu_3 = 3$, $\mu_4 = -1, \alpha = 1, \beta = 0$ 时, 双正孤立子解 (3.192) 演化情况在图 3.7 中展示; 参数取为 $\lambda_1 = -\lambda_2 = -3$, $\lambda_3 = -\lambda_4 = 2, \mu_1 = 2$, $\mu_2 = -\dfrac{1}{2}$, $\mu_3 = 3$, $\mu_4 = -1$, $\alpha = 1$, $\beta = 0$ 时, 双反孤立子解 (3.192) 演化情况在图 3.8 中给出; 参数取为 $\lambda_1 = -\lambda_2 = -3$, $\lambda_3 = -\lambda_4 = -5, \mu_1 = 2$, $\mu_2 = -\dfrac{1}{2}$, $\mu_3 = 3$, $\mu_4 = -1$, $\alpha = 1$, $\beta = 0$ 时, 正–反双

孤立子解 (3.192) 演化情况在图 3.9 中描述.

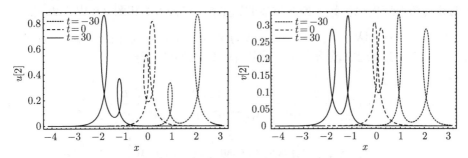

图 3.7 相互作用的双正 loop 解 (3.192)

其中 $\lambda_1 = -\lambda_2 = 3$, $\lambda_3 = -\lambda_4 = -2$, $\mu_1 = 2$, $\mu_2 = -\dfrac{1}{2}$, $\mu_3 = 3$, $\mu_4 = -1$, $\alpha = 1$, $\beta = 0$

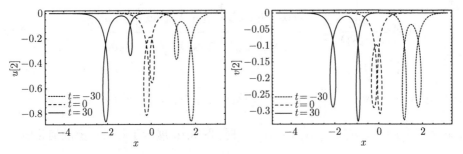

图 3.8 相互作用的双反 loop 解 (3.192)

其中 $\lambda_1 = -\lambda_2 = -3$, $\lambda_3 = -\lambda_4 = 2$, $\mu_1 = 2$, $\mu_2 = -\dfrac{1}{2}$, $\mu_3 = 3$, $\mu_4 = -1$, $\alpha = 1$, $\beta = 0$

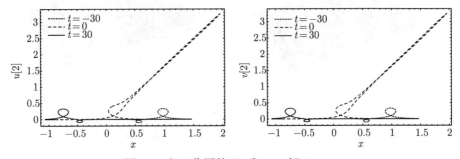

图 3.9 相互作用的正–反 loop 解 (3.192)

其中 $\lambda_1 = -\lambda_2 = -3$, $\lambda_3 = -\lambda_4 = -5$, $\mu_1 = 2$, $\mu_2 = -\dfrac{1}{2}$, $\mu_3 = 3$, $\mu_4 = -1$, $\alpha = 1$, $\beta = 0$

图 3.7~图 3.9 中展示了双孤立子解 $(u[2], v[2])$ 在不同时刻的演化情况: 短虚线表示波在时刻 $t = -30$ 的作用情况, 此时速度较快的波处于右侧; 长虚线表示波在时刻 $t = 0$ 的作用情况, 此时速度较快的波赶上速度较慢的波, 两波产生碰撞, 且波形有所改变; 实线表示波在时刻 $t = 30$ 的作用情况, 碰撞后的波回复原来的速度

和形状. 波的相互作用是弹性散射的, 这很像 KdV 方程的情形, 但有趣的是, 振幅小的波传播的速度比振幅大的波传播的速度快 (见图 3.7 和图 3.8 中位势 $v[2]$).

取 $\lambda_1 = \lambda_{1R}+\mathrm{i}\lambda_{1I}$, $\lambda_2 = -(\lambda_{1R}-\mathrm{i}\lambda_{1I})$, $\lambda_3 = \lambda_1^*$, $\lambda_4 = \lambda_2^*$, $\mu_2 = -\mu_3 = \mu_4 = -\mu_1$ 时, 方程 (3.192) 给出二分量短脉冲方程 (3.126) 的呼吸子解.

$$x[2] = \alpha y + \beta\tau + \frac{2\lambda_{1I}\lambda_{1R}}{|\lambda_1|^2}\frac{\lambda_{1I}\sinh\Omega_1 + \lambda_{1R}\sin\theta_1}{2\lambda_{1I}^2\cosh^2\Omega_1 + \lambda_{1R}^2(1-\cos\theta_1)}, \tag{3.195}$$

$$u[2] = -\frac{4\lambda_{1I}\lambda_{1R}\mu_1}{|\lambda_1|^2}\frac{\lambda_{1I}\cos\frac{1}{2}\theta_1\cosh\frac{1}{2}\Omega_1 - \lambda_{1R}\sin\frac{1}{2}\theta_1\sinh\frac{1}{2}\Omega_1}{2\lambda_{1I}^2\cosh^2\frac{1}{2}\Omega_1 + \lambda_{1R}^2(1-\cos\theta_1)}, \tag{3.196}$$

$$v[2] = -\frac{4\lambda_{1I}\lambda_{1R}}{\mu_1|\lambda_1|^2}\frac{\lambda_{1I}\cos\frac{1}{2}\theta_1\cosh\frac{1}{2}\Omega_1 + \lambda_{1R}\sin\frac{1}{2}\theta_1\sinh\frac{1}{2}\Omega_1}{2\lambda_{1I}^2\cosh^2\frac{1}{2}\Omega_1 + \lambda_{1R}^2(1-\cos\theta_1)}, \tag{3.197}$$

其中 $\Omega_1 = 4\alpha\lambda_{1R}y + \dfrac{\lambda_{1R}}{|\lambda_1|^2}\tau$, $\theta_1 = -4\alpha\lambda_{1I}y + \dfrac{\lambda_{1I}}{|\lambda_1|^2}\tau$. 取参数值为 $\lambda_{1R} = \lambda_{1I} = 1$, $\mu_1 = \mu_3 = -\mu_2 = -\mu_4 = \dfrac{1}{2}, \alpha = 1, \beta = 0$ 时, 图 3.10 展示了呼吸子解的演化情况.

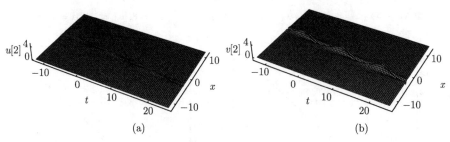

$$\text{(a)} \qquad\qquad\qquad\qquad \text{(b)}$$

图 3.10　呼吸子解 (3.195)~(3.197)

$\lambda_1 = \lambda_2^* = -\lambda_3 = -\lambda_4^* = 1 + \mathrm{i}$, $\mu_1 = 2$, $\mu_2 = -\dfrac{1}{2}$, $\mu_3 = 3$, $\mu_4 = -1$, $\alpha = 1$, $\beta = 0$

情形 3($N = 3$)　　在方程 (3.166) 中, 取 $N = 3$ 产生二分量短脉冲方程 (3.126) 的三孤立子解

$$x[3] = \alpha y + \beta\tau + x_0 + \frac{\Delta_{A_2}}{\Delta_2}, \quad u[3] = u[0] + \frac{\Delta_{B_2}}{\Delta_2}, \quad v[3] = v[0] + \frac{\Delta_{C_2}}{\Delta_2}, \tag{3.198}$$

其中

$$\Delta_2 = \begin{vmatrix} \psi_1 & \psi_1^{(1)} & \psi_1^{(2)} & \phi_1 & \phi_1^{(1)} & \phi_1^{(2)} \\ \psi_2 & \psi_2^{(1)} & \psi_2^{(2)} & \phi_2 & \phi_2^{(1)} & \phi_2^{(2)} \\ \psi_3 & \psi_3^{(1)} & \psi_3^{(2)} & \phi_3 & \phi_3^{(1)} & \phi_3^{(2)} \\ \psi_4 & \psi_4^{(1)} & \psi_4^{(2)} & \phi_4 & \phi_4^{(1)} & \phi_4^{(2)} \\ \psi_5 & \psi_5^{(1)} & \psi_5^{(2)} & \phi_5 & \phi_5^{(1)} & \phi_5^{(2)} \\ \psi_6 & \psi_6^{(1)} & \psi_6^{(2)} & \phi_6 & \phi_6^{(1)} & \phi_6^{(2)} \end{vmatrix}, \tag{3.199}$$

$$\Delta_{A_2} = \begin{vmatrix} \psi_1 & \psi_1^{(1)} & -\psi_1^{(3)} & \phi_1 & \phi_1^{(1)} & \phi_1^{(2)} \\ \psi_2 & \psi_2^{(1)} & -\psi_2^{(3)} & \phi_2 & \phi_2^{(1)} & \phi_2^{(2)} \\ \psi_3 & \psi_3^{(1)} & -\psi_3^{(3)} & \phi_3 & \phi_3^{(1)} & \phi_3^{(2)} \\ \psi_4 & \psi_4^{(1)} & -\psi_4^{(3)} & \phi_4 & \phi_4^{(1)} & \phi_4^{(2)} \\ \psi_5 & \psi_5^{(1)} & -\psi_5^{(3)} & \phi_5 & \phi_5^{(1)} & \phi_5^{(2)} \\ \psi_6 & \psi_6^{(1)} & -\psi_6^{(3)} & \phi_6 & \phi_6^{(1)} & \phi_6^{(2)} \end{vmatrix}, \tag{3.200}$$

$$\Delta_{B_2} = \begin{vmatrix} \psi_1 & \psi_1^{(1)} & \psi_1^{(2)} & \phi_1 & \phi_1^{(1)} & -\psi_1^{(3)} \\ \psi_2 & \psi_2^{(1)} & \psi_2^{(2)} & \phi_2 & \phi_2^{(1)} & -\psi_2^{(3)} \\ \psi_3 & \psi_3^{(1)} & \psi_3^{(2)} & \phi_3 & \phi_3^{(1)} & -\psi_3^{(3)} \\ \psi_4 & \psi_4^{(1)} & \psi_4^{(2)} & \phi_4 & \phi_4^{(1)} & -\psi_4^{(3)} \\ \psi_5 & \psi_5^{(1)} & \psi_5^{(2)} & \phi_5 & \phi_5^{(1)} & -\psi_5^{(3)} \\ \psi_6 & \psi_6^{(1)} & \psi_6^{(2)} & \phi_6 & \phi_6^{(1)} & -\psi_6^{(3)} \end{vmatrix}, \tag{3.201}$$

$$\Delta_{C_2} = \begin{vmatrix} \psi_1 & \psi_1^{(1)} & -\phi_1^{(3)} & \phi_1 & \phi_1^{(1)} & \phi_1^{(2)} \\ \psi_2 & \psi_2^{(1)} & -\phi_2^{(3)} & \phi_2 & \phi_2^{(1)} & \phi_2^{(2)} \\ \psi_3 & \psi_3^{(1)} & -\phi_3^{(3)} & \phi_3 & \phi_3^{(1)} & \phi_3^{(2)} \\ \psi_4 & \psi_4^{(1)} & -\phi_4^{(3)} & \phi_4 & \phi_4^{(1)} & \phi_4^{(2)} \\ \psi_5 & \psi_5^{(1)} & -\phi_5^{(3)} & \phi_5 & \phi_5^{(1)} & \phi_5^{(2)} \\ \psi_6 & \psi_6^{(1)} & -\phi_6^{(3)} & \phi_6 & \phi_6^{(1)} & \phi_6^{(2)} \end{vmatrix}, \tag{3.202}$$

这里 $u[0] = v[0] = x_0 = 0$, $\psi_k^{(j)} = \lambda_k^{-j}\psi_k$, $\phi_k^{(j)} = \lambda_k^{-j}\phi_k$ $(k = 1, 2, 3, 4, 5, 6;\ j = 1, 2, 3)$ 和 $(\psi_k, \phi_k)^{\mathrm{T}}$ 在 (3.186) 中给出.

图 3.11~图 3.13 中, 在取不同的参数的情况下, 描述了三重 loop 解 (3.198) 的作用情况, 波的演化类似 $N = 2$ 的情形.

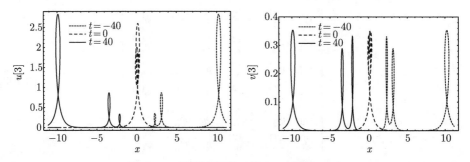

图 3.11　相互作用的三重 loop 解 (3.198)

其中 $\lambda_1 = -\lambda_2 = -3$, $\lambda_3 = -\lambda_4 = 2$, $\lambda_5 = -\lambda_6 = -1$, $\mu_1 = 2$, $\mu_2 = -\dfrac{1}{2}$, $\mu_3 = 3$, $\mu_4 = -1$, $\mu_5 = 4$,

$\mu_6 = -2$, $\alpha = 1$, $\beta = 0$

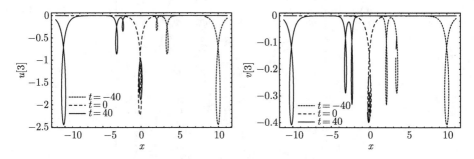

图 3.12　相互作用的三重 loop 解 (3.198)

其中 $\lambda_1 = -\lambda_2 = 3$, $\lambda_3 = -\lambda_4 = -2$, $\lambda_5 = -\lambda_6 = 1$, $\mu_1 = 2$, $\mu_2 = -\dfrac{1}{2}$, $\mu_3 = 3$, $\mu_4 = -1$, $\mu_5 = 4$,

$\mu_6 = -2$, $\alpha = 1$, $\beta = 0$

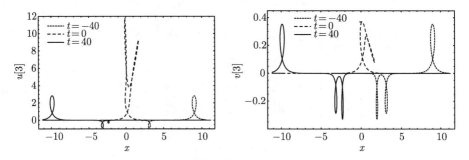

图 3.13　相互作用的三重 loop 解 (3.198)

其中 $\lambda_1 = -\lambda_2 = 3$, $\lambda_3 = -\lambda_4 = -2$, $\lambda_5 = -\lambda_6 = -1$, $\mu_1 = 2$, $\mu_2 = -\dfrac{1}{2}$, $\mu_3 = 3$, $\mu_4 = -1$, $\mu_5 = 4$,

$\mu_6 = -2$, $\alpha = 1$, $\beta = x_0 = 0$

第 4 章 广义 Darboux 变换与怪波

怪波最早来源于海洋学 [61], 它是一种出现在海洋上 "来无影, 去无踪" [62, 63], 既有波峰又有波谷, 具有极大破坏性的波浪. 现在怪波现象相继出现在非线性光学 [64-68], Bose-Einstein 凝聚 [69], 等离子体 [70, 71], 金融系统 [72, 73] 等领域 [74]. 本章介绍利用极限技巧的广义 Darboux 变换及其在求解复 mKdV 方程, 广义 NLS 方程和广义耦合 NLS 方程的怪波解中的应用 [75-77].

4.1 复 mKdV 方程的怪波解

考虑复 mKdV 方程 [78]

$$u_t + \frac{1}{2}u_{xxx} + 3|u|^2 u_x = 0, \tag{4.1}$$

它的 Lax 对是

$$\Phi_x = U\Phi = \begin{pmatrix} \xi & u \\ -u^* & -\xi \end{pmatrix}\Phi, \tag{4.2}$$

$$\Phi_t = V\Phi = \begin{pmatrix} -2\xi^3 - \xi uu^* + V_{11} & -2\xi^2 u - \xi u_x + V_{12} \\ 2\xi^2 u^* - \xi u_x^* + V_{21} & 2\xi^3 + \xi uu^* - V_{11} \end{pmatrix}\Phi, \tag{4.3}$$

其中 $V_{11} = \frac{1}{2}(-u^*u_x + uu_x^*)$, $V_{12} = \frac{1}{2}(-2u^2u^* - u_{xx}^*)$, $V_{21} = \frac{1}{2}(2uu^{*2} + u_{xx}^*)$, $\Phi = (\psi(x,t), \phi(x,t))^{\mathrm{T}}$, 且 u 是势函数, ξ 是常数参数, u^* 表示 u 的复共轭.

Darboux 变换实际上是关于 Lax 对 (4.2) 和 (4.3) 的一种特殊的规范变换

$$\Phi[1] = T\Phi, \tag{4.4}$$

要求 $\Phi[1]$ 满足同样形式的 Lax 对

$$\Phi[1]_x = U^{[1]}\Phi[1], \quad U^{[1]} = (T_x + TU)T^{-1}, \tag{4.5}$$

$$\Phi[1]_t = V^{[1]}\Phi[1], \quad V^{[1]} = (T_t + TV)T^{-1}, \tag{4.6}$$

即 $U^{[1]}$, $V^{[1]}$ 中的旧位势 u, u^* 被映为 $U^{[1]}$, $V^{[1]}$ 中的新位势 $u[1]$, $u[1]^*$.

利用 (4.5) 的第二个方程, 推导新位势 $u[1]$ 与旧位势 u 之间的联系. 定义 Darboux 阵 T 为

$$T = \xi I - H\Lambda H^{-1}, \tag{4.7}$$

其中

$$I = \begin{pmatrix} 1 & 0 \\ 0 & 1 \end{pmatrix}, \quad H = \begin{pmatrix} \psi_1 & -\phi_1^* \\ \phi_1 & \psi_1^* \end{pmatrix}, \quad \Lambda = \begin{pmatrix} \xi_1 & 0 \\ 0 & -\xi_1^* \end{pmatrix}, \tag{4.8}$$

$\Phi_1 = (\psi_1, \phi_1)^{\mathrm{T}}$ 是 Lax 对 (4.2) 和 (4.3) 取 $u = u[0]$ 和 $\xi = \xi_1$ 时的解. ψ_1^*, ϕ_1^* 和 ξ_1^* 分别表示 ψ_1, ϕ_1 和 ξ_1 的复共轭.

在 Darboux 阵 T (4.7) 的作用下, 复 mKdV 方程 (4.1) 拥有如下 Darboux 变换:

$$\Phi_1[0] = T[0]\Phi_1, \quad u[1] = u[0] + \frac{2(\xi_1 + \xi_1^*)\psi_1[0]\phi_1^*[0]}{|\psi_1[0]|^2 + |\phi_1[0]|^2}, \tag{4.9}$$

且 $T[1] = \xi I - H[1]\Lambda[1]H[1]^{-1}$, 其中 $I = T[0]$ 是单位矩阵,

$$H[1] = \begin{pmatrix} \psi_1[0] & -\phi_1^*[0] \\ \phi_1[0] & \psi_1^*[0] \end{pmatrix}, \quad \Lambda[1] = \begin{pmatrix} \xi_1 & 0 \\ 0 & -\xi_1^* \end{pmatrix}, \tag{4.10}$$

记 $u[0] = u$, $\Phi_1[0] = (\psi_1[0], \phi_1[0])^{\mathrm{T}} = (\psi_1, \phi_1)^{\mathrm{T}} = \Phi_1$.

设 $\Phi_k = (\psi_k, \phi_k)^{\mathrm{T}}$ $(k = 1, 2, \cdots, N)$ 是 Lax 对 (4.2) 和 (4.3) 取 $\xi = \xi_k$ $(k = 1, 2, \cdots, N)$ 时的 N 个基本解组, 则复 mKdV 方程 (4.1) 的 Darboux 变换 N 次迭代后的结果可写成

$$\Phi_N[N-1] = T[N-1]T[N-2]\cdots T[1]T[0]\Phi_N, \tag{4.11}$$

$$u[N] = u[0] + 2\sum_{i=1}^{N} \frac{(\xi_i + \xi_i^*)\psi_i[i-1]\phi_i[i-1]^*}{|\psi_i[i-1]|^2 + |\phi_i[i-1]|^2}, \tag{4.12}$$

且 $T[i] = \xi I - H[i]\Lambda[i]H[i]^{-1}$ $(i = 1, 2, 3, \cdots, N)$, 其中 $I = T[0]$ 是单位矩阵,

$$H[i] = \begin{pmatrix} \psi_i[i-1] & -\phi_i^*[i-1] \\ \phi_i[i-1] & \psi_i^*[i-1] \end{pmatrix}, \quad \Lambda[i] = \begin{pmatrix} \xi_i & 0 \\ 0 & -\xi_i^* \end{pmatrix}, \tag{4.13}$$

$$\Phi_i[i-1] = (T[i-1]T[i-2]\cdots T[1]T[0])|_{\xi=\xi_i}\Phi_i \quad (i = 1, 2, \cdots, N). \tag{4.14}$$

这里 $\Phi_i = (\psi_i, \phi_i)^{\mathrm{T}}$ $(i = 1, 2, \cdots, N)$ 是 Lax 对 (4.2) 和 (4.3) 取 $\xi = \xi_i$ 时的解. 初值取为 $\Phi_1[0] = (\psi_1[0], \phi_1[0])^{\mathrm{T}} = (\psi_1, \phi_1)^{\mathrm{T}} = \Phi_1$.

根据以上的讨论, 下面推导复 mKdV 方程 (4.1) 的广义 Darboux 变换, 目的是求得怪波解. 设

$$\Psi = \Phi_1(\xi_1 + \delta) \tag{4.15}$$

是复 mKdV 方程 (4.1) 的 Lax 对 (4.2) 和 (4.3) 的一个特解. 在 (4.15) 中, δ 是小参数. 该特解 Ψ 关于 δ 的 Taylor 展开式为

$$\Psi = \Phi_1^{[0]} + \Phi_1^{[1]}\delta + \Phi_1^{[2]}\delta^2 + \cdots + \Phi_1^{[N]}\delta^N + \cdots, \tag{4.16}$$

其中 $\Phi_1^{[k]} = \dfrac{1}{k!}\dfrac{\partial^k}{\partial\xi^k}\Psi_1(\xi)|_{\xi=\xi_1}$ $(k = 0, 1, 2, \cdots)$.

1. 一次广义 Darboux 变换

容易得知 $\Phi_1^{[0]}$ 是 Lax 对 (4.2) 和 (4.3) 当 $u = u[0]$, $\xi = \xi_1$ 时的解. 复 mKdV 方程 (4.1) 的一次广义 Darboux 变换为

$$\Phi_1[0] = T[0]\Phi_1^{[0]}, \quad u[1] = u[0] + \frac{2(\xi_1 + \xi_1^*)\psi_1^{[0]}\phi_1^{[0]*}}{\left|\psi_1^{[0]}\right|^2 + \left|\phi_1^{[0]}\right|^2}, \tag{4.17}$$

且 $T_1[1] = \xi I - H_1[0]\Lambda[1]H_1[0]^{-1}$, 其中 $I = T[0]$ 是单位矩阵,

$$H_1[0] = \begin{pmatrix} \psi_1^{[0]} & -\phi_1^{[0]*} \\ \phi_1^{[0]} & \psi^{[0]*} \end{pmatrix}, \quad \Lambda[1] = \begin{pmatrix} \xi_1 & 0 \\ 0 & -\xi_1^* \end{pmatrix}, \tag{4.18}$$

记 $u[0] = u$, $\Phi_1^{[0]} = (\psi_1^{[0]}, \phi_1^{[0]})^{\mathrm{T}} = (\psi_1[0], \phi_1[0])^{\mathrm{T}} = \Phi_1[0]$ (下文中记 $T[0]\Phi_1^{[k]}$ 为 $\Phi_1^{[k]}$ $(k = 0, 1, 2, \cdots)$).

2. 二次广义 Darboux 变换

通过取极限

$$\lim_{\delta\to 0}\frac{[T_1[1]|_{\xi=\xi_1+\delta}]\Psi}{\delta} = \lim_{\delta\to 0}\frac{[\delta + T_1[1]|_{\xi=\xi_1}]\Psi}{\delta} = \Phi_1^{[0]} + T_1[1](\xi_1)\Phi_1^{[1]} \equiv \Phi_1[1], \tag{4.19}$$

可得 Lax 对 (4.2) 和 (4.3) 当 $u = u[1]$, $\xi = \xi_1$ 时的一个解. 由此得到二次广义 Darboux 变换

$$\Phi_1[1] = \Phi_1^{[0]} + T_1[1](\xi_1)\Phi_1^{[1]}, \quad u[2] = u[1] + \frac{2(\xi_1 + \xi_1^*)\psi_1[1]\phi_1^*[1]}{|\psi_1[1]|^2 + |\phi_1[1]|^2}, \tag{4.20}$$

且 $T_1[2] = \xi I - H_1[1]\Lambda[1]H_1[1]^{-1}$, 其中 $I = T[0]$ 是单位矩阵,

$$H_1[1] = \begin{pmatrix} \psi_1[1] & -\phi_1^*[1] \\ \phi_1[1] & \psi_1^*[1] \end{pmatrix}, \quad \Lambda[1] = \begin{pmatrix} \xi_1 & 0 \\ 0 & -\xi_1^* \end{pmatrix}, \tag{4.21}$$

这里 $\Phi_1[1] = (\psi_1[1], \phi_1[1])^{\mathrm{T}}$.

3. 三次广义 Darboux 变换

同理, 取极限

$$\lim_{\delta \to 0} \frac{[\delta + T_1[2](\xi_1)][\delta + T_1[1](\xi_1)]\Psi}{\delta^2}$$

$$= \Phi_1^{[0]} + [T_1[1](\xi_1) + T_1[2](\xi_1)]\Phi_1^{[1]} + T_1[2](\xi_1)T_1[1](\xi_1)\Phi_1^{[2]} \equiv \Phi_1[2], \tag{4.22}$$

得 Lax 对 (4.2) 和 (4.3) 当 $u = u[2], \xi = \xi_1$ 时的一个解. 由此可得三次广义 Darboux 变换

$$\Phi_1[2] = \Phi_1^{[0]} + [T_1[1](\xi_1) + T_1[2](\xi_1)]\Phi_1^{[1]} + T_1[2](\xi_1)T_1[1](\xi_1)\Phi_1^{[2]}, \tag{4.23}$$

$$u[3] = u[2] + \frac{2(\xi_1 + \xi_1^*)\psi_1[2]\phi_1^*[2]}{|\psi_1[2]|^2 + |\phi_1[2]|^2}, \tag{4.24}$$

且 $T_1[3] = \xi I - H_1[2]\Lambda[1]H_1[2]^{-1}$, 其中 $I = T[0]$ 是单位矩阵,

$$H_1[2] = \begin{pmatrix} \psi_1[2] & -\phi_1^*[2] \\ \phi_1[2] & \psi_1^*[2] \end{pmatrix}, \quad \Lambda[1] = \begin{pmatrix} \xi_1 & 0 \\ 0 & -\xi_1^* \end{pmatrix}, \tag{4.25}$$

记 $\Phi_1[2] = (\psi_1[2], \phi_1[2])^{\mathrm{T}}$.

4. N 次广义 Darboux 变换

继续上述过程迭代 N 次后, 可得 N 次广义 Darboux 变换

$$\Phi_1[N-1] = \Phi_1^{[0]} + \left[\sum_{l=1}^{N-1} T_1[l](\xi_1)\right]\Phi_1^{[1]} + \left[\sum_{l=1}^{k}\sum_{l<k}^{N-1} T_1[k](\xi_1)T_1[l](\xi_1)\right]\Phi_1^{[2]}$$

$$+ \cdots + [T_1[N-1](\xi_1)T_1[N-2](\xi_1)\cdots T_1[1](\xi_1)]\Phi_1^{[N]}, \tag{4.26}$$

$$u[N] = u[N-1] + \frac{2(\xi_1 + \xi_1^*)\psi_1[N-1]\phi_1^*[N-1]}{|\psi_1[N-1]|^2 + |\phi_1[N-1]|^2}, \tag{4.27}$$

且 $T_1[k] = \xi I - H_1[k-1]\Lambda[1]H_1[k-1]^{-1}$, 其中 $I = T[0]$ 是单位矩阵,

$$H_1[k-1] = \begin{pmatrix} \psi_1[k-1] & -\phi_1^*[k-1] \\ \phi_1[k-1] & \psi_1^*[k-1] \end{pmatrix}, \quad \Lambda[1] = \begin{pmatrix} \xi_1 & 0 \\ 0 & -\xi_1^* \end{pmatrix}, \tag{4.28}$$

记 $\Phi_1[k-1] = (\psi_1[k-1], \phi_1[k-1])^{\mathrm{T}}$ $(k = 1, 2, \cdots, N)$.

方程组 (4.26)~(4.28) 表示复 mKdV 方程的 N 次广义 Darboux 变换, 利用它可以构造复 mKdV 方程的高阶怪波解.

从种子解 $u[0] = e^{i\sqrt{6}x}$ 出发, 当 $\xi = f^2 + \dfrac{i\sqrt{6}}{2} - 1$ 时, 计算出 Lax 对 (4.2) 和 (4.3) 的解

$$\Phi_1(f) = \begin{pmatrix} \left(C_1 e^{\eta} + C_2 e^{-\eta}\right) e^{\frac{i\sqrt{6}x}{2}} \\ \left(C_2 e^{\eta} + C_1 e^{-\eta}\right) e^{-\frac{i\sqrt{6}x}{2}} \end{pmatrix}, \tag{4.29}$$

其中

$$\eta = \mu(x + \omega t + (b + ic)f^2 + (h + ig)f^4),$$

$$C_1 = \frac{\left(i\sqrt{6} - 2\xi - \sqrt{2}\sqrt{2\xi^2 - 2i\sqrt{6}\xi - 5}\right)^{1/2}}{\sqrt{2}},$$

$$C_2 = \frac{\left(i\sqrt{6} - 2\xi + \sqrt{2}\sqrt{2\xi^2 - 2i\sqrt{6}\xi - 5}\right)^{1/2}}{\sqrt{2}},$$

$$\mu = \frac{\sqrt{2\xi^2 - 2i\sqrt{6}\xi - 5}}{\sqrt{2}}, \quad \omega = 2 - i\sqrt{6}\xi - 2\xi^2,$$

且 b, c, h 和 g 是常数, f 是小参数.

令 $\xi = f^2 + \dfrac{i\sqrt{6}}{2} - 1$, 在 $f = 0$ 处将向量函数 $\Phi_1(f)$ (4.29) 展成 Taylor 级数

$$\Phi_1(f) = \Phi_1^{[0]} + \Phi_1^{[1]}f^2 + \Phi_1^{[2]}f^4 + \Phi_1^{[3]}f^6 + \cdots, \tag{4.30}$$

其中

$$\Phi_1^{[0]} = \begin{pmatrix} \psi_1^{[0]} \\ \phi_1^{[0]} \end{pmatrix} = \begin{pmatrix} 2e^{i\sqrt{\frac{3}{2}}x} \\ 2e^{-i\sqrt{\frac{3}{2}}x} \end{pmatrix}, \tag{4.31}$$

$$\Phi_1^{[1]} = \begin{pmatrix} \psi_1^{[1]} \\ \phi_1^{[1]} \end{pmatrix}, \quad \Phi_1^{[2]} = \begin{pmatrix} \psi_1^{[2]} \\ \phi_1^{[2]} \end{pmatrix}, \quad \Phi_1^{[3]} = \begin{pmatrix} \psi_1^{[3]} \\ \phi_1^{[3]} \end{pmatrix}, \tag{4.32}$$

这里

$$\psi_1^{[1]} = -\frac{1}{2}e^{i\sqrt{\frac{3}{2}}x}(72i(i + 2\sqrt{6})t^2 + (1 - 2x)^2 + 12(2 + i\sqrt{6})t(-1 + 2x)),$$

$$\phi_1^{[1]} = \frac{1}{2}e^{-i\sqrt{\frac{3}{2}}x}(72(1 - 2i\sqrt{6})t^2 - (1 + 2x)^2 - 12i(-2i + \sqrt{6})t(1 + 2x)),$$

$$\psi_1^{[2]} = \frac{1}{48}e^{i\sqrt{\frac{3}{2}}x}(-3 + 240t - 360i\sqrt{6}t - 16272t^2 + 3744i\sqrt{6}t^2 + 24192t^3$$

$$-5184i\sqrt{6}t^3 - 119232t^4 - 20736i\sqrt{6}t^4 + 96b(1 - 6i(-2i + \sqrt{6})t - 2x)$$

$$+96c(i + 6(-2i + \sqrt{6})t - 2ix) - 24x + 96tx + 1008i\sqrt{6}tx + 1728t^2x$$

$$-3456i\sqrt{6}t^2x - 48384t^3x + 10368i\sqrt{6}t^3x + 72x^2 - 576tx^2 - 288i\sqrt{6}tx^2$$

$$-1728t^2x^2 + 3456i\sqrt{6}t^2x^2 - 32x^3 + 384tx^3 + 192i\sqrt{6}tx^3 + 16x^4),$$

$$\phi_1^{[2]} = \frac{1}{48}e^{-i\sqrt{\frac{3}{2}}x}(-3 - 240t + 360i\sqrt{6}t - 16272t^2 + 3744i\sqrt{6}t^2 - 24192t^3$$

$$+5184i\sqrt{6}t^3 - 119232t^4 - 20736i\sqrt{6}t^4 + 96b(-1 - 6i(-2i + \sqrt{6})t$$

$$-2x) + 24x + 96tx + 1008i\sqrt{6}tx - 1728t^2x + 3456i\sqrt{6}t^2x - 48384t^3x$$

$$+10368i\sqrt{6}t^3x + 72x^2 + 576tx^2 + 288i\sqrt{6}tx^2 - 1728t^2x^2 + 3456i\sqrt{6}t^2x^2$$

$$+32x^3 + 384tx^3 + 192i\sqrt{6}tx^3 + 16x^4 + 96c(6(-2i + \sqrt{6})t - i(1 + 2x))),$$

$$\psi_1^{[3]} = -\frac{1}{2880}(e^{i\sqrt{\frac{3}{2}}x}(45 + 5760b^2 - 5760c^2 - 5760ig - 5760h + 18360t$$

$$-3780i\sqrt{6}t + 69120igt - 34560\sqrt{6}gt + 69120ht + 34560i\sqrt{6}ht$$

$$-1040760t^2 - 136080i\sqrt{6}t^2 + 4406400t^3 + 907200i\sqrt{6}t^3 - 8527680t^4$$

$$-12752640i\sqrt{6}t^4 + 4105728t^5 + 5785344i\sqrt{6}t^5 + 265000608t^6$$

$$-15676416i\sqrt{6}t^6 + 180x + 11520igx + 11520hx - 51120tx + 29160i\sqrt{6}tx$$

$$+976320t^2x - 224640i\sqrt{6}t^2x - 10264320t^3x - 1503360i\sqrt{6}t^3x + 7153920t^4x$$

$$+1244160i\sqrt{6}t^4x - 8211456t^5x - 11570688i\sqrt{6}t^5x + 540x^2 - 2880tx^2$$

$$-30240i\sqrt{6}tx^2 - 1028160t^2x^2 + 328320i\sqrt{6}t^2x^2 + 1451520t^3x^2$$

$$-311040i\sqrt{6}t^3x^2 - 7153920t^4x^2 - 1244160i\sqrt{6}t^4x^2 - 1440x^3 + 13440tx^3$$

$$+25920i\sqrt{6}tx^3 + 34560t^2x^3 - 69120i\sqrt{6}t^2x^3 - 967680t^3x^3 + 207360it^3x^3$$

$$+1200x^4 - 5760tx^4 - 2880i\sqrt{6}tx^4 - 17280t^2x^4 + 34560i\sqrt{6}t^2x^4 - 192x^5$$

$$+2304tx^5 + 1152i\sqrt{6}tx^5 + 64x^6 + 480b(3 + 24ic + 432(14 - 3i\sqrt{6})t^3$$

$$-18x + 12x^2 - 8x^3 + 216(1 - 2i\sqrt{6})t^2(-1 + 2x) + 6t(-2 - 21i\sqrt{6}$$

$$+12(2 + i\sqrt{6})x - 12i(-2i + \sqrt{6})x^2)) + 480c(432(14i + 3\sqrt{6})t^3$$

$$+216(i + 2\sqrt{6})t^2(-1 + 2x) + 6t(-2i + 21\sqrt{6} - 12(-2i + \sqrt{6})x$$

$$+12(-2i + \sqrt{6})x^2) - i(-3 + 18x - 12x^2 + 8x^3)))),$$

$$\phi_1^{[3]} = \frac{1}{2880}(e^{-i\sqrt{\frac{3}{2}}x}(-45 - 5760b^2 + 5760c^2 - 5760ig - 5760h + 18360t$$

$$-3780i\sqrt{6}t - 69120igt + 34560\sqrt{6}gt - 69120ht - 34560i\sqrt{6}ht$$

$$+1040760t^2 + 136080i\sqrt{6}t^2 + 4406400t^3 + 907200i\sqrt{6}t^3 + 8527680t^4$$

$$+12752640i\sqrt{6}t^4 + 4105728t^5 + 5785344i\sqrt{6}t^5 - 26500608t^6$$

$$+15676416i\sqrt{6}t^6 + 180x - 11520igx - 11520hx + 51120tx - 29160i\sqrt{6}tx$$

$$+976320t^2x - 224640i\sqrt{6}t^2x + 10264320t^3x + 1503360i\sqrt{6}t^3x + 7153920t^4x$$

$$+1244160i\sqrt{6}t^4x + 8211456t^5x + 11570688i\sqrt{6}t^5x - 540x^2 - 2880tx^2$$

$$-30240i\sqrt{6}tx^2 + 1028160t^2x^2 - 328320i\sqrt{6}t^2x^2 + 1451520t^3x^2$$

$$-311040\mathrm{i}\sqrt{6}t^3x^2 + 7153920t^4x^2 + 1244160\mathrm{i}\sqrt{6}t^4x^2 - 1440x^3$$

$$-13440tx^3 - 25920\mathrm{i}\sqrt{6}tx^3 + 34560t^2x^3 - 69120\mathrm{i}\sqrt{6}t^2x^3$$

$$+967680t^3x^3 - 207360\mathrm{i}\sqrt{6}t^3x^3 - 1200x^4 - 5760tx^4 - 2880\mathrm{i}\sqrt{6}tx^4$$

$$+17280t^2x^4 - 34560\mathrm{i}\sqrt{6}t^2x^4 - 192x^5 - 2304tx^5 - 1152\mathrm{i}\sqrt{6}tx^5$$

$$-64x^6 + 480b(3 - 24\mathrm{i}c + 432\mathrm{i}(14\mathrm{i} + 3\sqrt{6})t^3 + 18x + 12x^2 + 8x^3$$

$$+216\mathrm{i}(\mathrm{i} + 2\sqrt{6})t^2(1 + 2x) + 6t(2 + 21\mathrm{i}\sqrt{6} + 12(2 + \mathrm{i}\sqrt{6})x$$

$$+12(2 + \mathrm{i}\sqrt{6})x^2)) - 480c(432(14\mathrm{i} + 3\sqrt{6})t^3 + 216(\mathrm{i} + 2\sqrt{6})t^2(1 + 2x)$$

$$+6t(-2\mathrm{i} + 21\sqrt{6} + 12(-2\mathrm{i} + \sqrt{6})x + 12(-2\mathrm{i} + \sqrt{6})x^2$$

$$-\mathrm{i}(3 + 18x + 12x^2 + 8x^3)))).$$

容易得知 $\Phi_1^{[0]}$ 是 Lax 对 (4.2) 和 (4.3) 当 $u[0] = e^{\mathrm{i}\sqrt{6}x}$, $\xi = \dfrac{\mathrm{i}\sqrt{6}}{2} - 1$ 时的解.

把 $u[0] = e^{\mathrm{i}\sqrt{6}x}$, $\xi_1 = \dfrac{\mathrm{i}\sqrt{6}}{2} - 1$ 和 (4.31) 代入 (4.17), 我们获得复 mKdV 方程 (4.1) 的平凡解

$$u[1] = -e^{\mathrm{i}\sqrt{6}x}, \tag{4.33}$$

$$T_1[1] = \begin{pmatrix} -1 & e^{\mathrm{i}\sqrt{6}x} \\ e^{-\mathrm{i}\sqrt{6}x} & -1 \end{pmatrix}. \tag{4.34}$$

把 (4.31)~(4.32), (4.33), (4.34) 和 $\xi_1 = \dfrac{\mathrm{i}\sqrt{6}}{2} - 1$ 代入 (4.20), 获得一阶怪波解

$$u[2] = \left(1 + \frac{-4 + 24\mathrm{i}\sqrt{6}t}{1 + 360t^2 + 48tx + 4x^2}\right)e^{\mathrm{i}\sqrt{6}x}, \tag{4.35}$$

$$T_1[2] = \begin{pmatrix} T_{11} & T_{12} \\ T_{21} & T_{22} \end{pmatrix}, \tag{4.36}$$

$$T_{11} = -\frac{360t^2 + 24t(1 + 2x) + (1 + 2x)^2}{1 + 360t^2 + 48tx + 4x^2},$$

$$T_{12} = -\frac{e^{\mathrm{i}\sqrt{6}x}(-1 + 12\mathrm{i}\sqrt{6} + 360t^2 + 48tx + 4x^2)}{1 + 360t^2 + 48tx + 4x^2},$$

$$T_{21} = \frac{e^{-\mathrm{i}\sqrt{6}x}(1 - 360t^2 + 12\mathrm{i}t(\sqrt{6} + 4\mathrm{i}x) - 4x^2)}{1 + 360t^2 + 48tx + 4x^2},$$

$$T_{22} = \frac{-360t^2 + 24t(1 - 2x) - (1 - 2x)^2}{1 + 360t^2 + 48tx + 4x^2}.$$

该解在图 4.1 中展示.

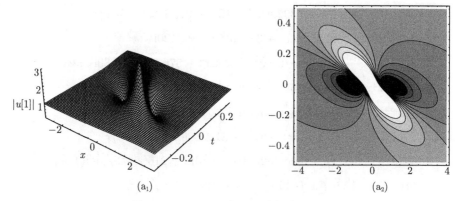

图 4.1　$(a_1 - a_2)$ 表示一阶怪波 (4.35)

把 (4.32) 的第一个方程, (4.34), (4.35) 和 $\xi_1 = \dfrac{\mathrm{i}\sqrt{6}}{2} - 1$ 代入 (4.23) 和 (4.24), 得到二阶怪波解

$$u[3] = -\left(1 + \frac{R_3 + \mathrm{i}I_3}{H_3}\right) e^{\mathrm{i}\sqrt{6}x}, \tag{4.37}$$

其中

$$
\begin{aligned}
H_3 =\ & 9 + 144b^2 + 144c^2 + 24120t^2 181440t^4 + 46656000t^6 + 720tx - 186624t^3x \\
& + 18662400t^5x + 108x^2 + 8640t^2x^2 + 4043520t^4x^2 + 1920tx^3 + 525312t^3x^3 \\
& + 48x^4 + 44928t^2x^4 + 2304tx^5 + 64x^6 + 432\sqrt{6}ct(-3 + 72t^2 + 48tx + 4x^2) \\
& - 48b(3024t^3 + 3x + 216t^2x - 4x^3 - 6t(1 + 12x^2)),
\end{aligned}
$$

$$
\begin{aligned}
R_3 =\ & 36 + 3456bt + 1728\sqrt{6}ct - 43200t^2 - 5287680t^4 + 576bx - 1152tx \\
& - 912384t^3x - 288x^2 - 103680t^2x^2 - 4608tx^3 - 192x^4,
\end{aligned}
$$

$$
\begin{aligned}
I_3 =\ & 144c - 1080\sqrt{6}t - 20736\sqrt{6}bt^2 - 10368ct^2 - 114048\sqrt{6}t^3 + 2488320\sqrt{6}t^4x \\
& + 373248\sqrt{6}t^3x^2 + 9331200\sqrt{6}t^5 - 3456\sqrt{6}btx + 6912ctx - 34560\sqrt{6}t^2x \\
& + 576cx^2 - 1728\sqrt{6}tx^2 + 27648\sqrt{6}t^2x^3 + 1152\sqrt{6}tx^4.
\end{aligned}
$$

二阶怪波解 (4.37) 含有自由参数 b 和 c, 它们被用来控制复 mKdV 方程的二阶怪波解. 当 $b = c = 0$ 时, 怪波的能量聚集在 $(0,0)$ 处 (图 4.2(a_1) 和 (a_2)). 当 $|b|$ 和 $|c|$ 的值增大时, 怪波从 $(0,0)$ 处散开, 并以三角形状排列 (见图 4.2 中 (a_i), (b_i) 和 (c_i) $(i = 1, 2)$).

将式 (4.26) 和式 (4.27) 迭代四次 (即 $N = 4$) 后, 可得复 mKdV 方程的三阶怪波解

$$u[4] = \left(1 + \frac{R_4 + \mathrm{i}I_4}{H_4}\right) e^{\mathrm{i}\sqrt{6}x}. \tag{4.38}$$

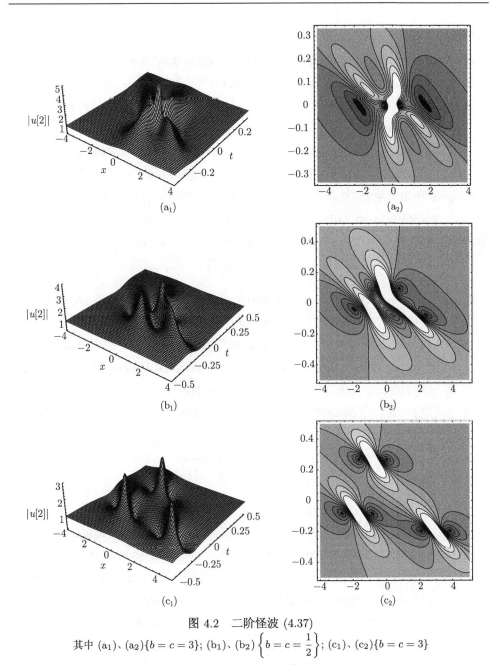

图 4.2 二阶怪波 (4.37)

其中 (a_1)、$(a_2)\{b=c=3\}$; (b_1)、$(b_2)\left\{b=c=\dfrac{1}{2}\right\}$; (c_1)、$(c_2)\{b=c=3\}$

三阶怪波解 (4.38) 拥有自由参数 b, c, h 和 g, 由它们来控制波的位置, 如 $b=c=h=g=0$ 时, (4.38) 可写成

$$u'[4]=\left(1+\frac{R_4'+{}'\mathrm{i}I_4}{H_4'}\right)e^{\mathrm{i}\sqrt{6}x}, \tag{4.39}$$

其中

$$
\begin{aligned}
H_4' =\ & 2025 + 2176782336000000t^{12} + 1741425868800000t^{11}x + 48600x^2 \\
& +54000x^4 + 149760x^6 + 34560x^8 + 6144x^{10} + 4096x^{12} \\
& +12093235200000t^{10}(-1 + 60x^2) + 1612431360000t^9x(-39 + 124x^2) \\
& +1074954240t^7x(969 - 4600x^2 + 5712x^4) + 2015539200t^8(7541 - 12120x^2 \\
& +19920x^4) + 2985984t^5x(51215 + 18140x^2 - 10608x^4 + 22848x^6) \\
& +1492992t^6(482885 + 7740x^2 - 375120x^4 + 489792x^6) + 34560t^3x(-22665 \\
& +21040x^2 + 25632x^4 + 6912x^6 + 7936x^8) + 25920t^4(142715 \\
& +446640x^2 + 491040x^4 + 22272x^6 + 191232x^8) + 96tx(-675 + 27900x^2 \\
& +47520x^4 + 17280x^6 + 6400x^8 + 3072x^{10}) + 2160t^2(10965 - 540x^2 \\
& +51360x^4 + 20608x^6 + 8448x^8 + 5120x^{10}),
\end{aligned}
$$

$$
\begin{aligned}
R_4' =\ & -16200 - 9979200t^2 + 19265817600t^4 - 1481555681280t^6 5562888192000t^8 \\
& -1015831756800000t^{10} - 1296000tx + 3425587200t^3x - 155689205760t^5x \\
& +13802412441600t^7x - 561126113280000t^9x + 64800x^2 + 234318600t^2x^2 \\
& -373248000t^4x^2 + 3020621414400t^6x^2 - 165435457536000t^8x^2 \\
& -1382400tx^3 + 99532800t^3x^3 + 368350986240t^5x^3 - 31474660147200t^7x^3 \\
& +172800x^4 - 178329600t^2x^4 + 19408896000t^4x^4 - 4252518973440t^6x^4 \\
& -9400320tx^5 + 79626240t^3x^5 - 417942208512t^5x^5 - 322560x^6 \\
& -72990720t^2x^6 - 30337597440t^4x^6 - 4423680tx^7 - 1592524800t^3x^7 \\
& -92160x^8 - 59719680t^2x^8 - 1474560tx^9 - 24576x^{10},
\end{aligned}
$$

$$
\begin{aligned}
I_4' =\ & \sqrt{6}(680400t + 157852800t^3 - 74253957120t^5 + 1004544737280t^7 \\
& -94327234560000t^9 + 870712934400000t^{11} 69984000t^2x - 3832012800t^4x \\
& +220365619200t^6x - 58047528960000t^8x + 580475289600000t^{10}x \\
& +2721600tx^2 - 758937600t^3x^2 - 50791587840t^5x^2 - 15285849292800t^7x^2 \\
& +203166351360000t^9x^2 - 41472000t^2x^3 + 6569164800t^4x^3 \\
& -2433696399360t^6x^3 + 46438023168000t^8x^3 - 3110400tx^4 \\
& -373248000t^3x^4 - 251897610240t^5x^4 + 7610676019200t^7x^4 \\
& -36495360t^2x^5 - 17677025280t^4x^5 + 925320609792t^6x^5 - 1382400tx^6 \\
& -836075520t^3x^6 + 84563066880t^5x^6 - 26542080t^2x^7 + 5733089280t^4x^7 \\
& -552960tx^8 + 278691840t^3x^8 + 8847360t^2x^9 + 147456tx^{10}).
\end{aligned}
$$

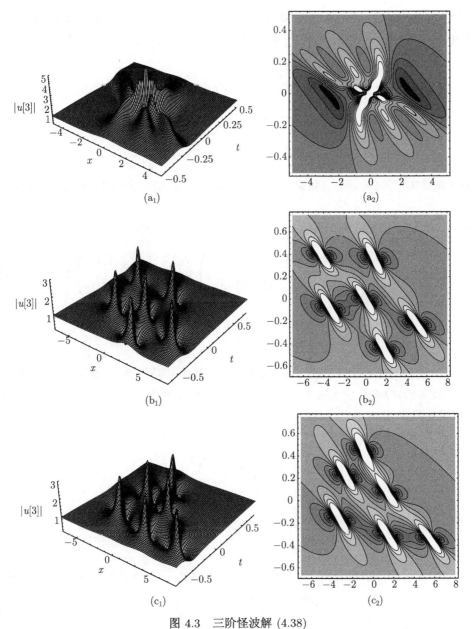

图 4.3 三阶怪波解 (4.38)

其中 (a_1)、$(a_2)\{b = c = h = g = 0\}$; (b_1)、$(b_2)\{b = c = 0, h = g = 60\}$;

(c_1)、$(c_2)\{b = c = 6, h = g = 8\}$

在这种情况下, 六个一阶怪波汇聚在 $(0,0)$ 处 (图 4.3 中 (a_1) 和 (a_2)). 当 $b = c = 0, h = g = 6$ 时, 六个一阶怪波从 $(0,0)$ 处散开, 并形成正五边形, 其中一个

位于五边形的中心 (图 4.3 (b$_1$) 和 (b$_2$)). 当 $b = c = 3$, $h = g = 6$ 时, 六个一阶怪波从 $(0,0)$ 处散开, 并排列成一个三角形 (图 4.3(c$_1$) 和 (c$_2$)).

4.2　广义 NLS 方程的怪波解

Kundu [79] 给出了一个广义 NLS 方程

$$iu_t + u_{xx} - 2\epsilon|u|^2 u + 4\beta^2|u|^4 u + 4i\epsilon\beta(|u|^2)_x u = 0, \tag{4.40}$$

其中 β 是实常数, $\epsilon = \pm 1$. 如果 $\beta = 0$, $\epsilon = -1$, 广义 NLS 方程 (4.40) 约化为 NLS 方程.

广义 NLS 方程 (4.40) 有 Lax 对

$$\Phi_x = U\Phi = \begin{pmatrix} -i\zeta + i\beta|u|^2 & u \\ -u^* & i\zeta - i\beta|u|^2 \end{pmatrix}\Phi, \quad \Phi = \begin{pmatrix} \psi(x,t) \\ \phi(x,t) \end{pmatrix}, \tag{4.41}$$

$$\Phi_t = V\Phi = \begin{pmatrix} V_{11} & 2u\zeta + iu_x + 2\beta|u|^2 u \\ -2u^*\zeta + iu_x^* - 2\beta|u|^2 u^* & -V_{11} \end{pmatrix}\Phi, \tag{4.42}$$

$V_{11} = -2i\zeta^2 + \beta(-u_x u^* + u u_x^*) + 4i\beta^2|u|^4 + i|u|^2$, 其中 u 是位势, ζ 是参数, $\epsilon = -1$, 且 u^* 表示 u 的复共轭. 由 Lax 对 (4.41) 和 (4.42) 的相容性条件 $U_t - V_x + [U, V] = 0$, 可以推出广义 NLS 方程 (4.40).

取 Darboux 阵为 [80]

$$T = \begin{pmatrix} \alpha & 0 \\ 0 & 1/\alpha \end{pmatrix}\begin{pmatrix} \zeta + A & B \\ -B^* & \zeta + A^* \end{pmatrix}, \tag{4.43}$$

其中

$$(\ln\alpha)_x = 4i\beta\left[|B|^2 - \mathrm{Im}(Bu^*)\right], \tag{4.44}$$

$$(\ln\alpha)_t = 4i\beta\left[4\mathrm{Re}(A)|B|^2 + 2\mathrm{Im}(A^*B^*u) + 2\beta\mathrm{Im}(Bu^*) + i\mathrm{Im}(B^*u_x)\right], \tag{4.45}$$

$$A = -\frac{\zeta_1|\psi_1|^2 + \zeta_1^*|\phi_1|^2}{|\psi_1|^2 + |\phi_1|^2}, \quad B = \frac{(\zeta_1^* - \zeta_1)\psi_1\phi_1^*}{|\psi_1|^2 + |\phi_1|^2}, \tag{4.46}$$

且 $\Phi_1 = (\psi_1, \phi_1)^{\mathrm{T}}$ 是当 $u = u[0]$, $\zeta = \zeta_1$ 时, Lax 对 (4.41) 和 (4.42) 的解. ζ_1^*, ψ_1^* 和 ϕ_1^* 分别代表 ζ_1, ψ_1 和 ϕ_1 的复共轭. 进而, 在 Darboux 阵 T 的作用下, 广义 NLS 方程 (4.40) 拥有如下 Darboux 变换:

$$u[1] = \alpha^2\left[u[0] + 2i\frac{(\zeta_1^* - \zeta_1)\psi_1\phi_1^*}{|\psi_1|^2 + |\phi_1|^2}\right], \quad |\alpha| = 1. \tag{4.47}$$

下面推导广义 Darboux 变换, 设

$$\Psi = \Phi_1(\zeta_1 + \delta) \tag{4.48}$$

是 Lax 对 (4.41) 和 (4.42) 的解, 其中 δ 是小参数. 把 Ψ 写成关于 δ 的 Taylor 级数

$$\Psi = \Phi_1^{[0]} + \Phi_1^{[1]}\delta + \Phi_1^{[2]}\delta^2 + \cdots + \Phi_1^{[N]}\delta^N + \cdots, \tag{4.49}$$

其中 $\Phi_1^{[k]} = \dfrac{1}{k!}\dfrac{\partial^k}{\partial \zeta^k}\Phi_1(\zeta)|_{\zeta=\zeta_1}$ $(k = 0, 1, 2, \cdots)$.

利用 Darboux 阵, N 次广义 Darboux 变换可写成

$$\Phi_1[N-1] = \Phi_1^{[0]} + \left[\sum_{l=1}^{N-1} T_1[l](\zeta_1)\right]\Phi_1^{[1]} + \left[\sum_{l=1}^{k}\sum_{l<k}^{N-1} T_1[k]T_1[l]\right]\Phi_1^{[2]} + \cdots$$
$$+ \left[T_1[N-1]T_1[N-2]\cdots T_1[1]\right]\Phi_1^{[N]}, \tag{4.50}$$

$$u[N] = \alpha_N^2\left[u[N-1] + 2\mathrm{i}\frac{(\zeta_1^* - \zeta_1)\psi_1[N-1]\phi_1[N-1]^*}{|\psi_1[N-1]|^2 + |\phi_1[N-1]|^2}\right], \quad |\alpha_N| = 1, \tag{4.51}$$

$$T_1[k] = \begin{pmatrix} \alpha_k & 0 \\ 0 & 1/\alpha_k \end{pmatrix}\begin{pmatrix} \zeta_1 + A_{k-1} & B_{k-1} \\ -B_{k-1}^* & \zeta_1 + A_{k-1}^* \end{pmatrix}, \tag{4.52}$$

其中

$$(\ln\alpha_k)_x = 4\mathrm{i}\beta\left[|B_{k-1}|^2 - \mathrm{Im}(B_{k-1}u[k-1]^*)\right], \tag{4.53}$$

$$(\ln\alpha_k)_t = 4\mathrm{i}\beta\left[4\mathrm{Re}(A_{k-1})|B_{k-1}|^2 + 2\mathrm{Im}(A_{k-1}^*B_{k-1}^*u[k-1])\right.$$
$$\left. + 2\beta\mathrm{Im}(B_{k-1}u^*[k-1]) + \mathrm{i}\mathrm{Im}(B_{k-1}^*u[k-1]_x)\right], \tag{4.54}$$

$$A_{k-1} = -\frac{\zeta_1|\psi_1[k-1]|^2 + \zeta_1^*|\phi_1[k-1]|^2}{|\psi_1[k-1]|^2 + |\phi_1[k-1]|^2}, \quad B_{k-1} = \frac{(\zeta_1^* - \zeta_1)\psi_1[k-1]\phi_1[k-1]^*}{|\psi_1[k-1]|^2 + |\phi_1[k-1]|^2}, \tag{4.55}$$

$\Phi_1[k-1] = (\psi_1[k-1], \phi_1[k-1])^{\mathrm{T}}$ $(k = 1, 2, \cdots, N)$.

方程 (4.50)~(4.55) 表示 N 次广义 Darboux 变换的一个迭代公式, 利用它可以推导广义 NLS 方程 (4.40) 的 N 阶怪波解. 下面我们讨论 1 阶和 2 阶怪波解. 为此, 设 $u[0] = e^{\mathrm{i}(ax+(2-a^2+4\beta^2)t)}$, 其中 a 是自由参数. 当 $\zeta_1 = \dfrac{1}{2}(-2\mathrm{i} - a + 2\beta) + f^2$ 时, 相应 Lax 对 (4.41) 和 (4.42) 解为

$$\Phi_1(f) = \begin{pmatrix} (C_1 e^\eta + C_2 e^{-\eta})\,e^{\frac{1}{2}\theta} \\ (C_2 e^\eta + C_1 e^{-\eta})\,e^{-\frac{1}{2}\theta} \end{pmatrix}, \tag{4.56}$$

其中

$$\eta = \mu(x + \omega t + \Omega(f)), \quad C_1 = \sqrt{\mathrm{i}\left(\frac{1}{2}a - \beta + \zeta\right) - \mu}, \quad C_2 = \sqrt{\mathrm{i}\left(\frac{1}{2}a - \beta + \zeta\right) + \mu},$$

$$\mu = \frac{\sqrt{-4 - (-a + 2\beta - 2\zeta)^2}}{2}, \quad \omega = -a + 2\beta + 2\zeta, \quad \theta = ax + (2 - a^2 + 4\beta^2)t,$$

$$\Omega(f) = \sum_{j=1}^{N} (b_j + \mathrm{i}c_j)f^{2j} \quad (b_j, c_j \in \mathbb{R}),$$

且 $b_j, c_j \ (j = 1, 2, \cdots, N)$ 是任意常数, f 是小参数.

令 $\zeta_1 = \frac{1}{2}(-2\mathrm{i} - a + 2\beta) + f^2$, 把 $\Phi_1(f)$ 写成关于 $f = 0$ 的 Taylor 级数

$$\Phi_1(f) = \Phi_1^{[0]} + \Phi_1^{[1]}f^2 + \Phi_1^{[2]}f^4 + \Phi_1^{[3]}f^6 + \cdots, \tag{4.57}$$

其中

$$\Phi_1^{[0]} = \begin{pmatrix} \psi_1^{[0]} \\ \phi_1^{[0]} \end{pmatrix} = \begin{pmatrix} 2e^{\frac{\mathrm{i}}{2}\theta} \\ 2e^{-\frac{\mathrm{i}}{2}\theta} \end{pmatrix}, \tag{4.58}$$

$$\Phi_1^{[1]} = \begin{pmatrix} \psi_1^{[1]} \\ \phi_1^{[1]} \end{pmatrix} = \begin{pmatrix} \frac{1}{2}\mathrm{i}e^{\frac{\mathrm{i}}{2}\theta}(1 - 2x + 4t(\mathrm{i} + a - 2\beta))^2 \\ \frac{1}{2}\mathrm{i}e^{-\frac{\mathrm{i}}{2}\theta}(1 + 2x - 4t(\mathrm{i} + a - 2\beta))^2 \end{pmatrix}, \tag{4.59}$$

$$\Phi_1^{[2]} = \begin{pmatrix} \psi_1^{[2]} \\ \phi_1^{[2]} \end{pmatrix}, \tag{4.60}$$

$$\cdots\cdots$$

且

$$\begin{aligned}
\psi_1^{[2]} = -\frac{1}{48}e^{\frac{\mathrm{i}}{2}\theta}&(1 - 2x + 4t(\mathrm{i} + a - 2\beta))(-3 + 96\mathrm{i}b_1 - 96c_1 + 252\mathrm{i}t + 60at - 48t^2 \\
&+96\mathrm{i}at^2 + 48a^2t^2 - 64\mathrm{i}t^3 - 192at^3 + 192\mathrm{i}a^2t^3 + 64a^3t^3 - 30x - 48\mathrm{i}tx \\
&-48atx + 96t^2x - 192\mathrm{i}at^2x - 96a^2t^2x + 12x^2 + 48\mathrm{i}tx^2 + 48atx^2 - 8x^3 \\
&-120t\beta - 192\mathrm{i}t^2\beta - 192at^2\beta + 384t^3\beta - 768\mathrm{i}at^3\beta - 384a^2t^3\beta + 96tx\beta \\
&+384\mathrm{i}t^2x\beta + 384at^2x\beta - 96tx^2\beta + 192t^2\beta^2 + 768\mathrm{i}t^3\beta^2 + 768at^3\beta^2 \\
&-384t^2x\beta^2 - 512t^3\beta^3),
\end{aligned}$$

$$\begin{aligned}
\phi_1^{[2]} = \frac{1}{48}e^{-\frac{\mathrm{i}}{2}\theta}&(-1 - 2x + 4t(\mathrm{i} + a - 2\beta))(-3 - 96\mathrm{i}b_1 + 96c_1 - 252\mathrm{i}t - 60at - 48t^2 \\
&+96\mathrm{i}at^2 + 48a^2t^2 + 64\mathrm{i}t^3 + 192at^3 - 192\mathrm{i}a^2t^3 - 64a^3t^3 + 30x - 48\mathrm{i}tx \\
&-48atx - 96t^2x + 192\mathrm{i}at^2x + 96a^2t^2x + 12x^2 - 48\mathrm{i}tx^2 - 48atx^2 + 8x^3
\end{aligned}$$

$$+120t\beta - 192\mathrm{i}t^2\beta - 192at^2\beta - 384t^3\beta + 768\mathrm{i}at^3\beta + 384a^2t^3\beta + 96tx\beta$$

$$-384\mathrm{i}t^2x\beta - 384at^2x\beta + 96tx^2\beta + 192t^2\beta^2 - 768\mathrm{i}t^3\beta^2 - 768at^3\beta^2$$

$$+384t^2x\beta^2 + 512t^3\beta^3).$$

显然 $\Phi_1^{[0]}$ 是 Lax 对 (4.41) 和 (4.42) 取 $u[0] = e^{\mathrm{i}(ax+(2-a^2+4\beta^2)t)}$ 和 $\zeta_1 = \frac{1}{2}(-2\mathrm{i} - a + 2\beta)$ 时的解.

把 $u[0] = e^{\mathrm{i}\theta}$, $\zeta_1 = \frac{1}{2}(-2\mathrm{i} - a + 2\beta)$, $\theta = ax + (2 - a^2 + 4\beta^2)t$ 和 (4.58) 代入 (4.50)~(4.55), 得广义 NLS 方程 (4.40) 的解

$$u[1] = -e^{\mathrm{i}\theta} \tag{4.61}$$

且

$$T_1[1] = \begin{pmatrix} -\mathrm{i} & \mathrm{i}e^{\mathrm{i}\theta} \\ \mathrm{i}e^{-\mathrm{i}\theta} & -\mathrm{i} \end{pmatrix}, \tag{4.62}$$

$$\alpha_1 = 1, \quad A_0 = \frac{1}{2}(a - 2\beta), \quad B_0 = \mathrm{i}e^{\mathrm{i}\theta}, \quad \theta = ax + (2 - a^2 + 4\beta^2)t. \tag{4.63}$$

当 $N = 2$ 时, 由 (4.50) 得

$$\Phi_1[1] = \Phi_1^{[0]} + T_1[1]\Phi_1^{[1]} = \begin{pmatrix} 2e^{\frac{\mathrm{i}}{2}\theta} \\ 2e^{-\frac{\mathrm{i}}{2}\theta} \end{pmatrix}$$

$$+ \begin{pmatrix} -\mathrm{i} & \mathrm{i}e^{\mathrm{i}\theta} \\ \mathrm{i}e^{-\mathrm{i}\theta} & -\mathrm{i} \end{pmatrix} \begin{pmatrix} \frac{1}{2}\mathrm{i}e^{\frac{\mathrm{i}}{2}\theta}(1 - 2x + 4t(\mathrm{i} + a - 2\beta))^2 \\ \frac{1}{2}\mathrm{i}e^{-\frac{\mathrm{i}}{2}\theta}(1 + 2x - 4t(\mathrm{i} + a - 2\beta))^2 \end{pmatrix}. \tag{4.64}$$

$\Phi_1[1] = (\psi_1[1], \phi_1[1])^{\mathrm{T}}$ 是 Lax 对 (4.41) 和 (4.42) 取 $u[1]$ 和 $\zeta = \zeta_1$ 时的另一个解.

把 $u[1] = -e^{\mathrm{i}\theta}$, $\zeta_1 = \frac{1}{2}(-2\mathrm{i} - a + 2\beta)$, $\theta = ax + (2 - a^2 + 4\beta^2)t$ 和 (4.64) 代入 (4.51)~(4.55), 得到广义 NLS 方程 (4.40) 的一阶怪波解

$$u[2] = \frac{e^{\mathrm{i}x}}{\Delta} \left[-3 + 4x^2 - 16t(\mathrm{i} + ax - 2x\beta) + 16t^2(1 + a^2 - 4a\beta + 4\beta^2) \right], \tag{4.65}$$

且

$$\alpha_2 = e^{\frac{8\mathrm{i}\beta(-2at+x+4\beta t)}{\Delta}},$$

$$A_1 = \frac{1}{2\Delta} \left[16a^3t^2 - 16a^2t(x + 6t\beta) + a(1 + 4x^2 + 16t(\mathrm{i} + 4x\beta) + 16t^2(1 + 12\beta^2)) \right.$$

$$\left. - 2(4x^2\beta + 4x(\mathrm{i} + 8t\beta^2) + \beta(1 + 16\mathrm{i}t + 16t^2(1 + 4\beta^2))) \right],$$

$$B_1 = -\frac{\mathrm{i}}{\Delta} \left[-1 + 4x^2 - 8t(\mathrm{i} + 2ax - 4x\beta) + 16t^2(1 + a^2 - 4a\beta + 4\beta^2) \right] e^{\mathrm{i}\theta},$$

其中 $\chi = \theta + \dfrac{16\beta(-2at + x + 4t\beta)}{\Delta}$, $\Delta = 1 + 4x^2 - 16tx(a - 2\beta) + 16t^2(1 + a^2 - 4a\beta + 4\beta^2)$, $\theta = ax + (2 - a^2 + 4\beta^2)t$. 一阶怪波解 (4.65) 包含控制波形的参数 a 和 β.

$$|u[2]| = \left| \frac{-3 + 4x^2 - 16t(i + ax - 2x\beta) + 16t^2(1 + a^2 - 4a\beta + 4\beta^2)}{1 + 4x^2 - 16tx(a - 2\beta) + 16t^2(1 + a^2 - 4a\beta + 4\beta^2)} \right|. \tag{4.66}$$

图 4.4 中给出了一阶怪波 (4.66). 该怪波的波心在 $(0,0)$ 处, 且图形是关于 x 轴和 t 轴对称的. 直接计算知怪波在 $(0,0)$ 处达到最大值 $|u[2]|$, 最大值为 $|u[2](0,0)| = 3$ (图 4.4 (b)).

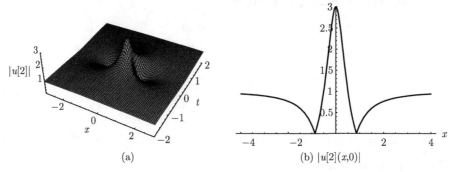

(a)　　　　　　　　　　　　(b) $|u[2](x,0)|$

图 4.4　一阶怪波 (4.66)

其中 $a = 1$, $\beta = \dfrac{1}{2}$

当 $N = 3$ 时, 利用 (4.50)~(4.55), 可得二阶怪波

$$|u[3]| = \left| \alpha_3^2 \right| \left| u[2] + 2i \frac{(\zeta_1^* - \zeta_1)\psi_1[2]\phi_1[2]^*}{|\psi_1[2]|^2 + |\phi_1[2]|^2} \right|, \tag{4.67}$$

其中

$$
\begin{aligned}
\psi_1[2] = {} & \frac{2}{3\Delta} e^{\frac{1}{2}i\theta} (3(1 - 2x + 4t(i + a - 2\beta))\Delta + 2(6ib_1 - 6c_1 + 18it + 6at + 32it^3 \\
& + 96at^3 - 96ia^2t^3 - 32a^3t^3 - 3x - 48t^2x + 96iat^2x + 48a^2t^2x - 24itx^2 \\
& - 24atx^2 + 4x^3 - 12t\beta - 192t^3\beta + 384iat^3\beta + 192a^2t^3\beta - 192it^2x\beta \\
& - 192at^2x\beta + 48tx^2\beta - 384it^3\beta^2 - 384at^3\beta^2 + 192t^2x\beta^2 + 256t^3\beta^3) \\
& \times (1 + 2x + t(4i - 4a + 8\beta))\alpha_2),
\end{aligned}
$$

$$
\begin{aligned}
\phi_1[2] = {} & \frac{2}{3\Delta} e^{-\frac{1}{2}i\theta} (3(1 + 2x - 4t(i + a - 2\beta))\Delta + 2(6ib_1 - 6c_1 + 18it + 6at \\
& + 32it^3 + 96at^3 - 96ia^2t^3 - 32a^3t^3 - 3x - 48t^2x + 96iat^2x + 48a^2t^2x \\
& - 24itx^2 - 24atx^2 + 4x^3 - 12t\beta - 192t^3\beta + 384iat^3\beta + 192a^2t^3\beta \\
& - 192it^2x\beta - 192at^2x\beta + 48tx^2\beta - 384it^3\beta^2 - 384at^3\beta^2 + 192t^2x\beta^2 \\
& + 256t^3\beta^3)(-1 + 2x + t(4i - 4a + 8\beta))\alpha_2^*),
\end{aligned}
$$

$|\alpha_3^2| = 1, \zeta_1 = \frac{1}{2}(-2i - a + 2\beta)$, $\theta = ax + (2 - a^2 + 4\beta^2)t$, $u[2]$ 在 (4.65) 中给出. 图 4.5 和图 4.6 中展示了二阶怪波 (4.67). 图 4.5 中, $b_1 = c_1 = 0$, 怪波聚集在 $(0,0)$ 处, 波高为 $|u[3](0,0)| = 5$ (图 4.5(b)). 图 4.6 中, (a) 取 $b_1 = -c_1 = \frac{3}{2}$, (b) 取 $b_1 = -c_1 = 10$.

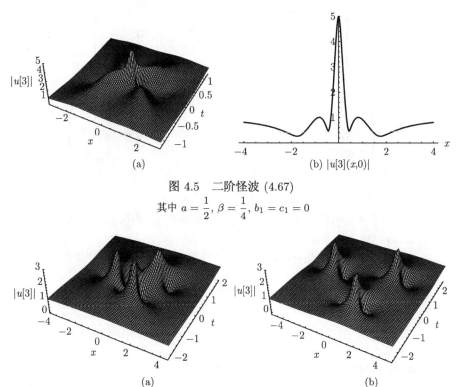

(a)   (b) $|u[3](x,0)|$

图 4.5　二阶怪波 (4.67)

其中 $a = \frac{1}{2}$, $\beta = \frac{1}{4}$, $b_1 = c_1 = 0$

(a)   (b)

图 4.6　二阶怪波 (4.67)

其中 (a) $a = \frac{1}{2}$, $\beta = \frac{1}{4}$, $b_1 = -c_1 = \frac{3}{2}$; (b) $a = \frac{1}{2}$, $\beta = \frac{1}{4}$, $b_1 = -c_1 = 10$

4.3　广义耦合 NLS 方程的怪波解

考虑广义耦合 NLS 方程 [81]

$$\begin{aligned}
&iq_{1z} + q_{1tt} + 2(|q_1|^2 + |q_2|^2)q_1 + \rho_1^2(|q_1|^2 + |q_2|^2)^2 q_1 \\
&\quad -2i\rho_1[(|q_1|^2 + |q_2|^2)q_1]_t + 2i\rho_1(q_1^* q_{1t} + q_2^* q_{2t})q_1 = 0, \\
&iq_{2z} + q_{2tt} + 2(|q_1|^2 + |q_2|^2)q_2 + \rho_1^2(|q_1|^2 + |q_2|^2)^2 q_2 \\
&\quad -2i\rho_1[(|q_1|^2 + |q_2|^2)q_2]_t + 2i\rho_1(q_1^* q_{1t} + q_2^* q_{2t})q_2 = 0,
\end{aligned} \tag{4.68}$$

它有 3×3 矩阵的 Lax 对

$$\Psi_t = U\Psi, \quad \Psi_z = V\Psi, \tag{4.69}$$

其中 $\Psi = (\psi_1(z,t), \psi_2(z,t), \psi_3(z,t))^{\mathrm{T}}$, U 和 V 为

$$U = \begin{pmatrix} -\mathrm{i}\lambda + \dfrac{1}{2}\mathrm{i}\rho_1\Upsilon & q_1 & q_2 \\[2mm] -q_1^* & \mathrm{i}\lambda - \dfrac{1}{2}\mathrm{i}\rho_1\Upsilon & 0 \\[2mm] -q_2^* & 0 & \mathrm{i}\lambda - \dfrac{1}{2}\mathrm{i}\rho_1\Upsilon \end{pmatrix}, \tag{4.70}$$

$$V = \begin{pmatrix} w + \mathrm{i}\Upsilon & V_{12} & V_{13} \\ \mathrm{i}(q_1^*)_t - 2\lambda q_1^* - \rho_1 q_1^*\Upsilon & -w - \mathrm{i}|q_1|^2 & -\mathrm{i}q_2 q_1^* \\ \mathrm{i}(q_2^*)_t - 2\lambda q_2^* - \rho_1 q_2^*\Upsilon & -\mathrm{i}q_1 q_2^* & -w - \mathrm{i}|q_2|^2 \end{pmatrix}, \tag{4.71}$$

这里

$$\begin{aligned}
w = \ & -2\mathrm{i}\lambda^2 + \mathrm{i}(|q_1|^4 + |q_2|^4){\rho_1}^2 + \frac{1}{2}q_1\rho_1(q_1^*)_t + \frac{1}{2}q_2\rho_1(q_2^*)_t - \frac{1}{2}\rho_1(q_1)_t q_1^* \\
& -\frac{1}{2}\rho_1(q_2)_t q_2^* + 2\mathrm{i}|q_1|^2|q_2|^2{\rho_1}^2, \quad V_{12} = 2\lambda q_1 + \rho_1\Upsilon q_1 + \mathrm{i}(q_1)_t,
\end{aligned}$$

$$V_{13} = 2\lambda q_2 + \rho_1\Upsilon q_2 + \mathrm{i}(q_2)_t, \quad \Upsilon = |q_1|^2 + |q_2|^2.$$

作规范变换

$$\Psi[1] = D\Psi, \tag{4.72}$$

它能把 Lax 对 (4.69) 映成相同形式的 Lax 对, 即

$$\Psi[1]_t = U^{[1]}\Psi[1], \quad \Psi[1]_z = V^{[1]}\Psi[1], \tag{4.73}$$

其中 $U^{[1]}$, $V^{[1]}$ 与 U, V 相同的形式, 且有

$$U^{[1]} = (D_x + DU)D^{-1}, \quad V^{[1]} = (D_t + DV)D^{-1}. \tag{4.74}$$

定义 Darboux 阵

$$D = \begin{pmatrix} A & 0 & 0 \\ 0 & B & 0 \\ 0 & 0 & C \end{pmatrix}(\lambda I - H\Lambda H^{-1}), \tag{4.75}$$

其中

$$I = \begin{pmatrix} 1 & 0 & 0 \\ 0 & 1 & 0 \\ 0 & 0 & 1 \end{pmatrix}, \quad H = \begin{pmatrix} \psi_1^{(1)} & \psi_2^{(1)^*} & \psi_3^{(1)^*} \\ \psi_2^{(1)} & -\psi_1^{(1)^*} & 0 \\ \psi_3^{(1)} & 0 & -\psi_1^{(1)^*} \end{pmatrix}, \quad \Lambda = \begin{pmatrix} \lambda_1 & 0 & 0 \\ 0 & \lambda_1^* & 0 \\ 0 & 0 & \lambda_1^* \end{pmatrix},$$

$$A = A_0^{(1)} \exp\left[\int 2\mathrm{i}\rho_1 \mathrm{Im}(\lambda_1)\Delta(|\psi_1^{(1)}|^2 + |\psi_2^{(1)}|^2 + |\psi_3^{(1)}|^2)^{-2} dt\right],$$

$$B = B_0^{(1)} \exp\left[-\int 2\mathrm{i}\rho_1 \mathrm{Im}(\lambda_1)\Delta(|\psi_1^{(1)}|^2 + |\psi_2^{(1)}|^2 + |\psi_3^{(1)}|^2)^{-2} dt\right],$$

$$C = C_0^{(1)} \exp\left[-\int 2\mathrm{i}\rho_1 \mathrm{Im}(\lambda_1)\Delta(|\psi_1^{(1)}|^2 + |\psi_2^{(1)}|^2 + |\psi_3^{(1)}|^2)^{-2} dt\right],$$

$$\tag{4.76}$$

这里

$$\Delta = (q_1 \psi_2^{(1)} \psi_1^{(1)^*} + q_2 \psi_3^{(1)} \psi_1^{(1)^*} + \psi_1^{(1)} \psi_2^{(1)^*} q_1^* + \psi_1^{(1)} \psi_3^{(1)^*} q_2^*)(|\psi_1^{(1)}|^2$$
$$+ |\psi_2^{(1)}|^2 + |\psi_3^{(1)}|^2) + 4|\psi_1^{(1)}|^2 \mathrm{Im}(\lambda_1)(|\psi_2^{(1)}|^2 + |\psi_3^{(1)}|^2),$$

且当 $q_1 = q_1[0]$, $q_2 = q_2[0]$, $\lambda = \lambda_1$ 时, $\Psi_1 = (\psi_1^{(1)}, \psi_2^{(1)}, \psi_3^{(1)})^{\mathrm{T}}$ 是 Lax 对 (4.69) 的解. $\psi_1^{(1)^*}$, $\psi_2^{(1)^*}$, $\psi_3^{(1)^*}$ 和 λ_1^* 分别表示 $\psi_1^{(1)}$, $\psi_2^{(1)}$, $\psi_3^{(1)}$ 和 λ_1 的复共轭.

$A_0^{(1)}$, $B_0^{(1)}$ 和 $C_0^{(1)}$ 是积分常数. 在 Darboux 阵 D (4.72) 作用下, 得初等 Darboux 变换

$$\Psi_1[0] = D[0]\Psi_1,$$
$$q_1[1] = \frac{A[1]}{B[1]}\left(q_1[0] + \frac{4\mathrm{Im}(\lambda_1)\psi_1^{(1)}[0]\psi_2^{(1)^*}[0]}{|\psi_1^{(1)}[0]|^2 + |\psi_2^{(1)}[0]|^2 + |\psi_3^{(1)}[0]|^2}\right),$$
$$q_2[1] = \frac{A[1]}{C[1]}\left(q_2[0] + \frac{4\mathrm{Im}(\lambda_1)\psi_1^{(1)}[0]\psi_3^{(1)^*}[0]}{|\psi_1^{(1)}[0]|^2 + |\psi_2^{(1)}[0]|^2 + |\psi_3^{(1)}[0]|^2}\right),$$

$$\tag{4.77}$$

且 $D[1] = \lambda_2 I - H[0]\Lambda[1]H[0]^{-1}$, 其中

$$D[0] = I, \quad H[0] = \begin{pmatrix} \psi_1^{(1)}[0] & \psi_2^{(1)^*}[0] & \psi_3^{(1)^*}[0] \\ \psi_2^{(1)}[0] & -\psi_1^{(1)^*}[0] & 0 \\ \psi_3^{(1)}[0] & 0 & -\psi_1^{(1)^*}[0] \end{pmatrix}, \quad \Lambda[1] = \begin{pmatrix} \lambda_1 & 0 & 0 \\ 0 & \lambda_1^* & 0 \\ 0 & 0 & \lambda_1^* \end{pmatrix},$$

$$A[1] = A_0^{(1)} \exp\left[\int 2\mathrm{i}\rho_1 \mathrm{Im}(\lambda_1)\Delta_1(|\psi_1^{(1)}[0]|^2 + |\psi_2^{(1)}[0]|^2 + |\psi_3^{(1)}[0]|^2)^{-2} dt\right],$$

$$B[1] = B_0^{(1)} \exp\left[-\int 2\mathrm{i}\rho_1 \mathrm{Im}(\lambda_1)\Delta_1(|\psi_1^{(1)}[0]|^2 + |\psi_2^{(1)}[0]|^2 + |\psi_3^{(1)}[0]|^2)^{-2} dt\right],$$

$$C[1] = C_0^{(1)} \exp\left[-\int 2\mathrm{i}\rho_1 \mathrm{Im}(\lambda_1)\Delta_1(|\psi_1^{(1)}[0]|^2 + |\psi_2^{(1)}[0]|^2 + |\psi_3^{(1)}[0]|^2)^{-2} dt\right],$$

$$\Delta_1 = (q_1[0]\psi_2^{(1)}[0]\psi_1^{(1)^*} + q_2[0]\psi_3^{(1)}\psi_1^{(1)^*} + \psi_1^{(1)}\psi_2^{(1)^*}q_1^*[0] + \psi_1^{(1)}\psi_3^{(1)^*}q_2^*[0])(|\psi_1^{(1)}[0]|^2$$
$$+ |\psi_2^{(1)}[0]|^2 + |\psi_3^{(1)}[0]|^2) + 4|\psi_1^{(1)}[0]|^2\mathrm{Im}(\lambda_1)(|\psi_2^{(1)}[0]|^2 + |\psi_3^{(1)}[0]|^2),$$
$$\Psi_1[0] = (\psi_1[0], \psi_2[0], \psi_3[0])^{\mathrm{T}} = (\psi_1, \psi_2, \psi_3)^{\mathrm{T}} = \Psi_1.$$

$$(4.78)$$

如果当 $\lambda = \lambda_k$ $(k = 1, 2, \cdots, N)$ 时, Lax 对 (4.69) 有 N 个不同的解 $\Psi_k = (\psi_1^{(k)}, \psi_2^{(k)}, \psi_3^{(k)})^{\mathrm{T}}$ $(k = 1, 2, \cdots, N)$, 则迭代 Darboux 变换 N 次后, 得

$$\Psi_N[N-1] = D[N-1]D[N-2]\cdots D[1]D[0]\Psi_N,$$
$$q_1[N] = \frac{A[N]}{B[N]}\left(q_1[0] + \sum_{i=1}^{N} \frac{4\mathrm{Im}(\lambda_1)\psi_1^{(i)}[i-1]\psi_2^{(i)^*}[i-1]}{\left|\psi_1^{(i)}[i-1]\right|^2 + \left|\psi_2^{(i)}[i-1]\right|^2 + \left|\psi_3^{(i)}[i-1]\right|^2}\right),$$

$$(4.79)$$

$$q_2[N] = \frac{A[N]}{C[N]}\left(q_2[0] + \sum_{i=1}^{N} \frac{4\mathrm{Im}(\lambda_1)\psi_1^{(i)}[i-1]\psi_3^{(i)^*}[i-1]}{\left|\psi_1^{(i)}[i-1]\right|^2 + \left|\psi_2^{(i)}[i-1]\right|^2 + \left|\psi_3^{(i)}[i-1]\right|^2}\right),$$

且 $D[i] = \lambda_{i+1}I - H[i-1]\Lambda[i]H[i-1]^{-1}$ $(i = 1, 2, 3, \cdots, N)$, 其中

$$H[i-1] = \begin{pmatrix} \psi_1^{(i)}[i-1] & \psi_2^{(i)^*}[i-1] & \psi_3^{(i)^*}[i-1] \\ \psi_2^{(i)}[i-1] & -\psi_1^{(i)^*}[i-1] & 0 \\ \psi_3^{(i)}[i-1] & 0 & -\psi_1^{(i)^*}[i-1] \end{pmatrix}, \quad \Lambda[i] = \begin{pmatrix} \lambda_i & 0 & 0 \\ 0 & \lambda_i^* & 0 \\ 0 & 0 & \lambda_i^* \end{pmatrix}$$

$$A[i] = A_0^{(i)}\exp\left[\int 2\mathrm{i}\rho_1\mathrm{Im}(\lambda_i)\Delta_i(|\psi_1^{(i)}[i-1]|^2 + |\psi_2^{(i)}[i-1]|^2 + |\psi_3^{(i)}[i-1]|^2)^{-2}dt\right],$$
$$B[i] = B_0^{(i)}\exp\left[-\int 2\mathrm{i}\rho_1\mathrm{Im}(\lambda_i)\Delta_i(|\psi_1^{(i)}[i-1]|^2 + |\psi_2^{(i)}[i-1]|^2 + |\psi_3^{(i)}[i-1]|^2)^{-2}dt\right],$$
$$C[i] = C_0^{(i)}\exp\left[-\int 2\mathrm{i}\rho_1\mathrm{Im}(\lambda_i)\Delta_i(|\psi_1^{(i)}[i-1]|^2 + |\psi_2^{(i)}[i-1]|^2 + |\psi_3^{(i)}[i-1]|^2)^{-2}dt\right],$$

$$(4.80)$$

$$\Delta_i = (q_1[i-1]\psi_2^{(i)}[i-1]\psi_1^{(i)^*}[i-1] + q_2[i-1]\psi_3^{(i)}[i-1]\psi_1^{(i)^*} + \psi_1^{(i)}[i-1]$$
$$\times\psi_2^{(i)^*}[i-1]q_1^*[i-1] + \psi_1^{(i)}[i-1]\psi_3^{(i)^*}[i-1]q_2^*[i-1])(|\psi_1^{(i)}[i-1]|^2$$
$$+ |\psi_2^{(i)}[i-1]|^2 + |\psi_3^{(i)}[i-1]|^2) + 4|\psi_1^{(i)}[i-1]|^2\mathrm{Im}(\lambda_1)(|\psi_2^{(i)}[i-1]|^2$$
$$+ |\psi_3^{(i)}[i-1]|^2),$$
$$\Psi_i[i-1] = (D[i-1]D[i-2]\cdots D[1]D[0])|_{\lambda=\lambda_i}\Psi_i \quad (i = 1, 2, \cdots, N).$$

不失一般性, 下面取积分常数为 $A_0^{(i)} = B_0^{(i)} = C_0^{(i)} = 1$ $(i = 1, 2, \cdots, N)$.

根据初等 Darboux 变换, 将其改写成广义 Darboux 变换. 令

$$\Psi = \Psi_1(\lambda_1, \varepsilon) \tag{4.81}$$

是 Lax 对 (4.69) 的特解. ε 是小参数. 将 Ψ 展成 Taylor 级数

$$\Psi = \Psi_1^{[0]} + \Psi_1^{[1]}\varepsilon + \Psi_1^{[2]}\varepsilon^2 + \cdots + \Psi_1^{[N]}\varepsilon^N + \cdots, \tag{4.82}$$

其中 $\Psi_1^{[k]} = \dfrac{1}{k!}\dfrac{\partial^k}{\partial\lambda^k}\Psi_1(\lambda)|_{\lambda=\lambda_1}$ $(k = 0, 1, 2, \cdots)$.

(1) 0 阶广义 Darboux 变换. 显然当 $q_1 = q_1[0]$, $q_2 = q_2[0]$ 和 $\lambda = \lambda_1$ 时, $\Psi_1^{[0]}$ 是 Lax 对 (4.69) 的解. 0 阶广义 Darboux 变换为

$$\begin{aligned}
\Psi_1[0] &= D[0]\Psi_1^{[0]}, \\
q_1[1] &= \frac{A^{[1]}}{B^{[1]}}\left(q_1[0] + \frac{4\mathrm{Im}(\lambda_1)\psi_1^{(1)[0]}\psi_2^{(1)[0]^*}}{|\psi_1^{(1)[0]}|^2 + |\psi_2^{(1)[0]}|^2 + |\psi_3^{(1)[0]}|^2}\right), \\
q_2[1] &= \frac{A^{[1]}}{C^{[1]}}\left(q_2[0] + \frac{4\mathrm{Im}(\lambda_1)\psi_1^{(1)[0]}\psi_3^{(1)[0]^*}}{|\psi_1^{(1)[0]}|^2 + |\psi_2^{(1)[0]}|^2 + |\psi_3^{(1)[0]}|^2}\right),
\end{aligned} \tag{4.83}$$

且 $D_1^{[1]} = \lambda_1 I - H_1^{[0]}\Lambda[1]H_1^{[0]^{-1}}$, 其中

$$H_1^{[0]} = \begin{pmatrix} \psi_1^{(1)[0]} & \psi_2^{(1)[0]^*} & \psi_3^{(1)[0]^*} \\ \psi_2^{(1)[0]} & -\psi_1^{(1)[0]^*} & 0 \\ \psi_3^{(1)[0]} & 0 & -\psi_1^{(1)[0]^*} \end{pmatrix}, \tag{4.84}$$

$$\begin{aligned}
A^{[1]} &= \exp\left[\int 2\mathrm{i}\rho_1\mathrm{Im}(\lambda_1)\Delta_1(|\psi_1^{(1)[0]}|^2 + |\psi_2^{(1)[0]}|^2 + |\psi_3^{(1)[0]}|^2)^{-2}dt\right], \\
B^{[1]} &= \exp\left[-\int 2\mathrm{i}\rho_1\mathrm{Im}(\lambda_1)\Delta_1(|\psi_1^{(1)[0]}|^2 + |\psi_2^{(1)[0]}|^2 + |\psi_3^{(1)[0]}|^2)^{-2}dt\right], \\
C^{[1]} &= \exp\left[-\int 2\mathrm{i}\rho_1\mathrm{Im}(\lambda_1)\Delta_1(|\psi_1^{(1)[0]}|^2 + |\psi_2^{(1)[0]}|^2 + |\psi_3^{(1)[0]}|^2)^{-2}dt\right], \\
\Delta_1 &= (q_1[0]\psi_2^{(1)[0]}\psi_1^{(1)[0]^*} + q_2[0]\psi_3^{(1)[0]}\psi_1^{(1)[0]^*} + \psi_1^{(1)[0]}\psi_2^{(1)[0]^*}q_1^*[0] \\
&\quad + \psi_1^{(1)[0]}\psi_3^{(1)[0]^*}q_2^*[0])(|\psi_1^{(1)[0]}|^2 + |\psi_2^{(1)[0]}|^2 + |\psi_3^{(1)[0]}|^2) \\
&\quad + 4|\psi_1^{(1)[0]}|^2\mathrm{Im}(\lambda_1)(|\psi_2^{(1)[0]}|^2 + |\psi_3^{(1)[0]}|^2), \\
\Psi_1[0] &= (\psi_1^{(1)[0]}, \psi_2^{(1)[0]}, \psi_3^{(1)[0]})^{\mathrm{T}}.
\end{aligned}$$

(2) 1 阶广义 Darboux 变换. 通过极限

$$\lim_{\varepsilon\to 0}\frac{\left[D_1^{[1]}|_{\lambda=\lambda_1+\varepsilon}\right]\Psi}{\varepsilon} = \lim_{\varepsilon\to 0}\frac{\left[\varepsilon + D_1^{[1]}|_{\lambda=\lambda_1}\right]\Psi}{\varepsilon} = \Psi_1^{[0]} + D_1^{[1]}\Psi_1^{[1]} \equiv \Psi_1[1], \quad (4.85)$$

它是当 $q_1 = q_1[1]$, $q_2 = q_2[1]$ 和 $\lambda = \lambda_1$ 时, Lax 对 (4.69) 的解. 由此可得 1 阶广义

Darboux 变换

$$\Psi_1[1] = \Psi_1^{[0]} + D_1^{[1]}\Psi_1^{[1]},$$

$$q_1[2] = \frac{A^{[2]}}{B^{[2]}}\left(q_1[1] + \frac{4\mathrm{Im}(\lambda_1)\psi_1^{(1)}[1]\psi_2^{(1)^*}[1]}{|\psi_1^{(1)}[1]|^2 + |\psi_2^{(1)}[1]|^2 + |\psi_3^{(1)}[1]|^2}\right),$$

$$\tag{4.86}$$

$$q_2[2] = \frac{A^{[2]}}{C^{[2]}}\left(q_2[1] + \frac{4\mathrm{Im}(\lambda_1)\psi_1^{(1)}[1]\psi_3^{(1)^*}[1]}{|\psi_1^{(1)}[1]|^2 + |\psi_2^{(1)}[1]|^2 + |\psi_3^{(1)}[1]|^2}\right),$$

且 $D_1^{[2]} = \lambda_1 I - H_1[1]\Lambda[1]H_1[1]^{-1}$, 其中

$$H[1] = \begin{pmatrix} \psi_1^{(1)}[1] & \psi_2^{(1)^*}[1] & \psi_3^{(1)^*}[1] \\ \psi_2^{(1)}[1] & -\psi_1^{(1)^*}[1] & 0 \\ \psi_3^{(1)}[1] & 0 & -\psi_1^{(1)^*}[1] \end{pmatrix},$$

$$A^{[2]} = \exp\left[\int 2\mathrm{i}\rho_1\mathrm{Im}(\lambda_1)\Delta_2(|\psi_1^{(1)}[1]|^2 + |\psi_2^{(1)}[1]|^2 + |\psi_3^{(1)}[1]|^2)^{-2}dt\right], \tag{4.87}$$

$$B^{[2]} = \exp\left[-\int 2\mathrm{i}\rho_1\mathrm{Im}(\lambda_1)\Delta_2(|\psi_1^{(1)}[1]|^2 + |\psi_2^{(1)}[1]|^2 + |\psi_3^{(1)}[1]|^2)^{-2}dt\right],$$

$$C^{[2]} = \exp\left[-\int 2\mathrm{i}\rho_1\mathrm{Im}(\lambda_1)\Delta_2(|\psi_1^{(1)}[1]|^2 + |\psi_2^{(1)}[1]|^2 + |\psi_3^{(1)}[1]|^2)^{-2}dt\right],$$

$$\begin{aligned}\Delta_2 = &\, (q_1[1]\psi_2^{(1)}[1]\psi_1^{(1)^*}[1] + q_2[1]\psi_3^{(1)}[1]\psi_1^{(1)^*}[1] + \psi_1^{(1)}[1]\psi_2^{(1)^*}[1]q_1^*[1] \\ &+ \psi_1^{(1)}[1]\psi_3^{(1)^*}[1]q_2^*[1])(|\psi_1^{(1)}[1]|^2 + |\psi_2^{(1)}[1]|^2 + |\psi_3^{(1)}[1]|^2) \\ &+ 4|\psi_1^{(1)}[1]|^2\mathrm{Im}(\lambda_1)(|\psi_2^{(1)}[1]|^2 + |\psi_3^{(1)}[1]|^2),\end{aligned}$$

$$\Psi_1[1] = (\psi_1^{(1)}[1], \psi_2^{(1)}[1], \psi_3^{(1)}[1])^{\mathrm{T}}.$$

(3) 2 阶广义 Darboux 变换. 类似, 由极限得

$$\lim_{\varepsilon\to 0}\frac{[\varepsilon + D_1^{[2]}(\xi_1)][\varepsilon + D_1^{[1]}(\lambda_1)]\Psi}{\varepsilon^2} = \Psi_1^{[0]} + \left[D_1^{[1]} + D_1^{[2]}\right]\Psi_1^{[1]} + D_1^{[2]}D_1^{[1]}\Psi_1^{[2]} \equiv \Psi_1[2] \tag{4.88}$$

是当 $q_1 = q_1[2]$, $q_2 = q_2[2]$ 和 $\lambda = \lambda_1$ 时, Lax 对 (4.69) 的非平凡解. 所以 2 阶广义 Darboux 变换为

$$\Psi_1[2] = \Psi_1^{[0]} + \left[D_1^{[1]} + D_1^{[2]}\right]\Psi_1^{[1]} + D_1^{[2]}D_1^{[1]}\Psi_1^{[2]},$$

$$q_1[3] = \frac{A^{[3]}}{B^{[3]}}\left(q_1[2] + \frac{4\mathrm{Im}(\lambda_1)\psi_1^{(1)}[2]\psi_2^{(1)^*}[2]}{|\psi_1^{(1)}[2]|^2 + |\psi_2^{(1)}[2]|^2 + |\psi_3^{(1)}[2]|^2}\right),$$

$$\tag{4.89}$$

$$q_2[3] = \frac{A^{[3]}}{C^{[3]}}\left(q_2[2] + \frac{4\mathrm{Im}(\lambda_1)\psi_1^{(1)}[2]\psi_3^{(1)^*}[2]}{|\psi_1^{(1)}[2]|^2 + |\psi_2^{(1)}[2]|^2 + |\psi_3^{(1)}[2]|^2}\right),$$

且 $D_1^{[3]} = \lambda_1 I - H_1[2]\Lambda[1]H_1[2]^{-1}$, 其中

$$H_1[2] = \begin{pmatrix} \psi_1^{(1)}[2] & \psi_2^{(1)^*}[2] & \psi_3^{(1)^*}[2] \\ \psi_2^{(1)}[2] & \psi_1^{(1)^*}[2] & 0 \\ \psi_3^{(1)}[2] & 0 & -\psi_1^{(1)^*}[2] \end{pmatrix},$$

$$A^{[3]} = \exp\left[\int 2\mathrm{i}\rho_1\mathrm{Im}(\lambda_1)\Delta_3(|\psi_1^{(1)}[2]|^2 + |\psi_2^{(1)}[2]|^2 + |\psi_3^{(1)}[2]|^2)^{-2}dt\right],$$

$$B^{[3]} = \exp\left[-\int 2\mathrm{i}\rho_1\mathrm{Im}(\lambda_1)\Delta_3(|\psi_1^{(1)}[2]|^2 + |\psi_2^{(1)}[2]|^2 + |\psi_3^{(1)}[2]|^2)^{-2}dt\right],$$

$$C^{[3]} = \exp\left[-\int 2\mathrm{i}\rho_1\mathrm{Im}(\lambda_1)\Delta_3(|\psi_1^{(1)}[2]|^2 + |\psi_2^{(1)}[2]|^2 + |\psi_3^{(1)}[2]|^2)^{-2}dt\right], \qquad (4.90)$$

$$\Delta_3 = (q_1[2]\psi_2^{(1)}[2]\psi_1^{(1)^*}[2] + q_2[2]\psi_3^{(1)}[2]\psi_1^{(1)^*}[2] + \psi_1^{(1)}[2]\psi_2^{(1)^*}[2]q_1^*[2]$$
$$+ \psi_1^{(1)}[2]\psi_3^{(1)^*}[2]q_2^*[1])(|\psi_1^{(1)}[2]|^2 + |\psi_2^{(1)}[2]|^2 + |\psi_3^{(1)}[2]|^2)$$
$$+ 4|\psi_1^{(1)}[2]|^2\mathrm{Im}(\lambda_1)(|\psi_2^{(1)}[2]|^2 + |\psi_3^{(1)}[2]|^2),$$

$$\Psi_1[2] = (\psi_1^{(1)}[2], \psi_2^{(1)}[2], \psi_3^{(1)}[2])^{\mathrm{T}}.$$

(4) $(N-1)$ 阶 Darboux 变换. 继续上述步骤, 有 $(N-1)$ 阶广义 Darboux 变换
为

$$\Psi_1[N-1] = \Psi_1^{[0]} + \left[\sum_{l=1}^{N-1}D_1^{[l]}\right]\Psi_1^{[1]} + \left[\sum_{l=1}^{k}\sum_{l<k}^{N-1}D_1^{[k]}D_1^{[l]}\right]\Psi_1^{[2]}$$
$$+ \cdots + \left[D_1^{[N-1]}D_1^{[N-2]}\cdots D_1^{[1]}\right]\Psi_1^{[N]},$$

$$q_1[N] = \frac{A^{[N]}}{B^{[N]}}\left(q_1[N-1] + \frac{4\mathrm{Im}(\lambda_1)\psi_1^{(1)}[N-1]\psi_2^{(1)^*}[N-1]}{|\psi_1^{(1)}[N-1]|^2 + |\psi_2^{(1)}[N-1]|^2 + |\psi_3^{(1)}[N-1]|^2}\right),$$

$$q_2[N] = \frac{A^{[N]}}{C^{[N]}}\left(q_2[N-1] + \frac{4\mathrm{Im}(\lambda_1)\psi_1^{(1)}[N-1]\psi_3^{(1)^*}[N-1]}{|\psi_1^{(1)}[N-1]|^2 + |\psi_2^{(1)}[N-1]|^2 + |\psi_3^{(1)}[N-1]|^2}\right),$$

$$\qquad (4.91)$$

且 $D_1^{[k]} = \lambda_1 I - H_1[k-1]\Lambda[1]H_1[k-1]^{-1}$, 其中

$$H_1[k-1] = \begin{pmatrix} \psi_1^{(1)}[k-1] & \psi_2^{(1)^*}[k-1] & \psi_3^{(1)^*}[k-1] \\ \psi_2^{(1)}[k-1] & -\psi_1^{(1)^*}[k-1] & 0 \\ \psi_3^{(1)}[k-1] & 0 & -\psi_1^{(1)^*}[k-1] \end{pmatrix},$$

$$A^{[k]} = \exp\left[\int 2\mathrm{i}\rho_1 \mathrm{Im}(\lambda_1)\Delta_k(|\psi_1^{(1)}[k-1]|^2 + |\psi_2^{(1)}[k-1]|^2 + |\psi_3^{(1)}[k-1]|^2)^{-2}dt\right],$$

$$B^{[k]} = \exp\left[-\int 2\mathrm{i}\rho_1 \mathrm{Im}(\lambda_1)\Delta_k(|\psi_1^{(1)}[k-1]|^2 + |\psi_2^{(1)}[k-1]|^2 + |\psi_3^{(1)}[k-1]|^2)^{-2}dt\right],$$

$$C^{[k]} = \exp\left[-\int 2\mathrm{i}\rho_1 \mathrm{Im}(\lambda_1)\Delta_k(|\psi_1^{(1)}[k-1]|^2 + |\psi_2^{(1)}[k-1]|^2 + |\psi_3^{(1)}[k-1]|^2)^{-2}dt\right],$$

$$\begin{aligned}
\Delta_k &= (q_1[k-1]\psi_2^{(1)}[k-1]\psi_1^{(1)^*}[k-1] + q_2[k-1]\psi_3^{(1)}[k-1]\psi_1^{(1)^*}[k-1] \\
&\quad + \psi_1^{(1)}[k-1]\psi_2^{(1)^*}[k-1]q_1^*[k-1] + \psi_1^{(1)}[k-1]\psi_3^{(1)^*}[k-1]q_2^*[k-1]) \\
&\quad \times (|\psi_1^{(1)}[k-1]|^2 + |\psi_2^{(1)}[k-1]|^2 + |\psi_3^{(1)}[k-1]|^2) \\
&\quad + 4|\psi_1^{(1)}[k-1]|^2 \mathrm{Im}(\lambda_1)(|\psi_2^{(1)}[k-1]|^2 + |\psi_3^{(1)}[k-1]|^2),
\end{aligned}$$

$$\Psi_1[k-1] = (\psi_1^{(1)}[k-1], \psi_2^{(1)}[k-1], \psi_3^{(1)}[k-1])^{\mathrm{T}} \quad (k = 1, 2, \cdots, N).$$
$$\tag{4.92}$$

(4.91) 和 (4.92) 给出了 $(N-1)$ 阶广义 Darboux 变换的递推公式, 由此可以获得高阶怪波解.

令 $q_1[0] = \delta_1 e^{\mathrm{i}\theta}, q_2[0] = \delta_2 e^{\mathrm{i}\theta}, \theta = at + (-a^2 + (\delta_1^2 + \delta_2^2)(2 + \rho_1(\delta_1^2 + \delta_2^2)))z$, 其中 δ_1, δ_2 和 a 是实常数. 当 $\lambda = \varepsilon^2 + \dfrac{1}{2}(-a - 2\sqrt{-\delta_1^2 - \delta_2^2} + \rho_1(\delta_1^2 + \delta_2^2))$ 时, Lax 对 (4.69) 的解为

$$\Psi_1(\varepsilon) = \begin{pmatrix} (C_1 e^{\eta} + C_2 e^{-\eta})\, e^{\frac{\mathrm{i}\theta}{2}} \\ (C_3 e^{\eta} + C_4 e^{-\eta})\, e^{-\frac{\mathrm{i}\theta}{2}} \\ (C_5 e^{\eta} + C_6 e^{-\eta})\, e^{-\frac{\mathrm{i}\theta}{2}} \end{pmatrix}, \tag{4.93}$$

其中

$$C_1 = \sqrt{\frac{\mathrm{i}(a + 2\lambda - \rho_1(\delta_1^2 + \delta_2^2)) - 2\mu}{2\delta_1}}, \quad C_2 = \sqrt{\frac{\mathrm{i}(a + 2\lambda - \rho_1(\delta_1^2 + \delta_2^2)) + 2\mu}{2\delta_1}},$$

$$C_3 = \delta_1\sqrt{\frac{\mathrm{i}(a + 2\lambda - \rho_1(\delta_1^2 + \delta_2^2)) + 2\mu}{2\delta_1(\delta_1^2 + \delta_2^2)}}, \quad C_4 = \delta_1\sqrt{\frac{\mathrm{i}(a + 2\lambda - \rho_1(\delta_1^2 + \delta_2^2)) - 2\mu}{2\delta_1(\delta_1^2 + \delta_2^2)}},$$

$$C_5 = \delta_2\sqrt{\frac{\mathrm{i}(a + 2\lambda - \rho_1(\delta_1^2 + \delta_2^2)) + 2\mu}{2\delta_1(\delta_1^2 + \delta_2^2)}}, \quad C_6 = \delta_2\sqrt{\frac{\mathrm{i}(a + 2\lambda - \rho_1(\delta_1^2 + \delta_2^2)) - 2\mu}{2\delta_1(\delta_1^2 + \delta_2^2)}},$$

$$\mu = \frac{1}{2}\sqrt{-4(\delta_1^2 + \delta_2^2) - (a + 2\lambda - \rho_1^2(\delta_1^2 + \delta_2^2))^2}, \quad c = -a + 2\lambda + \rho_1(\delta_1^2 + \delta_2^2),$$

$$\eta = \mu(t + cz + \Omega(\varepsilon)), \quad \Omega(\varepsilon) = \sum_{j=1}^{N}(b_j + \mathrm{i}c_j)\varepsilon^{2j} \quad (b_j, c_j \in \mathbb{R}),$$

且 $b_j, c_j\ (j = 1, 2, \cdots, N)$ 是自由常数, ε 是小参数.

令 $\lambda_1 = \varepsilon^2 + \dfrac{1}{2}(-a - 2\sqrt{-\delta_1^2 - \delta_2^2} + \rho_1(\delta_1^2 + \delta_2^2))$, 把 $\Psi_1(\varepsilon)$ 在 $\varepsilon = 0$ 处展成

Taylor 级数

$$\Psi_1(\varepsilon) = \Psi_1^{[0]} + \Psi_1^{[1]}\varepsilon^2 + \Psi_1^{[2]}\varepsilon^4 + \Psi_1^{[3]}\varepsilon^6 + \cdots, \tag{4.94}$$

其中

$$\Psi_1^{[0]} = \begin{pmatrix} \psi_1^{(1)[0]} \\ \psi_2^{(1)[0]} \\ \psi_3^{(1)[0]} \end{pmatrix}, \quad \Psi_1^{[1]} = \begin{pmatrix} \psi_1^{(1)[1]} \\ \psi_2^{(1)[1]} \\ \psi_3^{(1)[1]} \end{pmatrix}, \quad \Psi_1^{[2]} = \begin{pmatrix} \psi_1^{(1)[2]} \\ \psi_2^{(1)[2]} \\ \psi_3^{(1)[2]} \end{pmatrix}, \quad \Psi_1^{[3]} = \begin{pmatrix} \psi_1^{(1)[3]} \\ \psi_2^{(1)[3]} \\ \psi_3^{(1)[3]} \end{pmatrix}, \cdots, \tag{4.95}$$

且 $\left(\psi_1^{(1)[i-1]}, \psi_2^{(1)[i-1]}, \psi_3^{(1)[i-1]}\right)^{\mathrm{T}}$ $(i=1,2,3,4)$ 在附录 D 中给出.

显然, 当 $q_1[0] = \delta_1 e^{i\theta}, q_2[0] = \delta_2 e^{i\theta}, \theta = at + (-a^2 + (\delta_1^2 + \delta_2^2)(2 + \rho_1(\delta_1^2 + \delta_2^2)))z$ 和 $\lambda_1 = \frac{1}{2}(-a - 2\sqrt{-\delta_1^2 - \delta_2^2} + \rho_1(\delta_1^2 + \delta_2^2))$ 时, $\Psi_1^{[0]}$ 是 Lax 对 (4.69) 的解.

利用 0 阶广义广义 Darboux 变换, 当 $\delta_1 = 3$ 和 $\delta_2 = 4$ 时, 把 $q_1[0] = \delta_1 e^{i\theta}, q_2[0] = \delta_2 e^{i\theta}$, $\theta = at + (-a^2 + (\delta_1^2 + \delta_2^2)(2 + \rho_1(\delta_1^2 + \delta_2^2)))z$, $\lambda_1 = \frac{1}{2}(-a - 2\sqrt{-\delta_1^2 - \delta_2^2} + \rho_1(\delta_1^2 + \delta_2^2))$, $\Psi_1^{[0]}$ 代入方程 (4.83), 得方程 (4.68) 的解

$$q_1[1] = -3ie^{i\xi_1}, \quad q_2[1] = -4ie^{i\xi_1}, \tag{4.96}$$

且

$$D_1^{[1]} = \begin{pmatrix} -5i & 3ie^{i\xi_1} & 4ie^{i\xi_1} \\ 3ie^{-i\xi_1} & -\dfrac{41i}{5} & \dfrac{12i}{5} \\ 4ie^{-i\xi_1} & \dfrac{12i}{5} & -\dfrac{34i}{5} \end{pmatrix}, \tag{4.97}$$

其中 $\xi_1 = at + (-a^2 + 25(2 + 25\rho_1^2))z$, $A^{[1]} = B^{[1]} = C^{[1]} = 1$.

当 $\lambda_1 = \frac{1}{2}(-a - 2\sqrt{-\delta_1^2 - \delta_2^2} + \rho_1(\delta_1^2 + \delta_2^2))$, $\delta_1 = 3$, $\delta_2 = 4$ 时, 利用 1 阶广义 Darboux 变换 (4.85) 和 (4.86) 得 1 阶怪波解

$$q_1[2] = 3e^{i\chi}\left(1 + \frac{R_1 + iI_1}{H_1}\right), \quad q_2[2] = 4e^{i\chi}\left(1 + \frac{R_1 + iI_1}{II_1}\right), \tag{4.98}$$

和

$$\begin{aligned} A^{[2]} &= \exp\left[-\frac{100i(-t + 2(a - 25\rho_1)z)\rho_1}{H_1}\right], \\ B^{[2]} &= C^{[2]} = \exp\left[\frac{100i(-t + 2(a - 25\rho_1)z)\rho_1}{H_1}\right], \end{aligned} \tag{4.99}$$

其中

$$R_1 = -4, \ I_1 = -400z,$$
$$\chi = at + (-a^2 + 25(2 + 25\rho_1^2))z + \frac{200\rho_1(t + (-2a + 50\rho_1)z)}{H_1},$$
$$H_1 = 1 + 100t^2 - 400tz(a - 25\rho_1) + 400(25 + a^2 - 50a\rho_1 + 625\rho_1^2)z^2.$$

图 4.7 中, 一阶怪波聚集在 $(0,0)$ 处. 当固定 $z = 0$ 时, 我们延 t 轴方向观察到 $(|q_1[2](0,t)|, |q_2[2](0,t)|)$ 的变化, 得知 $|q_1[2](z,t)|$ 和 $|q_2[2](z,t)|$ 的最大值处于 $(0,0)$ 处, 最大值分别为 9 和 12 (图 4.7 (b), (d)).

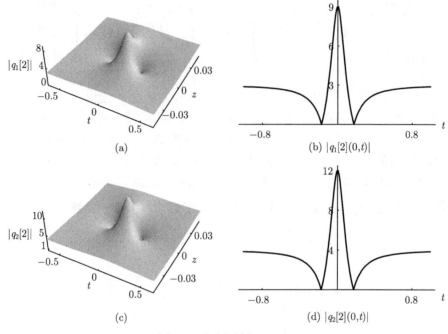

图 4.7　1 阶怪波解 (4.98)

其中 $a = \rho_1 = \dfrac{1}{20}$

利用 2 阶广义 Darboux 变换 (4.89) 和 (4.90) 及 $\lambda_1 = \dfrac{1}{2}(-a - 2\sqrt{-\delta_1^2 - \delta_2^2} + \rho_1(\delta_1^2 + \delta_2^2))$, $\Psi_1^{[2]}$, $\Psi_1^{[0]}$, $\Psi_1^{[1]}$, $\delta_1 = 3$, $\delta_2 = 4$, $a = \rho_1 = \dfrac{1}{20}$, 可得 2 阶怪波解 $(q_1[3], q_2[3])$, 该解在附录 E 中给出. 图 4.8 和图 4.9 给出 2 阶怪波解 $(q_1[3], q_2[3])$.

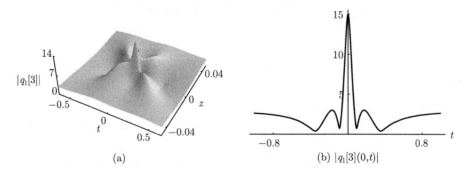

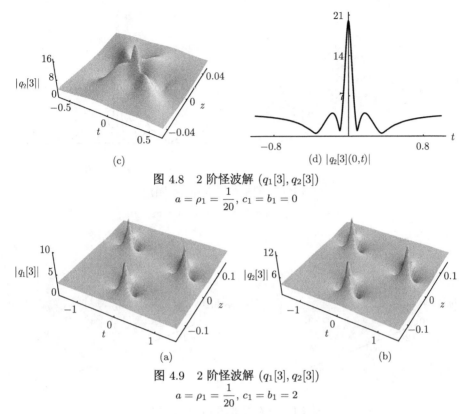

图 4.8 2 阶怪波解 $(q_1[3], q_2[3])$

$$a = \rho_1 = \frac{1}{20}, c_1 = b_1 = 0$$

图 4.9 2 阶怪波解 $(q_1[3], q_2[3])$

$$a = \rho_1 = \frac{1}{20}, c_1 = b_1 = 2$$

当 $N = 4$, $\rho_1 = 0$ 时, 利用 3 阶广义 Darboux 变换 (4.91) 和 (4.92), 得 3 阶怪波解. 图 4.10~图 4.12 中给出了 3 阶怪波解 $(q_1[4], q_2[4])$, 其中包含四个自由参数 b_1, c_1, b_2 和 c_2. 当 $b_1 = c_1 = b_2 = c_2 = 0$ 时, $(q_1[4], q_2[4])$ 的表达式在附录 E 中给出, 图 4.10 描述了它的形状. 在 $(0,0)$ 处, $|q_1[4]|$ 和 $|q_2[4]|$ 分别达到最大值 21 和 28 (图 4.10 (b) 和 (d)). 当 $b_1 = c_1 = 5$, $b_2 = c_2 = 0$ 时, 图 4.11 给出了 3 阶怪波解 $(q_1[4], q_2[4])$ 的形状 (图 4.11 (a) 和 (b)). 当 $b_1 = c_1 = 0$, $b_2 = c_2 = 5$ 时, 图 4.12 给出了 3 阶怪波解 $(q_1[4], q_2[4])$ 的形状 (图 4.12 (a) 和 (b)).

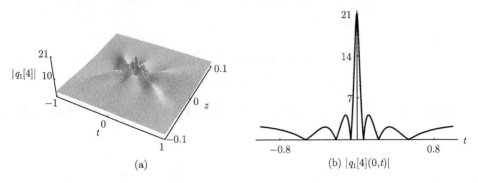

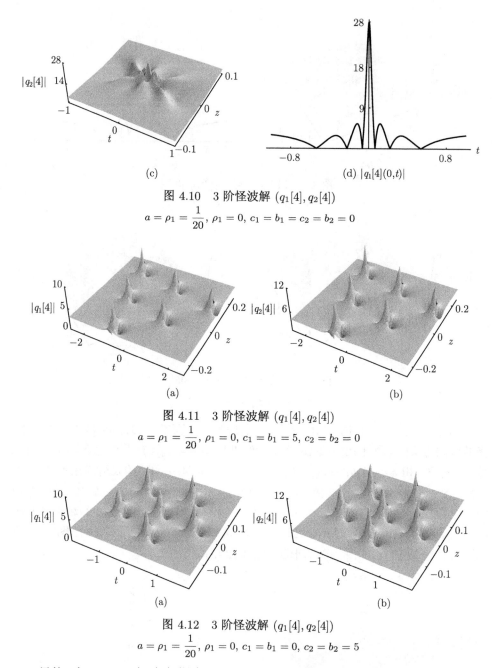

$$\text{(c)}$$

$$\text{(d) } |q_1[4](0,t)|$$

图 4.10　3 阶怪波解 $(q_1[4], q_2[4])$

$$a = \rho_1 = \frac{1}{20},\ \rho_1 = 0,\ c_1 = b_1 = c_2 = b_2 = 0$$

$$\text{(a)} \qquad\qquad\qquad\qquad\qquad \text{(b)}$$

图 4.11　3 阶怪波解 $(q_1[4], q_2[4])$

$$a = \rho_1 = \frac{1}{20},\ \rho_1 = 0,\ c_1 = b_1 = 5,\ c_2 = b_2 = 0$$

$$\text{(a)} \qquad\qquad\qquad\qquad\qquad \text{(b)}$$

图 4.12　3 阶怪波解 $(q_1[4], q_2[4])$

$$a = \rho_1 = \frac{1}{20},\ \rho_1 = 0,\ c_1 = b_1 = 0,\ c_2 = b_2 = 5$$

　　显然, 当 $\rho_1 = 0$ 时, 广义耦合 NLS 方程的怪波解就可以化为耦合 NLS 方程的怪波解.

第 5 章　Hirota 直接方法与非线性波

1971 年, Hirota 以双线性导数为工具, 提出了一种可以统一地构造非线性演化方程的多孤立子解的方法, 该方法被称为 Hirota 直接方法 [82−85]. Hirota 直接方法是一种非常有效的直接代数方法, 它在孤立子理论中, 已得到广泛的应用与发展.

本章一方面, 将 Hirota 直接方法求解过程中的实参数推广到共轭复数范围, 给出了单、双 complexiton 解和 N-complexiton 解的一般表达式 [86,87]. 适当选取参数, N-complexiton 解将退化为标准 Hirota 直接方法的 N 孤立子解, 由此揭示了 complexiton 解与孤立子的联系. 作为实例, 我们给出了几个非线性演化方程的非奇异的新多 complexiton 解. 并利用图形分析了多 complexiton 解和多孤立子解以及它们之间相互作用的弹性散射性质. 另一方面, 基于 Hirota 直接方法, 给出构造波心可控制怪波解的符号计算方法 [88−92], 并获得 KP 类型方程的高阶怪波解.

5.1　方　法　概　述

下面以 KdV- 型双线性方程为例说明求解多 complexiton 解的步骤:
考虑非线性演化方程

$$N(u, u_t, u_x, u_y, u_{tt}, u_{tx}, u_{ty}, u_{xx}, u_{yy}, \cdots) = 0. \tag{5.1}$$

对 (5.1) 引入对数变换

$$u = \varpi \frac{\partial^{j_1+j_2+j_3}}{\partial x^{j_1} \partial t^{j_2} \partial y^{j_3}} (\ln f), \tag{5.2}$$

其中 ϖ 为常数, $j_1, j_2, j_3 \in \{0, 1, 2, \cdots\}$. 计算得 (5.1) 的双线性导数方程为

$$F(D_t, D_x, D_y, \cdots) f \cdot f = 0, \tag{5.3}$$

其中双线性导数 D 被定义为 [82]

$$D_x^m D_t^n (f \cdot f) = \left(\frac{\partial}{\partial x} - \frac{\partial}{\partial x'} \right)^m \left(\frac{\partial}{\partial t} - \frac{\partial}{\partial t'} \right)^n f(x, t) f(x', t')|_{x=x', t=t'}. \tag{5.4}$$

F 是 $D_t, D_x, D_y, \cdots$ 的多项式, 称方程 (5.3) 为 KdV 型双线性方程. KdV 型双线性方程的特点是它只有一个辅助变量 f. 引入向量记号

$$\mathbf{D} = (D_t, D_x, D_y, \cdots), \tag{5.5}$$

将方程 (5.3) 改写为

$$F(\mathbf{D})f \cdot f = 0. \tag{5.6}$$

如果 KdV 型双线性方程 (5.6) 拥有多孤立子解, 则 f 具有如下形式:

$$f = \sum \exp\left[\sum_{i=1}^{2N} \mu_i \eta_i' + \sum_{i<j}^{2N} A_{ij}\mu_i\mu_j\right] \tag{5.7}$$

其中第一个 $\sum$ 表示对所有可能的组合 $\mu_1 = 0, 1$, $\mu_2 = 0, 1, \cdots$, $\mu_{2N} = 0, 1$ 求和, $\sum\limits_{i<j}^{2N}$ 表示对所有满足条件 $1 \leqslant i < j \leqslant 2N$ 的 (i,j) 对求和, $\eta_{2m-1}' = \eta_{2m}'^* = P_m x + R_m t + Q_m y + \cdots + C_m$, $P_m, R_m, Q_m, \cdots, C_m \in \mathbb{C}$. $\eta_{2m}'^*$ 表示 η_{2m}' $(1 \leqslant m \leqslant N)$ 的复共轭. 设

$$\mathbf{P}_i = (R_i, P_i, Q_i, \cdots), \quad \mathbf{x}_i = (t, x, y, \cdots),$$

对 $i, j = 1, 2, \cdots, 2N$, 我们有

$$\eta_i' = \mathbf{P}_i \cdot \mathbf{x}_i + C_i, \quad F(\mathbf{P}_i) = 0, \tag{5.8}$$

相移 $\exp(A_{ij})$ 为

$$\exp(A_{ij}) = -\frac{F(\mathbf{P}_i - \mathbf{P}_j)}{F(\mathbf{P}_i + \mathbf{P}_j)}. \tag{5.9}$$

函数 $F(\mathbf{D})$ 满足条件

$$\sum F\left(\sum_{i=1}^{2N} \sigma_i \mathbf{P}_i\right) \prod_{i<j}^{2N} F(\sigma_i\mathbf{P}_i - \sigma_j\mathbf{P}_j)\sigma_i\sigma_j = 0, \tag{5.10}$$

其中 $\sum$ 表示对所有可能的组合 $\sigma_1 = 0, 1$, $\sigma_2 = 0, 1, \cdots$, $\sigma_{2N} = 0, 1$ 求和. (5.10) 条件被称为 Hirota 条件.

　　如果我们把 (5.7) 代入 (5.2), 就可以获得方程 (5.1) 的 N-complexiton 解.

　　双线性导数 D 具有以下性质:

(1) 函数 $f(x, t)$ 与自身的奇数次双线性导数为零. 就是 $n + m$ 为奇数时,

$$D_x^n D_t^m f \cdot f = 0. \tag{5.11}$$

　　(2) 交换函数 $f(x, t)$ 与 $g(x, t)$ 的双线性导数的顺序, 当导数是偶次时其值不变, 当导数是奇次时要改变符号, 即

$$D_x^n D_t^m f \cdot g = (-1)^{(n+m)} D_x^n D_t^m g \cdot f. \tag{5.12}$$

特别, 当 $m + n$ 为奇数且 $g(x, t) = f(x, t)$ 时, (5.12) 化为 (5.11).

(3) 函数 $f(x,t)$ 与数 1 的双线性导数就是通常的导数, 即

$$D_x^n D_t^m f \cdot 1 = \partial_x^n \partial_t^m f. \tag{5.13}$$

若指数函数的指数是 x 与 t 的线性函数, 则称它为线性指数函数.

(4) 两个线性指数函数的双线性导数等于指数相加的线性指数函数的适当倍数, 即设

$$\xi_j = k_j x + \omega_j t + \xi_j^{(0)} \quad (j = 1, 2), \tag{5.14}$$

则有

$$D_x^n D_t^m \exp(\xi_1) \cdot \exp(\xi_2) = (k_1 - k_2)^n (\omega_1 - \omega_2)^m \exp(\xi_1 + \xi_2). \tag{5.15}$$

由此推得相同的线性指数函数的双线性导数为零

$$D_x^n D_t^m \exp(\xi_1) \cdot \exp(\xi_1) = 0. \tag{5.16}$$

5.2 非奇异多 complexiton 解

例 5.2(1)   考虑 (1+1) 维浅水波方程

$$u_{xxxt} + \beta u_x u_{xt} + \beta u_t u_{xx} - u_{xt} - u_{xx} = 0, \tag{5.17}$$

它是一个非常重要的水波模型. 在文献 [93] 中, 应用非经典对称约化方法研究了该方程的孤立子解. 这里我们扩展 Hirota 直接方法, 并应用它给出了方程 (5.17) 的非奇异 N-complexiton 解.

作对数变换

$$u = \frac{6}{\beta} \partial_x (\ln f), \tag{5.18}$$

化 (5.17) 为双线性导数方程

$$(D_t D_x^3 - D_t D_x - D_x^2) f \cdot f = 0, \tag{5.19}$$

其中双线性算子 D 参见 (5.4) 式定义.

设 $f(x,t)$ 按参数 ε 展开为

$$f = 1 + \varepsilon f^{(1)} + \varepsilon^2 f^{(2)} + \varepsilon^3 f^{(3)} + \cdots. \tag{5.20}$$

将展开式 (5.20) 代入 (5.19), 并比较 ε 的同次幂系数给出

$$\varepsilon^0 : (D_t D_x^3 - D_t D_x - D_x^2)(1 \cdot 1) = 0, \tag{5.21a}$$

$$\varepsilon^1 : (D_t D_x^3 - D_t D_x - D_x^2)(f^{(1)} \cdot 1 + 1 \cdot f^{(1)}) = 0, \tag{5.21b}$$

$$\varepsilon^2 : (D_t D_x^3 - D_t D_x - D_x^2)(f^{(2)} \cdot 1 + f^{(1)} \cdot f^{(1)} + 1 \cdot f^{(2)}) = 0, \tag{5.21c}$$

$$\varepsilon^3 : (D_t D_x^3 - D_t D_x - D_x^2)(f^{(3)} \cdot 1 + f^{(2)} \cdot f^{(1)} + f^{(1)} \cdot f^{(2)} + 1 \cdot f^{(3)}) = 0, \tag{5.21d}$$

$$\varepsilon^4 : (D_t D_x^3 - D_t D_x - D_x^2)(f^{(4)} \cdot 1 + f^{(3)} \cdot f^{(1)} + f^{(2)} \cdot f^{(2)} + f^{(3)} \cdot f^{(1)} + 1 \cdot f^{(4)}) = 0, \tag{5.21e}$$

$$\cdots\cdots$$

(1) 非奇异单 complexiton 解. 如果我们选取线性微分方程 (5.21b) 的解为

$$f^{(1)} = \exp(\eta_1) + \exp(\eta_1^*), \tag{5.22}$$

其中 $\eta_1 = p_1 x + \omega_1 t + \eta_1^0$, $\eta_1^* = p_1^* x + \omega_1^* t + \eta_1^{0*}$ 和 $\omega_1 = p_1/(p_1^2 - 1)$, $\omega_1^* = p_1^*/(p_1^{*2} - 1)$. η_1^*, p_1^*, ω_1^*, 和 η_1^{0*} 分别表示 η_1, p_1, ω_1, 和 η_1^0 的复共轭. 将 (5.22) 代入 (5.21c), 我们得到

$$f^{(2)} = \exp(\eta_1 + \eta_1^* + A_{12}), \tag{5.23}$$

$$\exp(A_{12}) = -\frac{(\omega_1 - \omega_1^*)(p_1 - p_1^*)^3 - (\omega_1 - \omega_1^*)(p_1 - p_1^*) - (p_1 - p_1^*)^2}{(\omega_1 + \omega_1^*)(p_1 + p_1^*)^3 - (\omega_1 + \omega_1^*)(p_1 + p_1^*) - (p_1 + p_1^*)^2},$$

$$\omega_1 = \frac{p_1}{p_1^2 - 1}. \tag{5.24}$$

将 (5.22) 和 (5.23) 代入 (5.21d), 我们有

$$f_{xxxt}^{(3)} - f_{xt}^{(3)} - f_{xx}^{(3)} = 0. \tag{5.25}$$

当我们取 $f^{(3)} = f^{(4)} = \cdots = 0$ 和 $\varepsilon = 1$ 时, 展开式 (5.20) 截断为

$$f = 1 + \exp(\eta_1) + \exp(\eta_1^*) + \exp(\eta_1 + \eta_1^* + A_{12})$$
$$= 1 + 2\exp(\Omega_1)\cos\theta_1 + \exp(A_{12})\exp(2\Omega_1), \tag{5.26}$$

其中 $\eta_1 = (a_1 + \mathrm{i}b_1)x + (c_1 + \mathrm{i}d_1)t + (\Omega_1^0 + \mathrm{i}\theta_1^0)$, $\Omega_1 = a_1 x + c_1 t + \Omega_1^0$, $\theta_1 = b_1 x + d_1 t + \theta_1^0$. 不失一般性, 假设 $\Omega_1^0 = \theta_1^0 = 0$. 利用 (5.24), 我们有

$$\exp(A_{12}) = \frac{b_1^2(3 - a_1^2 + 3b_1^2)}{a_1^2(-3 + 3a_1^2 - b_1^2)},$$

$$c_1 = \frac{-a_1 + a_1^3 + a_1 b_1^2}{a_1^4 + 2a_1^2(b_1^2 - 1) + (b_1^2 + 1)^2}, \quad d_1 = \frac{-b_1 - a_1^2 b_1 - b_1^3}{a_1^4 + 2a_1^2(b_1^2 - 1) + (b_1^2 + 1)^2}. \tag{5.27}$$

将 (5.26) 和 (5.27) 代入 (5.18), 就得到 (1+1) 维浅水波方程 (5.17) 的一个新 complexiton 解

$$
\begin{aligned}
u &= \frac{6}{\beta}(\ln f)_r = \frac{6 f_x}{\beta f} \\
&= \frac{6}{\beta}\frac{2a_1\exp(\Omega_1)\cos\theta_1 - 2b_1\exp(\Omega_1)\sin\theta_1 + 2a_1\exp(A_{12})\exp(2\Omega_1)}{1 + 2\exp(\Omega_1)\cos\theta_1 + \exp(A_{12})\exp(2\Omega_1)} \\
&= \frac{6}{\beta}\frac{a_1\cos\theta_1 - b_1\sin\theta_1 + a_1\exp(A_{12})\exp(\Omega_1)}{\sqrt{\exp(A_{12})}\cosh\left(\Omega_1 + \ln\sqrt{\exp(A_{12})}\right) + \cos\theta_1}.
\end{aligned}
\tag{5.28}
$$

适当选取参数, 当 $1 < a_1^2 < 1 + b_1^2$ (即 $\exp(A_{12}) > 1$) 时, (5.28) 为 (1+1) 维浅水波方程 (5.17) 的非奇异单 complexiton 解; 当 $b_1 = 0$ 时, (5.28) 能退化出方程 (5.17) 的单孤立子解. 在图 5.1 中给出了该解的图形.

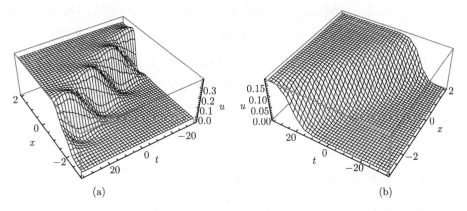

图 5.1 (a) 非奇单 complexiton 解 (5.28), $\beta = 100$, $a_1 = 3$, $b_1 = 4$; (b) 单孤立子解 (5.28), $\beta = 100$, $a_1 = 3$, $b_1 = 0$

(2) 非奇异双 complexiton 解. 容易验证线性微分方程 (5.21b) 拥有如下特解:

$$
f^{(1)} = \exp(\eta_1) + \exp(\eta_1^*) + \exp(\eta_2) + \exp(\eta_2^*),
\tag{5.29}
$$

其中

$$
\begin{aligned}
&\eta_j = p_j x + \omega_j t + \eta_j^0, \quad \eta_j^* = p_j^* x + \omega_j^* t + \eta_j^{0*}, \\
&\omega_j = \frac{p_j}{p_j^2 - 1}, \quad \omega_j^* = \frac{p_j^*}{p_j^{*2} - 1} \quad (j = 1, 2).
\end{aligned}
\tag{5.30}
$$

类似上述推导, 我们有

$$
\begin{aligned}
f =& 1 + [\exp(\eta_1) + \exp(\eta_1^*)] + [\exp(\eta_2) + \exp(\eta_2^*)] + \exp(A_{12})\exp(\eta_1 + \eta_1^*) \\
& + \exp(A_{34})\exp(\eta_2 + \eta_2^*) + [\exp(A_{13})\exp(\eta_1 + \eta_2) + \exp(A_{24})\exp(\eta_1^* + \eta_2^*)] \\
& + [\exp(A_{14})\exp(\eta_1 + \eta_2^*) + \exp(A_{23})\exp(\eta_1^* + \eta_2)] + \exp(A_{12})[\exp(A_{13}) \\
& \times \exp(A_{23})\exp(\eta_1 + \eta_1^* + \eta_2) + \exp(A_{14})\exp(A_{24})\exp(\eta_1 + \eta_1^* + \eta_2^*)] + \exp(A_{34}) \\
& \times [\exp(A_{13})\exp(A_{14})\exp(\eta_1 + \eta_2 + \eta_2^*) + \exp(A_{23})\exp(A_{24})\exp(\eta_1^* + \eta_2 + \eta_2^*)] \\
& + \exp(A_{12})\exp(A_{13})\exp(A_{24})\exp(A_{14})\exp(A_{23})\exp(A_{34})\exp(\eta_1 + \eta_1^* + \eta_2 + \eta_2^*) \\
=& 1 + 2\exp(\Omega_1)\cos\theta_1 + 2\exp(\Omega_2)\cos\theta_2 + \exp(A_{12})\exp(2\Omega_1) + \exp(A_{34})\exp(2\Omega_2) \\
& + 2\exp(\Omega_1 + \Omega_2)[\mathrm{Re}(\exp(A_{13}))\cos(\theta_1 + \theta_2) - \mathrm{Im}(\exp(A_{13}))\sin(\theta_1 + \theta_2) \\
& + \mathrm{Re}(\exp(A_{14}))\cos(\theta_1 - \theta_2) - \mathrm{Im}(\exp(A_{14}))\sin(\theta_1 - \theta_2)] + 2\exp(A_{12})\exp(2\Omega_1 + \Omega_2) \\
& \times [(\mathrm{Re}(\exp(A_{13}))\mathrm{Re}(\exp(A_{14})) + \mathrm{Im}(\exp(A_{13}))\mathrm{Im}(\exp(A_{14})))\cos\theta_2 - (\mathrm{Im}(\exp(A_{13})) \\
& \times \mathrm{Re}(\exp(A_{14})) - \mathrm{Re}(\exp(A_{13}))\mathrm{Im}(\exp(A_{14})))\sin\theta_2] + 2\exp(A_{34})\exp(\Omega_1 + 2\Omega_2) \\
& \times [(\mathrm{Re}(\exp(A_{13}))\mathrm{Re}(\exp(A_{14})) - \mathrm{Im}(\exp(A_{13}))\mathrm{Im}(\exp(A_{14})))\cos\theta_1 \\
& - (\mathrm{Re}(\exp(A_{13}))\mathrm{Im}(\exp(A_{14})) + \mathrm{Im}(\exp(A_{13}))\mathrm{Re}(\exp(A_{14})))\sin\theta_1] \\
& + \exp(A_{12})\exp(A_{34})\left|\exp(A_{13})\right|^2\left|\exp(A_{14})\right|^2\exp(2(\Omega_1 + \Omega_2)),
\end{aligned} \tag{5.31}
$$

其中

$$
\begin{aligned}
& \eta_j = (a_j + \mathrm{i}b_j)x + (c_j + \mathrm{i}d_j)t + (\Omega_j^0 + \mathrm{i}\theta_j^0), \\
& \eta_j^* = (a_j - \mathrm{i}b_j)x + (c_j - \mathrm{i}d_j)t + (\Omega_j^0 - \mathrm{i}\theta_j^0), \\
& \Omega_j = a_j x + c_j t + \Omega_j^0, \quad c_j = \frac{-a_j + a_j^3 + a_j b_j^2}{a_j^4 + 2a_j^2(b_j^2 - 1) + (b_j^2 + 1)^2}, \\
& \theta_j = b_j x + d_j t + \theta_j^0, \quad d_j = \frac{-b_j - a_j^2 b_j - b_j^3}{a_j^4 + 2a_j^2(b_j^2 - 1) + (b_j^2 + 1)^2} \quad (j = 1, 2),
\end{aligned} \tag{5.32}
$$

$$
\exp(A_{12}) = \frac{b_1^2(3 - a_1^2 + 3b_1^2)}{a_1^2(-3 + 3a_1^2 - b_1^2)}, \quad \exp(A_{34}) = \frac{b_2^2(3 - a_2^2 + 3b_2^2)}{a_2^2(-3 + 3a_2^2 - b_2^2)}, \tag{5.33}
$$

$$
\begin{aligned}
\exp(A_{13}) = (\exp(A_{24}))^* = & -\{(a_1 - a_2 + \mathrm{i}(b_1 - b_2))^3(c_1 - c_2 + \mathrm{i}(d_1 \\
& - d_2)) - (a_1 - a_2 + \mathrm{i}(b_1 - b_2))(c_1 - c_2 + \mathrm{i}(d_1 - d_2)) - (a_1 - a_2 \\
& + \mathrm{i}(b_1 - b_2))^2\}/\{(a_1 + a_2 + \mathrm{i}(b_1 + b_2))^3(c_1 + c_2 + \mathrm{i}(d_1 + d_2)) - (a_1 \\
& + a_2 + \mathrm{i}(b_1 + b_2))(c_1 + c_2 + \mathrm{i}(d_1 + d_2)) - (a_1 + a_2 + \mathrm{i}(b_1 + b_2))^2\},
\end{aligned} \tag{5.34}
$$

$$\exp(A_{14}) = (\exp(A_{23}))^* = -\{(a_1 - a_2 + \mathrm{i}(b_1 + b_2))^3(c_1 - c_2 + \mathrm{i}(d_1$$
$$+ d_2)) - (a_1 - a_2 + \mathrm{i}(b_1 + b_2))(c_1 - c_2 + \mathrm{i}(d_1 + d_2)) - (a_1 - a_2$$
$$+ \mathrm{i}(b_1 + b_2))^2\}/\{(a_1 + a_2 + \mathrm{i}(b_1 - b_2))^3(c_1 + c_2 + \mathrm{i}(d_1 - d_2)) - (a_1$$
$$+ a_2 + \mathrm{i}(b_1 - b_2))(c_1 + c_2 + \mathrm{i}(d_1 - d_2)) - (a_1 + a_2 + \mathrm{i}(b_1 - b_2))^2\},$$
$$\tag{5.35}$$

将 (5.31) 和 (5.32)~(5.35) 代入 (5.18), 便得 (1+1) 维浅水波方程 (5.17) 的另一个新 complexiton 解. 如果适当选取参数, 当 $1 < a_1^2 < 1 + b_1^2$ (即 $\exp(A_{12}) > 1$) 和 $1 < a_2^2 < 1 + b_2^2$ (即 $\exp(A_{34}) > 1$) 时, (5.18) 与 (5.31) 为 (1+1) 维浅水波方程 (5.17) 的非奇异双 complexiton 解; 当 $1 < a_1^2 < 1 + b_1^2$ (即 $\exp(A_{12}) > 1$) 和 $b_2 = 0$ 时, (5.18) 与 (5.31) 表示非奇异 complexiton 与孤立子相互作用解; 当 $b_1 = b_2 = 0$ 时, (5.18) 与 (5.31) 表示双孤立子解. 不失一般性, 假设 $\Omega_m^0 = \theta_m^0 = 0$ $(m = 1, 2)$, 在图 5.2 中给出这些解的图形.

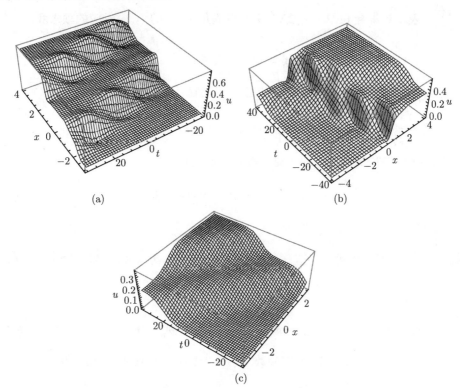

图 5.2 (a) 非奇异双 complexiton 解 (5.18) 与 (5.31), $\beta = 100$, $a_1 = 3$, $b_1 = 4$, $a_2 = 3.1$, $b_2 = -4$; (b) 非奇异 complexiton 与孤立子相互作用解 (5.18) 与 (5.31), $\beta = 100$, $a_1 = 3$, $b_1 = 4$, $a_2 = 3.1$, $b_2 = 0$; (c) 双孤立子解 (5.18) 与 (5.31), $\beta = 100$, $a_1 = 3$, $a_2 = 3.1$, $b_1 = b_2 = 0$

(3) 非奇异 N-complexiton 解. 显然, 线性微分方程 (5.21b) 拥有如下特解:

$$f^{(1)} = \exp(\eta_1) + \exp(\eta_1^*) + \exp(\eta_2) + \exp(\eta_2^*) + \cdots + \exp(\eta_N) + \exp(\eta_N^*), \quad (5.36)$$

其中

$$\eta_j = p_j x + \omega_j t + \eta_j^0, \quad \eta_j^* = p_j^* x + \omega_j^* t + \eta_j^{0*},$$
$$\omega_j = \frac{p_j}{p_j^2 - 1}, \quad \omega_j^* = \frac{p_j^*}{p_j^{*2} - 1} \quad (j = 1, 2, \cdots, N). \tag{5.37}$$

继续上面的求解过程, 可得 (1+1) 维浅水波方程 (5.17) 的 N-complexiton 解

$$u = \frac{6}{\beta} (\ln f)_x = \frac{6}{\beta} \left[\ln \left(\sum_{\mu=0,1} \exp \left(\sum_{i=1}^{2N} \mu_i \eta_i' + \sum_{1 \leqslant i < l}^{2N} \mu_i \mu_l A_{il} \right) \right) \right]_x, \tag{5.38}$$

其中第一个 $\sum_{\mu=0,1}$ 表示对 $\mu_1 = 0, 1, \mu_2 = 0, 1, \cdots, \mu_{2N} = 0, 1$ 所有可能组合求和, 而 $\sum_{1 \leqslant i < l}^{2N}$ 表示对集合 $\{1, 2, \cdots, 2N\}$ 中所有满足 $i < l$ 的 (i, l) 对应的项求和.

$$\eta_i' = p_i' x + \omega_i' t + \eta_i^{0'}, \tag{5.39}$$

$$\exp(A_{il}) = -\frac{(\omega_i' - \omega_l')(p_i' - p_l')^3 - (\omega_i' - \omega_l')(p_i' - p_l') - (p_i' - p_l')^2}{(\omega_i' + \omega_l')(p_i' + p_l')^3 - (\omega_i' + \omega_l')(p_i' + p_l') - (p_i' + p_l')^2},$$
$$\omega_i' = \frac{p_i'}{p_i'^2 - 1}, \quad \omega_l' = \frac{p_l'}{p_l'^2 - 1} \quad (1 \leqslant i < l \leqslant 2N). \tag{5.40}$$

在 (5.39) 中, 将实参数推广到共轭复数时, 我们有

$$\eta_{2m-1}' = \eta_{2m}'^* = p_m x + \omega_m t + \eta_m^0 \tag{5.41}$$

和

$$p_{2m-1}' = p_m, \quad p_{2m}' = p_m^*, \quad \omega_{2m-1}' = \omega_m, \quad \omega_{2m}' = \omega_m^*, \quad \eta_{2m-1}^{0'} = \eta_m^0, \quad \eta_{2m}^{0'} = \eta_m^{0*}. \tag{5.42}$$

设

$$p_m = a_m + \mathrm{i}b_m, \quad \omega_m = c_m + \mathrm{i}d_m, \quad \eta_m^0 = \Omega_m^0 + \mathrm{i}\theta_m^0 \quad (m = 1, 2, \cdots, N) \tag{5.43}$$

其中 $a_m, b_m, c_m, d_m, \Omega_m^0, \theta_m^0$ 为实参数. 将 (5.41)~(5.43) 代入 (5.40), 得

$$c_m = \frac{-a_m + a_m^3 + a_m b_m^2}{a_m^4 + 2a_m^2(b_m^2 - 1) + (b_m^2 + 1)^2}, \quad d_m = \frac{-b_m - a_m^2 b_m - b_m^3}{a_m^4 + 2a_m^2(b_m^2 - 1) + (b_m^2 + 1)^2}, \tag{5.44}$$

$m = 1, 2, \cdots, N$. 适当选取参数, 当 $1 < a_m^2 < 1 + b_m^2$ (即 $\exp(A_{2m-1,2m}) > 1$) $(m = 1, 2, \cdots, N)$ 时, (5.38) 表示 (1+1) 维浅水波方程 (5.17) 的非奇异 N-complexiton 解.

当 $1 < a_k^2 < 1 + b_k^2$ (即 $\exp(A_{2k-1,2k}) > 1$), $b_s = 0$, $\{k\} \cup \{s\} = \{1, 2, 3, \cdots, N\}$ 且 $\{k\} \cap \{s\} = \varnothing$ 时, (5.18) 与 (5.31) 表示非奇异 complexiton 与孤立子相互作用解; 当 $b_1 = b_2 = \cdots = b_N = 0$ 时, (5.18) 与 (5.31) 表示 N 孤立子解.

例 5.2(2)   考虑 KP 方程 [94]

$$(u_t + 6uu_x + u_{xxx})_x + 3\sigma^2 u_{yy} = 0, \tag{5.45}$$

其中 $\sigma^2 = \pm 1$. 当 $\sigma^2 = -1$ 时, (5.45) 被称为 KP I 方程, 而当 $\sigma^2 = 1$ 时, (5.45) 被称为 KP II 方程.

作变换

$$u = 2\partial_x^2 \ln f = 2\frac{ff_{xx} - f_x^2}{f^2}, \tag{5.46}$$

(5.45) 可化为双线性方程

$$(D_t D_x + D_x^4 + 3\sigma^2 D_y^2)f \cdot f = 0. \tag{5.47}$$

利用上述方法我们给出 KP I 方程 (5.45) 的非奇异单、双 complexiton 解.

(1) 非奇异单 complexiton 解. 取 $N = 1$ 时, KP I 方程 (5.45) 有如下的单 complexiton 解:

$$u = 2\frac{(a_1^2 - b_1^2)\cos\theta_1 - 2a_1 b_1 \sin\theta_1 + 2a_1^2 \exp(A_{12})\exp(\Omega_1)}{\sqrt{\exp(A_{12})}\cosh\left(\Omega_1 + \ln\sqrt{\exp(A_{12})}\right) + \cos\theta_1}$$
$$-2\left(\frac{a_1\cos\theta_1 - b_1\sin\theta_1 + a_1\exp(A_{12})\exp(\Omega_1)}{\sqrt{\exp(A_{12})}\cosh\left(\Omega_1 + \ln\sqrt{\exp(A_{12})}\right) + \cos\theta_1}\right)^2 \tag{5.48}$$

其中

$$\exp(A_{12}) = -\frac{-f_1 b_1 + 4b_1^4 + 3d_1^2}{e_1 a_1 + 4a_1^4 - 3c_1^2},$$
$$e_1 = \frac{1}{a_1^2 + b_1^2}[-a_1^5 + 2a_1^3 b_1^2 + 3a_1 b_1^4 - (-3a_1 c_1^2 - 6b_1 c_1 d_1 + 3a_1 d_1^2)], \tag{5.49}$$
$$f_1 = \frac{1}{a_1^2 + b_1^2}[-3a_1^4 b_1 - 2a_1^2 b_1^3 + b_1^5 - (3b_1 c_1^2 - 6a_1 c_1 d_1 - 3b_1 a_1^2)],$$

$\theta_1 = b_1 x + d_1 y + f_1 t + \theta_1^0$, $\Omega_1 = a_1 x + c_1 y + e_1 t + \Omega_1^0$, $a_1, b_1, c_1, d_1, \Omega_1^0, \theta_1^0$ 为实常数.

适当选取参数, 当 $b_1^2 + d_1^2 \neq 0$, $a_1^2 + b_1^2 \neq 0$ 且 $\exp(A_{12}) > 1$ 时, (5.48) 表示 (2+1) 维 KP I 方程的非奇异的单 complexiton 解, 当 $b_1 = d_1 = 0$, $a_1 \neq 0$ 时, (5.48) 表示 (2+1) 维 KP I 方程的单孤立子解. 在图 5.3 中给出了这两个解的图形.

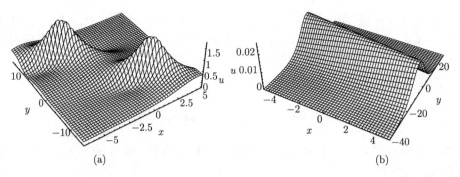

图 5.3   (a) 非奇异单 complexiton 解 (5.48), $a_1 = 0.59$, $b_1 = 0.01$, $c_1 = 0.2$, $d_1 = 0.45$,
$t = 0$; (b) 单孤立子解 (5.48), $a_1 = 0.2$, $b_1 = 0$, $c_1 = 0.2$, $d_1 = 0$, $t = 0$

(2) 非奇异双 complexiton 解. 取 $N = 2$ 时, KP I 方程 (5.45) 有如下的双 complexiton 解:

$$
\begin{aligned}
u =\,& 2\{\ln(1 + 2\exp(\Omega_1)\cos\theta_1 + 2\exp(\Omega_2)\cos\theta_2 + \exp(A_{12})\exp(2\Omega_1) \\
& + \exp(A_{34})\exp(2\Omega_2) + 2\exp(\Omega_1 + \Omega_2)[\mathrm{Re}(\exp(A_{13}))\cos(\theta_1 + \theta_2) \\
& - \mathrm{Im}(\exp(A_{13}))\sin(\theta_1 + \theta_2) + \mathrm{Re}(\exp(A_{14}))\cos(\theta_1 - \theta_2) - \mathrm{Im}(\exp(A_{14})) \\
& \times \sin(\theta_1 - \theta_2)] + 2\exp(A_{12})\exp(2\Omega_1 + \Omega_2)[(\mathrm{Re}(\exp(A_{13}))\mathrm{Re}(\exp(A_{14})) \\
& + \mathrm{Im}(\exp(A_{13}))\mathrm{Im}(\exp(A_{14})))\cos\theta_2 - (\mathrm{Im}(\exp(A_{13}))\mathrm{Re}(\exp(A_{14})) \\
& - \mathrm{Re}(\exp(A_{13}))\mathrm{Im}(\exp(A_{14})))\sin\theta_2] + 2\exp(A_{34})\exp(\Omega_1 + 2\Omega_2) \\
& \times [(\mathrm{Re}(\exp(A_{13}))\mathrm{Re}(\exp(A_{14})) - \mathrm{Im}(\exp(A_{13}))\mathrm{Im}(\exp(A_{14})))\cos\theta_1 \\
& - (\mathrm{Re}(\exp(A_{13}))\mathrm{Im}(\exp(A_{14})) + \mathrm{Im}(\exp(A_{13}))\mathrm{Re}(\exp(A_{14})))\sin\theta_1] \\
& + \exp(A_{12})\exp(A_{34})\,|\exp(A_{13})|^2\,|\exp(A_{14})|^2\exp(2(\Omega_1 + \Omega_2)))\}_{xx}
\end{aligned}
$$
$$(5.50)$$

其中

$$
\exp(A_{12}) = -\frac{-f_1 b_1 + 4b_1^4 + 3d_1^2}{e_1 a_1 + 4a_1^4 - 3c_1^2}, \quad \exp(A_{34}) = -\frac{-f_2 b_2 + 4b_2^4 + 3d_2^2}{e_2 a_2 + 4a_2^4 - 3c_2^2}, \tag{5.51}
$$

$$
\begin{aligned}
\exp(A_{13}) = (\exp(A_{24}))^* =\,& -\{[(e_1 - e_2) + i(f_1 - f_2)][(a_1 - a_2) \\
& + i(b_1 - b_2)] + [(a_1 - a_2) + i(b_1 - b_2)]^4 - 3[(c_1 - c_2) \\
& + i(d_1 - d_2)]^2\}/\{[(e_1 + e_2) + i(f_1 + f_2)][(a_1 + a_2) + i(b_1 + b_2)] \\
& + [(a_1 + a_2) + i(b_1 + b_2)]^4 - 3[(c_1 + c_2) + i(d_1 + d_2)]^2\},
\end{aligned}
\tag{5.52}
$$

$$
\begin{aligned}
\exp(A_{14}) = (\exp(A_{23}))^* = &-\{[(e_1 - e_2) + \mathrm{i}(f_1 + f_2)][(a_1 - a_2) \\
&+ \mathrm{i}(b_1 + b_2)] + [(a_1 - a_2) + \mathrm{i}(b_1 + b_2)]^4 - 3[(c_1 - c_2) \\
&+ \mathrm{i}(d_1 + d_2)]^2\}/\{[(e_1 + e_2) + \mathrm{i}(f_1 - f_2)][(a_1 + a_2) + \mathrm{i}(b_1 - b_2)] \\
&+ [(a_1 + a_2) + \mathrm{i}(b_1 - b_2)]^4 - 3[(c_1 + c_2) + \mathrm{i}(d_1 - d_2)]^2\},
\end{aligned} \tag{5.53}
$$

$$
\begin{aligned}
e_k &= \frac{1}{a_k^2 + b_k^2}[-a_k^5 + 2a_k^3 b_k^2 + 3a_k b_k^4 - (-3a_k c_k^2 - 6b_k c_k d_k + 3a_k d_k^2)], \\
f_k &= \frac{1}{a_k^2 + b_k^2}[-3a_k^4 b_k - 2a_k^2 b_k^3 + b_k^5 - (3b_k c_k^2 - 6a_k c_k d_k - 3b_k a_k^2)],
\end{aligned} \tag{5.54}
$$

$\theta_k = b_k x + d_k y + f_k t + \theta_k^0$, $\Omega_k = a_k x + c_k y + e_k t + \Omega_k^0$. $a_k, b_k, c_k, d_k, \Omega_k^0, \theta_k^0$ $(k = 1, 2)$ 为实常数.

适当选取参数, 当 $b_1^2 + d_1^2 \neq 0$, $b_2^2 + d_2^2 \neq 0$, $a_1^2 + b_1^2 \neq 0$, $a_2^2 + b_2^2 \neq 0$, $\exp(A_{12}) > 1$ 和 $\exp(A_{34}) > 1$ 时, (5.50) 表示相互作用的非奇异双 complexiton 解 (图 5.4); 当 $b_1^2 + d_1^2 \neq 0$, $b_2 = d_2 = 0$, $a_1^2 + b_1^2 \neq 0$, $a_2 \neq 0$ 和 $\exp(A_{12}) > 1$ 时, (5.50) 表示奇异 的 complexiton 与孤立子相互作用解 (图 5.5); 当 $b_1 = b_2 = d_1 = d_2 = 0$, $a_1 \neq 0$ 和 $a_2 \neq 0$ 时, (5.50) 表示双孤立子解 (图 5.6).

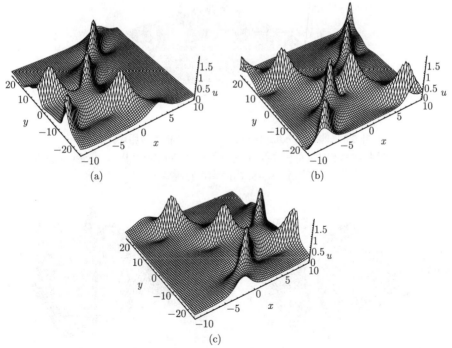

图 5.4 非奇异双 complexiton 解 (5.50)

$a_1 = -0.59$, $b_1 = -0.05$, $c_1 = 0.2$, $d_1 = 0.45$, $a_2 = 0.58$, $b_2 = 0.02$, $c_2 = 0.21$, $d_2 = 0.43$.

(a) $t = -3.3$; (b) $t = 0$; (c) $t = 3.3$

然而, 当考虑 KP II (即 $\sigma^2 = 1$) 方程时, 因为它的相移为

$$\exp(A_{2m-1,2m}) = \frac{(b_m c_m - a_m d_m)^2 - (b_m^6 + b_m^4 a_m^2 + b_m^2 a_m^4) - b_m^4 a_m^2}{(b_m c_m - a_m d_m)^2 + (b_m^6 + b_m^4 a_m^2 + b_m^2 a_m^4) + b_m^2 a_m^4} < 1$$

($m = 1, 2, \cdots, N$), 不能满足大于 1 的条件, 所以 KP II 只能有奇异多 complexiton 解.

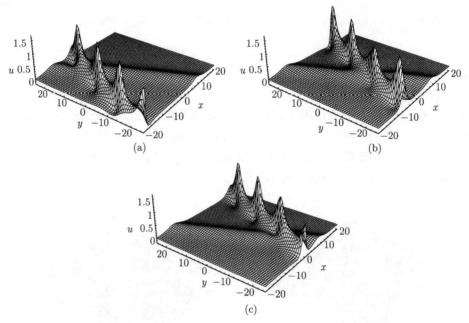

图 5.5   非奇异 complexiton 与孤立子相互作用解 (5.50)

$a_1 = -0.59$, $b_1 = -0.05$, $c_1 = 0.2$, $d_1 = 0.45$, $a_2 = 0.58$, $b_2 = 0$, $c_2 = 0.21$, $d_2 = 0$.

(a) $t = -8$; (b) $t = 0$; (c) $t = 4$

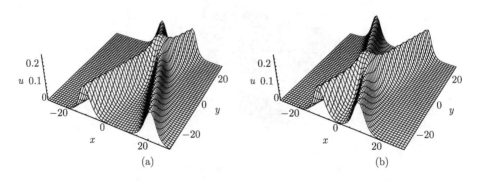

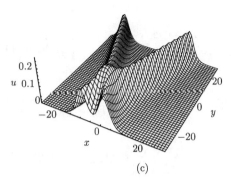

图 5.6 双孤立子解 (5.50)

$a_1 = -0.59$, $b_1 = 0$, $c_1 = 0.2$, $b_2 = 0$, $c_2 = 0.21$, $d_1 = 0$, $a_2 = 0.58$, $d_2 = 0$.

(a) $t = -200$; (b) $t = 0$; (c) $t = 130$

5.3 高阶怪波解

5.3.1 构造波心可控制怪波解的符号计算方法

我们考虑一个 (3+1) 维非线性系统

$$N(u, u_t, u_x, u_y, u_z, u_{tt}, u_{tx}, u_{xy}, u_{xz}, \cdots) = 0. \tag{5.55}$$

为了精确解出 $u(l, x, y, z)$, 我们按以下步骤计算:

步骤 1 通过 Painlevè 测试, 获得一个变换

$$u = T(f), \tag{5.56}$$

其中 f 是关于 x, y, z 和 t 的函数.

步骤 2 利用变换 (5.56), 把非线性系统 (5.55) 化为双线性导数形式

$$G(D_\xi, D_z; f) = 0, \tag{5.57}$$

其中 $\xi = x + ay - ct$, a 和 c 是两个实参数. 双线性算子 D 定为

$$D_\xi^m D_z^n f(\xi, z) g(\xi, z) = \left(\frac{\partial}{\partial \xi} - \frac{\partial}{\partial \xi'} \right)^m \left(\frac{\partial}{\partial z} - \frac{\partial}{\partial z'} \right)^n [f(\xi, z) g(\xi', z')]|_{\xi'=\xi, z'=z}.$$

步骤 3 令

$$f = \widetilde{F}_{n+1}(\xi, z; \alpha, \beta) = F_{n+1}(\xi, z) + 2\alpha z P_n(\xi, z) + 2\beta \xi Q_n(\xi, z) + (\alpha^2 + \beta^2) F_{n-1}(\xi, z), \tag{5.58}$$

其中

$$F_n(\xi, z) = \sum_{k=0}^{n(n+1)/2} \sum_{i=0}^{k} a_{n(n+1)-2k,2i} z^{2i} \xi^{n(n+1)-2k},$$

$$P_n(\xi, z) = \sum_{k=0}^{n(n+1)/2} \sum_{i=0}^{k} b_{n(n+1)-2k,2i} z^{2i} \xi^{n(n+1)-2k},$$

$$Q_n(\xi, z) = \sum_{k=0}^{n(n+1)/2} \sum_{i=0}^{k} c_{n(n+1)-2k,2i} z^{2i} \xi^{n(n+1)-2k},$$

$F_0 = 1$, $F_{-1} = P_0 = Q_0 = 0$, 这里 $a_{m,l}$, $b_{m,l}$, $c_{m,l}$ ($m, l \in \{0, 2, 4, \cdots, n(n+1)\}$), α 和 β 是实参数. 系数 $a_{m,l}$, $b_{m,l}$, $c_{m,l}$ 为待定常数, 任意常数 α, β 用来控制波的中心.

步骤 4　将 (5.58) 代入 (5.57), 并设 $z^p \xi^q$ 的同次幂的系数为零, 可得关于 $a_{m,l}$, $b_{m,l}$, $c_{m,l}$ ($m, l \in \{0, 2, 4, \cdots, n(n+1)\}$) 的方程组. 利用数学软件 Maple 或 Mathematica, 解出 $a_{m,l}$, $b_{m,l}$, $c_{m,l}$ ($m, l \in \{0, 2, 4, \cdots, n(n+1)\}$) 的值.

步骤 5　把所得 $a_{m,l}$, $b_{m,l}$, $c_{m,l}$ ($m, l \in \{0, 2, 4, \cdots, n(n+1)\}$) 的值代入 (5.56), 就可得该 (3+1) 维非线性系统 (5.55) 的有理解, 进而可得怪波解.

5.3.2　(3+1) 维 KP 方程的高阶怪波解

考虑一个 (3+1) 维 KP 方程[95]

$$u_{xxxy} + 3(u_x u_y)_x + u_{tx} + u_{ty} - u_{zz} = 0, \tag{5.59}$$

令 $\xi = x + ay - ct$, 方程 (5.59) 化为

$$a\, u_{\xi\xi\xi\xi} + 3a(u_\xi^2)_\xi - \Gamma u_{\xi\xi} - u_{zz} = 0, \tag{5.60}$$

其中 $\Gamma = (1+a)c$, a 和 c 是两实参数. 通过变换

$$u = u_0 + 2(\ln f)_\xi, \tag{5.61}$$

方程 (5.60) 化为

$$[af_{\xi\xi\xi\xi} - \Gamma f_{\xi\xi} + f_{zz}] f - 4af_{\xi\xi\xi} f_\xi + 3a(f_{\xi\xi})^2 + \Gamma (f_\xi)^2 + (f_z)^2 = 0. \tag{5.62}$$

根据前面给出的符号计算方法, 我们计算 (3+1) 维 KP 方程的波心可控的高阶怪波解.

情形 1　$n = 0$.

我们令

$$f = F_1(\xi, z) = a_{2,0} \xi^2 + a_{0,2} z^2 + a_{0,0}. \tag{5.63}$$

不失一般性, 可设 $a_{2,0} = 1$.

把 (5.63) 代入 (5.62), 并设 $z^p \xi^q$ 的各次幂的系数为零, 我们得到方程组

$$\Gamma - a_{0,2} = 0, \quad 6a - a_{0,0}[\Gamma + a_{0,2}] = 0. \tag{5.64}$$

解方程组 (5.64), 得

$$\left\{ a_{0,2} = \Gamma, \quad a_{0,0} = \frac{3a}{\Gamma} \right\}. \tag{5.65}$$

进而得方程 (5.62) 的解

$$f = \widetilde{F}_1(\xi, z; \alpha, \beta) = (\xi - \beta)^2 + \Gamma(z - \alpha)^2 + \frac{3a}{\Gamma} \tag{5.66}$$

其中 α 和 β 为两个实常数. 如果 $a > 0$ 和 $c > 0$, 则由 (5.66) 中给出的 $\widetilde{F}_1(\xi, z; \alpha, \beta)$ 是方程 (5.62) 的一个恒正多项式解. 把 (5.66) 代入 (5.61), 我们获得方程 (5.59) 的一阶怪波解

$$u = u_0 + \frac{4(\xi - \beta)}{\widetilde{F}_1(\xi, z; \alpha, \beta)}. \tag{5.67}$$

在图 5.7 和图 5.8 中, 给出一阶怪波 (5.67) 的演化情况. 该一阶怪波具有两个波峰, 其中一个波峰高于水平面, 另一个低于水平面. 波中心由参数 (α, β) 来控制. 可以发现当 $a > 0$ 和 $c > 0$ 时, 一阶怪波分别在 $\left(\dfrac{\sqrt{3a\Gamma} + \beta\Gamma}{\Gamma}, \alpha \right)$ 和 $\left(-\dfrac{\sqrt{3a\Gamma} + \beta\Gamma}{\Gamma}, \alpha \right)$ 处达到最高振幅 $u_0 + \dfrac{2\sqrt{a\Gamma}}{\sqrt{3a}}$ 和最低振幅 $u_0 - \dfrac{2\sqrt{a\Gamma}}{\sqrt{3a}}$. 在图 5.7 中, 波心集中在 $(0, 0)$ 处; 在图 5.8 中, 波心集中在 $(-4, -4)$ 处.

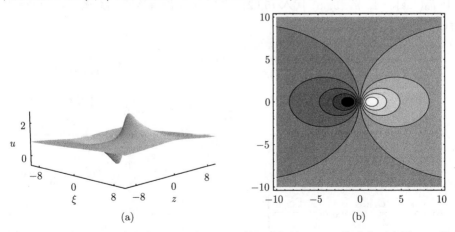

(a)　　　　　　　　　　　　　　　(b)

图 5.7　(a) u 为 (3+1) 维广义 KP 方程 (5.59) 的一阶怪波 (5.67) 的演化示意图; (b) 等高图, 参数取为 $\alpha = \beta = 0$, $u_0 = a = c = 1$

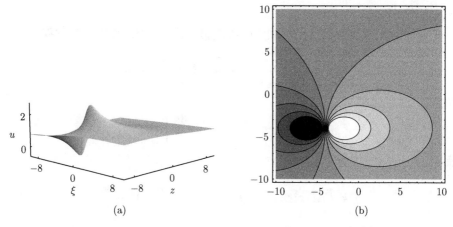

(a) 　　　　　　　　　　　　　　　　　　(b)

图 5.8　(a) u 为 (3+1) 维广义 KP 方程 (5.59) 的一阶怪波 (5.67) 的演化示意图; (b) 等高图, 参数取为 $\alpha = \beta = -4$, $u_0 = a = c = 1$

情形 2　$n = 1$.

设

$$
\begin{aligned}
f =& \widetilde{F}_2(\xi, z; \alpha, \beta) = F_2(\xi, z) + 2\alpha z P_1(\xi, z) + 2\beta \xi Q_1(\xi, z) + (\alpha^2 + \beta^2) F_0(\xi, z) \\
=& \xi^6 + (a_{4,0} + a_{4,2} z^2)\xi^4 + (a_{2,0} + a_{2,2} z^2 + a_{2,4} z^4)\xi^2 + (a_{0,0} + a_{0,2} z^2 \\
& + a_{0,4} z^4 + a_{0,6} z^6) + 2\alpha z(b_{0,0} + b_{0,2} z^2 + b_{2,0}\xi^2) + 2\beta(c_{0,0} + c_{0,2} z^2 + c_{2,0}\xi^2)\xi \\
& + (\alpha^2 + \beta^2),
\end{aligned}
\tag{5.68}
$$

其中 $F_0(\xi, z) = 1$. 将 (5.68) 代入 (5.62), 并令 $z^p \xi^q$ 的各次幂的系数为零, 可得非线性代数方程组. 解方程组, 可得

$$
\left\{
\begin{aligned}
& a_{4,0} = \frac{25a}{\Gamma}, \quad a_{4,2} = 3\Gamma, \quad a_{2,0} = -\frac{125a^2}{\Gamma^2}, \quad a_{2,2} = 90a, \quad a_{2,4} = 3\Gamma^2, \\
& a_{0,0} = \frac{2500a^3 + 4\Gamma^2\left(\dfrac{16250a^3}{\Gamma^2} + \alpha^2 b_{2,0}^2 + 9\left(-\Gamma(\alpha^2 + \beta^2) + \dfrac{\Gamma^3 \beta^2 c_{0,0}^2}{a^2}\right)\right)}{36\Gamma^3}, \\
& a_{0,2} = \frac{475a^2}{\Gamma}, \quad a_{0,4} = 17a\Gamma, \quad a_{0,6} = \Gamma^3, \quad b_{0,0} = \frac{5ab_{2,0}}{3\Gamma}, \quad b_{0,2} = -\frac{1}{3}\Gamma b_{2,0}, \\
& c_{0,2} = \frac{3\Gamma^2 c_{0,0}}{a}, \quad c_{2,0} = -\frac{\Gamma c_{0,0}}{a}
\end{aligned}
\right\},
$$

$$
\tag{5.69}
$$

其中 $b_{2,0}$ 和 $c_{0,0}$ 是任意常数. 把 (5.68) 和 (5.69) 代入 (5.61), 我们可得方程 (5.59)

的二阶怪波解

$$u = u_0 + 2(\ln \widetilde{F}_2(\xi, z; \alpha, \beta))_\xi. \tag{5.70}$$

当参数 α 和 β 全为零时, 图 5.9 中给出相应的怪波. 这个带有两个波峰的二阶怪波群聚集在 $(0,0)$ 处. 当 α 和 β 不全为零时, 随着参数 α 和 β 的逐步增大, 二阶怪波群以三个一阶怪波的形式散开, 并形成一个三角形状 (图 5.10).

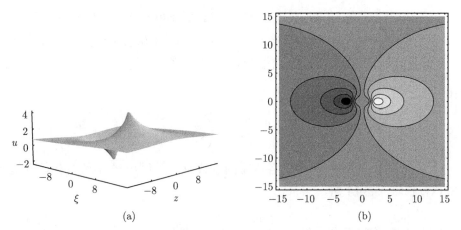

图 5.9　(a) u 为 (3+1) 维广义 KP 方程 (5.59) 的二阶怪波 (5.70) 的演化示意图; (b) 等高图, 参数取为 $\alpha = \beta = 0$, $u_0 = a = c = b_{2,0} = c_{0,0} = 1$

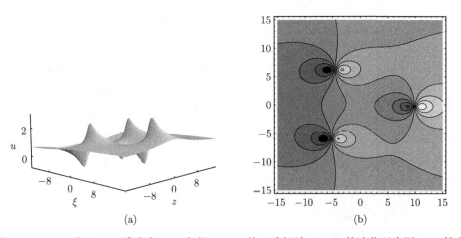

图 5.10　(a) u 为 (3+1) 维广义 KP 方程 (5.59) 的二阶怪波 (5.70) 的演化示意图; (b) 等高图, 参数取为 $\alpha = \beta = 500$, $u_0 = a = c = b_{2,0} = c_{0,0} = 1$

情形 3　$n = 2$.

设

$$f = \widetilde{F}_3(\xi, z; \alpha, \beta) = F_3(\xi, z) + 2\alpha z P_2(\xi, z) + 2\beta \xi Q_2(\xi, z) + (\alpha^2 + \beta^2) F_1(\xi, z)$$

$$= \xi^{12} + (a_{10,0} + a_{10,2} z^2)\xi^{10} + (a_{8,0} + a_{8,2} z^2 + a_{8,4} z^4)\xi^8 + (a_{6,0} + a_{6,2} z^2$$

$$+ a_{6,4} z^4 + a_{6,6} z^6)\xi^6 + (a_{4,0} + a_{4,2} z^2 + a_{4,4} z^4 + a_{4,6} z^6 + a_{4,8} z^8)\xi^4$$

$$+ (a_{2,0} + a_{2,2} z^2 + a_{2,4} z^4 + a_{2,6} z^6 + a_{2,8} z^8 + a_{2,10} z^{10})\xi^2$$

$$+ (a_{0,0} + a_{0,2} z^2 + a_{0,4} z^4 + a_{0,6} z^6 + a_{0,8} z^8 + a_{0,10} z^{10} + a_{0,12} z^{12})$$

$$+ 2\alpha z\{z^6 + (b_{4,0} + b_{4,2}\xi^2)z^4 + (b_{2,0} + b_{2,2}\xi^2 + b_{2,4}\xi^4)z^2 + (b_{0,0} + b_{0,2}\xi^2$$

$$+ b_{0,4}\xi^4 + b_{0,6}\xi^6)\} + 2\beta\xi\{\xi^6 + (c_{4,0} + c_{4,2} z^2)\xi^4 + (c_{2,0} + c_{2,2} z^2 + c_{2,4} z^4)\xi^2$$

$$+ (c_{0,0} + c_{0,2} z^2 + c_{0,4} z^4 + c_{0,6} z^6)\} + (\alpha^2 + \beta^2) F_1(\xi, z), \tag{5.71}$$

其中

$$F_1(\xi, z) = \frac{\alpha^2 b_{6,0}^2 + 25(1+a)c\beta^2 c_{6,0}^2}{25(1+a)c(\alpha^2 + \beta^2)}\left(\xi^2 + c(1+a)z^2 + \frac{3a}{c(1+a)}\right).$$

把 (5.71) 代入 (5.62), 令 $z^p\xi^q$ 的各次幂的系数为零, 可得一个非线性代数方程组. 求解该方程组, 得如下解:

$$\left\{\begin{array}{l}
a_{10,0} = \dfrac{98a}{\Gamma},\ a_{10,2} = 6\Gamma,\ a_{8,0} = \dfrac{735a^2}{\Gamma^2},\ a_{8,2} = 690a,\ a_{8,4} = 15\Gamma^2,\ a_{6,0} = \dfrac{75460a^3}{3\Gamma^3}, \\[3mm]
a_{6,2} = \dfrac{18620a^2}{\Gamma},\ a_{6,4} = 1540a\Gamma,\ a_{6,6} = 20\Gamma^3,\ a_{4,0} = -\dfrac{5187875a^4}{3\Gamma^4},\ a_{4,2} = \dfrac{220500a^3}{\Gamma^2}, \\[3mm]
a_{4,4} = 37450a^2,\ a_{4,6} = 1460a\Gamma^2,\ a_{4,8} = 15\Gamma^4,\ a_{2,0} = \dfrac{159786550a^5}{3\Gamma^5}, \\[3mm]
a_{2,2} = \dfrac{565950a^4}{\Gamma^3},\ a_{2,4} = -\dfrac{14700a^3}{\Gamma},\ a_{2,6} = 35420a^2\Gamma,\ a_{2,8} = 570a\Gamma^3,\ a_{2,10} = 6\Gamma^5, \\[3mm]
a_{0,0} = \dfrac{878826025a^6}{9\Gamma^6},\ a_{0,12} = \Gamma^6,\ a_{0,2} = \dfrac{300896750a^5}{3\Gamma^4},\ a_{0,4} = \dfrac{16391725a^4}{3\Gamma^2}, \\[3mm]
a_{0,6} = \dfrac{798980a^3}{3},\ a_{0,8} = 4335a^2\Gamma^2,\ a_{0,10} = 58a\Gamma^4,\ b_{0,6} = \dfrac{1}{5}\Gamma^3 b_{6,0},\ b_{0,4} = -\dfrac{7}{5}\Gamma b_{6,0}, \\[3mm]
b_{2,4} = -\dfrac{9}{5}\Gamma^2 b_{6,0},\ b_{0,2} = -\dfrac{49a^2 b_{6,0}}{\Gamma},\ b_{2,2} = -38ab_{6,0},\ b_{4,2} = -\Gamma b_{6,0},\ b_{0,0} = \dfrac{3773a^3 b_{6,0}}{3\Gamma^3}, \\[3mm]
b_{2,0} = -\dfrac{133a^2 b_{6,0}}{\Gamma^2},\ b_{4,0} = \dfrac{21ab_{6,0}}{\Gamma},\ c_{4,0} = \dfrac{13ac_{6,0}}{\Gamma},\ c_{4,2} = -9\Gamma b_{6,0}, \\[3mm]
c_{2,0} = -\dfrac{245a^2 c_{6,0}}{\Gamma^2},\ c_{2,2} = -230ac_{6,0},\ c_{2,4} = -5\Gamma^2 c_{6,0},\ c_{0,0} = \dfrac{12005a^3 c_{6,0}}{3\Gamma^3}, \\[3mm]
c_{0,2} = \dfrac{535a^2 c_{6,0}}{\Gamma},\ c_{0,4} = 45\Gamma c_{6,0},\ c_{0,6} = 5\Gamma^3 c_{6,0}
\end{array}\right\},$$

$$\tag{5.72}$$

其中 $b_{6,0}$ 和 $c_{6,0}$ 是任意常数. 把 (5.71) 和 (5.72) 代入 (5.61), 可得方程 (5.59) 的三阶怪波解

$$u = u_0 + 2(\ln \widetilde{F}_3(\xi, z; \alpha, \beta))_\xi. \tag{5.73}$$

当 $\alpha = 0$ 和 $\beta = 0$ 时, 图 5.11 中的三阶怪波群聚集在一起, 形成一个最高峰和一个最低峰. 当 $\alpha = \beta = 500$ 时, 图 5.12 中的怪波群以六个一阶怪波散开, 其中一个位于中心, 其余五个形成一个五边形.

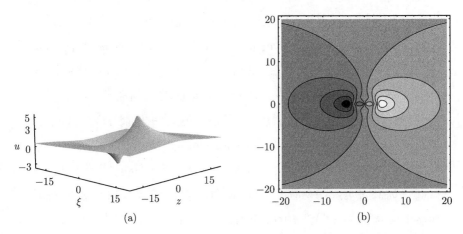

图 5.11　(a) u 为 (3+1) 维广义 KP 方程 (5.59) 的三阶怪波 (5.73) 的演化示意图; (b) u 的等高图, 参数取为 $\alpha = \beta = 0$, $u_0 = a = c = b_{6,0} = c_{6,0} = 1$

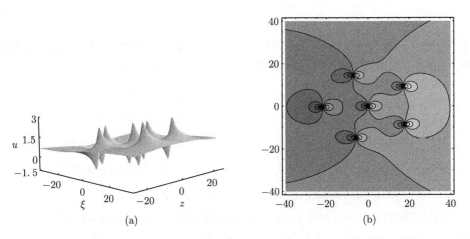

图 5.12　(a) u 为 (3+1) 维广义 KP 方程 (5.59) 的三阶怪波 (5.73) 的演化示意图; (b) u 的等高图, 参数取为 $\alpha = \beta = 500$, $u_0 = a = c = b_{6,0} = c_{6,0} = 1$

情形 4　$n = 3$. 设

$$f = \widetilde{F}_4(\xi, z; \alpha, \beta) = F_4(\xi, z) + 2\alpha z P_3(\xi, z) + 2\beta\xi Q_3(\xi, z) + (\alpha^2 + \beta^2)F_2(\xi, z)$$

$$= \xi^{20} + (a_{18,0} + a_{18,2}z^2)\xi^{18} + (a_{16,0} + a_{16,2}z^2 + a_{16,4}z^4)\xi^{16} + (a_{14,0} + a_{14,2}z^2$$

$$+ a_{14,4}z^4 + a_{14,6}z^6)\xi^{14} + (a_{12,0} + a_{12,2}z^2 + a_{12,4}z^4 + a_{12,6}z^6 + a_{12,8}z^8)\xi^{12}$$

$$+ (a_{10,0} + a_{10,2}z^2 + a_{10,4}z^4 + a_{10,6}z^6 + a_{10,8}z^8 + a_{10,10}z^{10})\xi^{10}$$

$$+ (a_{8,0} + a_{8,2}z^2 + a_{8,4}z^4 + a_{8,6}z^6 + a_{8,8}z^8 + a_{8,10}z^{10} + a_{8,12}z^{12})\xi^8$$

$$+ (a_{6,0} + a_{6,2}z^2 + a_{6,4}z^4 + a_{6,6}z^6 + a_{6,8}z^8 + a_{6,10}z^{10} + a_{6,12}z^{12} + a_{6,14}z^{14})\xi^6$$

$$+ (a_{4,0} + a_{4,2}z^2 + a_{4,4}z^4 + a_{4,6}z^6 + a_{4,8}z^8 + a_{4,10}z^{10} + a_{4,12}z^{12} + a_{4,14}z^{14}$$

$$+ a_{4,16}z^{16})\xi^4 + (a_{2,0} + a_{2,2}z^2 + a_{2,4}z^4 + a_{2,6}z^6 + a_{2,8}z^8 + a_{2,10}z^{10} + a_{2,12}z^{12}$$

$$+ a_{2,14}z^{14} + a_{2,16}z^{16} + a_{2,18}z^{18})\xi^2 + a_{0,0} + a_{0,2}z^2 + a_{0,4}z^4 + a_{0,6}z^6 + a_{0,8}z^8$$

$$+ a_{0,10}z^{10} + a_{0,12}z^{12} + a_{0,14}z^{14} + a_{0,16}z^{16} + a_{0,18}z^{18} + a_{0,20}z^{20}$$

$$+ 2\alpha z\{b_{0,12}z^{12} + (b_{0,10} + b_{2,10}\xi^2)z^{10} + (b_{0,8} + b_{2,8}\xi^2 + b_{4,8}\xi^4)z^8$$

$$+ (b_{0,6} + b_{2,6}\xi^2 + b_{4,6}\xi^4 + b_{6,6}\xi^6)z^6 + (b_{0,4} + b_{2,4}\xi^2 + b_{4,4}\xi^4 + b_{6,4}\xi^6$$

$$+ b_{8,4}\xi^8)z^4 + (b_{0,2} + b_{2,2}\xi^2 + b_{4,2}\xi^4 + b_{6,2}\xi^6 + b_{8,2}\xi^8 + b_{10,2}\xi^{10})z^2 + (b_{0,0} + b_{2,0}\xi^2$$

$$+ b_{4,0}\xi^4 + b_{6,0}\xi^6 + b_{8,0}\xi^8 + b_{10,0}\xi^{10} + b_{12,0}\xi^{12})\} + 2\beta\xi\{c_{12,0}\xi^{12} + (c_{10,0} + c_{10,2}z^2)\xi^{10}$$

$$+ (c_{8,0} + c_{8,2}z^2 + c_{8,4}z^4)\xi^8 + (c_{6,0} + c_{6,2}z^2 + c_{6,4}z^4 + c_{6,6}z^6)\xi^6 + (c_{4,0} + c_{4,2}z^2$$

$$+ c_{4,4}z^4 + c_{4,6}z^6 + c_{4,8}z^8)\xi^4 + (c_{2,0} + c_{2,2}z^2 + c_{2,4}z^4 + c_{2,6}z^6 + c_{2,8}z^8 + c_{2,10}z^{10})\xi^2$$

$$+ (c_{0,0} + c_{0,2}z^2 + c_{0,4}z^4 + c_{0,6}z^6 + c_{0,8}z^8 + c_{0,10}z^{10} + c_{0,12}z^{12})\} + (\alpha^2 + \beta^2)F_2(\xi, z),$$

$$\tag{5.74}$$

其中 $F_2(\xi, z)$ 在 (5.68) 中给出. 把 (5.74) 代入 (5.62), 并令 $z^p\xi^q$ 的各次幂的系数为零, 可得一个非线性代数方程组. 解该方程组, 得如下解:

$$\{a_{0,20} = \Gamma^{10}, \ a_{0,18} = 150a\Gamma^8, \ a_{0,2} = 3474517664913750a^9\Gamma^{-8},$$

$$a_{0,4} = 348683786758125a^8\Gamma^{-6}, \ a_{0,6} = 43199536653000a^7\Gamma^{-4},$$

$$a_{0,8} = 1200881855250a^6\Gamma^{-2}, \ a_{0,10} = 21813668100a^5, \ a_{0,12} = 360709650a^4\Gamma^2,$$

$$a_{0,14} = 3299400a^3\Gamma^4, \ a_{0,16} = 23085a^2\Gamma^6, \ a_{2,2} = 87034340196250a^8\Gamma^{-7},$$

$$a_{2,4} = 90898176915000a^7\Gamma^{-5}, \ a_{2,6} = 1982064357000a^6\Gamma^{-3},$$

$$a_{2,8} = 31477666500a^5\Gamma^{-1}, \ a_{2,10} = 671510700a^4\Gamma, \ a_{2,12} = 35645400a^3\Gamma^3,$$

$$a_{2,14} = 354600a^2\Gamma^5, \ a_{4,12} = 1619100a^2\Gamma^4, \ a_{4,10} = 94613400a^3\Gamma^2,$$

$$a_{2,16} = 2190a\Gamma^7, \ a_{4,14} = 11400a\Gamma^6, \ a_{4,8} = 266798750a^4,$$

$a_{4,6} = 4523339000a^5\Gamma^{-2}$, $a_{4,4} = -405853402500a^6\Gamma^{-4}$,

$a_{4,2} = 33286514625000a^7\Gamma^{-6}$, $a_{6,12} = 31080a\Gamma^5$, $a_{6,10} = 3601080a^2\Gamma^3$,

$a_{6,8} = 151237800a^3\Gamma$, $a_{6,6} = 3824793000a^4\Gamma^{-1}$, $a_{6,4} = 636363000a^5\Gamma^{-3}$,

$a_{6,2} = -521628471000a^6\Gamma^{-5}$, $a_{8,2} = 4871002500a^5\Gamma^{-4}$,

$a_{8,4} = 1071960750a^4\Gamma^{-2}$, $a_{8,6} = 135286200a^3$, $a_{8,8} = 4513950a^2\Gamma^2$,

$a_{8,10} = 50820a\Gamma^4$, $a_{8,12} = 210\Gamma^6$, $a_{10,2} = 107534700a^4\Gamma^{-3}$,

$a_{10,4} = 56586600a^3\Gamma^{-1}$, $a_{10,6} = 3308760a^2\Gamma$, $a_{10,8} = 52500a\Gamma^3$,

$a_{10,10} = 525\Gamma^5$, $a_{12,2} = 1062800a^3\Gamma^{-2}$, $a_{12,6} = 34440a\Gamma^2$, $a_{12,4} = 1367100a^2$,

$a_{14,2} = 275400a^2\Gamma^{-1}$, $a_{14,4} = 13800a\Gamma$, $a_{16,2} = 3030a$,

$a_{0,0} = 5917390238930625a^{10}\Gamma^{-10}$, $a_{2,0} = -696163557521250a^9\Gamma^{-9}$,

$a_{4,0} = 190578711448125a^8\Gamma^{-8}$, $a_{6,0} = 6967194507000a^7\Gamma^{-7}$,

$a_{8,0} = -178095030750a^6\Gamma^{-6}$, $a_{12,0} = -18877950a^4\Gamma^{-4}$, $a_{18,0} = 270a\Gamma^{-1}$,

$a_{14,6} = 120\Gamma^3$, , $a_{10,0} = 2094264900a^5\Gamma^{-5}$, $a_{14,0} = 351000a^3\Gamma^{-3}$,

$a_{16,0} = 16605a^2\Gamma^{-2}$, $a_{18,2} = 10\Gamma$, $a_{16,4} = 45\Gamma^2$, $a_{6,14} = 120\Gamma^7$,

$a_{4,16} = 45\Gamma^8$, $a_{2,18} = 10\Gamma^9$, $a_{12,8} = 210\Gamma^4$, $b_{6,2} = -48300a^2\Gamma^{-1/2}$,

$b_{6,4} = -6132a\Gamma^{3/2}$, $b_{6,6} = -36\Gamma^{7/2}$, $c_{6,2} = -26580a^2\Gamma^{-1}$, $c_{6,4} = -1740a\Gamma$,

$c_{6,6} = 36\Gamma^3$, $c_{8,2} = -1870a$, $c_{8,4} = -25\Gamma^2$, $b_{4,2} = -825300a^3\Gamma^{-3/2}$,

$b_{4,4} = -118650a^2\Gamma^{1/2}$, $b_{4,6} = 780a\Gamma^{5/2}$, $b_{4,8} = 25a\Gamma^{9/2}$,

$c_{2,2} = 16899750a^4\Gamma^{-3}$, $c_{2,4} = 1304100a^3\Gamma^{-1}$, $c_{2,6} = 149100a^2\Gamma$,

$c_{2,8} = 1890a\Gamma^3$, $c_{2,10} = 14\Gamma^5$, $b_{2,2} = 16515450a^4\Gamma^{-5/2}$

$b_{2,4} = 1316700a^3\Gamma^{-1/2}$, $b_{2,6} = 78420a^2\Gamma^{3/2}$, $c_{0,12} = -7\Gamma^6$,

$b_{2,8} = 1310a\Gamma^{7/2}$, $b_{2,10} = 18\Gamma^{11/2}$, $c_{12,0} - 1$, $b_{12,0} = 7\Gamma^{1/2}$,

$c_{0,8} = -15225a^2\Gamma^2$, $c_{0,6} = -623700a^3$, $c_{0,4} = -18974025a^4\Gamma^{-2}$,

$c_{0,2} = -395101350a^5\Gamma^{-4}$, $b_{10,0} = 630a\Gamma^{-1/2}$, $c_{0,10} = -294a\Gamma^4$,

$b_{0,2} = -167690250a^5\Gamma^{-7/2}$, $b_{0,4} = -11076975a^4\Gamma^{-3/2}$, $b_{0,6} = -17100a^3\Gamma^{1/2}$,

$b_{0,8} = 225a^2\Gamma^{5/2}$, , $c_{8,0} = -825a^2\Gamma^{-2}$, $b_{0,12} = -\Gamma^{13/2}$,

$b_{0,10} = -10a\Gamma^{9/2}$, $c_{10,0} = 74a\Gamma^{-1}$, $b_{8,0} = 2625a^2\Gamma^{-3/2}$,

$c_{6,0} = 42300a^3\Gamma^{-3}$, $c_{4,0} = -2228625a^4\Gamma^{-4}$, $c_{2,0} = 78255450a^5\Gamma^{-5}$,

$c_{0,0} = -44983575a^6\Gamma^{-6}$, $b_{4,0} = -9602775a^4\Gamma^{-7/2}$, $b_{6,0} = 144900a^3\Gamma^{-5/2}$,

$$b_{2,0} = 293898150a^5\Gamma^{-9/2},\ b_{8,4} = -63\Gamma^{5/2},\ c_{4,8} = 63\Gamma^4,\ c_{4,6} = 5460a\Gamma^2,$$

$$c_{4,4} = -7350a^2,\ c_{4,2} = -3390a^3\Gamma^{-2},\ b_{0,0} = 294123375a^6\Gamma^{-11/2}, \tag{5.75}$$

$$b_{8,2} = -1890a\Gamma^{1/2},\ c_{10,2} = -18\Gamma,\ b_{10,12} = -14\Gamma^{3/2}\},$$

把 (5.74) 和 (5.75) 代入 (5.61), 可得方程 (5.59) 的四阶怪波解

$$u = u_0 + 2(\ln \widetilde{F}_4(\xi, z; \alpha, \beta))_\xi. \tag{5.76}$$

当 $\alpha = \beta = 0$ 时, 在图 5.13 中给出 (3+1) 维 KP 方程 (5.59) 的四阶怪波群聚集在一起的情形. 在图 5.14 中, 展示 (3+1) 维 KP 方程 (5.59) 的四阶怪波群形成圆, 其中一个位于中央, 其余七个均匀地排列在圆周上.

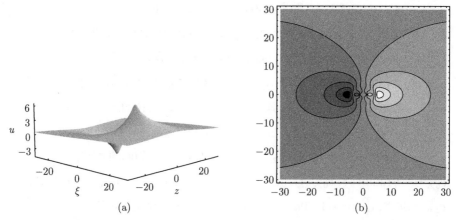

图 5.13　(a) u 为 (3+1) 维广义 KP 方程 (5.59) 的四阶怪波 (5.76) 的演化示意图; (b) u 的等高图, 参数取为 $\alpha = \beta = 0$, $u_0 = a = c = 1$

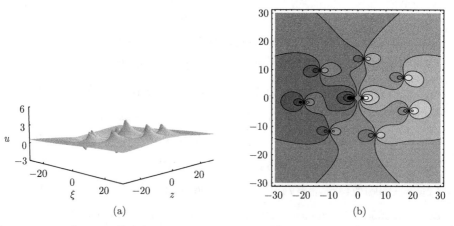

图 5.14　(a) u 为 (3+1) 维广义 KP 方程 (5.59) 的四阶怪波 (5.76) 的演化示意图; (b) u 的等高图, 参数取为 $\alpha = \beta = 9 \times 10^8$, $u_0 = a = c = 1$

5.3.3 (2+1) 维 KPI 方程的高阶怪波解

考虑 (2+1) 维 KPI 方程 [2, 92]

$$(u_t + 6uu_x + u_{xxx})_x - 3u_{yy} = 0. \tag{5.77}$$

令 $\xi = x - ct$ 时, 方程 (5.77) 化为

$$-c\,u_{\xi\xi} + 6(uu_\xi)_\xi + u_{\xi\xi\xi\xi} + 3\sigma u_{yy} = 0, \tag{5.78}$$

其中 c 是实参数. 通过变换

$$u = u_0 + 2(\ln f)_{\xi\xi}, \tag{5.79}$$

方程 (5.78) 化为如下双线性方程:

$$ff_{4\xi} - 4f_\xi f_{3\xi} + 3f_{2\xi}^2 - \omega(f_{2\xi}f - f_\xi^2) + 3\sigma(f_{2y}f - f_y^2) = 0, \omega = c - 6u_0. \tag{5.80}$$

情形 1 $n = 0$.

利用前面的符号计算方法, 我们获得 KPI 方程的如下一阶怪波解:

$$u = u_0 - \frac{12\sigma\omega\left((y - \alpha)^2\omega^2 + 3\sigma(-3 + \beta^2\omega - 2\beta\xi\omega + \xi^2\omega)\right)}{\left((y - \alpha)^2\omega^2 - 3\sigma(3 + \beta^2\omega - 2\beta\xi\omega + \xi^2\omega)\right)^2}, \tag{5.81}$$

其中 $\sigma = -1$.

情形 2 $n = 1$.

我们应用符号计算方法获得 KPI 方程的如下二阶怪波解:

$$u = u_0 + 2(\ln \widetilde{F}_2(\xi, z; \alpha, \beta))_{\xi\xi}, \tag{5.82}$$

其中 $\widetilde{F}_2(\xi, z; \alpha, \beta)$ 是在 (5.58) 中取 $n = 1$ 时得到, 并有

$$\begin{cases} a_{6,0} = 1, \ a_{4,0} = \dfrac{25}{\omega}, \ a_{4,2} = -\dfrac{\omega}{\sigma}, \ a_{2,0} = -\dfrac{125}{\omega^2}, \ a_{2,2} = -\dfrac{30}{\sigma}, \ a_{2,4} = \dfrac{\omega^2}{3\sigma^2}, \\[2mm] a_{0,0} = -\alpha^2 - \beta^2 + \dfrac{1875}{\omega^3} - \dfrac{\alpha^2\sigma b_{2,0}^2}{3\omega} + \beta^2 c_{2,0}^2, \ a_{0,2} = -\dfrac{475}{3\sigma\omega}, \ a_{0,4} = \dfrac{17\omega}{9\sigma^2}, \\[2mm] a_{0,6} = -\dfrac{\omega^3}{27\sigma^3}, \ b_{0,0} = \dfrac{5b_{2,0}}{3\omega}, \ b_{0,2} = \dfrac{\omega b_{2,0}}{9\sigma}, \ c_{0,0} = -\dfrac{c_{2,0}}{\omega}, \ c_{0,2} = \dfrac{\omega c_{2,0}}{\sigma} \end{cases}, \tag{5.83}$$

$b_{2,0}, c_{2,0}$ 为任意常数.

KPI 方程 (5.77) 的一阶怪波在图 5.15 和 5.16 中给出, 且参数取为 $\alpha = \beta = 0$, $c = 8, u_0 = -\sigma = 1$. 图 5.15 中, 怪波的中心位于 $(0,0)$, 波是关于 ξ 轴和 y 轴对称的 (图 5.15 (a) 和 (b)). 图 5.16 中, 怪波的中心位于 $(-4,-4)$, 参数取为 $\alpha = \beta = -4$, $c = 8, u_0 = -\sigma = 1$ (图 5.16 (a) 和 (b)).

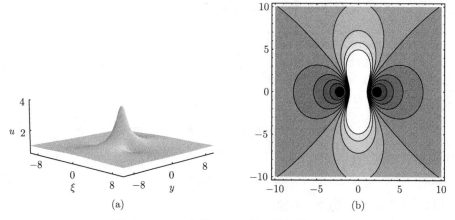

图 5.15 KPI 方程 (5.77) 的一阶怪波 (5.81)

(a) 波的演化; (b) 等高图, 其中 $\alpha = \beta = 0$, $c = 8$, $u_0 = -\sigma = 1$

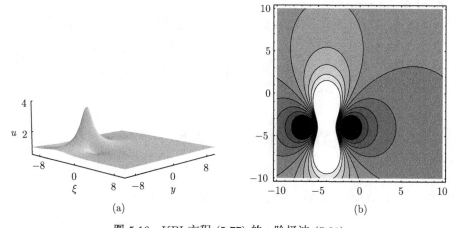

图 5.16 KPI 方程 (5.77) 的一阶怪波 (5.81)

(a) 波的演化; (b) 等高图, 其中 $\alpha = \beta = -4$, $c = 8$, $u_0 = -\sigma = 1$

情形 3 $n = 2$.

我们获得 KPI 方程的三阶怪波解

$$u = u_0 + 2(\ln \widetilde{F}_3(\xi, z; \alpha, \beta))_{\xi\xi}, \tag{5.84}$$

其中 $\widetilde{F}_3(\xi, z; \alpha, \beta)$ 是在 (5.70) 中取 $n = 2$ 时得到, 并有

$$
\begin{cases}
a_{12,0} = 1,\ a_{10,0} = \dfrac{98}{\omega},\ a_{10,2} = -\dfrac{2\omega}{\sigma},\ a_{8,0} = \dfrac{735}{\omega^2},\ a_{8,2} = -\dfrac{230}{\sigma},\ a_{8,4} = \dfrac{5\omega^2}{3\sigma^2}, \\[2mm]
a_{6,0} = \dfrac{75460}{3\omega^3},\ a_{6,2} = -\dfrac{18620}{3\sigma\omega},\ a_{6,4} = \dfrac{1540\omega}{9\sigma^2},\ a_{6,6} = -\dfrac{20\omega^3}{27\sigma^3},\ a_{4,0} = -\dfrac{5187875}{3\omega^4},
\end{cases}
$$

$$a_{4,2} = -\frac{73500}{\sigma\omega^2},\ a_{4,4} = \frac{37450}{9\sigma^2},\ a_{4,6} = -\frac{1460\omega^2}{27\sigma^3},\ a_{4,8} = \frac{5\omega^4}{27\sigma^4},\ a_{2,4} = -\frac{4900}{3\sigma^2\omega},$$

$$a_{2,0} = -\alpha^2 - \beta^2 + \frac{159786550}{3\omega^5} - \frac{3\alpha^2\sigma b_{6,0}^2}{25\omega} + \beta^2 c_{6,0}^2,\ a_{2,2} = -\frac{188650}{\sigma\omega^3},$$

$$a_{2,8} = \frac{190\omega^3}{27\sigma^4},\ a_{0,0} = \frac{878826025}{9\omega^6} - \frac{3\alpha^2}{\omega} - \frac{3\beta^3}{\omega} - \frac{9\alpha^2\omega b_{6,0}^2}{25\omega^2} + \frac{3\beta^2 c_{6,0}^2}{\omega},$$

$$a_{0,2} = \frac{9\alpha^2\sigma\omega^4 b_{6,0}^2 + 25(-300896750 + 3\alpha^2\omega^5 + 3\beta^2\omega^5 - 3\beta^2\omega^5 c_{6,0}^2)}{225\sigma\omega^4},$$

$$a_{0,4} = \frac{16391725}{27\sigma^2\omega^2},\ a_{0,8} = \frac{1445\omega^2}{27\sigma^4},\ a_{0,10} = -\frac{58\omega^4}{243\sigma^5},\ a_{0,12} = \frac{\omega^6}{729\sigma^6},\ b_{4,0} = \frac{21b_{6,0}}{\omega},$$

$$b_{4,2} = \frac{\omega b_{6,0}}{3\sigma},\ b_{2,0} = -\frac{133b_{6,0}}{\omega^2},\ b_{2,2} = \frac{38b_{6,0}}{3\sigma},\ b_{2,4} = -\frac{\omega^2 b_{6,0}}{5\sigma^2},\ b_{0,2} = \frac{49b_{6,0}}{3\sigma\omega},$$

$$b_{0,4} = -\frac{7\omega b_{6,0}}{45\sigma^2},\ b_{0,6} = -\frac{\omega^3 b_{6,0}}{135\sigma^3},\ c_{4,0} = \frac{13c_{6,0}}{\omega},\ c_{4,2} = \frac{3\omega c_{6,0}}{\sigma},\ c_{2,0} = -\frac{345c_{6,0}}{\omega^2},$$

$$c_{2,2} = \frac{230c_{6,0}}{3\sigma},\ c_{2,4} = -\frac{5\omega^2 c_{6,0}}{9\sigma^2},\ c_{0,0} = \frac{12005c_{6,0}}{3\omega^3},\ c_{0,2} = -\frac{535c_{6,0}}{3\sigma\omega},$$

$$\left.c_{0,4} = \frac{5\omega c_{6,0}}{\sigma^2},\ a_{2,6} = -\frac{35420\omega}{27\sigma^3},\right\}$$

$$(5.85)$$

$b_{6,0},\ c_{6,0}$ 为任意常数.

图 5.16~图 5.18 描述了 KPI 方程 (5.77) 的二阶怪波, 其中 $c = 8$, $u_0 = b_{2,0} = -c_{2,0} = -\sigma = 1$. 图 5.17 中的 (a) 和 (b) 取参数为 $\alpha = \beta = 0$. 在此种情形中, 怪波拥有两个高的波峰. 从图 5.18 的 (a) 和 (b) 中容易看到当 α 和 β 取非零值时, 汇聚在一起的怪波要散开, 如 $\alpha = \beta = 500$. 此时怪波形成三角形状.

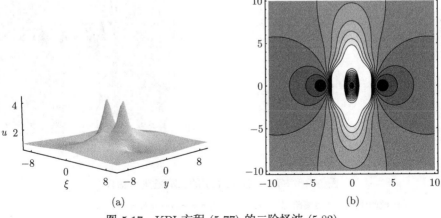

图 5.17 KPI 方程 (5.77) 的二阶怪波 (5.82)

(a) 波的演化; (b) 等高图, 其中 $\alpha = \beta = 0$, $c = 8$, $u_0 = b_{2,0} = -c_{2,0} = -\sigma = 1$

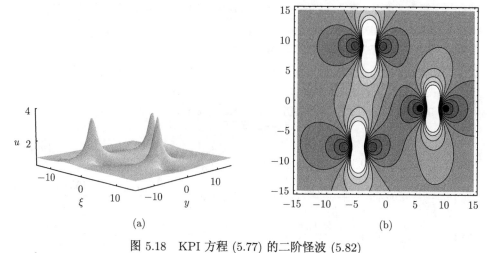

图 5.18　KPI 方程 (5.77) 的二阶怪波 (5.82)

(a) 波的演化; (b) 等高图, 其中 $\alpha = \beta = 500$, $c = 8$, $u_0 = b_{2,0} = -c_{2,0} = -\sigma = 1$

当 $\alpha = \beta = 0$, $c = 8$, $u_0 = b_{6,0} = -c_{6,0} = -\sigma = 1$ 时, 三阶怪波拥有三个高峰波, 此时波关于 ξ 轴或 y 轴对称 (图 5.19). 当 $\alpha = \beta = 5 \times 10^6$, $c = 8$, $u_0 = b_{6,0} = -c_{6,0} = -\sigma = 1$ 时, 波形成了五边形 (图 5.20).

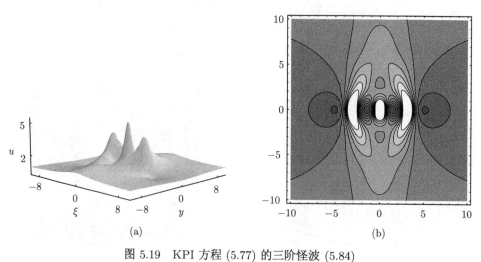

图 5.19　KPI 方程 (5.77) 的三阶怪波 (5.84)

(a) 波的演化; (b) 等高图, 其中 $\alpha = \beta = 0$, $c = 8$, $u_0 = b_{6,0} = -c_{6,0} = -\sigma = 1$

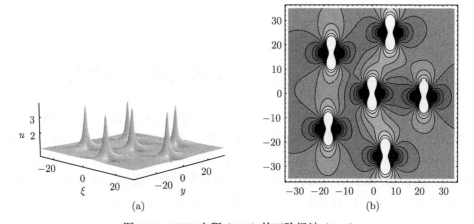

图 5.20 KPI 方程 (5.77) 的三阶怪波 (5.84)

(a) 波的演化; (b) 等高图, 其中 $\alpha = \beta = 5 \times 10^6$, $c = 8$, $u_0 = b_{6,0} = -c_{6,0} = -\sigma = 1$

第 6 章　Wronskian 技巧与非线性波

本章应用 Wronskian 技巧 [96] 于一个 (3+1) 维非线性演化方程的求解. 首先, 简单介绍 Wronskian 行列式的定义和主要性质. 其次, 通过扩展 Wronskian 解的条件方程组, 推导出该 (3+1) 维非线性演化方程的广义 Wronskian 解, 其中包括了 positon, negaton, soliton, complexiton 以及相互作用解. 然后, 利用双 Wronskian 技巧 [97] 讨论了该 (3+1) 维非线性演化方程的双 Wronskian 解, 并给出了一些有理解.

6.1　Wronskian 行列式及性质

定义 6.1(1)　设 $\phi_j(t, x, y, z)$ $(j = 1, 2, \cdots, N)$ 是一组可微函数, 则其 N 阶 Wronskian 行列式定义为

$$W = W(\phi_1, \phi_2, \cdots, \phi_N) = \begin{vmatrix} \phi_1 & \phi_1^{(1)} & \cdots & \phi_1^{(N-1)} \\ \phi_2 & \phi_2^{(1)} & \cdots & \phi_2^{(N-1)} \\ \vdots & \vdots & & \vdots \\ \phi_N & \phi_N^{(1)} & \cdots & \phi_N^{(N-1)} \end{vmatrix}, \tag{6.1}$$

式中 $\phi_j^{(l)} = \partial^l \phi_j / \partial x^l$ $(l = 1, \cdots, N-1)$. 若记 $\phi = (\phi_1, \phi_2, \cdots, \phi_N)^{\mathrm{T}}$, (6.1) 常可写为一种紧凑的格式:

$$W = |\phi, \phi^{(1)}, \cdots, \phi^{(N-1)}| = |\widehat{N-1}|.$$

定义 6.1(2)　设 $\phi_j(t, x, y, z)$, $\varphi_j(t, x, y, z)$ $(j = 1, 2, \cdots, N+M)$ 是两组不同的可微函数, 则定义 $N + M$ 阶 Wronskian 行列式为

$$W^{N,M} = \begin{vmatrix} \phi_1 & \phi_1^{(1)} & \cdots & \phi_1^{(N-1)} & \varphi_1 & \varphi_1^{(1)} & \cdots & \varphi_1^{(M-1)} \\ \phi_2 & \phi_2^{(1)} & \cdots & \phi_2^{(N-1)} & \varphi_2 & \varphi_2^{(1)} & \cdots & \varphi_2^{(M-1)} \\ \vdots & \vdots & & \vdots & \vdots & \vdots & & \vdots \\ \phi_{N+M} & \phi_{N+M}^{(1)} & \cdots & \phi_{N+M}^{(N-1)} & \varphi_{N+M} & \varphi_{N+M}^{(1)} & \cdots & \varphi_{N+M}^{(M-1)} \end{vmatrix}. \tag{6.2}$$

若令

$$\phi = (\phi_1, \phi_2, \cdots, \phi_{N+M})^{\mathrm{T}}, \quad \varphi = (\varphi_1, \varphi_2, \cdots, \varphi_{N+M})^{\mathrm{T}},$$

则 (6.2) 可简写为

$$W = |\phi, \phi^{(1)}, \cdots, \phi^{(N-1)}; \varphi, \varphi^{(1)}, \cdots, \varphi^{(M-1)}| = |\widehat{N-1}; \widehat{M-1}|.$$

这类行列式被称为双 Wronskian 行列式.

性质 6.1(1)　设 M 为 $N \times (N-2)$ 矩阵, a, b, c 和 d 都是 N 维列向量, 则满足

$$|M, a, b||M, c, d| - |M, a, c||M, b, d| + |M, a, d||M, b, c| = 0.$$

性质 6.1(2)　设 A 为 N 阶矩阵, 记 $A = (a_{ij})_{N \times N} = (\alpha_1, \alpha_2, \cdots, \alpha_N), \alpha_j = (a_{1j}, a_{2j}, \cdots, a_{Nj})^{\mathrm{T}}$ 为 A 的列向量, 而向量 $b = (b_1, b_2, \cdots, b_N)$, 则

$$\sum_{j=1}^{N} |\alpha_1, \cdots, \alpha_{j-1}, b\alpha_j, \alpha_{j+1}, \cdots, \alpha_N| = \sum_{j=1}^{N} b_j |A|$$

成立, 其中 $b\alpha_j$ 表示 $(b_1 a_{1j}, b_2 \alpha_{2j}, \cdots, b_N \alpha_{Nj})^{\mathrm{T}}$.

性质 6.1(3)　假设 A 为 N 阶矩阵, 以 a_j 与 a'_j 分别表示矩阵 A 的列向量与行向量, $P = (p_{ij})_{N \times N}$ 是 N 阶算子矩阵, 其元素 p_{ij} 是微分算子, 则

$$\sum_{i=1}^{N} |a_1, \cdots, a_{i-1}, p_i a_i, a_{i+1}, \cdots, a_N| = \sum_{j=1}^{N} \begin{vmatrix} a'_1 \\ \vdots \\ a'_{j-1} \\ p'_j a'_j \\ a'_{j+1} \\ \vdots \\ a'_N \end{vmatrix}$$

成立, 其中 $p_i a_i = (p_{1i} a_{1i}, p_{2i} a_{2i}, \cdots, p_{Ni} a_{Ni}), p'_j a'_j = (p_{j1} a_{j1}, p_{j2} a_{j2}, \cdots, p_{jN} a_{jN})$.

6.2　广义 Wronskian 解

考虑一个 (3+1) 维非线性演化方程

$$3u_{xz} - (2u_t + u_{xxx} - 2uu_x)_y + 2(u_x \partial_x^{-1} u_y)_x = 0. \tag{6.3}$$

在 2.3.2 节的例 2.3(1) 中, 我们利用 Darboux 变换给出了该方程的多孤立子解、共振孤立子解和 complexiton 解. 下面构造它的广义 Wronskian 解 [98−100].

作变换

$$u = -3\partial_x^2(\ln f) = -\frac{3(f f_{xx} - f_x^2)}{f^2}, \tag{6.4}$$

方程式 (6.3) 化为双线性方程

$$(3D_x D_z - 2D_y D_t - D_y D_x^3)f \cdot f = 0. \tag{6.5}$$

基于文献 [45], 我们把方程 (6.3) 的解表示为 Wronskian 行列式形式

$$u = -3\partial_x^2 \ln W(\phi_1, \phi_2, \cdots, \phi_N), \tag{6.6}$$

其中

$$W(\phi_1, \phi_2, \cdots, \phi_N) = \begin{vmatrix} \phi_1 & \phi_1^{(1)} & \cdots & \phi_1^{(N-1)} \\ \phi_2 & \phi_2^{(1)} & \cdots & \phi_2^{(N-1)} \\ \vdots & \vdots & & \vdots \\ \phi_N & \phi_N^{(1)} & \cdots & \phi_N^{(N-1)} \end{vmatrix} \tag{6.7}$$

且

$$-4\phi_{j,xx} = \lambda_j \phi_j, \quad \phi_{j,t} = 4\phi_{j,xxx}, \quad \phi_{j,y} = \phi_{j,x}, \quad \phi_{j,z} = 4\phi_{j,xxx}. \tag{6.8}$$

解 Wronskian 条件方程组 (6.8), 可得如下解:

$$\phi_j = C_{1j}, \ \lambda_j = 0,$$

$$\phi_j = C_{1j} \cos\left(\frac{1}{2}k_j x + \frac{1}{2}k_j y - \frac{1}{2}k_j^3 z - \frac{1}{2}k_j^3 t\right)$$

$$+ C_{2j} \sin\left(\frac{1}{2}k_j x + \frac{1}{2}k_j y - \frac{1}{2}k_j^3 z - \frac{1}{2}k_j^3 t\right), \ \lambda_j = k_j^2,$$

$$\phi_j = C_{1j} \cosh\left(\frac{1}{2}k_j x + \frac{1}{2}k_j y + \frac{1}{2}k_j^3 z + \frac{1}{2}k_j^3 t\right)$$

$$+ C_{2j} \sinh\left(\frac{1}{2}k_j x + \frac{1}{2}k_j y + \frac{1}{2}k_j^3 z + \frac{1}{2}k_j^3 t\right), \ \lambda_j = -k_j^2, \tag{6.9}$$

(6.9) 是 λ_j 分别取为零、正数和负数时对应方程组 (6.8) 的解, C_{1j} 和 C_{2j} 为任意常数.

根据文献 [99], 让函数 ϕ 满足

$$-4\phi_{xx} = \alpha(k)\phi, \quad \phi_t = 4\phi_{xxx}, \quad \phi_y = \phi_x, \quad \phi_z = 4\phi_{xxx}, \tag{6.10}$$

其中 $\alpha(k)$ 为关于 $k \in \mathbb{R}$ 的任意解析函数. 如果 ϕ 满足 (6.10), 则 ϕ 同样也满足下列 Wronskian 条件方程组:

$$-4\left(\partial_{k}^{m}\phi\right)_{xx} = \sum_{i=0}^{m}\binom{m}{i}(\partial_{k}^{i}\alpha)(\partial_{k}^{m-i}\phi), \quad (\partial_{k}^{m}\phi)_{t} = 4(\partial_{k}^{m}\phi)_{xxx},$$

$$(\partial_{k}^{m}\phi)_{y} = (\partial_{k}^{m}\phi)_{x}, \quad (\partial_{k}^{m}\phi)_{z} = 4(\partial_{k}^{m}\phi)_{xxx}, \ m \geqslant 0.$$

设

$$\psi_{i+1} = \frac{1}{i!}\frac{\partial^{i}\phi}{\partial k^{i}}, \quad \alpha_{i+1} = \frac{1}{i!}\frac{\partial^{i}\alpha}{\partial k^{i}}, \ i \geqslant 0,$$

那么, $\psi_{i}, 1 \leqslant i \leqslant N$, 满足下列方程:

$$\begin{cases} -4\psi_{1,x,x} = \alpha_{1}\psi_{1}, \\ -4\psi_{2,x,x} = \alpha_{2}\psi_{1} + \alpha_{1}\psi_{2}, \\ \qquad \cdots\cdots \\ -4\psi_{N,x,x} = \alpha_{N}\psi_{1} + \alpha_{N-1}\psi_{2} + \cdots + \alpha_{1}\psi_{N}. \end{cases} \tag{6.11}$$

这表明

$$-4\Psi_{xx} = \Lambda\Psi, \quad \Lambda = \begin{pmatrix} \alpha_{1} & & & 0 \\ \alpha_{2} & \alpha_{1} & & \\ \vdots & \ddots & \ddots & \\ \alpha_{N} & \cdots & \alpha_{2} & \alpha_{1} \end{pmatrix}, \quad \Psi = \begin{pmatrix} \psi_{1} \\ \psi_{2} \\ \vdots \\ \psi_{N} \end{pmatrix}, \tag{6.12}$$

以及

$$\psi_{i,t} = 4\psi_{i,xxx}, \quad \psi_{i,y} = \psi_{i,x}, \quad \psi_{i,z} = 4\psi_{i,xxx}, \quad 1 \leqslant i \leqslant N. \tag{6.13}$$

式 (6.12) 和式 (6.13) 等价于条件 (6.10), 并且

$$W(\psi_{1}, \psi_{2}, \cdots, \psi_{N}) = \left(\prod_{i=0}^{N-1}\frac{1}{i!}\right)W(\phi, \partial_{k}\phi, \cdots, \partial_{k}^{N-1}\phi). \tag{6.14}$$

我们得 (3+1) 维非线性演化方程 (6.3) 的广义 Wronskian 解

$$u = -3\partial_{x}^{2}\ln W(\phi, \partial_{k}\phi, \cdots, \partial_{k}^{N-1}\phi). \tag{6.15}$$

在特殊情形下, 由广义 Wronskian 解 (6.15), 可给出 (3+1) 维非线性演化方程 (6.3) 的 positon, negaton 和它们的作用解.

在 positon 解的情形中, 我们有

$$\alpha(k) = k^2, \quad k \in \mathbb{R}, \tag{6.16}$$

以及 $\alpha_1 = k^2$, $\alpha_2 = 2k$, $\alpha_3 = 1$, $\alpha_i = 0$, $i \geqslant 4$. (6.12) 中的系数矩阵化为

$$\Lambda = \begin{pmatrix} k^2 & & & & 0 \\ 2k & k^2 & & & \\ 1 & 2k & k^2 & & \\ & \ddots & \ddots & \ddots & \\ 0 & & 1 & 2k & k^2 \end{pmatrix}.$$

两类 $(m-1)$ 阶特殊的 positon 是

$$u = -3\partial_x^2 \ln W(\phi, \partial_k\phi, \cdots, \partial_k^{m-1}\phi), \quad \phi = \cos\frac{1}{2}(kx + ky - k^3z - k^3t + \gamma(k)),$$

$$u = -3\partial_x^2 \ln W(\phi, \partial_k\phi, \cdots, \partial_k^{m-1}\phi), \quad \phi = \sin\frac{1}{2}(kx + ky - k^3z - k^3t + \gamma(k)). \tag{6.17}$$

在 negaton 解的情形中, 我们有

$$\alpha(k) = -k^2, \quad k \in \mathbb{R}, \tag{6.18}$$

以及 $\alpha_1 = -k^2$, $\alpha_2 = -2k$, $\alpha_3 = -1$, $\alpha_i = 0$, $i \geqslant 4$. (6.12) 中的系数矩阵 Λ 化为

$$\Lambda = \begin{pmatrix} -k^2 & & & & 0 \\ -2k & -k^2 & & & \\ -1 & -2k & -k^2 & & \\ & \ddots & \ddots & \ddots & \\ 0 & & -1 & -2k & -k^2 \end{pmatrix}.$$

类似, 两类 $(m-1)$ 阶的特殊 negaton 是

$$u = -3\partial_x^2 \ln W(\phi, \partial_k\phi, \cdots, \partial_k^{m-1}\phi), \quad \phi = \cosh\frac{1}{2}(kx + ky + k^3z + k^3t + \gamma(k)),$$

$$u = -3\partial_x^2 \ln W(\phi, \partial_k\phi, \cdots, \partial_k^{m-1}\phi), \quad \phi = \sinh\frac{1}{2}(kx + ky + k^3z + k^3t + \gamma(k)). \tag{6.19}$$

在 positon 与 negaton 相互作用的情形中, ϕ $(1 \leqslant i \leqslant m)$ 从下列函数中选取:

$$\cos \frac{1}{2}(k_i x + k_i y - k_i^3 z - k_i^3 t + \gamma(k_i)), \quad \sin \frac{1}{2}(k_i x + k_i y - k_i^3 z - k_i^3 t + \gamma(k_i)),$$

$$\cosh \frac{1}{2}(k_i x + k_i y + k_i^3 z + k_i^3 t + \gamma(k_i)), \quad \sinh \frac{1}{2}(k_i x + k_i y + k_i^3 z + k_i^3 t + \gamma(k_i)),$$

$$(6.20)$$

其中 k_i 为任意常数, $\gamma(k_i)$ 为 k_i 的任意函数. 总之, $(3+1)$ 维非线性演化方程 (6.3) 的 $(n_1, n_2, \cdots, n_m)$ 阶 positon 与 negaton 相互作用解为

$$u = -3\partial_x^2 \ln W(\phi_1, \partial_k \phi_1, \cdots, \partial_k^{n_1} \phi_1; \cdots; \phi_m, \cdots, \partial_k^{n_m} \phi_m). \tag{6.21}$$

下面给出低阶的 positon, negaton 和 soliton 解:

$$u = -3\partial_x^2 \ln(\cos \xi_1) = \frac{3}{4}k_1^2 \sec^2(\xi_1), \tag{6.22}$$

$$u = -3\partial_x^2 \ln(\sin \xi_1) = \frac{3}{4}k_1^2 \csc^2(\xi_1), \tag{6.23}$$

$$u = -3\partial_x^2 \ln(\cosh \eta_1) = -\frac{3}{4}k_1^2 \operatorname{sech}^2(\eta_1), \tag{6.24}$$

$$u = -3\partial_x^2 \ln(\sinh \eta_1) = \frac{3}{4}k_1^2 \csc^2(\eta_1), \tag{6.25}$$

$$u = -3\partial_x^2 \ln(\sin \xi_1, \partial_{k_1} \sin \xi_1)$$
$$= \frac{3k_1^3(3k_1^2(z+t) - x - y) - \gamma'(k_1)\sin 2\xi_1 - 12\sin^2 \xi_1}{-(k_1(x+y-3k_1^2(z+t)) + \sin 2\xi_1 + k_1\gamma'(k_1))^2}, \tag{6.26}$$

$$u = -3\partial_x^2 \ln(\cos \xi_1, \partial_{k_1} \cos \xi_1)$$
$$= \frac{3k_1^3(x+y-3k_1^2(z+t) + \gamma'(k_1))\sin 2\xi_1 - 12k_1^2\cos^2 \xi_1}{-(k_1(x+y-3k_1^2(z+t)) - \sin 2\xi_1 + k_1\gamma'(k_1))^2}, \tag{6.27}$$

$$u = -3\partial_x^2 \ln(\sinh \eta_1, \partial_{k_1} \sinh \eta_1)$$
$$= \frac{3k_1^3(x+y+3k_1^2(z+t) + \gamma'(k_1))\sinh 2\eta_1 - 12k_1^2\sinh^2 \eta_1}{(k_1(x+y+3k_1^2(z+t)) - \sinh 2\eta_1 + k_1\gamma'(k_1))^2}, \tag{6.28}$$

$$u = -3\partial_x^2 \ln(\cosh \eta_1, \sinh \eta_2)$$
$$= \frac{3(k_1^2 - k_2^2)(k_2^2 - k_1^2 + k_2^2\cosh 2\eta_1 + k_1^2\cosh 2\eta_2)}{8(k_2\cosh \eta_1\cosh \eta_2 - k_1\sinh \eta_1\sinh \eta_2)^2}, \tag{6.29}$$

其中 $\xi_1 = \frac{k_1}{2}(-x-y+k_1^2(z+t)-\gamma(k_1))$, $\eta_i = \frac{k_i}{2}(x+y+k_i^2(z+t)+\gamma(k_i))$, $\gamma(k_i)$, $\gamma'(k_i)$

和 $k_i\ (i=1,2)$ 是任意常数.

我们将构造 $(3+1)$ 维非线性演化方程 (6.3) 的 complexiton 解. 如果设

$$\psi_j^\pm = \phi_{j1} \pm \sqrt{-1}\phi_{j2}, \quad \Lambda_j^\pm = \alpha_j \pm \sqrt{-1}\beta_j \quad (1 \leqslant j \leqslant N), \tag{6.30}$$

并计算

$$-4\psi_{j,xx}^\pm = \Lambda_j^\pm \psi_j^\pm, \quad \psi_{j,t}^\pm = 4\psi_{j,xxx}^\pm, \quad \psi_{j,y}^\pm = \psi_{j,x}^\pm, \quad \psi_{j,z}^\pm = 4\psi_{j,xxx}^\pm, \tag{6.31}$$

由于 ϕ_{j1} 和 ϕ_{j2} 满足

$$-4\begin{pmatrix} \phi_{j1,xx} \\ \phi_{j2,xx} \end{pmatrix} = A_j\begin{pmatrix} \phi_{j1} \\ \phi_{j2} \end{pmatrix}, \quad \begin{pmatrix} \phi_{j1,t} \\ \phi_{j2,t} \end{pmatrix} = 4\begin{pmatrix} \phi_{j1,xxx} \\ \phi_{j2,xxx} \end{pmatrix}, \tag{6.32}$$

$$\begin{pmatrix} \phi_{j1,y} \\ \phi_{j2,y} \end{pmatrix} = \begin{pmatrix} \phi_{j1,x} \\ \phi_{j2,x} \end{pmatrix}, \quad \begin{pmatrix} \phi_{j1,z} \\ \phi_{j2,z} \end{pmatrix} = 4\begin{pmatrix} \phi_{j1,xxx} \\ \phi_{j2,xxx} \end{pmatrix}, \quad A_j = \begin{pmatrix} \alpha_j & -\beta_j \\ \beta_j & \alpha_j \end{pmatrix}. \tag{6.33}$$

且所有的函数 ϕ_{ij} 有如下 Wronskian 行列式的关系:

$$W(\phi_{11}, \phi_{12}, \cdots, \phi_{N1}, \phi_{N2}) = (-2\sqrt{-1})^{-N} W(\psi_1^+, \psi_1^-, \cdots, \psi_N^+, \psi_N^-), \tag{6.34}$$

所以有

$$\left(\ln W(\phi_{11}, \phi_{12}, \cdots, \phi_{N1}, \phi_{N2})\right)_x = \left(\ln W(\psi_1^+, \psi_1^-, \cdots, \psi_N^+, \psi_N^-)\right)_x.$$

利用常数变易法求解 (6.32) 和 (6.33), 得通解

$$\begin{aligned}
\phi_{j1} &= [C_{1j}\cos\delta_j(x+y+\omega_j z - \overline{\beta}_j t) \\
&\quad + C_{2j}\sin\delta_j(x+y+\omega_j z - \overline{\beta}_j t)]e^{\Delta_j(x+y+\theta_j z+\overline{\alpha}_j t)} \\
&\quad + [C_{3j}\cos\delta_j(x+y+\omega_j z - \overline{\beta}_j t) \\
&\quad + C_{4j}\sin\delta_j(x+y+\omega_j z - \overline{\beta}_j t)]e^{-\Delta_j(x+y+\theta_j z+\overline{\alpha}_j t)}, \\
\phi_{j2} &= [C_{1j}\sin\delta_j(x+y+\omega_j z - \overline{\beta}_j t) \\
&\quad - C_{2j}\cos\delta_j(x+y+\omega_j z - \overline{\beta}_j t)]e^{\Delta_j(x+y+\theta_j z+\overline{\alpha}_j t)} \\
&\quad + [-C_{3j}\sin\delta_j(x+y+\omega_j z - \overline{\beta}_j t) \\
&\quad + C_{4j}\cos\delta_j(x+y+\omega_j z - \overline{\beta}_j t)]e^{-\Delta_j(x+y+\theta_j z+\overline{\alpha}_j t)},
\end{aligned} \tag{6.35}$$

其中

$$\Delta_j = \frac{1}{2}\sqrt{\alpha_j + \sqrt{\alpha_j^2 + \beta_j^2}}, \quad \delta_j = \frac{1}{2}\sqrt{-\alpha_j + \sqrt{\alpha_j^2 + \beta_j^2}},$$

$$\overline{\alpha}_j = 2\left(2\alpha_j - \sqrt{\alpha_j^2 + \beta_j^2}\right), \quad \overline{\beta}_j = -2\left(2\alpha_j + \sqrt{\alpha_j^2 + \beta_j^2}\right),$$

$$\omega_j = 2\left(2\alpha_j + \sqrt{\alpha_j^2 + \beta_j^2}\right), \quad \theta_j = 2\left(2\alpha_j - \sqrt{\alpha_j^2 + \beta_j^2}\right),$$

且 C_{1j}, C_{2j}, C_{3j}, C_{4j} $(1 \leqslant j \leqslant N)$ 为任意实常数.

如果取

$$C_{1j} = \frac{1}{2}(\cos k_{1j})e^{\gamma_{1j}}, \quad C_{2j} = -\frac{1}{2}(\sin k_{1j})e^{\gamma_{1j}},$$

$$C_{3j} - \frac{1}{2}(\cos k_{2j})e^{-\gamma_{2j}}, \quad C_{4j} = -\frac{1}{2}(\sin k_{2j})e^{-\gamma_{2j}}, \tag{6.36}$$

其中 k_{1j}, k_{2j}, γ_{1j} 和 $\gamma_{2j}(1 \leqslant j \leqslant N)$ 是任意实常数, 则计算 ϕ_{j1} 和 ϕ_{j2} 得

$$\phi_{j1} = \frac{1}{2}[\cos(\delta_j(x+y+\omega_j z - \overline{\beta}_j t) + \kappa_{1j})e^{\Delta_j(x+y+\theta_j z + \overline{\alpha}_j t)+\gamma_{1j}}$$
$$+ \cos(\delta_j(x+y+\omega_j z - \overline{\beta}_j t) + \kappa_{2j})e^{-\Delta_j(x+y+\theta_j z + \overline{\alpha}_j t)-\gamma_{2j}}],$$

$$\phi_{j2} = \frac{1}{2}[\sin(\delta_j(x+y+\omega_j z - \overline{\beta}_j t) + \kappa_{1j})e^{\Delta_j(x+y+\theta_j z + \overline{\alpha}_j t)+\gamma_{1j}}$$
$$- \sin(\delta_j(x+y+\omega_j z - \overline{\beta}_j t) + \kappa_{2j})e^{-\Delta_j(x+y+\theta_j z + \overline{\alpha}_j t)-\gamma_{2j}}]. \tag{6.37}$$

从而, 相应的 Wronskian 行列式给出了零阶的 N-complexiton 解

$$u = -3\partial_x^2 \ln W(\phi_{11}, \phi_{12}, \cdots, \phi_{N1}, \phi_{N2}). \tag{6.38}$$

为了简洁, 我们令 $\kappa_{11} = \kappa_{21} = \kappa_1$, $\gamma_{11} = \gamma_{21} = \gamma_1$, (6.37) 化为

$$\phi_{j1} = \cos\delta_j[(x+y+\omega_j z - \overline{\beta}_j t) + \kappa_1]\cosh\Delta_j[(x+y+\theta_j z + \overline{\alpha}_j t) + \gamma_1],$$

$$\phi_{j2} = \sin\delta_j[(x+y+\omega_j z - \overline{\beta}_j t) + \kappa_1]\sinh\Delta_j[(x+y+\theta_j z + \overline{\alpha}_j t) + \gamma_1]. \tag{6.39}$$

令 $j = 1$, 再将 (6.39) 代入 (6.38), 得 (3+1) 维非线性演化方程 (6.3) 的 1-complexiton 解

$$u = -3\partial_x^2 \ln W(\phi_{11}, \phi_{12})$$
$$= \frac{-6\overline{\beta}_1^2[1 + \cos(2\delta_1(x+y+\omega_1 z - \overline{\beta}_1 t) + 2\kappa_1)\cosh(2\Delta_1(x+y+\theta_1 z + \overline{\alpha}_1 t) + 2\gamma_1)]}{[\Delta_1\sin(2\delta_1(x+y+\omega_1 z - \overline{\beta}_1 t) + 2\kappa_1) + \delta_1\sinh(2\Delta_1(x+y+\theta_1 z + \overline{\alpha}_1 t) + 2\gamma_1)]^2}$$
$$+ \frac{6\overline{\alpha}_1\overline{\beta}_1\sin(2\delta_1(x+y+\omega_1 z - \overline{\beta}_1 t) + 2\kappa_1)\sinh(2\Delta_1(x+y+\theta_1 z + \overline{\alpha}_1 t) + 2\gamma_1)}{[\Delta_1\sin(2\delta_1(x+y+\omega_1 z - \overline{\beta}_1 t) + 2\kappa_1) + \delta_1\sinh(2\Delta_1(x+y+\theta_1 z + \overline{\alpha}_1 t) + 2\gamma_1)]^2}, \tag{6.40}$$

其中 $\alpha_1, \beta_1 > 0$, κ_1 和 γ_1 是任意实常数, 这里

$$\Delta_1 = \frac{1}{2}\sqrt{\alpha_1 + \sqrt{\alpha_1^2 + \beta_1^2}}, \quad \delta_1 = \frac{1}{2}\sqrt{-\alpha_1 + \sqrt{\alpha_1^2 + \beta_1^2}},$$

$$\overline{\alpha}_1 = 2\left(2\alpha_1 - \sqrt{\alpha_1^2 + \beta_1^2}\right), \quad \overline{\beta}_1 = -2\left(2\alpha_1 + \sqrt{\alpha_1^2 + \beta_1^2}\right),$$

$$\omega_1 = 2\left(2\alpha_1 + \sqrt{\alpha_1^2 + \beta_1^2}\right), \quad \theta_1 = 2\left(2\alpha_1 - \sqrt{\alpha_1^2 + \beta_1^2}\right).$$

观察得

$$\begin{pmatrix} -4\partial_x^2 \Phi_i \\ \dfrac{-4}{1!}\partial_x^2 \partial_{\alpha_i} \Phi_i \\ \vdots \\ \dfrac{-4}{(l_i-1)!}\partial_x^2 \partial_{\alpha_i}^{l_i-1} \Phi_i \end{pmatrix} = \begin{pmatrix} A_i & & & 0 \\ I_2 & A_i & & \\ & \ddots & \ddots & \\ 0 & & I_2 & A_i \end{pmatrix} \begin{pmatrix} \Phi_i \\ \dfrac{1}{1!}\partial_{\alpha_i}\Phi_i \\ \vdots \\ \dfrac{1}{(l_i-1)!}\partial_{\alpha_i}^{l_i-1}\Phi_i \end{pmatrix},$$

和

$$\left(\frac{1}{j!}\partial_{\alpha_i}^j \Phi_i\right)_t = 4\left(\frac{1}{j!}\partial_{\alpha_i}^j \Phi_i\right)_{xxx}, \quad \left(\frac{1}{j!}\partial_{\alpha_i}^j \Phi_i\right)_y = \left(\frac{1}{j!}\partial_{\alpha_i}^j \Phi_i\right)_x,$$

$$\left(\frac{1}{j!}\partial_{\alpha_i}^j \Phi_i\right)_z = 4\left(\frac{1}{j!}\partial_{\alpha_i}^j \Phi_i\right)_{xxx},$$

其中

$$\Phi_i = \begin{pmatrix} \phi_{i1} \\ \phi_{i2} \end{pmatrix}, \quad I_2 = \begin{pmatrix} 1 & 0 \\ 0 & 1 \end{pmatrix}, \quad A_i = \begin{pmatrix} \alpha_i & -\beta_i \\ \beta_i & \alpha_i \end{pmatrix}, \, 0 \leqslant j \leqslant l_i - 1,$$

这里 ∂_{α_i} 表示关于 α_i 的导数.

如果关于 β_i 求导, 我们有

$$\begin{pmatrix} -4\partial_x^2 \Phi_i \\ \dfrac{-4}{1!}\partial_x^2 \partial_{\beta_i} \Phi_i \\ \vdots \\ \dfrac{-4}{(l_i-1)!}\partial_x^2 \partial_{\beta_i}^{l_i-1} \Phi_i \end{pmatrix} = \begin{pmatrix} A_i & & & 0 \\ \Sigma_2 & A_i & & \\ & \ddots & \ddots & \\ 0 & & \Sigma_2 & A_i \end{pmatrix} \begin{pmatrix} \Phi_i \\ \dfrac{1}{1!}\partial_{\beta_i}\Phi_i \\ \vdots \\ \dfrac{1}{(l_i-1)!}\partial_{\beta_i}^{l_i-1}\Phi_i \end{pmatrix},$$

和

$$\left(\frac{1}{j!}\partial_{\beta_i}^j \Phi_i\right)_t = 4\left(\frac{1}{j!}\partial_{\beta_i}^j \Phi_i\right)_{xxx}, \quad \left(\frac{1}{j!}\partial_{\beta_i}^j \Phi_i\right)_y = \left(\frac{1}{j!}\partial_{\beta_i}^j \Phi_i\right)_x,$$

$$\left(\frac{1}{j!}\partial_{\beta_i}^j \Phi_i\right)_z - 4\left(\frac{1}{j!}\partial_{\beta_i}^j \Phi_i\right)_{xxx},$$

$$\Phi_i = \begin{pmatrix} \phi_{i1} \\ \phi_{i2} \end{pmatrix}, \ \Sigma_2 = \begin{pmatrix} 0 & -1 \\ 1 & 0 \end{pmatrix}, \ A_i = \begin{pmatrix} \alpha_i & -\beta_i \\ \beta_i & \alpha_i \end{pmatrix}, \ 0 \leqslant j \leqslant l_i - 1.$$

由此, 我们获得 $(3+1)$ 维非线性演化方程 (6.3) 的 $(l_i - 1)$ 阶 complexiton 解

$$u = -3\partial_x^2 \ln\left(\Phi_i^{\mathrm{T}}, \frac{1}{1!}\partial_{\alpha_i}\Phi_i^{\mathrm{T}}, \cdots, \frac{1}{(l_i-1)!}\partial_{\alpha_i}^{l_i-1}\Phi_i^{\mathrm{T}}\right) \tag{6.41}$$

和

$$u = -3\partial_x^2 \ln\left(\Phi_i^{\mathrm{T}}, \frac{1}{1!}\partial_{\beta_i}\Phi_i^{\mathrm{T}}, \cdots, \frac{1}{(l_i-1)!}\partial_{\beta_i}^{l_i-1}\Phi_i^{\mathrm{T}}\right). \tag{6.42}$$

更一般有 $(3+1)$ 维非线性演化方程 (6.3) 的 $(l_1-1, l_2-1, \cdots, l_n-1)$ 阶 complexiton 解

$$u = -3\partial_x^2 \ln\left(\Phi_1^{\mathrm{T}}, \cdots, \frac{1}{(l_1-1)!}\partial_{\xi_1}^{l_1-1}\Phi_1^{\mathrm{T}}; \cdots; \Phi_n^{\mathrm{T}}, \cdots, \frac{1}{(l_n-1)!}\partial_{\xi_n}^{l_n-1}\Phi_n^{\mathrm{T}}\right), \tag{6.43}$$

其中 ∂_{ξ_i} 应为 ∂_{α_i} 和 ∂_{β_i}.

下面, 我们将给出一些相互作用的特殊的 Wronskian 解. 首先选取特征函数

$$\phi_{\mathrm{zero}} = C,$$

$$\phi_{\mathrm{soliton}} = \cosh\frac{1}{2}(kx + ky + k^3z + k^3t + \gamma),$$

$$\phi_{\mathrm{positon}} = \cos\frac{1}{2}(kx + ky - k^3z - k^3t + \gamma),$$

$$\phi_{\mathrm{complexiton},1} = \cos\delta_1[(x + y + \omega_1 z - \overline{\beta}_1 t) + \kappa]\cosh\Delta_1[(x + y + \theta_1 z + \overline{\alpha}_1 t) + \gamma],$$

$$\phi_{\mathrm{complexiton},2} = \sin\delta_1[(x + y + \omega_1 z - \overline{\beta}_1 t) + \kappa]\sinh\Delta_1[(x + y + \theta_1 z + \overline{\alpha}_1 t) + \gamma],$$

其中 C, γ, κ 和 k 为任意常数, δ_1, Δ_1, θ_1, ω_1, $\overline{\beta}$, 和 $\overline{\alpha}$ 为常数, 它们在 (6.40) 中已给出.

进一步给出相应的相互作用 Wronskian 解为

$$u_{sp} = -3\partial_x^2 \ln W(\phi_{\mathrm{soliton}}, \phi_{\mathrm{positon}}) = \frac{3k^2(2 + \cos 2\xi + \cosh 2\eta)}{(\cosh\eta\sin\xi + \cos\xi\sinh\eta)^2}, \tag{6.44}$$

$$u_{zcc} = -3\partial_x^2 \ln W(\phi_{\text{zero}}, \phi_{\text{complexiton},1}, \phi_{\text{complexiton},2})$$

$$= \frac{12\delta_1^2\Delta_1^2(\cos 2\zeta + \cosh 2\chi)^2}{(\Delta_1 \sin 2\zeta - \delta_1 \sinh 2\chi)^2} + \frac{12\delta_1\Delta_1(\delta_1 \sin 2\zeta + \Delta_1 \sinh 2\chi)}{\Delta_1 \sin 2\zeta - \delta_1 \sinh 2\chi}, \tag{6.45}$$

其中 $\xi = \frac{1}{2}(kx + ky - k^3z - k^3t + \gamma)$, $\eta = \frac{1}{2}(kx + ky + k^3z + k^3t + \gamma)$, $\zeta = \delta_1[(x + y + \omega_1 z - \overline{\beta}_1 t) + \kappa]$ 和 $\chi = \Delta_1[(x + y + \theta_1 z + \overline{\alpha}_1 t) + \gamma]$.

6.3 双 Wronskian 解

本节利用双 Wronskian 技巧 [97] 和 2.3 节的 (2.82), (2.84), (2.86) 和 (2.88) 式, 给出 (3+1) 维非线性演化方程 (6.3) 的有理解.

命题 6.3(1)　(3+1) 维非线性演化方程 (6.3) 有双 Wronskian 解

$$f = |\widehat{N}; \widehat{M}|, \tag{6.46}$$

其中 $\phi = (\phi_1, \phi_2, \cdots, \phi_{N+M+2})^{\text{T}}$, $\varphi = (\varphi_1, \varphi_2, \cdots, \varphi_{N+M+2})^{\text{T}}$ 满足条件方程组

$$\phi_x = A\phi, \quad \phi_y = -2\phi_{xx}, \quad \phi_t = 4\phi_{xxx}, \quad \phi_z = -8\phi_{xxxx},$$
$$\varphi_x = -A\varphi, \quad \varphi_y = 2\varphi_{xx}, \quad \varphi_t = 4\varphi_{xxx}, \quad \varphi_z = 8\varphi_{xxxx}. \tag{6.47}$$

$A = (a_{ij})_{(N+M+2)\times(N+M+2)}$ 是一个与 x 无关的 $(N + M + 2) \times (N + M + 2)$ 矩阵.

利用 Wronskian 行列式的性质 6.1(1)~性质 6.1(3), 可以给出命题 6.3(1) 的证明.

解条件方程组 (6.47), 得通解为

$$\phi = e^{Ax - 2A^2y + 4A^3t - 8A^4z}C, \quad \varphi = e^{-Ax + 2A^2y - 4A^3t + 8A^4z}D, \tag{6.48}$$

其中 $C = (C_1, C_2, \cdots, C_{N+M+2})^{\text{T}}$, $D = (D_1, D_2, \cdots, D_{N+M+2})^{\text{T}}$ 为任意的常向量.

利用 Taylor 级数, 得

$$\phi = \sum_{h=0}^{\infty}\sum_{l=0}^{[\frac{h}{4}]}\sum_{n=0}^{[\frac{h-4l}{3}]}\sum_{s=0}^{[\frac{h-4l-3n}{2}]} \frac{(-1)^{l+s}2^{3l+2n+s}z^lt^ny^sx^{h-4l-3n-2s}}{l!n!s!(h-4l-3n-2s)!}A^hC, \tag{6.49}$$

$$\varphi = \sum_{h=0}^{\infty}\sum_{l=0}^{[\frac{h}{4}]}\sum_{n=0}^{[\frac{h-4l}{3}]}\sum_{s=0}^{[\frac{h-4l-3n}{2}]} \frac{(-1)^{h-4l-2n-2s}2^{3l+2n+s}z^lt^ny^sx^{h-4l-3n-2s}}{l!n!s!(h-4l-3n-2s)!}A^hD. \tag{6.50}$$

为求得双 Wronskian 形式的有理解, 我们取 A 为

$$
A = \begin{pmatrix} 0 & & & 0 \\ 1 & 0 & & \\ & 1 & \ddots & \\ 0 & & 1 & 0 \end{pmatrix},
\tag{6.51}
$$

由于 $A^{N+M+2} = 0$, (6.49) 和 (6.50) 可截断为

$$
\phi = \sum_{h=0}^{N+M+1} \sum_{l=0}^{\left[\frac{h}{4}\right]} \sum_{n=0}^{\left[\frac{h-4l}{3}\right]} \sum_{s=0}^{\left[\frac{h-4l-3n}{2}\right]}
\frac{(-1)^{l+s} 2^{3l+2n+s} z^l t^n y^s x^{h-4l-3n-2s}}{l! n! s! (h-4l-3n-2s)!} A^h C,
\tag{6.52}
$$

$$
\varphi = \sum_{h=0}^{N+M+1} \sum_{l=0}^{\left[\frac{h}{4}\right]} \sum_{n=0}^{\left[\frac{h-4l}{3}\right]} \sum_{s=0}^{\left[\frac{h-4l-3n}{2}\right]}
\frac{(-1)^{h-4l-2n-2s} 2^{3l+2n+s} z^l t^n y^s x^{h-4l-3n-2s}}{l! n! s! (h-4l-3n-2s)!} A^h D.
\tag{6.53}
$$

然而, ϕ 和 φ 的分量可表示为

$$
\phi_j = C_j + x C_{j-1} + \left(\frac{1}{2} x^2 - 2y \right) C_{j-2} + \left(4t - 2yx + \frac{1}{6} x^3 \right) C_{j-3}
$$

$$
+ \left(-8z + 4tx + 2y^2 - yx^2 + \frac{1}{24} x^4 \right) C_{j-4} + \cdots
$$

$$
+ \sum_{l=0}^{\left[\frac{j-1}{4}\right]} \sum_{n=0}^{\left[\frac{j-4l-1}{3}\right]} \sum_{s=0}^{\left[\frac{j-4l-3n-1}{2}\right]}
\frac{(-1)^{l+s} 2^{3l+2n+s} z^l t^n y^s x^{j-4l-3n-2s-1}}{l! n! s! (j-4l-3n-2s-1)!} C_1,
\tag{6.54}
$$

$$
\varphi_j = D_j - x D_{j-1} + \left(\frac{1}{2} x^2 + 2y \right) D_{j-2} + \left(-4t - 2yx - \frac{1}{6} x^3 \right) D_{j-3}
$$

$$
+ \left(8z + 4tx + 2y^2 + yx^2 + \frac{1}{24} x^4 \right) D_{j-4} + \cdots
$$

$$
+ \sum_{l=0}^{\left[\frac{j-1}{4}\right]} \sum_{n=0}^{\left[\frac{j-4l-1}{3}\right]} \sum_{s=0}^{\left[\frac{j-4l-3n-1}{2}\right]}
\frac{(-1)^{j-4l-2n-2s-1} 2^{3l+2n+s} z^l t^n y^s x^{j-4l-3n-2s-1}}{l! n! s! (j-4l-3n-2s-1)!} D_1.
\tag{6.55}
$$

特别, 令 $C_1 = D_1 = 1, C_j = D_j = 0 \; (j = 2, 3, \cdots, N + M + 2)$, (6.54) 和 (6.55) 变为

$$\phi_j = \sum_{l=0}^{\left[\frac{j-1}{4}\right]} \sum_{n=0}^{\left[\frac{j-4l-1}{3}\right]} \sum_{s=0}^{\left[\frac{j-4l-3n-1}{2}\right]} \frac{(-1)^{l+s} 2^{3l+2n+s} z^l t^n y^s x^{j-4l-3n-2s-1}}{l! n! s! (j - 4l - 3n - 2s - 1)!}, \tag{6.56}$$

$$\varphi_j = \sum_{l=0}^{\left[\frac{j-1}{4}\right]} \sum_{n=0}^{\left[\frac{j-4l-1}{3}\right]} \sum_{s=0}^{\left[\frac{j-4l-3n-1}{2}\right]} \frac{(-1)^{j-4l-2n-2s-1} 2^{3l+2n+s} z^l t^n y^s x^{j-4l-3n-2s-1}}{l! n! s! (j - 4l - 3n - 2s - 1)!}. \tag{6.57}$$

从 (6.56) 和 (6.57) 中, 我们计算出 ϕ_j 和 φ_j 的前几项为

$$\phi_1 = 1, \phi_2 = x, \phi_3 = \frac{1}{2}x^2 - 2y, \phi_4 = 4t - 2yx + \frac{1}{6}x^3, \phi_5 = -8z + 4tx + 3y^2 - yx^2 + \frac{1}{24}x^4, \cdots,$$

$$\varphi_1 = 1, \varphi_2 = -x, \varphi_3 = \frac{1}{2}x^2 + 2y, \varphi_4 = -4t - 2yx - \frac{1}{6}x^3, \varphi_5 = 8z + 4tx + 2y^2 + yx^2 + \frac{1}{24}x^4, \cdots.$$

然而, f 的多项式解为

$$N = M = 0 : f_1 = -2x,$$

$$N = 1, M = 0 : f_2 = 2x^2 + 4y,$$

$$N = 0, M = 1 : f_3 = -2x^2 + 4y,$$

$$N = 2, M = 0 : f_4 = -8t - \frac{4}{3}x^3 - 8xy,$$

$$N = M = 1 : f_5 = 16tx - \frac{4}{3}x^4 - 16y^2,$$

$$N = 0, M = 2 : f_6 = 8t + \frac{4}{3}x^3 - 8xy,$$

$$N = 3, M = 0 : f_7 = 16tx + \frac{2}{3}x^4 + 8x^2y + 8y^2 + 16z,$$

$$N = 2, M = 1 : f_8 = -64t^2 + \frac{32}{3}tx^3 - \frac{4}{9}x^6 - 64txy - \frac{8}{3}x^4y - 16x^2y^2 + 32y^3 + 32x^2z + 64yz,$$

$$N = 1, M = 2 : f_9 = -64t^2 + \frac{32}{3}tx^3 - \frac{4}{9}x^6 + 64txy + \frac{8}{3}x^4y - 16x^2y^2 - 32y^3 - 32x^2z + 64yz,$$

$$N = 0, M = 3 : f_{10} = 16tx + \frac{2}{3}x^4 - 8x^2y + 8y^2 - 16z.$$

所以, 得 (3+1) 维非线性演化方程 (6.3) 的如下有理解:

$$u_1 = \frac{3}{x^2}, \quad u_2 = \frac{6(x^2 - 2y)}{(x^2 + 2y)^2}, \quad u_3 = \frac{6(x^2 + 2y)}{(x^2 - 2y)^2}, \quad u_4 = \frac{9(-12tx + x^4 + 12y^2)}{(6t + x^3 + 6xy)^2},$$

$$u_5 = \frac{12(36t^2 + 12tx^3 + x^6 - 36x^2y^2)}{(-12tx + x^4 + 12y^2)^2}, \quad u_6 = \frac{9(-12tx + x^4 + 12y^2)}{(6t + x^3 - 6xy)^2},$$

$$u_7 = \frac{12(144t^2 + x^6 + 6x^4y - 24t(x^3 - 6xy) + 36x^2(y^2 - 2z) - 72(y^3 + 2yz))}{(24tx + x^4 + 12x^2y + 12(y^2 + 2z))^2},$$

$$u_8 = \frac{18(3456t^3x + x^{10} + 6x^8y - 24x^6(y^2 - 4z) - 576t(x^5y + 2x^3(y^2 - z) + 12xyz))}{(144t^2 + x^6 + 6x^4y - 24t(x^3 - 6xy) + 36x^2(y^2 - 2z) - 72(y^3 + 2yz))^2}$$

$$+ \frac{18(432x^2(3y^4 + 4z^2) + 144x^4(3y^3 + 4yz) + 864(y^5 - 4yz^2))}{(144t^2 + x^6 + 6x^4y - 24t(x^3 - 6xy) + 36x^2(y^2 - 2z) - 72(y^3 + 2yz))^2}$$

$$+ \frac{18(-432t^2(x^4 + 4x^2y - 4(y^2 + 2z)))}{(144t^2 + x^6 + 6x^4y - 24t(x^3 - 6xy) + 36x^2(y^2 - 2z) - 72(y^3 + 2yz))^2},$$

$$u_9 = \frac{18(3456t^3x + x^{10} - 6x^8y - 24x^6(y^2 + 4z) - 432t^2(x^4 - 4x^2y - 4y^2 + 8z))}{(144t^2 + x^6 - 6x^4y - 24t(x^3 + 6xy) + 36x^2(y^2 + 2z) + 72(y^3 - 2yz))^2}$$

$$+ \frac{18(-144x^4(3y^3 - 4yz) + 432x^2(3y^4 + 4z^2) - 864(y^5 - 4yz^2))}{(144t^2 + x^6 - 6x^4y - 24t(x^3 + 6xy) + 36x^2(y^2 + 2z) + 72(y^3 - 2yz))^2}$$

$$+ \frac{18(576t(x^5y - 12xyz - 2x^3(y^2 + z)))}{(144t^2 + x^6 - 6x^4y - 24t(x^3 + 6xy) + 36x^2(y^2 + 2z) + 72(y^3 - 2yz))^2},$$

$$u_{10} = \frac{12(144t^2 + x^6 - 6x^4y - 24t(x^3 + 6xy) + 36x^2(y^2 + 2z) + 72(y^3 - 2yz))}{(24tx + x^4 - 12x^2y + 12(y^2 - 2z))^2}.$$

反复使用以上方法, 可得 (3+1) 维非线性演化方程 (6.3) 的一系列新有理解. 利用计算机代数系统 Maple, 我们将有理解 $u_1 \sim u_{10}$ 直接代入原方程 (6.3), 并得以验证.

类似文献 [97], 如果将 A 选为其他型的 Jordan 块矩阵, 我们可以获得该 (3+1) 维非线性演化方程 (6.3) 的 soliton 解、Matveev 解、complexiton 解以及混合解.

第 7 章 尖峰波与 kink 波

1993 年, 美国洛斯阿拉莫斯国家试验室的 Camassa 和 Holm (CH) 推导出一个波动方程 [101], 并发现该方程的孤立子解在波峰处有一个尖点, 波峰处是不光滑的, 被称为尖峰波解 [101-106]. 人们相继发现 Degasperis-Procesi 方程 [107] 和 Novikov 方程 [108, 109] 等一系列方程具有尖峰波解 [110-118], 所以研究尖峰波解成为可积系统的热点问题之一. 本章讨论了 Dullin-Gottwald-Holm 方程的多孤立波和尖峰波解 [110], 也研究了一个 n 分量 CH 方程的多重尖峰波解 [115-117] 和一个 CH 类型方程的多重 kink 波解 [119, 120].

7.1 Dullin-Gottwald-Holm 方程的孤立波和尖峰波

2001 年, Dullin, Gottwald 和 Holm (DGH) 研究浅水波时提出 $1+1$ 维二次非线性方程 [110]

$$m_t + c_0 u_x + u m_x + 2 m u_x = -\gamma u_{xxx}. \tag{7.1}$$

其中 $u(x,t)$ 是流速, $m = u - \alpha^2 u_{xx}$ 代表力矩变量. DGH 方程 (7.1) 与两个著名的水波方程有联系. 当 $\alpha = 0, \gamma \neq 0$ 时, DGH 方程 (7.1) 简化为 KdV 方程

$$u_t + c_0 u_x + 3 u u_x + \gamma u_{xxx} = 0. \tag{7.2}$$

当 $\gamma = 0, \alpha = 1$ 时, DGH 方程 (7.1) 简化为 Camassa-Holm 方程

$$u_t + c_0 u_x - u_{xxt} + 3 u u_x = 2 u_x u_{xx} + u u_{xxx}. \tag{7.3}$$

其实它是 KdV 方程和 Camassa-Holm 方程的扩展形式, 所以 DGH 方程 (7.1) 是一个非常重要的潜水波模型.

下面考虑 DGH 方程 (7.1) 的 $\gamma = -c_0\alpha^2$ 时的情形. 此时 DGH 方程可写成

$$m_t + c_0 m_x + u m_x + 2 m u_x = 0, \quad m = u - \alpha^2 u_{xx}, \tag{7.4}$$

其中 c_0 是常数. DGH 方程 (7.1) 拥有如下 Lax 对:

$$\psi_{xx} = \frac{1}{4}\left(\frac{1}{\alpha^2} + 4\lambda m\right)\psi, \tag{7.5}$$

$$\psi_t = \left(\frac{1}{2\alpha^2\lambda} - c_0 - u\right)\psi_x + \frac{1}{2}u_x\psi, \tag{7.6}$$

其中 λ 为谱参数.

7.1.1   多孤立子解

作变换 [112]

$$r = \sqrt{m}, \tag{7.7}$$

它把 DGH 方程 (7.1) 变成守恒律形式

$$r_t + [(c_0 + u)r]_x = 0. \tag{7.8}$$

由此可定义坐标变换 $(x,t) \mapsto (y,\tau)$:

$$dy = rdx - (c_0 + u)rdt, \ \ d\tau = dt, \tag{7.9}$$

即

$$\frac{\partial}{\partial x} = r\frac{\partial}{\partial y}, \quad \frac{\partial}{\partial t} = \frac{\partial}{\partial \tau} - (c_0 + u)r\frac{\partial}{\partial y}. \tag{7.10}$$

利用坐标变换 (7.9), DGH 方程 (7.4) 化为

$$r_\tau + r^2 u_y = 0, \tag{7.11}$$

$$u = r^2 - \alpha^2 r(\ln r)_{y\tau}. \tag{7.12}$$

令 $\psi(x,t) = r^{-\frac{1}{2}}(y,\tau)\phi(y,\tau)$, 则 Lax 对 (7.5) 和 (7.6) 化为

$$\phi_{yy} = \lambda\phi + Q\phi, \tag{7.13}$$

$$\phi_\tau = \frac{1}{4\alpha^2\lambda}(2r\phi_y - r_y\phi), \tag{7.14}$$

其中 $Q = \frac{r_{yy}}{2r} - \frac{r_y^2}{4r^2} + \frac{1}{4\alpha^2 r^2}$.

由 Lax 对 (7.13) 和 (7.14) 的相容性条件, 可得可积方程

$$\alpha^2 Q_\tau = r_y, \quad r_{yyy} - 4Qr_y - 2Q_y r = 0, \tag{7.15}$$

它是负阶 KdV (NKdV) 方程 [112].

为了研究 Lax 对 (7.13) 和 (7.14) 的 Darboux 变换, 我们将 Lax 对 (7.13) 和 (7.14) 写成矩阵形式

$$\Phi_y = U\Phi = \begin{pmatrix} 0 & 1 \\ \lambda + Q & 0 \end{pmatrix}\begin{pmatrix} \phi \\ \phi_y \end{pmatrix}, \tag{7.16}$$

$$\Phi_\tau = V\Phi = \begin{pmatrix} -\frac{r_y}{4\alpha^2\lambda} & \frac{r}{2\alpha^2\lambda} \\ \frac{r}{2\alpha^2} + \frac{Qr}{2\alpha^2\lambda} - \frac{r_{yy}}{4\alpha^2\lambda} & \frac{r_y}{4\alpha^2\lambda} \end{pmatrix}\begin{pmatrix} \phi \\ \phi_y \end{pmatrix}. \tag{7.17}$$

其实, 计算交叉导数 $\Phi_{y\tau} = \Phi_{\tau y}$, 可得零曲率方程 $U_\tau - V_y + [U, V] = 0$, 由此可计算出方程 (7.15).

引入变换

$$\overline{\Phi} = T\Phi, \tag{7.18}$$

它把 Lax 对 (7.13) 和 (7.14) 映成关于 $\overline{\Phi}$ 的新 Lax 对

$$\overline{\Phi}_y = \overline{U}\,\overline{\Phi}, \quad \overline{U} = (T_y + TU)T^{-1}, \tag{7.19}$$

$$\overline{\Phi}_\tau = \overline{V}\,\overline{\Phi}, \quad \overline{V} = (T_\tau + TV)T^{-1}, \tag{7.20}$$

这里 $\overline{U}, \overline{V}$ 与 U, V 拥有相同的形状, 仅仅将位势 Q 和 r 换成新位势 $\overline{Q}$ 和 $\overline{r}$. 显然 $(\overline{Q}, \overline{r})$ 是方程 (7.15) 的新解.

根据 U, 我们取 KdV 族的初等 Darboux 阵

$$T = \begin{pmatrix} -\delta & 1 \\ \delta^2 - \lambda_1 + \lambda & -\delta \end{pmatrix}, \quad \det T = \lambda_1 - \lambda, \tag{7.21}$$

其中

$$\delta = \frac{\phi_{1y}}{\phi_1}, \tag{7.22}$$

且 $\phi = (\phi_1, \phi_{1y})^{\mathrm{T}}$ 是当 $\lambda = \lambda_1$ 时, Lax 对 (7.13) 和 (7.14) 的解. 函数 δ 满足如下 Riccati 方程组:

$$\delta_y = \lambda_1 + Q - \delta^2, \tag{7.23}$$

$$\delta_\tau = \frac{r}{2\alpha^2} + \frac{Qr}{2\alpha^2\lambda_1} - \frac{r_{yy}}{4\alpha^2\lambda_1} + \frac{r_y}{2\alpha^2\lambda_1}\delta - \frac{r}{2\alpha^2\lambda_1}\delta^2. \tag{7.24}$$

根据上面的讨论, 可给出下面的命题.

命题 7.1(1)　在 (7.19) 的第二个方程中, 矩阵 $\overline{U}$ 与 U 具有相同的形状, 即

$$\overline{U} = \begin{pmatrix} 0 & 1 \\ \lambda + \overline{Q} & 0 \end{pmatrix}, \tag{7.25}$$

其中 $\overline{Q}$ 与 Q 之间的联系是

$$\overline{Q} = Q - 2\delta_y = -2\lambda_1 - Q + 2\delta^2. \tag{7.26}$$

证明　把 T 和 U 代入 (7.19) 的第二个方程中, 并利用 (7.26), 我们得到

$$(T_y + TU)T^{-1} = \begin{pmatrix} 0 & 1 \\ \lambda + (-2\lambda_1 - Q - 2\delta^2) & 0 \end{pmatrix} = \begin{pmatrix} 0 & 1 \\ \lambda + \overline{Q} & 0 \end{pmatrix} = \overline{U}. \tag{7.27}$$

命题 7.1(1) 得证.

命题 7.1(2) 在 (7.20) 的第二个方程中, 矩阵 $\overline{V}$ 与 V 具有相同的形状, 其中 Q 和 r 分别被映成 $\overline{Q}$ 和 $\overline{r}$:

$$
\begin{aligned}
\overline{Q} &= Q - 2\delta_y = -2\lambda_1 - Q + 2\delta^2, \\
\overline{r} &= r - 2\alpha^2\delta_\tau = \frac{1}{2\lambda_1}(-2Qr + 2r\delta^2 - 2r_y\delta + r_{yy}),
\end{aligned}
\tag{7.28}
$$

且可计算出

$$
\overline{r}_y = -\frac{1}{\lambda_1}(-2r\delta(\lambda_1 + Q - \delta^2) + (\lambda_1 - 2\delta^2)r_y + \delta r_{yy}),
\tag{7.29}
$$

$$
\begin{aligned}
\overline{r}_{yy} = \frac{1}{\lambda_1}&(2r(\lambda_1^2 + Q^2 - 4\lambda_1\delta^2 + 3\delta^4 + 2Q(\lambda_1 - 2\delta^2)) \\
&+ 2(3\lambda_1 + Q)\delta r_y - 6\delta^3 r_y - (2\lambda_1 + Q)r_{yy} + 3\delta^2 r_{yy}).
\end{aligned}
\tag{7.30}
$$

证明 把 T 和 V 代入 (7.20) 的第二个方程中, 并利用 (7.29) 和 (7.30), 我们得到

$$
(T_\tau + TV)T^{-1} = \begin{pmatrix} \frac{1}{\lambda}q_{11}^{(-1)} & \frac{1}{\lambda}q_{12}^{(-1)} \\ q_{21}^{(0)} + \frac{1}{\lambda}q_{21}^{(-1)} & -\frac{1}{\lambda}q_{11}^{(-1)} \end{pmatrix} := \Gamma,
\tag{7.31}
$$

其中

$$
q_{12}^{(-1)} = q_{21}^{(0)} = \frac{1}{2\alpha^2\lambda_1}\left(-Qr + r\delta^2 - \delta r_y + \frac{1}{2}r_{yy}\right) = \frac{1}{2\alpha^2}\overline{r},
$$

$$
\begin{aligned}
q_{11}^{(-1)} &= -\frac{1}{4\alpha^2}\left(-\frac{1}{\lambda_1}(-2r\delta(\lambda_1 + Q - \delta^2) + (\lambda_1 - 2\delta^2)r_y + \delta r_{yy})\right) \\
&= -\frac{1}{4\alpha^2}\overline{r}_y,
\end{aligned}
$$

$$
\begin{aligned}
q_{21}^{(-1)} &= \frac{1}{4\alpha^2\lambda_1}(-2\lambda_1 - Q + 2\delta^2)(-2Qr + 2r\delta^2 - 2\delta r_y + r_{yy}) \\
&\quad - \frac{1}{4\alpha^2}\bigg[\frac{1}{\lambda_1}(2r(\lambda_1^2 + Q^2 - 4\lambda_1\delta^2 + 3\delta^4 + 2Q(\lambda_1 - 2\delta^2)) \\
&\quad + 2(3\lambda_1 + Q)\delta r_y - 6\delta^3 r_y - (2\lambda_1 + Q)r_{yy} + 3\delta^2 r_{yy})\bigg] \\
&= \frac{\overline{Q}\,\overline{r}}{2\alpha^2} - \frac{\overline{r}_{yy}}{4\alpha^2}.
\end{aligned}
$$

所以 $\Gamma = \overline{V}$. 命题 7.1(2) 得证.

命题 7.1(1) 和 7.1(2) 表示, 变换 (7.18) 和 (7.28) 把 Lax 对 (7.16) 和 (7.17) 映为与其形状相同的 Lax 对. 两个 Lax 对均联系着负阶 KdV 方程 (7.15), 因此, 从种子解 (Q_0, r_0) 出发, 由 (7.28) 可以计算出负阶 KdV 方程 (7.15) 的新解.

为了得到 DGH 方程 (7.4) 的解, 计算坐标变量 x, t 与 y, τ 之间的联系. 当 $\lambda = 0$ 时, 方程 (7.5) 和 (7.13) 变为

$$\psi_{xx} = \frac{1}{4\alpha^2}\psi, \tag{7.32}$$

$$\phi_{yy} = Q\phi. \tag{7.33}$$

由方程 (7.32), 计算出解 ψ 为 $\psi = e^{\frac{x}{2\alpha}}$. 由方程 (7.33), 得解 $\phi_0^+ = e^{\sqrt{Q_0}y}$ (或 $\phi_0^- = e^{-\sqrt{Q_0}y}$) 且可得另一个解

$$\left(\begin{array}{c} \phi_{[1]} \\ \phi_{[1]y} \end{array} \right) = T|_{\lambda=0} \left(\begin{array}{c} \phi_0^+ \\ \phi_{0y}^+ \end{array} \right) = \left(\begin{array}{cc} -\delta & 1 \\ \delta^2 - \lambda_1 & -\delta \end{array} \right) \left(\begin{array}{c} \phi_0^+ \\ \phi_{0y}^+ \end{array} \right). \tag{7.34}$$

所以由关系 $\phi_{[1]} = r^{\frac{1}{2}}\psi$ 可得

$$e^{\frac{x}{2\alpha}} = \frac{\phi_{[1]}}{\sqrt{r}} \tag{7.35}$$

和

$$x = \alpha \ln \frac{\phi_{[1]}^2}{r} = \alpha \ln \frac{(-\delta\phi_0^+ + \phi_{0y}^+)^2}{r}. \tag{7.36}$$

另一方面, 由 (7.9) 可得 $t = \tau$.

从方程 (7.15) 的非零种子解出发, 可得 Lax 对 (7.16) 和 (7.17) 的基本解

$$\Phi = \left(\begin{array}{c} \phi_j \\ \phi_{jy} \end{array} \right) = \left(\begin{array}{c} \cosh \xi_j \\ \Omega_j \sinh \xi_j \end{array} \right), \quad j\text{是奇数}, \tag{7.37}$$

以及

$$\Phi = \left(\begin{array}{c} \phi_j \\ \phi_{jy} \end{array} \right) = \left(\begin{array}{c} \sinh \xi_j \\ \Omega_j \cosh \xi_j \end{array} \right), \quad j\text{是偶数}, \tag{7.38}$$

其中

$$\xi_j = \Omega_j \left(y + \frac{r_0}{2\alpha^2 \lambda_j}\tau \right), \quad \Omega_j = \sqrt{Q_0 + \lambda_j}. \tag{7.39}$$

利用 (7.37) 和 (7.38), (7.28) 和 (7.12), 可以获得 DGH 方程 (7.4) 的 N 孤立子解.

情形 1 $(j=1)$ 由方程 (7.22), 得

$$\delta_1 = \Omega_1 \tanh \xi_1, \tag{7.40}$$

其中 $\xi_1 = \Omega_1 \left(y + \dfrac{r_0}{2\alpha^2 \lambda_1} \tau \right)$ 和 $\Omega_1 = \sqrt{Q_0 + \lambda_1}$.

把 (7.40) 代入 (7.28), 得

$$Q_1 = Q_0 - 2\Omega_1^2 \mathrm{sech}^2 \xi_1, \quad r_1 = r_0 - \frac{r_0 \Omega_1^2}{\lambda_1} \mathrm{sech}^2 \xi_1. \tag{7.41}$$

把 r_1 和 δ_1 代入 (7.12) 和 (7.36), 得到 DGH 方程 (7.4) 的单孤立子解

$$u = r_1^2 - \alpha^2 r_1 (\ln r_1)_{y\tau} = \frac{(\lambda_1^2 \sinh^2 \xi_1 + \lambda_1 Q_0 + 2Q_0^2) r_0^2}{\lambda_1 (\lambda_1 \sinh^2 \xi_1 - Q_0)},$$

$$x = \alpha \ln \frac{(-\delta_1 \phi_0^+ + \phi_{0y}^+)^2}{r_1} = \alpha \ln \frac{e^{2\sqrt{Q_0} y} (\sqrt{Q_0} - \Omega_1 \tanh \xi_1)^2}{r_0 - \dfrac{r_0 \Omega_1^2}{\lambda_1} \mathrm{sech}^{-2} \xi_1}, \tag{7.42}$$

$$t = \tau.$$

图 7.1 中展示的是 DGH 方程 (7.4) 的由参数方程所表示的单孤立子解, 是向右传播的行波解. α 取不同的值 (如 $\alpha = 1, 2, 3$) 时, 在图 7.2 中给出了孤波的形状. 容易看出随 α 值增大, 波宽增大, 波速减慢.

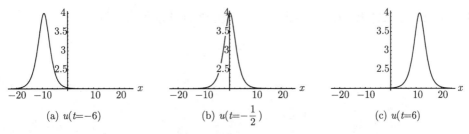

(a) $u(t=-6)$ (b) $u(t=-\frac{1}{2})$ (c) $u(t=6)$

图 7.1 单孤立子解 (7.42)

其中 $Q_0 = 3/2$, $r_0 = \sqrt{2}$, $\lambda_1 = -1$, $\alpha = 1$. (a) u 在 $t = -6$; (b) u 在 $t = -1/2$; (c) u 在 $t = 6$

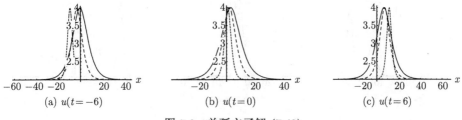

(a) $u(t=-6)$ (b) $u(t=0)$ (c) $u(t=6)$

图 7.2 单孤立子解 (7.42)

其中 $Q_0 = 3/2$, $r_0 = \sqrt{2}$, $\lambda_1 = -1$, 短虚线代表 $\alpha = 1$, 长虚线代表 $\alpha = 2$, 实线代表 $\alpha = 3$

情形 2 ($j = 2$)   根据 Lax 对 (7.16) 和 (7.17), 它们的解是

$$
\overline{\Phi} = T\Phi|_{\lambda=\lambda_2} = \begin{pmatrix} -\delta_1 & 1 \\ \delta_1^2 - \lambda_1 + \lambda_2 & -\delta_1 \end{pmatrix} \begin{pmatrix} \sinh\xi_2 \\ \Omega_2\cosh\xi_2 \end{pmatrix}
$$
$$
= \begin{pmatrix} -\delta_1\sinh\xi_2 + \Omega_2\cosh\xi_2 \\ (\delta_1^2 - \lambda_1 + \lambda_2)\sinh\xi_2 - \delta_1\Omega_2\cosh\xi_2 \end{pmatrix},
$$
(7.43)

其中 ξ_2 和 δ_1 分别在 (7.39) 和 (7.40) 中给出.

由 (7.22) 和 (7.43), 得

$$
\delta_2 = \frac{(-\delta_1\sinh\xi_2 + \Omega_2\cosh\xi_2)_y}{-\delta_1\sinh\xi_2 + \Omega_2\cosh\xi_2} = \frac{(-\Omega_1\tanh\xi_1\sinh\xi_2 + \Omega_2\cosh\xi_2)_y}{-\Omega_1\tanh\xi_1\sinh\xi_2 + \Omega_2\cosh\xi_2}
$$
$$
= [\ln(-\Omega_1\tanh\xi_1\sinh\xi_2 + \Omega_2\cosh\xi_2)]_y .
$$
(7.44)

基于 (7.28), 可得

$$
Q_2 = Q_0 - 2\Omega_1^2\mathrm{sech}^2\xi_1 - 2\left[\ln(-\Omega_1\tanh\xi_1\sinh\xi_2 + \Omega_2\cosh\xi_2)\right]_{yy} ,
$$
$$
r_2 = r_0 - \frac{r_0\Omega_1^2}{\lambda_1}\mathrm{sech}^2\xi_1 - 2\alpha^2\left[\ln(-\Omega_1\tanh\xi_1\sinh\xi_2 + \Omega_2\cosh\xi_2)\right]_{y\tau} .
$$
(7.45)

由式 (7.12), (7.45) 和 (7.36), 可得 DGH 方程 (7.4) 的双孤立子解

$$
u = r_2^2 - \alpha^2 r_2(\ln r_2)_{y\tau},
$$
$$
x = \alpha\ln\frac{(-\delta_2\phi_0^- + \phi_{0y}^-)^2}{r_2},
$$
$$
t = \tau,
$$
(7.46)

其中 δ_2 和 r_2 分别在 (7.44) 和 (7.45) 中给出. 双孤立子解 (7.46) 相互作用情况在图 7.3 中描述.

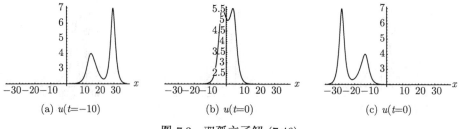

(a) $u(t{=}{-}10)$ (b) $u(t{=}0)$ (c) $u(t{=}0)$

图 7.3 双孤立子解 (7.46)

其中 $Q_0 = 3/2$, $r_0 = \sqrt{2}$, $\lambda_1 = -1$, $\lambda_2 = -2/3$, $\alpha = 1$. (a) $t = -10$; (b) $t = 0$; (c) $t = 10$

情形 N ($j = N$) 一般, DGH 方程 (7.4) 有如下 N 孤立子解:

$$
u = \left(r_0 - 2\alpha^2 \sum_{j=1}^{N} \delta_{j\tau} \right)^2 - 2\alpha^2 \left(r_0 - 2\alpha^2 \sum_{j=1}^{N} \delta_{j\tau} \right) \left(\ln \left(r_0 - 2\alpha^2 \sum_{j-1}^{N} \delta_{j\tau} \right) \right)_{y\tau},
$$

(7.47)

$$
x = \begin{cases}
\alpha \ln \dfrac{\left(-\delta_N \phi_0^+ + \phi_{0y}^+ \right)^2}{r_0 - 2\alpha^2 \sum\limits_{j=1}^{N} \delta_{j\tau}}, & \text{若 } N \text{ 是奇数}, \\[2em]
\alpha \ln \dfrac{\left(-\delta_N \phi_0^- + \phi_{0y}^- \right)^2}{r_0 - 2\alpha^2 \sum\limits_{j=1}^{N} \delta_{j\tau}}, & \text{若 } N \text{ 是偶数},
\end{cases}
$$

(7.48)

$$
t = \tau,
$$

其中

$$
\delta_j = \frac{(-\delta_{j-1}\phi_j + \phi_{jy})_y}{-\delta_{j-1}\phi_j + \phi_{jy}} \quad \delta_1 = \Omega_1 \tanh \xi_1 \quad (j = 2, 3, \cdots, N),
$$

(7.49)

且 ϕ_j, $(j = 2, 3, \cdots, N)$ 在 (7.37) 和 (7.38) 中给出.

7.1.2 多尖峰波

情形 1 ($n = 1$) 令 DGH 方程 (7.4) 有如下单尖峰波解:

$$
u(x, t) = p_1(t) e^{-|\xi_1|}, \quad \xi_1 = \frac{1}{\alpha}(x - q_1(t))
$$

(7.50)

其中 $p_1(t)$ 和 $q_1(t)$ 是关于 t 的待定函数. 易知 $u(x, t)$ 在 $x = q_1(t)$ 处不存在导数, 然而在分布理论意义下关于它的导数 u_x, m, m_x 和 m_t 以弱形式给出

$$
u_x = \frac{p_1}{\alpha} sgn(\xi_1) c^{-|\xi_1|}, \quad m = 2p_1 \delta(\xi_1),
$$

(7.51)

$$
m_x = \frac{2p_1}{\alpha} \delta'(\xi_1), \quad m_t = 2p_{1t}\delta(\xi_1) - \frac{2p_1 q_{1t}}{\alpha} \delta'(\xi_1),
$$

(7.52)

其中 $\delta(\xi_1)$ 表示广义函数.

把 (7.50)~(7.52) 代入方程 (7.4), 在分布意义下, 可以解得

$$
p_{1t} = 0, \quad q_{1t} = c_0 + p_1.
$$

(7.53)

由 (7.53), 易得

$$
p_1 = c, \quad q_1 = (c_0 + c)t + \eta_0,
$$

(7.54)

其中 c, c_0 和 η_0 是任意常数. 把 (7.54) 代入方程 (7.50), 得 DGH 方程 (7.4) 有如下单尖峰波解:

$$u = c\, e^{-\left|\frac{1}{\alpha}(x-(c_0+c)t-\eta_0)\right|}. \tag{7.55}$$

情形 2 ($n = 2$)　设双尖峰波解为

$$u = p_1 e^{-|\xi_1|} + p_2 e^{-|\xi_2|}, \quad \xi_i = \frac{1}{\alpha}(x - q_i) \quad (i = 1, 2), \tag{7.56}$$

其中 p_1, p_2, q_1 和 q_2 是关于 t 的待定函数. 在分布意义下直接计算, 得

$$u_x = -\frac{p_1}{\alpha}\mathrm{sgn}\,(\xi_1)\,e^{-|\xi_1|} - \frac{p_2}{\alpha}\mathrm{sgn}\,(\xi_2)\,e^{-|\xi_2|}, \tag{7.57}$$

$$m = 2p_1\delta\,(\xi_1) + 2p_2\delta\,(\xi_2), \quad m_x = \frac{2p_1}{\alpha}\delta'\,(\xi_1) + \frac{2p_2}{\alpha}\delta'\,(\xi_2), \tag{7.58}$$

$$m_t = 2p_{1t}\delta\,(\xi_1) - \frac{2p_1q_{1t}}{\alpha}\delta'\,(\xi_1) + 2p_{2t}\delta\,(\xi_2) - \frac{2p_2q_{2t}}{\alpha}\delta'\,(\xi_2). \tag{7.59}$$

把 (7.56)~(7.59) 代入方程 (7.4), 作用测试函数后得如下动态系统:

$$p_{1t} = \frac{2\alpha - 1}{\alpha^2}p_1p_2\mathrm{sgn}\left(\frac{1}{\alpha}(q_1 - q_2)\right)e^{-\left|\frac{1}{\alpha}(q_1-q_2)\right|}, \tag{7.60}$$

$$q_{1t} = c_0 + p_1 + p_2 e^{-\left|\frac{1}{\alpha}(q_1-q_2)\right|}, \tag{7.61}$$

$$p_{2t} = \frac{2\alpha - 1}{\alpha^2}p_1p_2\mathrm{sgn}\left(\frac{1}{\alpha}(q_2 - q_1)\right)e^{-\left|\frac{1}{\alpha}(q_2-q_1)\right|}, \tag{7.62}$$

$$q_{2t} = c_0 + p_2 + p_1 e^{-\left|\frac{1}{\alpha}(q_2-q_1)\right|}. \tag{7.63}$$

我们将 α 取值不同的情形进行讨论.

情形 2.1　令 $\alpha = \dfrac{1}{2}$, 方程组 (7.60)~(7.63) 化为

$$p_{1t} = p_{2t} = 0, \quad q_{1t} = c_0 + p_1 + p_2 e^{-|2(q_1-q_2)|}, \quad q_{2t} = c_0 + p_2 + p_1 e^{-|2(q_2-q_1)|}. \tag{7.64}$$

解方程组 (7.64), 可得

$$p_1 = c_1, \quad q_1 = (c_1 + c_0)t - \frac{c_2}{c_1 - c_2}\ln(1 + e^{-(c_1-c_2)t-\eta_0}) + C_1, \tag{7.65}$$

$$p_2 = c_2, \quad q_2 = (c_2 + c_0)t - \frac{c_1}{c_1 - c_2}\ln(1 + e^{-(c_1-c_2)t-\eta_0}) + C_2, \tag{7.66}$$

其中 c_0, c_1, c_2, C_1, C_2 和 η_0 是常数. 把 (7.65) 和 (7.66) 代入 (7.56), 得到一个双尖峰波解

$$u = c_1 e^{-|2(x-q_1)|} + c_2 e^{-|2(x-q_2)|}, \tag{7.67}$$

其中 q_1 和 q_2 在 (7.65) 和 (7.66) 中给出. 双尖峰波解 (7.67) 的动力学行为在图 7.4 中给出.

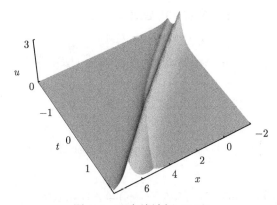

图 7.4   双尖峰波解 (7.67)

其中 $c_0 = \dfrac{1}{2}$, $c_1 = 2$, $c_2 = \dfrac{1}{3}$, $C_1 = 2$, $C_2 = \dfrac{18}{5}$, $\eta_0 = 0$

情形 2.2   令 $\alpha \neq \dfrac{1}{2}$, $\alpha \neq 0$, 在 (7.60)~(7.63) 中 $\Lambda = \dfrac{2\alpha - 1}{\alpha^2}$ 时, 有

$$(p_1 + p_2)_t = 0. \tag{7.68}$$

由上述方程, 可得如下关系:

$$p_1 = p, \quad p_2 = -p + \Gamma, \tag{7.69}$$

其中 $p = p(t)$ 是 t 的函数, Γ 是积分常数.

不失一般性, 设 $Q = \dfrac{1}{\alpha}(q_1 - q_2) > 0$, 并联合方程组 (7.60)~(7.63), 可得

$$\alpha Q_t = (2p - \Gamma)\left(1 - e^{-Q}\right). \tag{7.70}$$

由 (7.60)~(7.63) 和 (7.69), 有

$$Q = -\ln\left(-\frac{p_t}{\Lambda p(p - \Gamma)}\right). \tag{7.71}$$

结合 (7.70) 和 (7.71) 推得

$$\alpha \Lambda p(p - \Gamma)p_{tt} + \Lambda p(\Gamma - p)(\Gamma - 2p)p_t + (\alpha\Lambda - 1)(\Gamma - 2p)p_t^2 = 0. \tag{7.72}$$

由 (7.72), 将给出如下几个例子.

例 7.1(1)   取 $\alpha = 1$, 有

$$p_t + p^2 - \Gamma p = d, \tag{7.73}$$

其中 d 是积分常数. 基于方程 (7.73) 的解, 我们将构造 DGH 方程 (7.4) 的三类双尖峰波解.

(1) 当 $d > -\dfrac{\Gamma^2}{4}$ 时, 由方程 (7.73) 导出

$$p = \frac{\Gamma}{2} + \Delta \coth \Delta(t - \eta_0), \quad \Delta = \sqrt{d + \frac{1}{4}\Gamma^2}. \tag{7.74}$$

把 (7.71) 和 (7.74) 代入 (7.60)$\sim$(7.63), 可得

$$q_1 = \left(\frac{\Gamma}{2} + c_0\right) t + \ln \left| \frac{\Gamma}{2} \sinh \Delta(t - \eta_0) + \Delta \cosh \Delta(t - \eta_0) \right| + C_1, \tag{7.75}$$

$$q_2 = \left(\frac{\Gamma}{2} + c_0\right) t - \ln \left| -\frac{\Gamma}{2} \sinh \Delta(t - \eta_0) + \Delta \cosh \Delta(t - \eta_0) \right| + C_2, \tag{7.76}$$

其中 $\Delta = \sqrt{d + \dfrac{1}{4}\Gamma^2}$, η_0, C_1, C_2 是积分常数.

进而, 我们得到 DGH 方程 (7.4) 的第一类尖峰波解

$$u = \left[\frac{\Gamma}{2} + \Delta \coth \Delta(t - \eta_0)\right] e^{-|x - q_1|} + \left[\frac{\Gamma}{2} - \Delta \coth \Delta(t - \eta_0)\right] e^{-|x - q_2|}, \tag{7.77}$$

其中 q_1 和 q_2 在 (7.75) 和 (7.76) 中给出. 第一类尖峰波解 (7.77) 的形状在图 7.5 中描述, 它非常类似 CH 方程的情形.

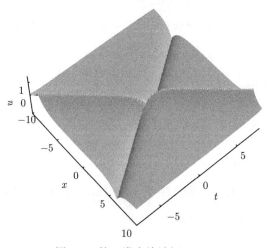

图 7.5　第一类尖峰波解 (7.77)

其中 $c_0 = \dfrac{1}{10}$, $d = 1$, $C_1 = C_2 = \eta_0 = 0$, $\Gamma = \dfrac{1}{100}$

(2) 当 $d < -\dfrac{\Gamma^2}{4}$ 时, 由方程 (7.73), 得

$$p = \frac{\Gamma}{2} + \Omega \tan \Omega(t - \eta_0), \ \ \Omega = \sqrt{-d - \frac{1}{4}\Gamma^2}. \tag{7.78}$$

把 (7.71) 和 (7.78) 代入 (7.60)~(7.63), 可得

$$
\begin{aligned}
q_1 = &\left(\frac{\Gamma}{2} + c_0\right) t - 2\ln|\cos\Omega(t - \eta_0)| \\
&+ \ln\left|\frac{\Gamma}{2}\cos\Omega(t - \eta_0) + \Omega\sin\Omega(t - \eta_0)\right| + C_1,
\end{aligned} \tag{7.79}
$$

$$
\begin{aligned}
q_2 = &\left(\frac{\Gamma}{2} + c_0\right) t + 2\ln|\cos\Omega(t - \eta_0)| \\
&- \ln\left|-\frac{\Gamma}{2}\cos\Omega(t - \eta_0) + \Omega\sin\Omega(t - \eta_0)\right| + C_2,
\end{aligned} \tag{7.80}
$$

其中 $\Omega = \sqrt{-d - \dfrac{1}{4}\Gamma^2}$, η_0, C_1, C_2 是积分常数.

可得 DGH 方程 (7.4) 的第二型尖峰波解如下:

$$u = \left[\frac{\Gamma}{2} + \Omega\tan\Omega(t - \eta_0)\right] e^{-|x - q_1|} + \left[\frac{\Gamma}{2} - \Omega\tan\Omega(t - \eta_0)\right] e^{-|x - q_2|}, \tag{7.81}$$

其中 q_1 和 q_2 在 (7.79) 和 (7.80) 中给出. 图 7.6 描述了第二类尖峰波解 (7.81) 的情况, 很明显该解具有奇异性.

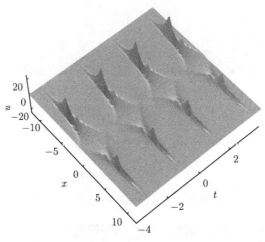

图 7.6 第二类尖峰波解 (7.81)

其中 $c_0 = -\dfrac{1}{100}$, $d = -2$, $C_1 = C_2 = \eta_0 = \Gamma = 0$

(3) 当 $d = -\dfrac{\Gamma^2}{4}$ 时, 由方程 (7.73), 得

$$p = \frac{\Gamma}{2} + \frac{1}{t - \eta_0}, \tag{7.82}$$

其中 η_0 是积分常数.

把 (7.71) 和 (7.82) 代入 (7.60)~(7.63), 可得

$$q_1 = \left(\frac{\Gamma}{2} + c_0\right) t + \ln\left|\frac{\Gamma}{2}(t - \eta_0) + 1\right| + C_1, \tag{7.83}$$

$$q_2 = \left(\frac{\Gamma}{2} + c_0\right) t - \ln\left|-\frac{\Gamma}{2}(t - \eta_0) + 1\right| + C_2, \tag{7.84}$$

其中 η_0, C_1 和 C_2 是积分常数.

我们得到 DGH 方程 (7.4) 的第三类尖峰波解

$$u = \left[\frac{\Gamma}{2} + \frac{1}{t - \eta_0}\right] e^{-|x - q_1|} + \left[\frac{\Gamma}{2} - \frac{1}{t - \eta_0}\right] e^{-|x - q_2|}, \tag{7.85}$$

其中 q_1 和 q_2 在 (7.83) 和 (7.84) 给出. 图 7.7 展示了第三类尖峰波解 (7.85) 的形状.

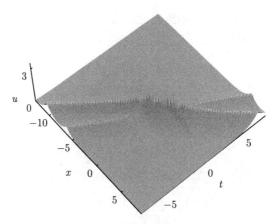

图 7.7 第三类尖峰波解 (7.85)

其中 $c_0 = \dfrac{1}{100}$, $C_1 = C_2 = \eta_0 = 0$, $\Gamma = 2$

例 7.1(2) 当 $\Lambda \neq 0$ 时, 解得 (7.72) 的特解为

$$p = \frac{A\Gamma}{A + Be^{-\Lambda\Gamma t}}, \tag{7.86}$$

其中 A 和 B 是积分常数. 把 (7.86) 代入 (7.69) 和 (7.60)~(7.63), 可得

$$p_1 = \frac{A\Gamma}{A + Be^{-\Lambda\Gamma t}}, \quad p_2 = -\frac{A\Gamma}{A + Be^{-\Lambda\Gamma t}} + \Gamma, \tag{7.87}$$

$$q_1 = (\Gamma + c_0)t + C_1, \quad q_2 = (\Gamma + c_0)t + C_2, \tag{7.88}$$

其中 C_1 和 C_2 是积分常数. 把 (7.87) 和 (7.88) 代入 (7.56), 可得 DGH 方程的一个解

$$u = \frac{A\Gamma}{A + Be^{-\Lambda\Gamma t}} e^{-|x-q_1|} + \left[-\frac{A\Gamma}{A + Be^{-\Lambda\Gamma t}} + \Gamma \right] e^{-|x-q_2|}, \tag{7.89}$$

其中 q_1 和 q_2 在 (7.88) 中给出. α 取一些特殊值时, 图 7.8 画出解的半线孤子结构.

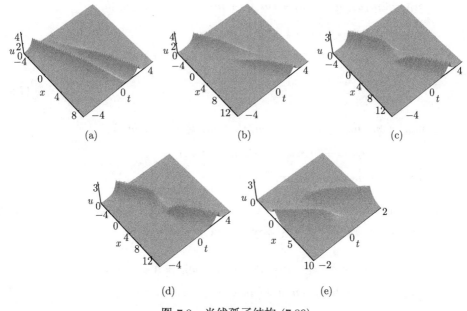

(a) (b) (c)

(d) (e)

图 7.8　半线孤子结构 (7.89)

其中 $C_1 = 6$, $C_2 = 1$, $\Gamma = 2$, $c_0 = A = B = 1$. (a) $\alpha = \sqrt{2} - 1$; (b) $\alpha = 1$;
(c) $\alpha = \frac{1}{3}(1 + \mathrm{i}\sqrt{2})$; (d) $\alpha = \frac{1}{2}(1 + \mathrm{i})$; (e) $\alpha = \frac{1}{3}$

情形 $N(n = N)$　一般, 设 N 尖峰波解为

$$u = \sum_{j=1}^{n} p_j(t) e^{-\left| \frac{1}{\alpha}(x - q_j(t)) \right|}. \tag{7.90}$$

把 (7.90) 代入 DGH 方程 (7.4), 并作用测试函数, 得 N 尖峰波的动态方程

$$p_{jt} = \Lambda p_j \sum_{k=1}^{N} p_k \mathrm{sgn}\left[\frac{1}{\alpha}(q_j - q_k) \right] e^{-\left| \frac{1}{\alpha}(q_j - q_k) \right|}, \tag{7.91}$$

$$q_{jt} = \sum_{k=1}^{N} p_k e^{-\left|\frac{1}{\alpha}(q_j - q_k)\right|} + c_0 \quad (j = 1, 2, \cdots, N). \tag{7.92}$$

所以, DGH 方程的 N 尖峰波解是由单尖峰波解叠加而成, p_j 表示波幅, q_j 表示波的位置.

7.2 n 分量 CH 方程的尖峰波

考虑一个新的 n 分量 CH 系统 [115, 116]

$$\begin{aligned}
m_{1t} &= 2m_1 u_{1x} + m_{1x} u_1 + (m_1 u_2 + m_1 u_3 + \cdots + m_1 u_n)_x \\
&\quad + m_2 u_{2x} + m_3 u_{3x} + \cdots + m_n u_{nx}, \\
m_{2t} &= 2m_2 u_{2x} + m_{2x} u_2 + (m_2 u_1 + m_2 u_3 + \cdots + m_2 u_n)_x \\
&\quad + m_1 u_{1x} + m_3 u_{3x} + \cdots + m_n u_{nx}, \\
&\qquad \cdots\cdots \\
m_{nt} &= 2m_n u_{nx} + m_{nx} u_n + (m_n u_1 + m_n u_2 + \cdots + m_n u_{n-1})_x \\
&\quad + m_1 u_{1x} + m_2 u_{2x} + \cdots + m_{n-1} u_{n-1,x}, \\
m_i &= u_i - u_{ixx},\ 1 \leqslant i \leqslant n.
\end{aligned} \tag{7.93}$$

当 $n = 3$ 时, 如果 $m_1 = m = u - u_{xx}$, $m_2 = n = v - v_{xx}$, $m_3 = l = w - w_{xx}$, $u_k = 0\,(4 \leqslant k \leqslant n)$, 则 n 分量 CH 系统化为 3 分量 CH 系统

$$\begin{aligned}
m_t &= 2m u_x + m_x u + (mv + mw)_x + n v_x + l w_x, \\
n_t &= 2n v_x + n_x v + (nu + nw)_x + m u_x + l w_x, \\
l_t &= 2l v_x + l_x v + (lu + lv)_x + m u_x + n v_x,
\end{aligned} \tag{7.94}$$

当 $n = 2$ 时, 如果 $m_1 = m = u - u_{xx}$, $m_2 = n = v - v_{xx}$, $u_k = 0\,(3 \leqslant k \leqslant n)$, 则 n 分量 CH 系统化为 2 分量 CH 系统

$$\begin{aligned}
m_t &= 2m u_x + m_x u + (mv)_x + n v_x, \\
n_t &= 2n v_x + n_x v + (nu)_x + m u_x.
\end{aligned} \tag{7.95}$$

当 $n = 1$ 时, 如果 $m_1 = m = u - u_{xx}$, $u_k = 0\,(2 \leqslant k \leqslant n)$, 则 n 分量 CH 系统化为经典的 CH 系统

$$m_t = 2m u_x + m_x u. \tag{7.96}$$

7.2.1 n 分量 CH 系统的单尖峰波解

设 n 分量 CH 系统 (7.93) 的单尖峰波解为

$$u_i = p_i e^{-|x-q|}, \quad 1 \leqslant i \leqslant n, \tag{7.97}$$

其中 $p_i(1 \leqslant i \leqslant n)$ 和 q 是 t 的待定函数. 在分布理论意义下, 直接计算得

$$u_{ix} = -p_i \mathrm{sgn}(x-q)e^{-|x-q|}, \ m_i = 2p_i\delta(x-q), \ 1 \leqslant i \leqslant n. \tag{7.98}$$

把 (7.97) 和 (7.98) 代入 (7.93), 并利用分布理论计算得

$$p_{it} = 0, \ q_t = -(p_1 + p_2 + \cdots + p_n), \ 1 \leqslant i \leqslant n. \tag{7.99}$$

解上述方程, 得

$$p_i = c_i, \ q = -(c_1 + c_2 + \cdots + c_n), \ 1 \leqslant i \leqslant n, \tag{7.100}$$

其中 $c_i, 1 \leqslant i \leqslant n$ 是积分常数. 把 (7.100) 代入 (7.97), 得 n 分量 CH 系统 (7.93) 的单尖峰波解为

$$u_i = c_i e^{-|x+(c_1+c_2+\cdots+c_n)t|}, \quad 1 \leqslant i \leqslant n. \tag{7.101}$$

7.2.2 n 分量 CH 系统的双尖峰波解

设 n 分量 CH 系统 (7.93) 有如下双尖峰波解:

$$u_i = p_i^1 e^{-|x-q_1|} + p_i^2 e^{-|x-q_2|}, \quad 1 \leqslant i \leqslant n, \tag{7.102}$$

其中 $p_i^1, p_i^2, 1 \leqslant i \leqslant n, q_1$ 和 q_2 是 t 的待定函数. 由分布理论, 计算出

$$\begin{aligned} u_{ix} &= -p_i^1 \mathrm{sgn}(x-q_1)e^{-|x-q_1|} - p_i^2\mathrm{sgn}(x-q_2)e^{-|x-q_2|}, \\ m_i &= 2p_i^1\delta(x-q_1) + 2p_i^2\delta(x-q_2), \quad 1 \leqslant i \leqslant n. \end{aligned} \tag{7.103}$$

把 (7.102) 和 (7.103) 代入 (7.93), 推出 $p_i^1, p_i^2, 1 \leqslant i \leqslant n$, q_1 和 q_2 所满足的微分方程组

$$\begin{aligned} p_{1t}^1 &= -(p_1^1 p_1^2 + p_2^1 p_2^2 + \cdots + p_n^1 p_n^2)\mathrm{sgn}(q_1 - q_2)e^{-|q_1-q_2|}, \\ p_{1t}^2 &= (p_1^1 p_1^2 + p_2^1 p_2^2 + \cdots + p_n^1 p_n^2)\mathrm{sgn}(q_1 - q_2)e^{-|q_1-q_2|}, \\ q_{1t} &= -(p_1^1 + p_2^1 + \cdots + p_n^1) - (p_1^2 + p_2^2 + \cdots + p_n^2)e^{-|q_1-q_2|}, \\ q_{2t} &= -(p_1^2 + p_2^2 + \cdots + p_n^2) - (p_1^1 + p_2^1 + \cdots + p_n^1)e^{-|q_1-q_2|}, \\ p_{2t}^1 &= p_{3t}^1 = \cdots = p_{nt}^1 = p_{1t}^1, \quad p_{2t}^2 = p_{3t}^2 = \cdots = p_{nt}^2. \end{aligned} \tag{7.104}$$

观察以上方程, 得如下关系:

$$
\begin{aligned}
&p_{1t}^2 = -p_{1t}^1, \ p_{2t}^2 = -p_{2t}^1, \ \cdots, \ p_{nt}^2 = -p_{nt}^1, \ q_{1t} = -q_{2t}, \\
&p_2^1 = p_1^1 + c_1, \quad p_3^1 = p_1^1 + c_2, \cdots, p_n^1 = p_1^1 + c_{n-1},
\end{aligned}
\tag{7.105}
$$

其中 $c_i, 1 \leqslant i \leqslant n-1$ 是常数. 为简单起见, 可假设

$$
p_1^2 = -p_1^1 = -p, \ p_i^1 = -p_i^2 = p + c_{i-1}, \ 2 \leqslant i \leqslant n-1.
\tag{7.106}
$$

不失一般性, 令 $Q = q_1 - q_2 > 0$, 联合 (7.104) 中的第三和第四个方程, 得

$$
Q_t = \left(2np + 2(c_1 + c_2 + \cdots + c_{n-1})\right)\left(e^{-Q} - 1\right).
\tag{7.107}
$$

利用 (7.104) 的第一个方程, 可得

$$
Q = \ln\left(\frac{np^2 + 2(c_1 + c_2 + \cdots + c_{n-1})p + \displaystyle\sum_{i=1}^{n-1} c_i^2}{p_t}\right).
\tag{7.108}
$$

利用 (7.107) 和 (7.108), 我们得

$$
p_t = np^2 + 2\sum_{i=1}^{n-1} c_i p + d,
\tag{7.109}
$$

其中 d 是积分常数. 为求得方程 (7.93) 的解, 我们将讨论以下三种情形.

情形 1 $\quad d - \dfrac{\left(\displaystyle\sum_{i=1}^{n-1} c_i\right)^2}{n} < 0.$

令 $d - \dfrac{\left(\displaystyle\sum_{i=1}^{n-1} c_i\right)^2}{n} = -\Gamma^2$, 其中 Γ 是非零常数. 利用 (7.108) 和 (7.109), 得如下结果:

$$
p = -\frac{\Gamma}{\sqrt{n}} \coth(\sqrt{n}\,\Gamma t) - \frac{\displaystyle\sum_{i=1}^{n-1} c_i}{n},
\tag{7.110}
$$

$$
Q = \ln(\Delta_1),
$$

其中

$$\Delta_1 = \cosh^2(\sqrt{n}\,\Gamma t) + \frac{(n-1)\sum_{i=1}^{n-1} c_i^2 \sinh^2(\sqrt{n}\,\Gamma t) - 2\sum_{1=i<j}^{n-1} c_i c_j \sinh^2(\sqrt{n}\,\Gamma t)}{n\Gamma^2}.$$

所以

$$p_1^1 = -p_1^2 = -\frac{\Gamma}{\sqrt{n}}\coth(\sqrt{n}\,\Gamma t) - \frac{\sum\limits_{i=1}^{n-1} c_i}{n},$$

$$p_2^1 = -p_2^2 = -\frac{\Gamma}{\sqrt{n}}\coth(\sqrt{n}\,\Gamma t) - \frac{\sum\limits_{i=1}^{n-1} c_i}{n} + c_1, \tag{7.111}$$

$$\cdots\cdots$$

$$p_n^1 = -p_n^2 = -\frac{\Gamma}{\sqrt{n}}\coth(\sqrt{n}\,\Gamma t) - \frac{\sum\limits_{i=1}^{n-1} c_i}{n} + c_{n-1},$$

$$q_1 = -q_2 = \frac{1}{2}\ln(\Delta_1).$$

进而得方程 (7.93) 的第一类双尖峰波解

$$u_j = \left(-\frac{\Gamma}{\sqrt{n}}\coth(\sqrt{n}\Gamma t) - \frac{\sum\limits_{i=1}^{n-1} c_i}{n} + c_{j-1} \right) e^{-|x-q_1|}$$

$$- \left(-\frac{\Gamma}{\sqrt{n}}\coth(\sqrt{n}\Gamma t) - \frac{\sum\limits_{i=1}^{n-1} c_i}{n} + c_{j-1} \right) e^{-|x-q_2|}, \quad 1 \leqslant j \leqslant n, \tag{7.112}$$

$$q_1 = -q_2 = \frac{1}{2}\ln(\Delta_1).$$

情形 2 $d - \dfrac{\left(\sum\limits_{i=1}^{n-1} c_i\right)^2}{n} > 0.$

令 $d - \dfrac{\left(\sum\limits_{i=1}^{n-1} c_i\right)^2}{n} = \Gamma^2$, 其中 $\Gamma \neq 0$. 利用 (7.108) 和 (7.109), 得

$$p = \frac{\Gamma}{\sqrt{n}}\tan(\sqrt{n}\Gamma t) - \frac{\displaystyle\sum_{i=1}^{n-1} c_i}{n}, \tag{7.113}$$

$$Q = \ln(\Delta_2),$$

$$\Delta_2 = \sin^2(\sqrt{n}\Gamma t) + \frac{(n-1)\displaystyle\sum_{i=1}^{n-1} c_i^2 \cos^2(\sqrt{n}\Gamma t) - 2\displaystyle\sum_{1=i<j}^{n-1} c_i c_j \cos^2(\sqrt{n}\Gamma t)}{n\Gamma^2}.$$

所以

$$p_1^1 = -p_1^2 = \frac{\Gamma}{\sqrt{n}}\tan(\sqrt{n}\Gamma t) - \frac{\displaystyle\sum_{i=1}^{n-1} c_i}{n},$$

$$p_2^1 = -p_2^2 = \frac{\Gamma}{\sqrt{n}}\tan(\sqrt{n}\Gamma t) - \frac{\displaystyle\sum_{i=1}^{n-1} c_i}{n} + c_1,$$

$$\cdots\cdots \tag{7.114}$$

$$p_n^1 = -p_n^2 = \frac{\Gamma}{\sqrt{n}}\tan(\sqrt{n}\Gamma t) - \frac{\displaystyle\sum_{i=1}^{n-1} c_i}{n} + c_{n-1},$$

$$q_1 = -q_2 = \frac{1}{2}\ln(\Delta_2).$$

进而得方程 (7.93) 的第二类双尖峰波解

$$u_j = \left(\frac{\Gamma}{\sqrt{n}}\tan(\sqrt{n}\Gamma t) - \frac{\displaystyle\sum_{i=1}^{n-1} c_i}{n} + c_{j-1}\right) e^{-|x-q_1|}$$

$$- \left(\frac{\Gamma}{\sqrt{n}}\tan(\sqrt{n}\Gamma t) - \frac{\displaystyle\sum_{i=1}^{n-1} c_i}{n} + c_{j-1}\right) e^{-|x-q_2|}, \quad 1 \leqslant j \leqslant n, \tag{7.115}$$

$$q_1 = -q_2 = \frac{1}{2}\ln(\Delta_2).$$

情形 3　$d - \dfrac{\left(\displaystyle\sum_{i=1}^{n-1} c_i\right)^2}{n} = 0.$ 解 (7.108) 和 (7.109), 得

$$p = -\frac{1}{nt} - \frac{\sum\limits_{i=1}^{n-1} c_i}{n}, \tag{7.116}$$

$$Q = \ln(\Delta_3).$$

其中

$$\Delta_3 = 1 + (n-1)\sum_{i=1}^{n-1} c_i^2 t^2 - 2\sum_{1=i<j}^{n-1} c_i c_j t^2.$$

所以

$$p_1^1 = -p_1^2 = -\frac{1}{nt} - \frac{\sum\limits_{i=1}^{n-1} c_i}{n},$$

$$p_2^1 = -p_2^2 = -\frac{1}{nt} - \frac{\sum\limits_{i=1}^{n-1} c_i}{n} + c_1,$$

$$\cdots\cdots \tag{7.117}$$

$$p_n^1 = -p_n^2 = -\frac{1}{nt} - \frac{\sum\limits_{i=1}^{n-1} c_i}{n} + c_{n-1},$$

$$q_1 = -q_2 = \frac{1}{2}\ln(\Delta_3).$$

进而得方程 (7.93) 的第三类双尖峰波解

$$u_j = \left(-\frac{1}{nt} - \frac{\sum\limits_{i=1}^{n-1} c_i}{n} + c_{j-1} \right) e^{-|x-q_1|}$$

$$- \left(-\frac{1}{nt} - \frac{\sum\limits_{i=1}^{n-1} c_i}{n} + c_{j-1} \right) e^{-|x-q_2|}, \quad 1 \leqslant j \leqslant n, \tag{7.118}$$

$$q_1 = -q_2 = \frac{1}{2}\ln(\Delta_3).$$

例 7.2(1) 利用 n 分量 CH 系统 (7.93) 的尖峰波解 (7.101),(7.112),(7.115) 和 (7.118), 当 $n=3$ 时, 可得 3 分量 CH 系统 (7.94) 的如下尖峰波解:

(1) 单尖峰波解.

$$u = c_1 e^{-|x+(c_1+c_2+c_3)t|}, \quad v = c_2 e^{-|x+(c_1+c_2+c_3)t|}, \quad w = c_3 e^{-|x+(c_1+c_2+c_3)t|}, \quad (7.119)$$

其中 c_1, c_2 和 c_3 是积分常数.

(2) 第一类双尖峰波解.

$$
\begin{aligned}
u = {} & \left[-\frac{1}{\sqrt{3}} \Gamma \coth\left(\sqrt{3}\Gamma t\right) - \frac{c_1+c_2}{3} \right] e^{-|x-q_1|} \\
& + \left[\frac{1}{\sqrt{3}} \Gamma \coth\left(\sqrt{3}\Gamma t\right) + \frac{c_1+c_2}{3} \right] e^{-|x-q_2|},
\end{aligned} \tag{7.120}
$$

$$
\begin{aligned}
v = {} & \left[-\frac{1}{\sqrt{3}} \Gamma \coth\left(\sqrt{3}\Gamma t\right) - \frac{c_2}{3} + \frac{2c_1}{3} \right] e^{-|x-q_1|} \\
& + \left[\frac{1}{\sqrt{3}} \Gamma \coth\left(\sqrt{3}\Gamma t\right) + \frac{c_2}{3} - \frac{2c_1}{3} \right] e^{-|x-q_2|},
\end{aligned} \tag{7.121}
$$

$$
\begin{aligned}
w = {} & \left[-\frac{1}{\sqrt{3}} \Gamma \coth\left(\sqrt{3}\Gamma t\right) - \frac{c_1}{3} + \frac{2c_2}{3} \right] e^{-|x-q_1|} \\
& + \left[\frac{1}{\sqrt{3}} \Gamma \coth\left(\sqrt{3}\Gamma t\right) + \frac{c_1}{3} - \frac{2c_2}{3} \right] e^{-|x-q_2|},
\end{aligned} \tag{7.122}
$$

其中

$$q_1 = -q_2 = \frac{1}{2} \ln[\Omega_1], \tag{7.123}$$

$$\Omega_1 = \cosh^2\left(\sqrt{3}\Gamma t\right) + \frac{2(c_1^2+c_2^2)\sinh^2(\sqrt{3}\Gamma t) - 2c_1 c_2 \sinh^2\left(\sqrt{3}\Gamma t\right)}{3\Gamma^2}. \tag{7.124}$$

图 7.9 中描述了第一类双尖峰波解的形状.

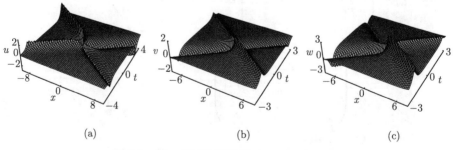

(a)　　　　　　　　　　(b)　　　　　　　　　　(c)

图 7.9　第一类双尖峰波解 (7.120)～(7.122)

其中 $\Gamma = 2, c_1 = 3, c_2 = 5$

(3) 第二类双尖峰波解.

$$u = \left[\frac{1}{\sqrt{3}}\Gamma\tan\left(\sqrt{3}\Gamma t\right) - \frac{c_1 + c_2}{3}\right]e^{-|x-q_1|}$$

$$- \left[\frac{1}{\sqrt{3}}\Gamma\tan\left(\sqrt{3}\Gamma t\right) - \frac{c_1 + c_2}{3}\right]e^{-|x-q_2|}, \tag{7.125}$$

$$v = \left[\frac{1}{\sqrt{3}}\Gamma\tan\left(\sqrt{3}\Gamma t\right) - \frac{c_2}{3} + \frac{2c_1}{3}\right]e^{-|x-q_1|}$$

$$- \left[\frac{1}{\sqrt{3}}\Gamma\tan\left(\sqrt{3}\Gamma t\right) - \frac{c_2}{3} + \frac{2c_1}{3}\right]e^{-|x-q_2|}, \tag{7.126}$$

$$w = \left[\frac{1}{\sqrt{3}}\Gamma\tan\left(\sqrt{3}\Gamma t\right) - \frac{c_1}{3} + \frac{2c_2}{3}\right]e^{-|x-q_1|}$$

$$- \left[\frac{1}{\sqrt{3}}\Gamma\tan\left(\sqrt{3}\Gamma t\right) - \frac{c_1}{3} + \frac{2c_2}{3}\right]e^{-|x-q_2|}, \tag{7.127}$$

其中

$$q_1 = -q_2 = \frac{1}{2}\ln\left[\Omega_2\right], \tag{7.128}$$

$$\Omega_2 = \sin^2(\sqrt{3}\Gamma t)) + \frac{2\left(c_1^2 + c_2^2\right)\cos^2\left(\sqrt{3}\Gamma t\right) - 2c_1 c_2\cos^2\left(\sqrt{3}\Gamma t\right)}{3\Gamma^2}. \tag{7.129}$$

图 7.10 中给出第二类双尖峰波解的形状.

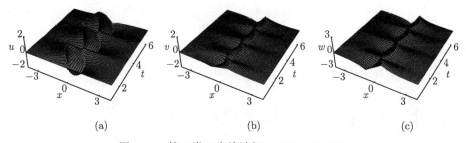

(a)   (b)   (c)

图 7.10   第二类双尖峰波解 (7.125)~(7.127)

其中 $\Gamma = 1, c_1 = 2, c_2 = 3$

(4) 第三类双尖峰波解.

$$u = \left(-\frac{1}{3t} - \frac{c_1 + c_2}{3}\right)e^{-|x-q_1|} + \left(\frac{1}{3t} + \frac{c_1 + c_2}{3}\right)e^{-|x-q_2|},$$

$$v = \left(-\frac{1}{3t} - \frac{c_2}{3} + \frac{2c_1}{3}\right)e^{-|x-q_1|} + \left(\frac{1}{3t} + \frac{c_2}{3} - \frac{2c_1}{3}\right)e^{-|x-q_2|}, \tag{7.130}$$

$$w = \left(-\frac{1}{3t} - \frac{c_1}{3} + \frac{2c_2}{3}\right)e^{-|x-q_1|} + \left(\frac{1}{3t} + \frac{c_1}{3} - \frac{2c_2}{3}\right)e^{-|x-q_2|},$$

其中

$$q_1 = -q_2 = \frac{1}{2} \ln[1 + 2(c_1^2 + c_2^2)t^2 - 2c_1 c_2 t^2].$$

图 7.11 中给出了第三类尖峰波解的形状.

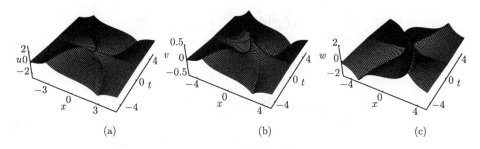

图 7.11   第三类型双尖峰波解 (7.130)

其中 $\Gamma = 2, c_1 = 1, c_2 = 3$

例 7.2(2)   利用 n 分量 CH 系统 (7.93) 的尖峰波解 (7.101),(7.112),(7.115) 和 (7.118), 当 $n = 2$ 时, 可得 2 分量 CH 系统 (7.95) 的如下尖峰波解:

(1) 单尖峰波解.

$$u = c_1 e^{-|x+(c_1+c_2)t|}, \quad v = c_2 e^{-|x+(c_1+c_2)t|}, \tag{7.131}$$

其中 c_1 和 c_2 是积分常数.

(2) 第一类双尖峰波解.

$$\begin{aligned}
u = {}& \left[-\frac{1}{\sqrt{2}} \Gamma \coth\left(\sqrt{2}\Gamma t\right) - \frac{c}{2} \right] e^{-\left| x - \frac{1}{2} \ln\left[\cosh^2\left(\sqrt{2}\Gamma t\right) + \frac{c^2 \sinh^2\left(\sqrt{2}\Gamma t\right)}{2\Gamma^2} \right] \right|} \\
& + \left[\frac{1}{\sqrt{2}} \Gamma \coth\left(\sqrt{2}\Gamma t\right) + \frac{c}{2} \right] e^{-\left| x + \frac{1}{2} \ln\left[\cosh^2\left(\sqrt{2}\Gamma t\right) + \frac{c^2 \sinh^2\left(\sqrt{2}\Gamma t\right)}{2\Gamma^2} \right] \right|},
\end{aligned} \tag{7.132}$$

$$\begin{aligned}
v = {}& \left[-\frac{1}{\sqrt{2}} \Gamma \coth\left(\sqrt{2}\Gamma t\right) + \frac{c}{2} \right] e^{-\left| x - \frac{1}{2} \ln\left[\cosh^2\left(\sqrt{2}\Gamma t\right) + \frac{c^2 \sinh^2\left(\sqrt{2}\Gamma t\right)}{2\Gamma^2} \right] \right|} \\
& + \left[\frac{1}{\sqrt{2}} \Gamma \coth\left(\sqrt{2}\Gamma t\right) - \frac{c}{2} \right] e^{-\left| x + \frac{1}{2} \ln\left[\cosh^2\left(\sqrt{2}\Gamma t\right) + \frac{c^2 \sinh^2\left(\sqrt{2}\Gamma t\right)}{2\Gamma^2} \right] \right|}.
\end{aligned} \tag{7.133}$$

图 7.12 和图 7.13 中展示第一类双尖峰波解.

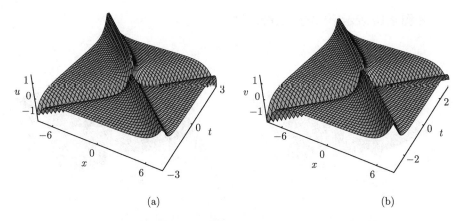

图 7.12   第一类双尖峰波解 (7.132) 和 (7.133) 的三维图

其中 $\Gamma = 2, c = \dfrac{1}{2}$

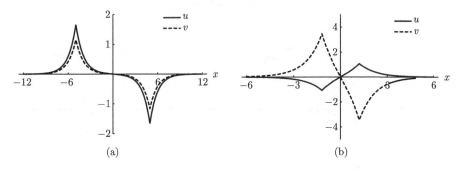

图 7.13   第一类双尖峰波解 (7.132) 和 (7.133) 的二维图

(a)$\Gamma = 2, c = \dfrac{1}{2},\ t = 2$; (b) $\Gamma = \sqrt{2}, c = -5, t = \dfrac{1}{2}$

(3) 第二类双尖峰波解.

$$
\begin{aligned}
u = & \left[\frac{1}{\sqrt{2}} \Gamma \tan\left(\sqrt{2}\Gamma t\right) - \frac{c}{2} \right] e^{-\left| x - \frac{1}{2} \ln\left[\sin^2\left(\sqrt{2}\Gamma t\right) + \frac{c^2 \cos^2\left(\sqrt{2}\Gamma t\right)}{2\Gamma^2} \right] \right|} \\
& - \left[\frac{1}{\sqrt{2}} \Gamma \tan\left(\sqrt{2}\Gamma t\right) - \frac{c}{2} \right] e^{-\left| x + \frac{1}{2} \ln\left[\sin^2\left(\sqrt{2}\Gamma t\right) + \frac{c^2 \cos^2\left(\sqrt{2}\Gamma t\right)}{2\Gamma^2} \right] \right|},
\end{aligned}
\tag{7.134}
$$

$$
\begin{aligned}
v = & \left[\frac{1}{\sqrt{2}} \Gamma \tan\left(\sqrt{2}\Gamma t\right) + \frac{c}{2} \right] e^{-\left| x - \frac{1}{2} \ln\left[\sin^2\left(\sqrt{2}\Gamma t\right) + \frac{c^2 \cos^2\left(\sqrt{2}\Gamma t\right)}{2\Gamma^2} \right] \right|} \\
& - \left[\frac{1}{\sqrt{2}} \Gamma \tan\left(\sqrt{2}\Gamma t\right) + \frac{c}{2} \right] e^{-\left| x + \frac{1}{2} \ln\left[\sin^2\left(\sqrt{2}\Gamma t\right) + \frac{c^2 \cos^2\left(\sqrt{2}\Gamma t\right)}{2\Gamma^2} \right] \right|}.
\end{aligned}
\tag{7.135}
$$

图 7.14 和图 7.15 表示第二类双尖峰波解.

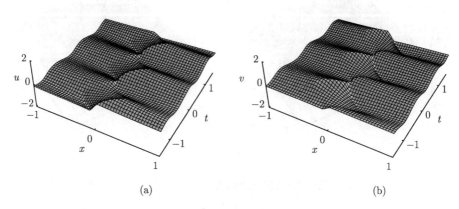

(a)   (b)

图 7.14   第二类双尖峰波解 (7.134) 和 (7.135) 的三维图

其中 $\Gamma = c = 2$

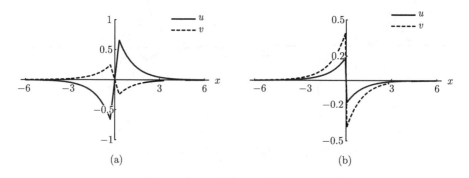

(a)   (b)

图 7.15   第二类双尖峰波解 (7.134) 和 (7.135) 的二维图

(a)$\Gamma = 2$, $c = 2$, $t = 1$; (b) $\Gamma = 2, c = 2, t = \dfrac{3}{2}$

(4) 第三类双尖峰波解.

$$u = \left(-\frac{1}{2t} - \frac{c}{2}\right) e^{-|x - \frac{1}{2}\ln(1 + c^2 t^2)|} + \left(\frac{1}{2t} + \frac{c}{2}\right) e^{-|x + \frac{1}{2}\ln(1 + c^2 t^2)|},$$

$$v = \left(-\frac{1}{2t} + \frac{c}{2}\right) e^{-|x - \frac{1}{2}\ln(1 + c^2 t^2)|} + \left(\frac{1}{2t} - \frac{c}{2}\right) e^{-|x + \frac{1}{2}\ln(1 + c^2 t^2)|}. \tag{7.136}$$

图 7.16 和图 7.17 是第三类型双尖峰波解.

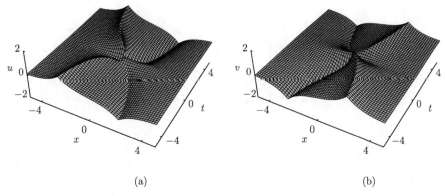

(a)

(b)

图 7.16 第三类双尖峰波解 (7.136) 的三维图

其中 $c = 2$

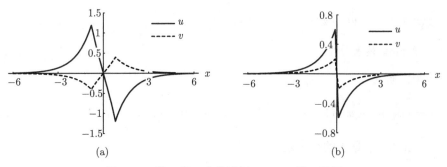

(a)

(b)

图 7.17 第三类双尖峰波解 (7.136) 的二维图

(a) $c = 2$, $t = 1$; (b) $c = 2, t = 0.25$

7.3 具有三次非线性项的耦合 CH 型方程的 kink 波

考虑具有三次非线性项的耦合 CH 型方程

$$v_t = 2v_x(qr_x - q_xr) + 2v(3qr_{xx} - q_{xx}r - q_xr_x - qr),$$

$$w_t = 2w_x(qr_x - q_xr) - 2w(3qr_{xx} - q_{xx}r - q_xr_x - qr), \tag{7.137}$$

$$v = r_{xxx} - r_x, \qquad w = q_{xxx} - q_x.$$

耦合 CH 型方程 (7.137) 拥有双哈密顿结构和 Lax 对 [119, 120]

$$\varphi_x = U\varphi, \quad \varphi_t = V\varphi, \tag{7.138}$$

其中

$$U = \begin{pmatrix} 0 & 0 & 1 & 0 \\ 0 & 0 & 0 & 1 \\ \dfrac{1}{4} & \lambda v & 0 & 0 \\ \lambda w & \dfrac{1}{4} & 0 & 0 \end{pmatrix},$$

$$V = \begin{pmatrix} 2q_{xx}r - k_1 & \dfrac{r_x}{\lambda} & 4k_2 & -\dfrac{2r}{\lambda} \\ -\dfrac{q_x}{\lambda} & k_1 - 2qr_{xx} & \dfrac{2q}{\lambda} & 4k_2 \\ q_{xx}r_x - q_xr_{xx} - k_2 & 4\lambda vk_2 + \dfrac{2r_{xx} - r}{2\lambda} & 2qr_{xx} - k_1 & -\dfrac{r_x}{\lambda} \\ 4\lambda wk_2 + \dfrac{q - 2q_{xx}}{2\lambda} & q_{xx}r_x - q_xr_{xx} - k_2 & \dfrac{q_x}{\lambda} & k_1 - 2q_{xx}r \end{pmatrix},$$

$k_1 = \dfrac{1}{2\lambda^2} + q_xr_x + qr, \ k_2 = \dfrac{1}{2}(qr_x - q_xr).$

1. 单 kink 波解

令单波解为

$$r = r_1\mathrm{sgn}(x - x_1)(1 - e^{-|x-x_1|}), \quad q = q_1\mathrm{sgn}(x - x_1)(1 - e^{-|x-x_1|}), \tag{7.139}$$

其中 r_1, q_1 和 x_1 是 t 的待定函数.

$$\lim_{x\to+\infty} r = -\lim_{x\to-\infty} r = r_1, \qquad \lim_{x\to+\infty} q = -\lim_{x\to-\infty} q = q_1, \tag{7.140}$$

这说明方程 (7.137) 的解 (7.139) 是单 kink 波解. 在分布意义下, 有

$$r_x = r_1e^{-|x-x_1|}, \quad q_x = q_1e^{-|x-x_1|},$$
$$v = -2r_1\delta(x - x_1), \quad w = -2q_1\delta(x - x_1). \tag{7.141}$$

把 (7.141) 代入 (7.137), 计算得

$$x_1 = C, \ r_{1t} = -2r_1^2q_1, \ q_{1t} = 2q_1^2r_1, \tag{7.142}$$

其中 C 是积分常数. 所以单 kink 波解 (7.139) 变为

$$r = C_2e^{-2C_1t}\mathrm{sgn}(x - C)(1 - e^{-|x-C|}),$$
$$q = \dfrac{C_1}{C_2}e^{2C_1t}\mathrm{sgn}(x - C)(1 - e^{-|x-C|}). \tag{7.143}$$

图 7.18 给出了耦合方程的单 kink 波解 (7.143), 当 C_i, $i = 1$, 2 时, 产生了不同形状的 kink 波.

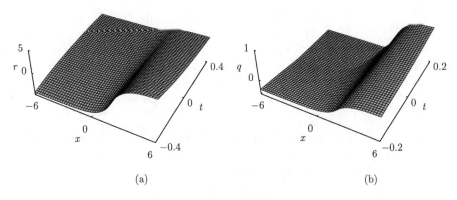

(a)　　　　　　　　　　　　　(b)

图 7.18　单 kink 波解 r 和 q

其中 $C = 2$, $C_1 = 1$, $C_2 = 2$

2. 双 kink 波解

设

$$
\begin{aligned}
r &= r_1 \mathrm{sgn}(x - x_1)(1 - e^{-|x-x_1|}) + r_2 \mathrm{sgn}(x - x_2)(1 - e^{-|x-x_2|}), \\
q &= q_1 \mathrm{sgn}(x - x_1)(1 - e^{-|x-x_1|}) + q_2 \mathrm{sgn}(x - x_2)(1 - e^{-|x-x_2|}).
\end{aligned}
\tag{7.144}
$$

进而, 得

$$
\begin{aligned}
r_x &= r_1 e^{-|x-x_1|} + r_2 e^{-|x-x_2|}, \quad q_x = q_1 e^{-|x-x_1|} + q_2 e^{-|x-x_2|}, \\
v &= -2r_1 \delta(x - x_1) - 2r_2 \delta(x - x_2), \quad w = -2q_1 \delta(x - x_1) - 2q_2 \delta(x - x_2).
\end{aligned}
\tag{7.145}
$$

不失一般性, 令 $x_1 - x_2 > 0$, 把 (7.144) 和 (7.145) 代入 (7.137) , 得

$$
\begin{aligned}
r_{1t} &= -2r_1^2 q_1 - 2r_1(q_1 r_2 + q_2 r_1)e^{x_2 - x_1} - 2r_1 r_2 q_2, \\
r_{2t} &= -2r_2^2 q_2 - 2r_2(q_1 r_2 + q_2 r_1)e^{x_2 - x_1} - 2r_1 r_2 q_1, \\
x_{1t} &= x_{2t} = -2q_2 r_1 + 2q_2 r_1 e^{x_2 - x_1} + 2r_2 q_1 - 2r_2 q_1 e^{x_2 - x_1}, \\
q_{1t} &= 2q_1^2 r_1 + 2q_1^2 r_2 e^{x_2 - x_1} + 2q_1 q_2 r_1 e^{x_2 - x_1} + 2q_1 q_2 r_2, \\
q_{2t} &= 2q_2^2 r_2 + 2q_2^2 r_1 e^{x_2 - x_1} + 2q_1 q_2 r_2 e^{x_2 - x_1} + 2q_1 q_2 r_1.
\end{aligned}
\tag{7.146}
$$

由 $x_{1t} - x_{2t} = 0$ 得知, 随时间 t 的变换, kink 波是平行传播的. 由上述方程得

$$x_1 - x_2 = C,$$

$$\frac{q_{1t}}{q_1} = \frac{q_{2t}}{q_2}, \quad \frac{r_{1t}}{r_1} = \frac{r_{2t}}{r_2},$$

$$\frac{q_{1t}}{q_1} + \frac{r_{1t}}{r_1} = 0, \quad \frac{q_{2t}}{q_2} + \frac{r_{2t}}{r_2} = 0,$$

(7.147)

其中 C 是正常数. 从而得

$$q_1 r_1 = C_1, \quad q_2 r_2 = C_2, \quad q_1 r_2 = C_3, \quad q_2 r_1 = \frac{C_1 C_2}{C_3},$$

(7.148)

其中 $C_i(i = 1, 2, 3)$ 是任意常数. 根据动态系统, 解出 r_i, x_i 和 q_i (i=1,2) 为

$$r_1 = C_4 e^{\left[-2C_1 - 2\left(C_3 + \frac{C_2 C_1}{C_3}\right)e^{-C} - 2C_2\right]t},$$

$$r_2 = \frac{C_3 C_4}{C_1} e^{\left[-2C_1 - 2\left(C_3 + \frac{C_2 C_1}{C_3}\right)e^{-C} - 2C_2\right]t},$$

$$q_1 = \frac{C_1}{C_4} e^{\left[2C_1 + 2\left(C_3 + \frac{C_2 C_1}{C_3}\right)e^{-C} + 2C_2\right]t},$$

$$q_2 = \frac{C_2 C_1}{C_3 C_4} e^{\left[2C_1 + 2\left(C_3 + \frac{C_2 C_1}{C_3}\right)e^{-C} + 2C_2\right]t},$$

(7.149)

$$x_1 = \left(-2\frac{C_2 C_1}{C_3} + 2\frac{C_2 C_1}{C_3}e^{-C} + 2C_3 - 2C_3 e^{-C}\right)t + C_5,$$

$$x_2 = \left(-2\frac{C_2 C_1}{C_3} + 2\frac{C_2 C_1}{C_3}e^{-C} + 2C_3 - 2C_3 e^{-C}\right)t + C_5 - C.$$

显然, 得双 kink 波解

$$r = C_4 e^{\left[-2C_1 - 2\left(C_3 + \frac{C_2 C_1}{C_3}\right)e^{-C} - 2C_2\right]t}\mathrm{sgn}(x - x_1)(1 - e^{-|x - x_1|})$$

$$+ \frac{C_3 C_4}{C_1} e^{\left[-2C_1 - 2\left(C_3 + \frac{C_2 C_1}{C_3}\right)e^{-C} - 2C_2\right]t}\mathrm{sgn}(x - x_2)(1 - e^{-|x - x_2|}),$$

$$q = \frac{C_1}{C_4} e^{\left[2C_1 + 2\left(C_3 + \frac{C_2 C_1}{C_3}\right)e^{-C} + 2C_2\right]t}\mathrm{sgn}(x - x_1)(1 - e^{-|x - x_1|})$$

$$+ \frac{C_2 C_1}{C_3 C_4} e^{\left[2C_1 + 2\left(C_3 + \frac{C_2 C_1}{C_3}\right)e^{-C} + 2C_2\right]t}\mathrm{sgn}(x - x_2)(1 - e^{-|x - x_2|}),$$

(7.150)

其中 $x_1 = \left(-2\dfrac{C_2 C_1}{C_3} + 2\dfrac{C_2 C_1}{C_3}e^{-C} + 2C_3 - 2C_3 e^{-C}\right)t + C_5, \quad x_2 = \left(-2\dfrac{C_2 C_1}{C_3}\right.$

$$\left. + 2\frac{C_2 C_1}{C_3}e^{-C} + 2C_3 - 2C_3 e^{-C}\right)t + C_5 - C.$$

情形 如果 $C_i > 0, i = 1, 2, 3$, 根据 (7.150), r, q 是双 kink 波解或双反 kink 波解. 当 $C_4 > 0$ 时, 在图 7.19 和图 7.20 中展示了双 kink 波解的三维图和二维图. 然而, 当 $C_4 > 0$ 时, 在图 7.21 和图 7.22 中给出双反 kink 波解.

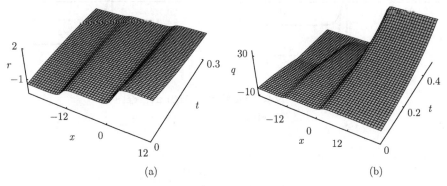

(a)   (b)

图 7.19 双 kink 波解 (7.150) 的三维图

$C = 15,\ C_1 = 2,\ C_2 = 1/2,\ C_3 = 1,\ C_4 = 1,\ C_5 = 2$

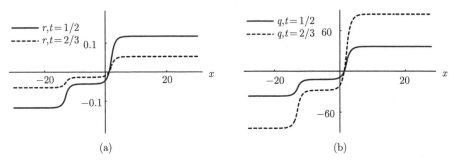

(a)   (b)

图 7.20 双 kink 波解 (7.150) 的二维图

在时刻 $t = 1/2$ 和 $2/3$

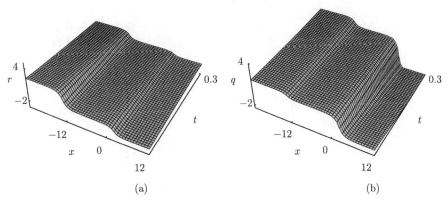

(a)   (b)

图 7.21 反双 kink 波解 (7.150) 的三维图

$C = 15,\ C_1 = 1,\ C_2 = 1/2,\ C_3 = 2,\ C_4 = -1,\ C_5 = 2$

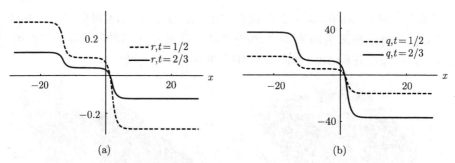

图 7.22   反双 kink 波解 (7.150) 的二维图

在时刻 $t = 1/2$ 和 2/3

参 考 文 献

[1] Lax P D. Integrals of nonlinear equations of evolution and solitary waves. Comm. Pure. Appl. Math., 1968, 21: 467-488.

[2] Ablowitz M J, Clarkson P A. Solitons, Nonlinear Evolution Equations and Inverse Scattering. Cambridge: Cambridge University Press, 1991.

[3] 谷超豪, 等. 孤立子理论与应用. 杭州: 浙江科学技术出版社, 1990.

[4] 郭柏林, 庞小峰. 孤立子. 北京: 科学出版社, 1987.

[5] 曹策问. AKNS 族的 Lax 组的非线形化. 中国科学 A, 1989, 7:701-707.

[6] 李翊神. 孤立子与可积系统. 上海: 上海科技出版社,1999.

[7] 楼森岳, 唐晓艳. 非线性数学物理方法. 北京: 科学出版社, 2006.

[8] 范恩贵. 可积系统与计算机代数. 北京: 科学出版社, 2004.

[9] 李志斌. 非线性数学物理方程的行波解. 北京: 科学出版社, 2007.

[10] 闫振亚. 复杂非线性波构造性理论及其应用. 北京: 科学出版社, 2007.

[11] 套格图桑. 论非线性发展方程求解中辅助方程法的历史演进. 北京: 中央民族大学出版社,2012.

[12] 戴朝卿, 张解放. 非线性演化方程分离变量的直接构造法及其应用. 北京: 科学出版社, 2015.

[13] 陈怀堂. 非线性偏微分方程的解析解. 济南: 山东人民出版社, 2012.

[14] Tu G Z. The trace identity, a powerful tool for constructing the Hamiltonian structure of integrable systems. J. Math. Phys., 1989, 30: 330-338.

[15] Ma W X. Binary nonlinearization for the Dirac systems. Chin. Ann. of Math., 1997, 18B: 79.

[16] Bai S T, Zhaqilao. Smooth soliton and kink solutions for a new integrable soliton equation. Nonlinear Dyn., 2017, 87: 377-382.

[17] Zhang J S. The explicit solution of the (2+1)-dimensional modified Broer-Kaup-Kupershmidt soliton equation. Phys. Lett. A, 2005, 343: 359-371.

[18] Zhang J S, Wu Y T, Li X M. Quasi-periodic solution of the (2+1)-dimensional Boussinesq-Burgers soliton equation. Physica A, 2003, 319: 213-232.

[19] Zhaqilao, Li Z B. Darboux transformation and bidirectional soliton solutions of a new (2+1)-dimensional soliton equation, Phys. Lett. A, 2008, 372: 1422-1428.

[20] Zhaqilao, Chen Y, Li Z B. Darboux transformation and multi-soliton solutions for some soliton equations. Chaos, Solitons and Fractals, 2009, 41:661-670.

[21] Zhaqilao, Hu Q Y, Qiao Z J. Multi-soliton solutions and the Cauchy problem for a two-component short pulse system. Nonlinearity, 2017, 30:3773-3798.

[22] Qin Z Y. A finite-dimensional integrable system related to a new coupled KdV hierarchy. Phys. Lett. A, 2006, 355: 452-459.

[23] Zhaqilao, Sirendaoreji. A generalized coupled Kortewege-de Vries hierarchy, bi-

Hamiltonian structure, and Darbux transformation. J. Math. Phys., 2010, 51: 073501.

[24] Zhang Y F. A few expanding integrable models, Hamiltonian structures and constrained flows. Commun. Theor. Phys., 2011, 55: 273-290.

[25] Zhaqilao. A generalized AKNS hierarchy, bi-Hamiltonian structure, and Darboux transformation. Commun Nonlinear Sci. Numer. Simulat., 2012, 17: 2319-2332.

[26] Ma W X, Chen M. Hamiltonian and quasi-Hamiltonian structures associted with semi-direct summs of Lie algebras. J. Phys. A: Math. Gen., 2006, 39: 10787-10801.

[27] 扎其劳. 可积系统的多孤立子解及其符号计算研究. 华东师范大学博士学位论文, 2009.

[28] Gu C H, Hu H S, Zhou Z X. Darboux Transformation in Soliton Theory and its Geometric Applications. Shanghai: Shanghai Science and Technical Publishers,1999.

[29] Matveev V B, Salle M A. Darboux Transformation and Solitons. Berlin: Springer-Berlin, 1991.

[30] Rogers C, Schief W K. Bäcklund and Darboux Transformations Geometry and Modern Applications in Soliton Theory. Cambridge: Cambridge University Press, 2002.

[31] Neugebauer G, Meinel R. General N-soliton solution of the AKNS class on arbitrary background. Phys. Lett. A, 1984, 100: 467-470.

[32] Levi D, Neugebauer G, Meinel R. A new nonlinear Schrödinger equation, its hierarchy and N-soliton solutions. Phys. Lett. A, 1984, 102: 1-6.

[33] Liu Q P, Mañas M. Darboux transformation for the Manin-Radul supersymmetric KdV equation. Phys. Lett. B, 1997, 394: 337-342.

[34] 贺劲松, 张玲, 程艺, 等. AKNS 系统 Darboux 变换的行列式表示. 中国科学 A 辑数学, 2006, 36(9): 971-983.

[35] Li Y S, Zhang J E. Darboux transformations of classical Boussinesq system and its multi-soliton solutions. Phys. Lett. A, 2001, 284: 253-258.

[36] Li Y S, Ma W X, Zhang J E. Darboux transformations of classical Boussinesq system and its new solutions. Phys. Lett. A, 2000, 275: 60-66.

[37] Zhaqilao, Qiao Z J. Darboux transformation and explicit solutions for two integrable equations. J. Math. Anal. Appl., 2011, 380: 794-804.

[38] Zhaqilao. Darboux transformation and N-soliton solutions for a more general set of coupled integrable dispersionless system. Commun. Nonlinear Sci. Numer. Simulat., 2011, 16: 3949-3955.

[39] Zhaqilao. The interaction solutions for the complex short pulse equation, Commun. Nonlinear Sci. Numer. Simulat., 2017, 47: 379-393.

[40] Zhaqilao, Sirendaoreji. N-soliton solutions of the KdV6 and mKdV6 equations. J. Math. Phys., 2010, 51: 113507.

[41] Zhaqilao. N-soliton solutions of an integrable equation studied by Qiao. Chin. Phys. B, 2013, 22:040201.

[42] Bai S T, Zhaqilao. Construction of N-soliton solutions for a new integrable equation by Darboux transformation. Mod. Phys. Lett. B, 2016, 30: 1650368.

[43] Zhaqilao. Darboux transformation and multi-soliton solutions for some (2+1)-dimensional nonlinear equations. Phys. Scr., 2010, 82: 035001.

[44] Geng X C. Algebraic-geometrical solutions of some multidimensional nonlinear evolution equations. J. Phys. A: Math. Gen., 2003, 36: 2289-2303.

[45] Geng X G, Ma Y L, N-soliton solution and its Wronskian form of a (3+1)-dimensional nonlinear evolution equation. Phys. Lett. A, 2007, 369: 285-289.

[46] Zhaqilao, Li Z B. Darboux transformation and various solutions for a nonlinear evolution equation in (3+1)-dimensions. Mode. Phys. Lett. B, 2008, 22(30):2945-2966.

[47] Lou S Y, Hu X B. Broer-Kaup system from Darboux transformation related symmetry constraints of Kadomtsev-Petviashvili equation. Commun. Theor. Phys., 1998, 29: 145-148.

[48] Zhaqilao, Li Z B. New multi-soliton solutions for the (2+1)-dimensional Kadomtsev-Petviashvili equation. Commun. Theor. Phys., 2008, 49: 585-589.

[49] Zhaqilao. A negative order generalized WKI hierarchy, bi-Hamiltonian structure, and Darboux transformation. J. Inner Mongolia Normal University (Natural Science Edition), 2014, 43:529-534.

[50] Konno K, Oono H. New coupled integrable dispersionless equations. J. Phys. Soc. Jpn., 1994, 63: 377-378.

[51] Chen A H, Li X M. Soliton solutions of the coupled dispersionless equation. Phys. Lett. A, 2007, 370: 281-286.

[52] Zhaqilao, Zhao Y L, Li Z B. N-soliton solutions of coupled integrable dispersionless equation. Chin. Phys. B, 2009, 18: 1780-1796.

[53] Boiti M, Tu G Z. A simple approach to the Hamiltonian structure of soliton equation. III. A new hierarchy. I. Nuovo Cimento B, 1983, 75: 145-160.

[54] Zhaqilao, Li Z B. Solitary wave solutions to the generalized coupled mKdV equation with multi-component. J. Math. Anal. Appl., 2009, 359: 794-800.

[55] Yan Z Y, Zhang H Q. A Lax integrable hierarchy, N-Hamiltonian structure, r-matrix, finite-dimensional Liouville integrable involutive systems, and involutive solutions. Chaos, Solitons and Fractals, 2002, 13: 1439-1450.

[56] Zhaqilao, Li Z B. Periodic wave solutions of generalized derivative nonlinear Schrödinger equation. Chin. Phys. Lett., 2008, 25: 3844-3847.

[57] 斯仁道尔吉. 由伴随坐标得到的 Dirac 族的可积约束流. 数学学报, 1999, 42: 845.

[58] 张玉峰. 一族新的可积 Hamilton 方程. 数学物理学报, 2005, 25(A): 1-4.

[59] Matsuno Y. A novel multi-component generalization of the short pulse equation and its multisoliton solutions. J. Math. Phys., 2011, 52: 123702.

[60]   Gelfand I, Retakh V. Determinants of matrices over noncommutative rings. Funct. Anal. Appl., 1991, 25: 91-102.

[61]   Draper L. Freak wave. Marine Observe, 1965, 35(2): 193-195.

[62]   Akhmediev N, Ankiewicz A, Taki M. Waves that appear from nowhere and disapper without a trace. Phys. Lett. A, 2009, 373(6):675-678.

[63]   Akhmediev N, Soto-Crespo J M, Ankiewicz A. Exteme waves that appear from nowhere: On the nature of rogue waves. Phys. Lett. A, 2009, 373(5):2137-2145.

[64]   Solli D R, Ropers C, Koonath P, et al. Optical rogue waves. Nature, 2007, 450(7172): 1054-1057.

[65]   Kibler B, Fatome J, Finot C, et al. The Peregrine soliton in nonlinear fibre optics. Nature Physics, 2010, 6(10):790-795.

[66]   Kedziora D J, Ankiewicz A, Akhmediev N. Circular rogue wave clusters. Phys. Rev. E, 2011, 84: 056611.

[67]   He J S, Zhang H R, Wang L H, et al. Generating mechanism for higher-order rogue waves. Phys. Rev. E, 2013, 87: 052914.

[68]   Zhang X E, Chen Y. Deformation rogue wave to the (2+1)-dimensional KdV equation. Nonlinear Dyn. 2017, 90: 755-763.

[69]   Qin Z Y, Mu G. Matter rogue waves in an $F = 1$ spinor Bose-Einstein condensate. Phys. Rev. E, 2012, 86(3) :036601.

[70]   Moslem W M, Shukla P K, Eliasson B. Surface plasma rogue waves. Europhysics Letters, 2011, 96(2): 25002.

[71]   Bacha M, Boukhalfa S, Tribeche M. Ion-acoustic rogue wave in a plasma with a q-nonextensive electron velocity distribution. Asrophysics and Space Science, 2012, 341(2): 591-595.

[72]   Yan Z Y. Financial rogue wave. Commun. Theore. Phys., 2010, 54(5): 947.

[73]   Yan Z Y. Vector financial rogue waves. Phys. Lett. A, 2011, 375(48): 4274-4279.

[74]   郭柏灵, 田立新, 闫振亚, 等. 怪波及其数学理论. 杭州: 浙江科学技术出版社, 2015.

[75]   Zhaqilao. On Nth-order rogue wave solution to nonlinear coupled dispersionless evolution equations. Phys. Lett. A, 2012, 376: 3121-3128.

[76]   Zhang Y, Nie X J, Zhaqilao. Rogue Wave Solutions for the Heisenberg Ferromagnet Equations. Chin. Phys. Lett., 2014, 31:060201.

[77]   Zhang Y, Nie X J, Zhaqilao. Rogue wave solutions for the coupled cubic-quintic nonlinear Schrödinger equations in nonlinear optics. Phys. Lett. A, 2014, 378: 191-197.

[78]   Zhaqilao. Nth-order rogue wave solutions of the complex modified Korteweg-de Vries equation. Phys. Scr., 2013, 87: 06401.

[79]   Kundu A. Landau-Lifshitz and higher-order nonlinear systems gauge generated from nonlinear Schrödinger-type equations. J. Math. Phys., 1984, 25: 3433-3438.

[80]   Zhaqilao. On Nth-order rogue wave solution to the generalized nonlinrear Schrödinger equation. Phys. Lett. A , 2013, 377: 855-859.

[81]   Zhang Y, Nie X J, Zhaqilao. Rogue wave solutions for the coupled cubic-quintic noninear Schrödinger equation in nonlinear optics. Phys. Lett. A , 2014, 378: 191-107.

[82]   Hirota R. The Direct Method in Soliton Theory. Cambridge: Cambridge University Press, 2004.

[83]   陈登远. 孤子引论. 北京: 科学出版社, 2006.

[84]   王红艳, 胡星标. 带自相容源的孤立子方程. 北京: 清华大学出版社, 2008.

[85]   Ohta Y, Yang J. Rogue waves in the Davey-Stewartson I equation. Phys. Rev. E, 2012, 86(2): 036604.

[86]   Zhaqilao, Li Z B. Multiple periodic-solitons for (3+1)-dimensional Jimbo-Miwa equation. Commun. Theor. Phys., 2008, 50: 1036-1040.

[87]   Wazwaz A M, Zhaqilao, Nonsingular complexton solutions for two higher-dimensional fifth-order nonlinear integrable equations. Phys. Scr. 2013, 88: 025001.

[88]   Zhaqilao. Rouge waves and rational solutions of a (3+1)-dimensional nonlinear evolution equation. Phys. Lett. A, 2013, 377: 3021-3026.

[89]   Ma W X. Lump solutions to the Kadomtsev-Petviashivili equation. Phys. Lett. A, 2015, 379: 1975-1978.

[90]   Clarkson P A, Dowie E. Rational solutions of the Boussinesq equation and applications to rogue waves. 2017. arXiv:1609.00503v2.

[91]   Zhaqilao. A symbolic computation approach to construction rogue waves with a controllable center in the nonlinear systems. Comput. Math. Appl., 2018, 75: 3331-3342.

[92]   Gaillard P. Rational solutions to the KPI equation and multi-rogue waves, Annals of Physics, 2016, 367: 1-5.

[93]   Clarkson P A, Mansfield E L. On a shallow water wave equation, Nonlinearity, 1994, 7: 975-1000.

[94]   Zhaqilao, Li Z B. Periodic-soliton solutions of the (2+1)-dimensional Kadomtsev-Petviashvili equation. Chin. Phys. B, 2008, 17: 2333-2338.

[95]   Ma W X, Abdeljabbar A. A bilinear Bäcklund transformation of a (3+1)-dimensional generalized KP equation. Appl. Math. Lett., 2012, 25: 1500-1504.

[96]   Satsuma J. A Wronskian representation of N-soliton solutions of nonlinear evolution equations. J. Phys. Soc. Jpn., 1979, 46: 359-360.

[97]   陈登远, 张大军, 毕金钵. AKNS 方程的新双 Wronski 解. 中国科学, A 辑: 数学, 2007, 37: 1335-1348.

[98]   Matveev V B. Generalized Wronskian formula for solutions of the KdV equations: first applications. Phys. Lett. A, 1992, 166: 205-208.

[99]   Ma W X, You Y C. Solving the Korteweg-de Vries equation by its bilinear form: Wronskian solutions. Trans. Am. Math. Soc., 2005, 357: 1753-1778.

[100] Zhaqila, Li Z B. Positon, negaton, soliton and complexiton solutions to a four-dimensional nonlinear evolution equation. Mode. Phys. Lett. B, 2009, 23(25):2971-2991.

[101] Camassa R, Holm D D. An integrable shallow water eqution with peaked solitons. Phys. Rev. Lett., 1993, 71: 1661-1664.

[102] Parker A. On the Camassa-Holm equation and a direct method of solution. II. soliton solutions. Proc. R. Soc. Lond. A, 2005, 461: 3611-3632.

[103] Qiao Z J, Zhang G P. On peaked and smooth solitons for the Camassa-Holm equation. Europhys. Lett., 2006, 73(5):657-663.

[104] Dai H H, Li Y S, Su T. Multi-soliton and multi-cuspon solutions of a Cammassa-Holm hierarchy and their interactions. J. Phys. A: Theor., 2009, 42: 055203.

[105] Wazwaz A M. Peakons, kinks, compactons and solitary patterns solutions for a family of Camassa-Holm equations by using new hyperbolic schemts. Appl. Math. Comput., 2006, 182: 412-424.

[106] Cheng M, Liu S Q, Zhang Y J. A two-component generalization of the Camassa-Holm equation and its solutions. Lett. Math. Phys., 2006, 75: 1-5.

[107] Degasperis A, Procesi M// Degasperis A, Gaeta G Asymtotic Integrability in Symmetry and Pertubation Theory. Singapore: World Scientific, 1999: 23-37.

[108] Hone A N W, Wang J P. Integrable peakon equations with cubic nonlinearity. J. Phys. A: Math. Theor., 2008, 41: 372002.

[109] Geng X G, Xue B. An extension of integrable peakon equations with cubic nonlinearity. Nonlinearty, 2009, 22: 1847-1856.

[110] Dullin H R, Gottwald G, Holm D D. A integrble shallow water equation with linear and nonlinear dispersion. Phys. Rev. Lett., 2001, 87: 194501-194504.

[111] Zhou J B, Tian L X, Zhang W B, et al. Peakon-antipeakon interaction in the Dullin-Gottwald-Holm equation. Phys. Lett. A, 2013, 377:1233-1238.

[112] Xia B Q, Zhou R G, Qiao Z J. Darboux transformation and multi-soliton solutions of the Camassa-Holm equation and modified Camassa-Holm equation. J. Math. Phys., 2015, 57(10): 1661-1664.

[113] Luo L, Xia B Q, Cao Y F. Peakon solutions to supersymmetric Camassa-Holm equation and Degasperis-Procesi equation. Commun. Theor. Phys. , 2013, 59: 73.

[114] Xia B Q, Qiao Z J, Zhou R G. A synthetical two-component model with peakon solutions. Stud. Appl. Math., 2015, 135: 248-276.

[115] Qu C Z, Fu Y. On a new three-component Camassa-Holm equation with peakons. Commun. Theor. Phys. 2010, 53: 223-230.

[116] Fu Y, Qu C Z. Well posedness and blow-up solution for a new coupled Camassa-Holm

equations with peakons. J. Math. Phys., 2009, 50: 012906.

[117] Li Y L, Zhaqilao. Multi-peakon solutions for two new coupled Camassa-Holm equation. Commun. Theor. Phys., 2016, 65: 677-683.

[118] Zhaqilao. Multi-peakon solutions to a four-component Camassa-Holm type system. J. Appl. Anal. Comput., 2016, 6:907-916.

[119] Geng X G, Wang H. Coupled Camassa-Holm equations, N-peakons and infinitely many conservation laws. J. Math. Anal. Appl., 2013, 403: 262-271.

[120] Li Y L, Zhaqilao. Multiply kink and anti-kink solutions for a coupled Camassa-Holm type equation. Commun. Theor. Phys., 2016, 66: 609-614.

附录 A 命题 2.2(3)~命题 2.2(5) 的证明

命题 2.2(3) 的证明 令 $T_3^{(2)^{-1}} = T_3^{(2)^*}/\det T_3^{(2)}$ 和

$$(T_{3,x}^{(2)} + T_3^{(2)}U)T_3^{(2)^*} = \begin{pmatrix} f_{11}(\lambda) & f_{12}(\lambda) \\ f_{21}(\lambda) & f_{22}(\lambda) \end{pmatrix}. \tag{A.1}$$

容易看出 $f_{11}(\lambda)$ 和 $f_{22}(\lambda)$ 为关于 λ 的 5 阶多项式, $f_{12}(\lambda)$ 和 $f_{21}(\lambda)$ 为关于 λ 的 4 阶多项式. 由 (2.15) 和 (1.1), 我们得

$$\delta_{jx} = 1 - 2(\lambda_j + u)\delta_j - (v + u_{xx})\delta_j^2. \tag{A.2}$$

通过直接计算知 $\lambda_j\, (j = 1,2,3,4)$ 为 $f_{ki}(\lambda)(k,i = 1,2)$ 的根. 所以结合 (2.51) 和 (A.1) 可给出

$$(T_{3,x}^{(2)} + T_3^{(2)}U)T_3^{(2)^*} = (\det T_3^{(2)})P(\lambda), \tag{A.3}$$

$$P(\lambda) = \begin{pmatrix} p_{11}^{(1)}\lambda + p_{11}^{(0)} & p_{12}^{(0)} \\ p_{21}^{(0)} & p_{22}^{(1)}\lambda + p_{22}^{(0)} \end{pmatrix}, \tag{A.4}$$

其中 $p_{ki}^{(l)}\, (k,i = 1,2; l = 0,1)$ 不依赖于 λ. 现 (A.3) 可写为

$$(T_{3,x\,x}^{(2)} + T_3^{(2)}U) = P(\lambda)T_3^{(2)}. \tag{A.5}$$

比较 (A.5) 中 $\lambda^j\, (j = 3,2,1,0)$ 的系数, 我们发现

$$\lambda^3 : p_{11}^{(1)} = -p_{22}^{(1)} = 1, \tag{A.6a}$$

$$\lambda^2 : p_{11}^{(0)} = -p_{22}^{(0)} = u + \partial_x \ln A_2, \quad p_{21}^{(0)} = \frac{1 + 2C_1}{A_2^2}, \tag{A.6b}$$

$$p_{12}^{(0)} = -A_2^2(2B_1 - v - u_{xx}) = (1 + 2C_1)(v + u_{xx} - 2B_1), \tag{A.6c}$$

$$\lambda^1 : A_{1,x} = -B_1(1 + 2C_1) + C_1(v + u_{xx}), \tag{A.6d}$$

$$B_{1,x} = 2B_0 - 2B_1(D_1 - u) - (A_1 - D_1)(v + u_{xx}), \tag{A.6e}$$

$$C_{1,x} = -2C_0 + A_1(1 + 2C_1) - D_1 - 2C_1 u, \tag{A.6f}$$

$$D_{1,x} = B_1(1 + 2C_1) - C_1(v + u_{xx}), \tag{A.6g}$$

$$\lambda^0 : A_{0,x} = -B_0 + C_0(-2B_1 + v + u_{xx}), \tag{A.7a}$$

$$B_{0,x} = -2B_1 D_0 + 2B_0 u - (A_0 - D_0)(v + u_{xx}), \tag{A.7b}$$

$$C_{0,x} = A_0(1 + 2C_1) - D_0 - 2C_0 u, \tag{A.7c}$$

$$D_{0,x} = B_0(1 + 2C_1) - C_0(v + u_{xx}). \tag{A.7d}$$

将 (2.52) 代入 (A.6b) 并利用 (2.53) 得

$$p_{11}^{(0)} = -p_{22}^{(0)} = \overline{u}, \quad p_{21}^{(0)} = 1.$$

由 (2.53) 和 (A.6c), 我们得到

$$p_{12}^{(0)} = \overline{v} + \overline{u}_{xx}.$$

对 $N = 2$, (2.54) 变为 (A.6d)~(A.7d). 则有 $P(\lambda) = \overline{U}$.

命题 2.2(4) 的证明 假设 $T_3^{(2)^{-1}} = T_3^{(2)^*} / \det T_3^{(2)}$ 和

$$(T_{3,y}^{(2)} + T_3^{(2)} V_1) T_3^{(2)^*} = \begin{pmatrix} g_{11}(\lambda) & g_{12}(\lambda) \\ g_{21}(\lambda) & g_{22}(\lambda) \end{pmatrix}. \tag{A.8}$$

易见 $g_{11}(\lambda), g_{22}(\lambda)$ 为关于 λ 的 6 阶多项式, $g_{12}(\lambda), g_{21}(\lambda)$ 为关于 λ 的 5 阶多项式. 当 $\lambda = \lambda_j$ $(j = 1, 2, 3, 4)$ 时, 利用 (2.15) 和 (2.49), 我们得

$$\delta_j y = (\lambda_j - u) - 2\left(\lambda_j^2 - u^2 - \frac{1}{2}u_x\right)\delta_j$$

$$- \left[\lambda_j(v + u_{xx}) - u(v + u_{xx}) + \frac{1}{2}(v + u_{xx})_x\right]\delta_j^2. \tag{A.9}$$

通过直接计算知 λ_j $(j = 1, 2, 3, 4)$ 为 $g_{ki}(\lambda)(k, i = 1, 2)$ 的根. 所以结合 (2.51) 和 (A.8) 可给出

$$(T_{3,y}^{(2)} + T_3^{(2)} V^{(2)}) T_3^{(2)^*} = (\det T_3^{(2)}) Q(\lambda), \tag{A.10}$$

$$Q(\lambda) = \begin{pmatrix} q_{11}^{(2)}\lambda^2 + q_{11}^{(1)}\lambda + q_{11}^{(0)} & q_{12}^{(1)}\lambda + q_{12}^{(0)} \\ q_{21}^{(1)}\lambda + q_{21}^{(0)} & q_{22}^{(2)}\lambda^2 + q_{22}^{(1)}\lambda + q_{22}^{(0)} \end{pmatrix},$$

其中 $q_{ki}^{(l)}$ $(k, i = 1, 2; l = 0, 1, 2)$ 不依赖于 λ. 现 (A.10) 可写为

$$T_{3,y}^{(2)} + T_3^{(2)} V^{(2)} = Q(\lambda) T_3^{(2)}. \tag{A.11}$$

比较 (A.11) 中 λ^j $(j = 4, 3, 2, 1, 0)$ 的系数, 得

$$q_{11}^{(2)} = -q_{22}^{(2)} = 1, \tag{A.12}$$

$$q_{11}^{(1)} = q_{22}^{(1)} = 0, \quad q_{21}^{(1)} = \frac{1 + 2C_1}{A_2^2} = 1, \tag{A.13}$$

$$q_{12}^{(1)} = (1 + 2C_1)(v + u_{xx} - 2B_1) = \overline{v} + \overline{u}_{xx}, \tag{A.14}$$

$$q_{21}^{(0)} = -\left(A_1 + \frac{u - 2C_0 - D_1}{1 + 2C_1}\right) = -\overline{u}, \tag{A.15}$$

$$q_{12}^{(0)} = \frac{1}{2}A_2^2(2(A_1 - u)(v + u_{xx}) + (v + u_{xx})_x - 4B_0) - D_1(\overline{v} + \overline{u}_{xx}), \tag{A.16}$$

$$q_{11}^{(0)} = -q_{22}^{(0)} = B_1 - u^2 - \frac{1}{2}u_x + \partial_y \ln A_2 - \frac{C_1(\overline{v} + \overline{u}_{xx})}{1 + 2C_1}, \tag{A.17}$$

$$\begin{aligned} A_{1,y} = &-2B_1C_0 - B_0(1 + 2C_1) + A_1B_1(1 + 2C_1) + 2B_1C_1D_1 + B_1u \\ &+ C_0v - C_1D_1v - C_1uv + \frac{1}{2}C_1v_x + C_0u_{xx} - C_1D_1u_{xx} \\ &- C_1uu_{xx} + \frac{1}{2}C_1u_{xxx}, \end{aligned} \tag{A.18}$$

$$\begin{aligned} B_{1,y} = &B_1^2(1 + 2C_1) - B_1(2D_0 - 2D_1^2 + 2u^2 + C_1v + u_x + C_1u_{xx}) \\ &+ \frac{1}{2}(-4B_0D_1 + 2D_0v + 2A_1D_1v - 2D_1^2v + 2A_1uv - 2D_1uv \\ &- A_1v_x + D_1v_x + 2D_0u_{xx} + 2A_1D_1u_{xx} - 2D_1^2u_{xx} + 2A_1uu_{xx} \\ &- 2D_1uu_{xx} - 2A_0(v + u_{xx}) - A_1u_{xxx} + D_1u_{xxx}), \end{aligned} \tag{A.19}$$

$$\begin{aligned} C_{1,y} = &-B_1C_1 - 2B_1C_1^2 + A_0(1 + 2C_1) - A_1^2(1 + 2C_1) - D_0 + A_1(2C_0 \\ &+ D_1 - u) + D_1u + 2C_1u^2 + C_1^2v + C_1u_x + C_1^2u_{xx}, \end{aligned} \tag{A.20}$$

$$\begin{aligned} D_{1,y} = &B_0(1 + 2C_1) + \frac{1}{2}(-2A_1B_1(1 + 2C_1) + B_1(4C_0 - 4C_1D_1 - 2u) \\ &- 2C_0v + 2C_1D_1v + 2C_1uv - C_1v_x - 2C_0u_{xx} + 2C_1D_1u_{xx} \\ &+ 2C_1uu_{xx} - C_1u_{xxx}), \end{aligned} \tag{A.21}$$

$$\begin{aligned} A_{0,y} = &B_0(-2C_0 + u) + A_0(B_1(1 + 2C_1) - C_1(v + u_{xx})) + \frac{1}{2}C_0(4B_1D_1 \\ &- 2D_1v - 2uv + v_x - 2D_1u_{xx} - 2uu_{xx} + 2A_1(v + u_{xx}) + u_{xxx}), \end{aligned} \tag{A.22}$$

$$\begin{aligned} B_{0,y} = &\frac{1}{2}(4B_1D_0D_1 + 2A_1D_0v - 2D_0D_1v + 2A_0uv - 2D_0uv - A_0v_x \\ &+ D_0v_x + 2A_1D_0u_{xx} - 2D_0D_1u_{xx} + 2A_0uu_{xx} - 2D_0uu_{xx} \\ &+ 2B_0(B_1(1 + 2C_1) - 2D_0 - 2u^2 - C_1v - u_x - C_1u_{xx}) \\ &- A_0u_{xxx} + D_0u_{xxx}), \end{aligned} \tag{A.23}$$

$$
\begin{aligned}
C_{0,y} = {} & -B_1 C_0 (1 + 2C_1) + D_0 u + 2C_0 u^2 - A_0(-2C_0 + A_1(1 + 2C_1) \\
& - D_1 + u) + C_0 C_1 v + C_0 u_x + C_0 C_1 u_{xx},
\end{aligned}
\tag{A.24}
$$

$$
\begin{aligned}
D_{0,y} = {} & -A_1 B_0 (1 + 2C_1) - B_1 D_0 - 2B_1 C_1 D_0 + B_0(2C_0 + D_1 - u) \\
& + C_1 D_0 v + C_0 uv - \frac{1}{2} C_0 v_x + C_1 D_0 u_{xx} + C_0 u u_{xx} - \frac{1}{2} C_0 u_{xxx}.
\end{aligned}
\tag{A.25}
$$

将 (2.55), (A.6d) 和 (A.7d) 代入 (A.16), (A.17), 并应用 (2.53) 得

$$
q_{12}^{(0)} = -\overline{u}(\overline{v} + \overline{u}_{xx}) + \frac{1}{2}(\overline{v} + \overline{u}_{xx})_x, \quad -q_{11}^{(0)} = q_{22}^{(0)} = \frac{1}{2}\overline{u}_x + \overline{u}^2.
$$

所以 $Q(\lambda) = \overline{V}^{(2)}$.

命题 2.2(5) 的证明　类似命题 2.2(3) 和命题 2.2(4), 这里直接考察

$$
(T_{3,t}^{(2)} + T_3^{(2)} V^{(3)}) T_3^{(2)*} = (\det T_3^{(2)}) R(\lambda),
\tag{A.26}
$$

其中

$$
R(\lambda) = \begin{pmatrix} r_{11}^{(3)}\lambda^3 + r_{11}^{(2)}\lambda^2 + r_{11}^{(1)}\lambda + r_{11}^{(0)} & r_{12}^{(2)}\lambda^2 + r_{12}^{(1)}\lambda + r_{12}^{(0)} \\ r_{21}^{(2)}\lambda^2 + r_{21}^{(1)}\lambda + r_{21}^{(0)} & r_{22}^{(3)}\lambda^3 + r_{22}^{(2)}\lambda^2 + r_{22}^{(1)}\lambda + r_{22}^{(0)} \end{pmatrix},
$$

$r_{ki}^{(l)} (k, i = 1, 2; l = 0, 1, 2, 3)$ 不依赖于 λ. 将 (A.26) 写为

$$
T_{3,t}^{(2)} + T_3^{(2)} V^{(3)} = R(\lambda) T_3^{(2)}.
\tag{A.27}
$$

比较 (A.27) 中 $\lambda^j (j = 5, 4, 3, 2, 1, 0)$ 的系数, 我们得到

$$
\begin{aligned}
& r_{11}^{(3)} = -r_{22}^{(3)} = 1, \\
& r_{12}^{(2)} = A_2^2(v + u_{xx} - 2B_1) = \overline{v} + \overline{u}_{xx}, \quad r_{21}^{(2)} = 1, \quad r_{11}^{(2)} = r_{22}^{(2)} = 0, \\
& r_{11}^{(1)} = -r_{22}^{(1)} = -\frac{1}{2}(1 + 2C_1)(v + u_{xx} - 2B_1) = -\frac{1}{2}(\overline{v} + \overline{u}_{xx}), \\
& r_{21}^{(1)} = -\left[A_1 + \frac{u - 2C_0 - D_1}{1 + 2C_1} \right] = -\overline{u},
\end{aligned}
\tag{A.28}
$$

$$
r_{12}^{(1)} = -A_2^2 \left[2(B_0 - B_1 D_1) - \frac{1}{2}(v + u_{xx})_x + (u - A_1 + D_1)(v + u_{xx}) \right],
\tag{A.29}
$$

$$
\begin{aligned}
r_{11}^{(0)} = -r_{22}^{(0)} = {} & B_0 - uB_1 + u^3 - \frac{1}{2}(A_1 + u)(v + u_{xx}) - \frac{1}{4}(v + u_{xx})_x \\
& + \frac{1}{2}A_1(\overline{v} + \overline{u}_{xx}) + \frac{1}{4}(6uu_x + u_{xx}) + \frac{1}{A_2^2}((\overline{u}C_1 - C_0)(\overline{v} + \overline{u}_{xx}) \\
& - \frac{C_1}{2A_2^2}(\overline{v} + \overline{u}_{xx})_x) + \partial_t(\ln A_N)
\end{aligned}
\tag{A.30}
$$

$$r_{12}^{(0)} = -A_2^2 \bigg[B_1(B_1 A_2^2 + 2D_1^2 - 2D_0) - 2B_0 D_1 + (A_1(D_1 + u) + D_0$$

$$- B_1(1 + C_1) - D_1(D_1 + u) - u^2 - A_0)(v + u_{xx}) - \frac{A_2^2}{4}(2(v \tag{A.31}$$

$$+ u_{xx})^2 - (v + u_{xx})_{xx} + 2vu_x + 2(D_1 - A_1 + 2u)u_{xxx}) \bigg]$$

$$r_{21}^{(0)} = A_1^2 - A_0 + B_1 C_1 + \frac{1}{A_2^2} \bigg[A_1(u - D_1 - 2C_0) - \left(C_1 + C_1^2 + \frac{1}{2} \right)$$

$$\times (v + u_{xx}) + u^2 + \frac{1}{2} u_x + D_0 - uD_1 \bigg], \tag{A.32}$$

$$A_{1,t} = \frac{1}{4}(-8B_0 C_0 - 4B_1^2 C_1 - 8B_1^2 C_1^2 + 4A_0 B_1(1 + 2C_1) - 4A_1^2 B_1$$

$$\times (1 + 2C_1) + 8B_1 C_1 D_0 + 8B_1 C_0 D_1 + 8B_0 C_1 D_1 - 8B_1 C_1 D_1^2$$

$$+ 4A_1(B_0(1 + 2C_1) + B_1(2C_0 - 2C_1 D_1 - u)) + 4B_0 u - 4B_1 u^2$$

$$+ 2B_1 v + 4B_1 C_1 v + 4B_1 C_1^2 v - 4C_1 D_0 v - 4C_0 D_1 v + 4C_1 D_1^2 v$$

$$- 4C_0 uv + 4C_1 D_1 uv + 4C_1 u^2 v - 2C_1 v^2 - 2B_1 u_x - 2C_1 vu_x \tag{A.33}$$

$$+ 2C_0 v_x - 2C_1 D_1 v_x - 4C_1 uv_x + 2B_1 u_{xx} + 4B_1 C_1 u_{xx} + 4B_1 C_1^2 u_{xx}$$

$$- 4C_1 D_0 u_{xx} - 4C_0 D_1 u_{xx} + 4C_1 D_1^2 u_{xx} - 4C_0 uu_{xx} + 4C_1 D_1 uu_{xx}$$

$$+ 4C_1 u^2 u_{xx} - 4C_1 vu_{xx} - 2C_1 u_x u_{xx} - 2C_1 u_{xx}^2 + C_1 v_{xx} + 2C_0 u_{xxx}$$

$$- 2C_1 D_1 u_{xxx} - 4C_1 uu_{xxx} + C_1 u_{xxxx}),$$

$$B_{1,t} = \frac{1}{4}(8B_1^2 C_0 - 4B_1^2 D_1 - 16B_1^2 C_1 D_1 + 16B_1 D_0 D_1 - 8B_1 D_1^3$$

$$- 4B_1^2 u + 8B_1 u^3 - 4B_1 C_0 v + 4A_0 D_1 v + 4B_1 D_1 v + 8B_1 C_1 D_1 v$$

$$- 8D_0 D_1 v + 4D_1^3 v + 4A_0 uv - 4B_1 uv + 4B_1 C_1 uv - 4D_0 uv$$

$$+ 4D_1^2 uv + 4D_1 u^2 v - 2D_1 v^2 + 12B_1 uu_x - 2D_1 vu_x - 2A_0 v_x$$

$$- 2B_1 v_x - 2B_1 C_1 v_x + 2D_0 v_x - 2D_1^2 v_x - 4D_1 uv_x + 2B_1 u_{xx}$$

$$- 4B_1 C_0 u_{xx} + 4A_0 D_1 u_{xx} + 4B_1 D_1 u_{xx} + 8B_1 C_1 D_1 u_{xx} - 8D_0 D_1 u_{xx}$$

$$+ 4D_1^3 u_{xx} + 4A_0 uu_{xx} - 4B_1 uu_{xx} + 4B_1 C_1 uu_{xx} - 4D_0 uu_{xx} \tag{A.34}$$

$$+ 4D_1^2 u u_{xx} + 4D_1 u^2 u_{xx} - 4D_1 v u_{xx} - 2D_1 u_x u_{xx} - 2D_1 u_{xx}^2$$

$$+ 4B_0(B_1(2 + 4C_1) - 2D_0 + 2D_1^2 - v - C_1 v - u_{xx} - C_1 u_{xx})$$

$$+ D_1 v_{xx} - 2A_0 u_{xxx} - 2B_1 u_{xxx} - 2B_1 C_1 u_{xxx} + 2D_0 u_{xxx} - 2D_1^2 u_{xxx}$$

$$- 4D_1 u u_{xxx} + D_1 u_{xxxx} - A_1(B_1^2(4 + 8C_1) + 4D_1^2 v + 4D_1 u v$$

$$+ 4u^2 v - 2v^2 - 2v u_x - 2D_1 v_x - 4u v_x + 4D_1^2 u_{xx} + 4D_1 u u_{xx}$$

$$+ 4u^2 u_{xx} - 4v u_{xx} - 2u_x u_{xx} - 2u_{xx}^2 - 4D_0(v + u_{xx}) + v_{xx}$$

$$- 2D_1 u_{xxx} - 4u u_{xxx} + u_{xxxx})),$$

$$C_{1,t} = \frac{1}{2}(-2B_1 C_0 - 2B_0 C_1 - 8B_1 C_0 C_1 - 4B_0 C_1^2 + A_1^3(2 + 4C_1)$$

$$+ 4B_1 C_1^2 D_1 - 2A_1^2(2C_0 + D_1 - u) + 2B_1 C_1 u + 2D_0 u - 2D_1 u^2$$

$$- 4C_1 u^3 - 2A_0(-2C_0 + A_1(2 + 4C_1) - D_1 + u) + 2C_0 v + 4C_0 C_1 v$$

$$+ D_1 v - 2C_1^2 D_1 v + 2C_1 u v - 2C_1^2 u v - D_1 u_x - 6C_1 u u_x + C_1 v_x$$

$$+ C_1^2 v_x + 2C_0 u_{xx} - C_1 u_{xx} + 4C_0 C_1 u_{xx} + D_1 u_{xx} - 2C_1^2 D_1 u_{xx}$$

$$+ 2C_1 u u_{xx} - 2C_1^2 u u_{xx} + A_1(4B_1 C_1(1 + 2C_1) + 2D_0 - 2D_1 u + 2u^2$$

$$- v - 2C_1 v - 2C_1^2 v + u_x - u_{xx} - 2C_1 u_{xx} - 2C_1^2 u_{xx}) + C_1 u_{xxx}$$

$$+ C_1^2 u_{xxx}),$$

$$D_{1,t} = \frac{1}{4}(8B_0 C_0 + 4B_1^2 C_1 + 8B_1^2 C_1^2 - 4A_0 B_1(1 + 2C_1) + 4A_1^2 B_1(1$$

$$+ 2C_1) - 8B_1 C_1 D_0 - 8B_1 C_0 D_1 - 8B_0 C_1 D_1 + 8B_1 C_1 D_1^2$$

$$- 4A_1(B_0(1 + 2C_1) + B_1(2C_0 - 2C_1 D_1 - u)) - 4B_0 u + 4B_1 u^2$$

$$- 2B_1 v - 4B_1 C_1 v - 4B_1 C_1^2 v + 4C_1 D_0 v + 4C_0 D_1 v - 4C_1 D_1^2 v$$

$$+ 4C_0 u v - 4C_1 D_1 u v - 4C_1 u^2 v + 2C_1 v^2 + 2B_1 u_x + 2C_1 v u_x \tag{A.35}$$

$$- 2C_0 v_x + 2C_1 D_1 v_x + 4C_1 u v_x - 2B_1 u_{xx} - 4B_1 C_1 u_{xx} - 4B_1 C_1^2 u_{xx}$$

$$+ 4C_1 D_0 u_{xx} + 4C_0 D_1 u_{xx} - 4C_1 D_1^2 u_{xx} + 4C_0 u u_{xx} - 4C_1 D_1 u u_{xx}$$

$$- 4C_1 u^2 u_{xx} + 4C_1 v u_{xx} + 2C_1 u_x u_{xx} + 2C_1 u_{xx}^2 - C_1 v_{xx} - 2C_0 u_{xxx}$$

$$+ 2C_1 D_1 u_{xxx} + 4C_1 u u_{xxx} - C_1 u_{xxxx}),$$

$$A_{0,t} = \frac{1}{4}(-4B_1^2 C_0(1 + 2C_1) + 8B_0 C_0 D_1 - 4B_0 u^2 + 2B_0 v - 4C_0 D_0 v$$

$$- 4A_1 C_0 D_1 v + 4C_0 D_1^2 v - 4A_1 C_0 u v + 4C_0 D_1 u v + 4C_0 u^2 v - 2C_0 v^2$$

$$- 2B_0 u_x - 2C_0 v u_x + 2A_1 C_0 v_x - 2C_0 D_1 v_x - 4C_0 u v_x + 2B_0 u_{xx}$$

$$
\begin{aligned}
&- 4C_0D_0u_{xx} - 4A_1C_0D_1u_{xx} + 4C_0D_1^2u_{xx} - 4A_1C_0uu_{xx} + 4C_0D_1uu_{xx} \\
&+ 4C_0u^2u_{xx} - 4C_0vu_{xx} - 2C_0u_xu_{xx} - 2C_0u_{xx}^2 + 4B_1C_0(2D_0 - 2D_1^2 \\
&+ (1 + C_1)(v + u_{xx})) + C_0v_{xx} + 2A_1C_0u_{xxx} - 2C_0D_1u_{xxx} - 4C_0uu_{xxx} \\
&+ A_0(B_0(4 + 8C_1) - 2(2A_1B_1(1 + 2C_1) + B_1(-4C_0 + 4C_1D_1 \\
&+ 2u) + C_1(v_x - 2D_1(v + u_{xx} - 2u(v + u_{xx}) + u_{xxx}))) + C_0u_{xxxx}),
\end{aligned}
$$

$$
\begin{aligned}
B_{0,t} = \frac{1}{4}\big(& B^2(4 + 8C_1) - 4B_1^2(1 + 2C_1)D_0 + 4A_0D_0v - 4D_0^2v - 4A_1 \\
& \times D_0D_1v + 4D_0D_1^2v - 4A_1D_0uv + 4D_0D_1uv - 4A_0u^2v + 4D_0u^2v \\
& + 2A_0v^2 - 2D_0v^2 + 2A_0vu_x - 2D_0vu_x + 2A_1D_0v_x - 2D_0D_1v_x \\
& + 4A_0uv_x - 4D_0uv_x + 4A_0D_0u_{xx} - 4D_0^2u_{xx} - 4A_1D_0D_1u_{xx} \\
& + 4D_0D_1^2u_{xx} - 4A_1D_0uu_{xx} + 4D_0D_1uu_{xx} - 4A_0u^2u_{xx} + 4D_0u^2u_{xx} \\
& + 4A_0vu_{xx} - 4D_0vu_{xx} + 2A_0u_xu_{xx} - 2D_0u_xu_{xx} + 2A_0u_{xx}^2 \\
& - 2D_0u_{xx}^2 + 4B_1D_0(2D_0 - 2D_1^2 + (1 + C_1)(v + u_{xx})) - A_0v_{xx} \\
& + D_0v_{xx} + 2A_1D_0u_{xxx} - 2D_0D_1u_{xxx} + 4A_0uu_{xxx} - 4D_0uu_{xxx} \\
& - 2B_0(2A_1B_1(1 + 2C_1) - 4D_0D_1 - 4u^3 + B_1(-4C_0 + 4C_1D_1 + 2u) \\
& + 2C_0v - 2C_1D_1v + 2uv - 2C_1uv - 6uu_x + v_x + C_1v_x - u_{xx} \\
& + 2C_0u_{xx} - 2C_1D_1u_{xx} + 2uu_{xx} - 2C_1uu_{xx} + u_{xxx} + C_1u_{xxx}) \\
& - A_0u_{xxxx} + D_0u_{xxxx}),
\end{aligned}
\tag{A.36}
$$

$$
\begin{aligned}
C_{0,t} = \frac{1}{2}\big(& 2A_1B_1C_0 - 4B_1C_0^2 + 4A_1B_1C_0C_1 - 2A_0^2(1 + 2C_1) - 2B_0C_0 \\
& \times (1 + 2C_1) + 4B_1C_0C_1D_1 + 2B_1C_0u - 2D_0u^2 - 4C_0u^3 + 2C_0^2v \\
& + D_0v - 2C_0C_1D_1v + 2C_0uv - 2C_0C_1uv - D_0u_x - 6C_0uu_x \\
& + C_0v_x + C_0C_1v_x - C_0u_{xx} + 2C_0^2u_{xx} + D_0u_{xx} - 2C_0C_1D_1u_{xx} \\
& + 2C_0uu_{xx} - 2C_0C_1uu_{xx} + A_0(2B_1C_1(1 + 2C_1) + A_1^2(2 + 4C_1) \\
& + 2D_0 - 2A_1(2C_0 + D_1 - u) - 2D_1u + 2u^2 - v - 2C_1v - 2C_1^2v \\
& + u_x - u_{xx} - 2C_1u_{xx} - 2C_1^2u_{xx}) + C_0u_{xxx} + C_0C_1u_{xxx}),
\end{aligned}
\tag{A.37}
$$

$$
D_{0,t} = \frac{1}{4}\big(4B_0B_1C_1 + 8B_0B_1C_1^2 - 4A_0B_0(1 + 2C_1) + 4A_1^2B_0(1 + 2C_1)
$$

$$- 8B_1 C_0 D_0 - 8B_0 C_1 D_0 + 8B_1 C_1 D_0 D_1 + A_1(4B_1(1 + 2C_1)D_0$$
$$- 4B_0(2C_0 + D_1 - u)) + 4B_1 D_0 u - 4B_0 D_1 u + 4B_0 u^2 - 2B_0 v$$
$$- 4B_0 C_1 v - 4B_0 C_1^2 v + 4C_0 D_0 v - 4C_1 D_0 D_1 v - 4C_1 D_0 uv - 4C_0 u^2 v$$
$$+ 2C_0 v^2 + 2B_0 u_x + 2C_0 v u_x + 2C_1 D_0 v_x + 4C_0 u v_x - 2B_0 u_{xx}$$
$$- 4B_0 C_1 u_{xx} - 4B_0 C_1^2 u_{xx} + 4C_0 D_0 u_{xx} - 4C_1 D_0 D_1 u_{xx} - 4C_1 D_0 u u_{xx}$$
$$- 4C_0 u^2 u_{xx} + 4C_0 v u_{xx} + 2C_0 u_x u_{xx} + 2C_0 u_{xx}^2 - C_0 v_{xx} + 2C_1 D_0 u_{xxx}$$
$$+ 4C_0 u u_{xxx} - C_0 u_{xxxx}).$$

将 (2.52) 和 (2.53) 代入 (A.29) 并利用 (A.6d)∼(A.7d) 得

$$r_{12}^{(1)} = -\overline{u}(\overline{v} + \overline{u}_{xx}) + \frac{1}{2}(\overline{v} + \overline{u}_{xx})_x.$$

将 (2.56), (2.52) 和 (2.53) 代入 (A.30)∼(A.32) 并利用 (A.6d)∼(A.7d), 我们得

$$r_{11}^{(0)} = -r_{22}^{(0)} = \frac{1}{4}(4\overline{u}^3 - 2\overline{u}(\overline{v} + \overline{u}_{xx}) + 6\overline{u}\,\overline{u}_x - (\overline{v} + \overline{u}_{xx})_x + \overline{u}_{xx}),$$

$$r_{12}^{(0)} = \frac{1}{4}[(4\overline{u}^2 - 2\overline{u}_x)(\overline{v} + \overline{u}_{xx}) - 2(\overline{v} + \overline{u}_{xx})^2 - 4\overline{u}(\overline{v} + \overline{u}_{xx})_x + (\overline{v} + \overline{u}_{xx})_{xx}],$$

$$r_{21}^{(0)} = \frac{1}{2}(2\overline{u}^2 - (\overline{v} + \overline{u}_{xx}) + \overline{u}_x).$$

所以 $R(\lambda) = \overline{V}^{(2)}$.

附录 B　附加条件相容性的证明

命题 B.1　在命题 2.2(3)~命题 2.2(5) 中, A_2 满足的条件 (2.52), (2.55) 和 (2.56), 即

$$\partial_x \ln A_2 = A_1 + \frac{u - 2C_0 - D_1}{1 + 2C_1} - u,$$

$$\partial_y \ln A_2 = -B_1 + u^2 - \overline{u}^2 + \frac{1}{2}(u - \overline{u})_x + \frac{C_1(\overline{v} + \overline{u}_{xx})}{1 + 2C_1},$$

$$\partial_t \ln A_2 = \frac{1}{A_2^2}\left[(C_0 - \overline{u}C_1)(\overline{v} + \overline{u}_{xx}) + \frac{1}{2}C_1(\overline{v} + \overline{u}_{xx})_x - (B_0 - uB_1 \right.$$

$$+ u^3 - \overline{u}^3) + \frac{1}{2}((A_1 + u)(v + u_{xx}) - (A_1 + \overline{u})(\overline{v} + \overline{u}_{xx}))$$

$$\left. - \frac{1}{4}((\overline{v} + \overline{u}_{xx})_x - (v + u_{xx})_x + 6(uu_x - \overline{u}\,\overline{u}_x) + (u + \overline{u})_{xx})\right]$$

是相容的, 就是满足

$$(\ln A_2)_{xy} = (\ln A_2)_{yx}, \quad (\ln A_2)_{xt} = (\ln A_2)_{tx}, \quad (\ln A_2)_{yt} = (\ln A_2)_{ty}. \tag{B.1}$$

证明　将 (2.53), (2.54) 和 $A_2^2 = 1 + 2C_1$ 代入 (2.55) 和 (2.56) 得

$$(\ln A_2)_y = \frac{1}{1 + 2C_1}((1 + 2C_1)(A_0 - B_1C_1 - A_1^2) - D_0 + A_1(2C_0 + D_1 - u)$$
$$+ D_1 u + 2C_1 u^2 + C_1^2(v + u_{xx}) + C_1 u_x), \tag{B.2}$$

$$(\ln A_2)_t = \frac{1}{2 + 4C_1}(-2B_1C_0 - 2B_0C_1 - 8B_1C_0C_1 - 4B_0C_1^2 + A_1^3(2 + 4C_1)$$
$$+ 4B_1C_1^2 D_1 - 2A_1^2(2C_0 + D_1 - u) + 2B_1C_1 u + 2D_0 u - 2D_1 u^2$$
$$- 4C_1 u^3 - 2A_0(-2C_0 + A_1(2 + 4C_1) - D_1 + u) + 2C_0 v + 4C_0 C_1 v$$
$$+ D_1 v - 2C_1^2 D_1 v + 2C_1 uv - 2C_1^2 uv - D_1 u_x - 6C_1 uu_x + C_1 v_x + C_1^2 v_x$$
$$+ 2C_0 u_{xx} - C_1 u_{xx} + 4C_0 C_1 u_{xx} + D_1 u_{xx} - 2C_1^2 D_1 u_{xx} + 2C_1 uu_{xx}$$
$$- 2C_1^2 uu_{xx} + A_1(4B_1C_1(1 + 2C_1) + 2D_0 - 2D_1 u + 2u^2 - v - 2C_1 v$$
$$- 2C_1^2 v + u_x - u_{xx} - 2C_1 u_{xx} - 2C_1^2 u_{xx}) + C_1 u_{xxx} + C_1^2 u_{xxx}). \tag{B.3}$$

将 (2.52), (B.2), (B.3) 和 (A.6d)~(A.7d) 代入 (B.1), 可直接验证 (B.1) 成立. 作为实例, 我们做如下计算:

$$(\ln A_2)_{xy} - (\ln A_2)_{yx}$$

$$= \left(A_1 + \frac{u - 2C_0 - D_1}{1 + 2C_1} - u \right)_y$$

$$- \left[\frac{1}{1 + 2C_1}((1 + 2C_1) \times (A_0 - B_1C_1 - A_1^2) - D_0 + A_1(2C_0 + D_1 - u) \right.$$

$$\left. + D_1 u + 2C_1 u^2 + C_1^2(v + u_{xx}) + C_1 u_x) \right]_x$$

$$= A_{1,y} + \frac{1}{(1 + 2C_1)^2}[(u_y - 2C_{0,y} - D_{1,y})(1 + 2C_1) - 2C_{1,y}(u - 2C_0$$

$$- D_1)] - u_y - \frac{1}{(1 + 2C_1)^2}[2C_{1,x}(A_0 - B_1C_1 - A_1^2) + (A_{0,x} - B_{1,x}C_1 \qquad (\text{B.4})$$

$$- B_1 C_{1,x} - 2A_1 A_{1,x})(1 + 2C_1) - D_{0,x} + A_{1,x}(2C_0 + D_1 - u)$$

$$+ A_1(2C_{0,x} + D_{1,x} - u_x) + D_{1,x} u + D_1 u_x + 2C_{1,x} u^2 + 4C_1 u u_x$$

$$+ 2C_1 C_{1,x}(v + u_{xx}) + C_1^2(v + u_{xx})_x + C_{1,x} u_x + C_1 u_{xx})(1 + 2C_1)$$

$$- 2C_{1,x}((1 + 2C_1)(A_0 - B_1C_1 - A_1^2) - D_0 + A_1(2C_0 + D_1 - u)$$

$$+ D_1 u + 2C_1 u^2 + C_1^2(v + u_{xx}) + C_1 u_x)].$$

将 (A.6d)~(A.7d) 代入 (B.4), 并通过直接计算 (B.4) 得

$$(\ln A_2)_{xy} - (\ln A_2)_{yx} = \frac{C_1}{1 + 2C_1}\left[u_y - \frac{1}{2}((v + u_{xx})_x - 4u u_x - u_{xx}) \right]. \qquad (\text{B.5})$$

再将 (1.18) 的第一个方程代入 (B.5), 即可得

$$(\ln A_2)_{xy} - (\ln A_2)_{yx} = 0. \qquad (\text{B.6})$$

所以 $(\ln A_2)_{xy} = (\ln A_2)_{yx}$ 成立. 类似, 我们可以验证下式成立:

$$(\ln A_2)_{xt} = (\ln A_2)_{tx}, \quad (\ln A_2)_{yt} = (\ln A_2)_{ty}.$$

由此可见从附加条件 (2.52), (2.55) 和 (2.56) 的相容性条件仍然可导出方程 (1.18) 和 (1.22).

命题 B.2 当 $N = 1, N = 2$ 时, 线性系统 (2.14) 的解 (2.58) 和 (2.61) 满足附加条件 (A.6d) 和 (A.7d).

证明　(1) 当 $N = 1$ 时, 令 $\lambda = \lambda_j (j = 1, 2)$. (2.58) 可写为

$$
A_0 = \frac{\begin{vmatrix} -\lambda_1 & \delta_1 \\ -\lambda_2 & \delta_2 \end{vmatrix}}{\begin{vmatrix} 1 & \delta_1 \\ 1 & \delta_2 \end{vmatrix}}, \quad
B_0 = \frac{\begin{vmatrix} 1 & -\lambda_1 \\ 1 & -\lambda_2 \end{vmatrix}}{\begin{vmatrix} 1 & \delta_1 \\ 1 & \delta_2 \end{vmatrix}}, \quad
C_0 = \frac{\begin{vmatrix} -\delta_1\lambda_1 & \delta_1 \\ -\delta_2\lambda_2 & \delta_2 \end{vmatrix}}{\begin{vmatrix} 1 & \delta_1 \\ 1 & \delta_2 \end{vmatrix}}, \quad
D_0 = \frac{\begin{vmatrix} 1 & -\delta_1\lambda_1 \\ 1 & -\delta_2\lambda_2 \end{vmatrix}}{\begin{vmatrix} 1 & \delta_1 \\ 1 & \delta_2 \end{vmatrix}}.
$$

$$\tag{B.7}$$

利用 (A.2) 和 (B.7), 我们得

$$
A_{0,x} = \frac{1}{\begin{vmatrix} 1 & \delta_1 \\ 1 & \delta_2 \end{vmatrix}^2}\left(\begin{vmatrix} -\lambda_1 & \delta_{1x} \\ -\lambda_2 & \delta_{2x} \end{vmatrix}\begin{vmatrix} 1 & \delta_1 \\ 1 & \delta_2 \end{vmatrix} - \begin{vmatrix} -\lambda_1 & \delta_1 \\ -\lambda_2 & \delta_2 \end{vmatrix}\begin{vmatrix} 1 & \delta_{1x} \\ 1 & \delta_{2x} \end{vmatrix} \right)
$$

$$
= -\frac{\begin{vmatrix} 1 & -\lambda_1 \\ 1 & -\lambda_2 \end{vmatrix}}{\begin{vmatrix} 1 & \delta_1 \\ 1 & \delta_2 \end{vmatrix}} - \frac{2}{\begin{vmatrix} 1 & \delta_1 \\ 1 & \delta_2 \end{vmatrix}^2}\left(\begin{vmatrix} -\lambda_1 & \lambda_1\delta_1 \\ -\lambda_2 & \lambda_2\delta_2 \end{vmatrix}\begin{vmatrix} 1 & \delta_1 \\ 1 & \delta_2 \end{vmatrix} - \begin{vmatrix} 1 & \lambda_1\delta_1 \\ 1 & \lambda_2\delta_2 \end{vmatrix}\begin{vmatrix} -\lambda_1 & \delta_1 \\ -\lambda_2 & \delta_2 \end{vmatrix} \right)
$$

$$
+ \frac{v + u_{xx}}{\begin{vmatrix} 1 & \delta_1 \\ 1 & \delta_2 \end{vmatrix}^2}\left(\begin{vmatrix} 1 & \delta_1^2 \\ 1 & \delta_2^2 \end{vmatrix}\begin{vmatrix} -\lambda_1 & \delta_1 \\ -\lambda_2 & \delta_2 \end{vmatrix} - \begin{vmatrix} -\lambda_1 & \delta_1^2 \\ -\lambda_2 & \delta_2^2 \end{vmatrix}\begin{vmatrix} 1 & \delta_1 \\ 1 & \delta_2 \end{vmatrix} \right)
$$

$$
= -\frac{\begin{vmatrix} 1 & -\lambda_1 \\ 1 & -\lambda_2 \end{vmatrix}}{\begin{vmatrix} 1 & \delta_1 \\ 1 & \delta_2 \end{vmatrix}} - \frac{2}{\begin{vmatrix} 1 & \delta_1 \\ 1 & \delta_2 \end{vmatrix}^2}\begin{vmatrix} 1 & -\lambda_1 \\ 1 & -\lambda_2 \end{vmatrix}\begin{vmatrix} -\lambda_1\delta_1 & \delta_1 \\ -\lambda_2\delta_2 & \delta_2 \end{vmatrix} + \frac{(v + u_{xx})}{\begin{vmatrix} 1 & \delta_1 \\ 1 & \delta_2 \end{vmatrix}}\begin{vmatrix} -\lambda_1\delta_1 & \delta_1 \\ -\lambda_2\delta_2 & \delta_2 \end{vmatrix}
$$

$$
= -B_0 - 2B_0 C_0 + C_0(v + u_{xx}).
$$

$$\tag{B.8}$$

同样可以证明 (B.7) 也满足下列条件:

$$
B_{0,x} = -2B_0(D_0 - u) - (A_0 - D_0)(v + u_{xx}),
$$

$$
C_{0,x} = A_0(1 + 2C_0) - D_0 - 2C_0 u,
$$

$$
D_{0,x} = B_0(1 + 2C_0) - C_0(v + u_{xx}).
$$

(2) 当 $N = 2$ 时, 令 $\lambda = \lambda_j (j = 1, 2, 3, 4)$. 解线性系统 (2.14) 得 (2.61)

$$
A_1 = \frac{\Delta_{A_1}}{\Delta_1}, \quad
B_1 = \frac{\Delta_{B_1}}{\Delta_1}, \quad
C_1 = \frac{\Delta_{C_1}}{\Delta_1}, \quad
D_1 = \frac{\Delta_{D_1}}{\Delta_1}, \quad
C_0 = \frac{\Delta_{C_0}}{\Delta_1}
$$

$$\tag{B.9}$$

其中

$$\Delta_1 = \begin{vmatrix} 1 & \delta_1 & \lambda_1 & \lambda_1\delta_1 \\ 1 & \delta_2 & \lambda_2 & \lambda_2\delta_2 \\ 1 & \delta_3 & \lambda_3 & \lambda_3\delta_3 \\ 1 & \delta_4 & \lambda_4 & \lambda_4\delta_4 \end{vmatrix}, \quad \Delta_{C_0} = \begin{vmatrix} -\delta_1\lambda_1^2 & \delta_1 & \lambda_1 & \lambda_1\delta_1 \\ -\delta_2\lambda_2^2 & \delta_2 & \lambda_2 & \lambda_2\delta_2 \\ -\delta_3\lambda_3^2 & \delta_3 & \lambda_3 & \lambda_3\delta_3 \\ -\delta_4\lambda_4^2 & \delta_4 & \lambda_4 & \lambda_4\delta_4 \end{vmatrix},$$

$$\Delta_{A_1} = \begin{vmatrix} 1 & \delta_1 & -\lambda_1^2 & \lambda_1\delta_1 \\ 1 & \delta_2 & -\lambda_2^2 & \lambda_2\delta_2 \\ 1 & \delta_3 & -\lambda_3^2 & \lambda_3\delta_3 \\ 1 & \delta_4 & -\lambda_4^2 & \lambda_4\delta_4 \end{vmatrix}, \quad \Delta_{B_1} = \begin{vmatrix} 1 & \delta_1 & \lambda_1 & -\lambda_1^2 \\ 1 & \delta_2 & \lambda_2 & -\lambda_2^2 \\ 1 & \delta_3 & \lambda_3 & -\lambda_3^2 \\ 1 & \delta_4 & \lambda_4 & -\lambda_4^2 \end{vmatrix},$$

$$\Delta_{C_1} = \begin{vmatrix} 1 & \delta_1 & -\delta_1\lambda_1^2 & \lambda_1\delta_1 \\ 1 & \delta_2 & -\delta_2\lambda_2^2 & \lambda_2\delta_2 \\ 1 & \delta_3 & -\delta_3\lambda_3^2 & \lambda_3\delta_3 \\ 1 & \delta_4 & -\delta_4\lambda_4^2 & \lambda_4\delta_4 \end{vmatrix}, \quad \Delta_{D_1} = \begin{vmatrix} 1 & \delta_1 & \lambda_1 & -\delta_1\lambda_1^2 \\ 1 & \delta_2 & \lambda_2 & -\delta_2\lambda_2^2 \\ 1 & \delta_3 & \lambda_3 & -\delta_3\lambda_3^2 \\ 1 & \delta_4 & \lambda_4 & -\delta_4\lambda_4^2 \end{vmatrix}.$$

利用 (A.2) 和 (B.9), 我们计算出

$$A_{1,x} = \frac{1}{\Delta_1^2}(\Delta_{A_{1,x}}\Delta_1 - \Delta_{A_1}\Delta_{1,x})$$

$$= \frac{1}{\Delta_1}\left(\begin{vmatrix} 1 & \delta_{1,x} & -\lambda_1^2 & \lambda_1\delta_1 \\ 1 & \delta_{2x} & -\lambda_2^2 & \lambda_2\delta_2 \\ 1 & \delta_{3x} & -\lambda_3^2 & \lambda_3\delta_3 \\ 1 & \delta_{4x} & -\lambda_4^2 & \lambda_4\delta_4 \end{vmatrix} + \begin{vmatrix} 1 & \delta_1 & \lambda_1 & \lambda_1\delta_{1,x} \\ 1 & \delta_2 & \lambda_2 & \lambda_2\delta_{2,x} \\ 1 & \delta_3 & \lambda_3 & \lambda_3\delta_{3,x} \\ 1 & \delta_4 & \lambda_4 & \lambda_4\delta_{4,x} \end{vmatrix}\right)$$

$$- \frac{1}{\Delta_1^2}\begin{vmatrix} 1 & \delta_1 & -\lambda_1^2 & \lambda_1\delta_1 \\ 1 & \delta_2 & -\lambda_2^2 & \lambda_2\delta_2 \\ 1 & \delta_3 & -\lambda_3^2 & \lambda_3\delta_3 \\ 1 & \delta_4 & -\lambda_4^2 & \lambda_4\delta_4 \end{vmatrix}\left(\begin{vmatrix} 1 & \delta_{1x} & \lambda_1 & \lambda_1\delta_1 \\ 1 & \delta_{2x} & \lambda_2 & \lambda_2\delta_2 \\ 1 & \delta_{3x} & \lambda_3 & \lambda_3\delta_3 \\ 1 & \delta_{4x} & \lambda_4 & \lambda_4\delta_4 \end{vmatrix} + \begin{vmatrix} 1 & \delta_1 & \lambda_1 & \lambda_1\delta_{1x} \\ 1 & \delta_2 & \lambda_2 & \lambda_2\delta_{2,x} \\ 1 & \delta_3 & \lambda_3 & \lambda_3\delta_{3,x} \\ 1 & \delta_4 & \lambda_4 & \lambda_4\delta_{4,x} \end{vmatrix}\right)$$

$$= \frac{1}{\Delta_1}\begin{vmatrix} 1 & \delta_1 & -\lambda_1^2 & \lambda_1 \\ 1 & \delta_2 & -\lambda_2^2 & \lambda_2 \\ 1 & \delta_3 & -\lambda_3^2 & \lambda_3 \\ 1 & \delta_4 & -\lambda_4^2 & \lambda_4 \end{vmatrix} - \frac{2}{\Delta_1}\begin{vmatrix} 1 & \delta_1 & -\lambda_1^2 & \lambda_1^2\delta_1 \\ 1 & \delta_2 & -\lambda_2^2 & \lambda_2^2\delta_2 \\ 1 & \delta_3 & -\lambda_3^2 & \lambda_3^2\delta_3 \\ 1 & \delta_4 & -\lambda_4^2 & \lambda_4^2\delta_4 \end{vmatrix}$$

$$+ \frac{2}{\Delta_1^2}\begin{vmatrix} 1 & \delta_1 & \lambda_1 & \lambda_1^2\delta_1 \\ 1 & \delta_2 & \lambda_2 & \lambda_2^2\delta_2 \\ 1 & \delta_3 & \lambda_3 & \lambda_3^2\delta_3 \\ 1 & \delta_4 & \lambda_4 & \lambda_4^2\delta_4 \end{vmatrix}\begin{vmatrix} 1 & \delta_1 & -\lambda_1^2 & \lambda_1\delta_1 \\ 1 & \delta_2 & -\lambda_2^2 & \lambda_2\delta_2 \\ 1 & \delta_3 & -\lambda_3^2 & \lambda_3\delta_3 \\ 1 & \delta_4 & -\lambda_4^2 & \lambda_4\delta_4 \end{vmatrix}$$

$$+ \frac{(v + u_{xx})}{\Delta_1^2} \left(\begin{vmatrix} 1 & \delta_1^2 & \lambda_1 & \lambda_1\delta_1 \\ 1 & \delta_2^2 & \lambda_2 & \lambda_2\delta_2 \\ 1 & \delta_3^2 & \lambda_3 & \lambda_3\delta_3 \\ 1 & \delta_4^2 & \lambda_4 & \lambda_4\delta_4 \end{vmatrix} + \begin{vmatrix} 1 & \delta_1 & \lambda_1 & \lambda_1\delta_1^2 \\ 1 & \delta_2 & \lambda_2 & \lambda_2\delta_2^2 \\ 1 & \delta_3 & \lambda_3 & \lambda_3\delta_3^2 \\ 1 & \delta_4 & \lambda_4 & \lambda_4\delta_4^2 \end{vmatrix} \right) \begin{vmatrix} 1 & \delta_1 & -\lambda_1^2 & \lambda_1\delta_1 \\ 1 & \delta_2 & -\lambda_2^2 & \lambda_2\delta_2 \\ 1 & \delta_3 & -\lambda_3^2 & \lambda_3\delta_3 \\ 1 & \delta_4 & -\lambda_4^2 & \lambda_4\delta_4 \end{vmatrix}$$

$$- \frac{(v + u_{xx})}{\Delta_1} \left(\begin{vmatrix} 1 & \delta_1^2 & -\lambda_1^2 & \lambda_1\delta_1 \\ 1 & \delta_2^2 & -\lambda_2^2 & \lambda_2\delta_2 \\ 1 & \delta_3^2 & -\lambda_3^2 & \lambda_3\delta_3 \\ 1 & \delta_4^2 & -\lambda_4^2 & \lambda_4\delta_4 \end{vmatrix} + \begin{vmatrix} 1 & \delta_1 & -\lambda_1^2 & \lambda_1\delta_1^2 \\ 1 & \delta_2 & -\lambda_2^2 & \lambda_2\delta_2^2 \\ 1 & \delta_3 & -\lambda_3^2 & \lambda_3\delta_3^2 \\ 1 & \delta_4 & -\lambda_4^2 & \lambda_4\delta_4^2 \end{vmatrix} \right)$$

$$= \frac{1}{\Delta_1} \begin{vmatrix} 1 & \delta_1 & -\lambda_1^2 & \lambda_1 \\ 1 & \delta_2 & -\lambda_2^2 & \lambda_2 \\ 1 & \delta_3 & -\lambda_3^2 & \lambda_3 \\ 1 & \delta_4 & -\lambda_4^2 & \lambda_4 \end{vmatrix} - \frac{2}{\Delta_1^2} \begin{vmatrix} 1 & \delta_1 & \lambda_1 & -\lambda_1^2 \\ 1 & \delta_2 & \lambda_2 & -\lambda_2^2 \\ 1 & \delta_3 & \lambda_3 & -\lambda_3^2 \\ 1 & \delta_4 & \lambda_4 & -\lambda_4^2 \end{vmatrix} \begin{vmatrix} 1 & \delta_1 & -\lambda_1^2\delta_1 & \lambda_1\delta_1 \\ 1 & \delta_2 & -\lambda_2^2\delta_2 & \lambda_2\delta_2 \\ 1 & \delta_3 & -\lambda_3^2\delta_3 & \lambda_3\delta_3 \\ 1 & \delta_4 & -\lambda_4^2\delta_4 & \lambda_4\delta_4 \end{vmatrix}$$

$$+ \frac{(v + u_{xx})}{\Delta_1} \begin{vmatrix} 1 & \delta_1 & -\lambda_1^2\delta_1 & \lambda_1\delta_1 \\ 1 & \delta_2 & -\lambda_2^2\delta_2 & \lambda_2\delta_2 \\ 1 & \delta_3 & -\lambda_3^2\delta_3 & \lambda_3\delta_3 \\ 1 & \delta_4 & -\lambda_4^2\delta_4 & \lambda_4\delta_4 \end{vmatrix}$$

$$= -\frac{\Delta_{B_1}}{\Delta_1} - 2\frac{\Delta_{B_1}}{\Delta_1}\frac{\Delta_{C_1}}{\Delta_1} + \frac{\Delta_{C_1}}{\Delta_1}(v + u_{xx}) = -B_1 - 2B_1C_1 + C_1(v + u_{xx}).$$

同样可以证明 (B.9) 也满足下列条件:

$$B_{1,x} = 2B_0 - 2B_1(D_1 - u) - (A_1 - D_1)(v + u_{xx}),$$

$$C_{1,x} = -2C_0 + A_1(1 + 2C_1) - D_1 - 2C_1u,$$

$$D_{1,x} = B_1(1 + 2C_1) - C_1(v + u_{xx}),$$

$$A_{0,x} = -B_0 + C_0(-2B_1 + v + u_{xx}),$$

$$B_{0,x} = -2B_1D_0 + 2B_0u - (A_0 - D_0)(v + u_{xx}),$$

$$C_{0,x} = A_0(1 + 2C_1) - D_0 - 2C_0u,$$

$$D_{0,x} = B_0(1 + 2C_1) - C_0(v + u_{xx}).$$

利用 (A.9), 通过冗长的计算可验证 (B.7) 和 (B.9) 同样满足 (A.18)~(A.25) 和 (A.33)~(A.37)。

附录 C 命题 2.3(4)~命题 2.3(7) 的证明

命题 2.3(4) 的证明 令 $T^{-1} = T^*/\det T$ 和

$$(T_x + TU)T^* = \begin{pmatrix} f_{11}(\lambda) & f_{12}(\lambda) \\ f_{21}(\lambda) & f_{22}(\lambda) \end{pmatrix}. \tag{C.1}$$

易见 $f_{11}(\lambda)$ 和 $f_{22}(\lambda)$ 为 λ 的 $(2N+1)$ 次多项式, $f_{12}(\lambda)$ 和 $f_{21}(\lambda)$ 为 λ 的 $2N$ 次多项式. 由 (2.82) 和 (2.71), 我们得

$$\delta_{jx} = v - 2\lambda_j \delta_j - u\delta_j^2. \tag{C.2}$$

利用 (C.2), 可知所有的 $\lambda_j(0 \leqslant j \leqslant 2N)$ 为 $f_{ns}(\lambda)(n, s = 1, 2)$ 的根. 由 (C.1), 我们有

$$(T_x + TU)T^* = (\det T)P(\lambda) \tag{C.3}$$

其中

$$P(\lambda) = \begin{pmatrix} p_{11}^{(1)}\lambda + p_{11}^{(0)} & p_{12}^{(0)} \\ p_{21}^{(0)} & p_{22}^{(1)}\lambda + p_{22}^{(0)} \end{pmatrix} \tag{C.4}$$

$p_{ns}^{(i)}$ $(n, s = 1, 2; i = 0, 1)$ 不依赖于 λ. 现 (C.3) 可写为

$$T_x + TU = P(\lambda)T. \tag{C.5}$$

比较 (C.5) 中 λ^{N+1} 和 λ^N 的系数, 并利用 (2.91), 我们有

$$p_{11}^{(1)} = -p_{22}^{(1)} = 1, \quad p_{11}^{(0)} = p_{22}^{(0)} = 0, \tag{C.6}$$

$$p_{12}^{(0)} = u - 2B_{N-1} = \overline{u}, \quad p_{21}^{(0)} = v + 2C_{N-1} = \overline{v}. \tag{C.7}$$

由 (C.5), 可得 $P(\lambda) = \overline{U}$. 命题得证.

命题 2.3(5) 的证明 类似命题 2.3(4), 我们假设 $T^{-1} = T^*/\det T$ 和

$$(T_y + TV^{(2)})T^* = \begin{pmatrix} g_{11}^{(2)}(\lambda) & g_{12}^{(2)}(\lambda) \\ g_{21}^{(2)}(\lambda) & g_{22}^{(2)}(\lambda) \end{pmatrix}. \tag{C.8}$$

易见 $g_{11}^{(2)}(\lambda)$ 和 $g_{22}^{(2)}(\lambda)$ 为 λ 的 $(2N+2)$ 次多项式, $g_{12}^{(2)}(\lambda)$ 和 $g_{21}^{(2)}(\lambda)$ 为 λ 的 $(2N+1)$ 次多项式. 利用 (2.84) 和 (2.71), 我们得

$$\delta_{jy} = -2\lambda v + v_x + 2(2\lambda^2 - uv)\delta_j + (2\lambda u + u_x)\delta_j^2, \tag{C.9}$$

$$A_y(\lambda_j) = -B_y(\lambda_j)\delta_j - B(\lambda_j)\delta_{jy}, \tag{C.10}$$

$$C_y(\lambda_j) = -D_y(\lambda_j)\delta_j - D(\lambda_j)\delta_{jy}. \tag{C.11}$$

利用 (C.9)～(C.11) 可验证所有的 $\lambda_j(1 \leqslant j \leqslant 2N)$ 为 $g_{ns}^{(2)}(\lambda)(n,s=1,2)$ 的根. 由 (C.8), 我们有

$$(T_y + TV^{(2)})T^* = (\det T)Q(\lambda) \tag{C.12}$$

其中

$$Q(\lambda) = \begin{pmatrix} q_{11}^{(2)}\lambda^2 + q_{11}^{(1)}\lambda + q_{11}^{(0)} & q_{12}^{(1)}\lambda + q_{12}^{(0)} \\ q_{21}^{(1)}\lambda + q_{21}^{(0)} & q_{22}^{(2)}\lambda^2 + q_{22}^{(1)}\lambda + q_{22}^{(0)} \end{pmatrix}, \tag{C.13}$$

$q_{ns}^{(i)}$ $(n,s=1,2; i=0,1,2)$ 不依赖于 λ. 现 (C.12) 可写为

$$T_y + TV^{(2)} = Q(\lambda)T. \tag{C.14}$$

比较 (C.14) 中 λ^{N+2}, λ^{N+1} 和 λ^N 的系数, 并利用 (2.91) 和 (2.92), 可得

$$-q_{11}^{(2)} = q_{22}^{(2)} = 2, \quad q_{11}^{(1)} = q_{22}^{(1)} = 0, \tag{C.15}$$

$$q_{12}^{(1)} = 2(2B_{N-1} - u) = -2\overline{u}, \quad q_{21}^{(1)} = -2(v + 2C_{N-1}) = -2\overline{v}, \tag{C.16}$$

$$q_{11}^{(0)} = -q_{22}^{(0)} = -(2B_{N-1} - u)(v + 2C_{N-1}) = \overline{u}\,\overline{v}, \tag{C.17}$$

$$q_{12}^{(0)} = 4B_{N-2} - 4B_{N-1}D_{N-1} - 2uA_{N-1} + 2uD_{N-1} - u_x$$
$$= (2B_{N-1} - u)_x = -\overline{u}_x, \tag{C.18}$$

$$q_{21}^{(0)} = 4A_{N-1}C_{N-1} - 4C_{N-2} + 2vA_{N-1} - 2vD_{N-1} + v_x$$
$$= (2C_{N-1} + v)_x = \overline{v}_x. \tag{C.19}$$

由 (C.14), 可得 $Q(\lambda) = \overline{V}^{(2)}$. 命题得证.

命题 2.3(6) 的证明   我们仅证明 T 满足

$$T_t + TV^{(3)} = R(\lambda)T \tag{C.20}$$

其中

$$
R(\lambda) = \begin{pmatrix} r_{11}^{(3)}\lambda^3 + r_{11}^{(2)}\lambda^2 + r_{11}^{(1)}\lambda + r_{11}^{(0)} & r_{12}^{(2)}\lambda^2 + r_{12}^{(1)}\lambda + r_{12}^{(0)} \\ r_{21}^{(2)}\lambda^2 + r_{21}^{(1)}\lambda + r_{21}^{(0)} & r_{22}^{(3)}\lambda^3 + r_{22}^{(2)}\lambda^2 + r_{22}^{(1)}\lambda + r_{22}^{(0)} \end{pmatrix} \tag{C.21}
$$

$r_{ns}^{(i)}$ $(n, s = 1, 2; i = 0, 1, 2, 3)$ 不依赖于 λ. 利用 (2.86) 和 (2.71), 我们得

$$
\begin{aligned}
\delta_{jt} &= 4\lambda^2 v - 2\lambda v_x - 2uv^2 + v_{xx} - 2(4\lambda^3 - 2uv - vu_x \\
&\quad + uv_x)\delta_j - (4\lambda^2 u + 2\lambda u_x - 2u^2 v + u_{xx})\delta_j^2,
\end{aligned} \tag{C.22}
$$

$$
A_t(\lambda_j) = -B_t(\lambda_j)\delta_j - B(\lambda_j)\delta_{jt}, \tag{C.23}
$$

$$
C_t(\lambda_j) = -D_t(\lambda_j)\delta_j - D(\lambda_j)\delta_{jt}. \tag{C.24}
$$

比较 (C.20) 中 λ^{N+3}, λ^{N+2}, λ^{N+1} 和 λ^N 的系数, 并利用 (2.91) 和 (2.92), 我们得

$$
r_{11}^{(3)} = -r_{22}^{(3)} = 4, \quad r_{11}^{(2)} = r_{22}^{(2)} = 0, \tag{C.25}
$$

$$
r_{12}^{(2)} = 4(u - 2B_{N-1}) = 4\overline{u}, \quad r_{21}^{(2)} = 4(v + 2C_{N-1}) = 4\overline{v}, \tag{C.26}
$$

$$
r_{11}^{(1)} = -r_{22}^{(1)} = -2(u - 2B_{N-1})(v + 2C_{N-1}) = -2\overline{u}\,\overline{v}, \tag{C.27}
$$

$$
\begin{aligned}
r_{12}^{(1)} &= -2(4B_{N-2} - 4B_{N-1}D_{N-1} - 2uA_{N-1} + 2uD_{N-1} - u_x) \\
&= -2(2B_{N-1} - u)_x = 2\overline{u}_x,
\end{aligned} \tag{C.28}
$$

$$
\begin{aligned}
r_{21}^{(1)} &= -2(4A_{N-1}C_{N-1} - 4C_{N-2} + 2vA_{N-1} - 2vD_{N-1} + v_x) \\
&= -2(2C_{N-1} + v)_x = -2\overline{v}_x,
\end{aligned} \tag{C.29}
$$

$$
\begin{aligned}
r_{11}^{(0)} &= -r_{22}^{(0)} = -8A_{N-1}B_{N-1}C_{N-1} + 8B_{N-2}C_{N-1} + 8B_{N-1}C_{N-2} \\
&\quad - 8B_{N-1}C_{N-1}D_{N-1} - 4uC_{N-2} + 4uC_{N-1}D_{N-1} - 4vA_{N-1}B_{N-1} \\
&\quad + 4vB_{N-2} - 2u_xC_{N-1} - vu_x - 2v_xB_{N-1} + uv_x \\
&= -(2C_{N-1} + v)(u - 2B_{N-1})_x + (u - 2B_{N-1})(2C_{N-1} + v)_x \\
&= -\overline{v}\,\overline{u}_x + \overline{u}\,\overline{v}_x,
\end{aligned} \tag{C.30}
$$

$$r_{12}^{(0)} = -8A_{N-3} - 8B_{N-1}^2 C_{N-1} + 8B_{N-2}D_{N-1} - 8B_{N-1}D_{N-1}^2 + 8B_{N-1}D_{N-2}$$

$$+ 4uA_{N-2} + 4uB_{N-1}C_{N-1} - 4uA_{N-1}D_{N-1} + 4uD_{N-1}^2 - 4uD_{N-2}$$

$$- 4vB_{N-1}^2 + 4uvB_{N-1} - 2u^2v + 2u_x A_{N-1} - 2u_x D_{N-1} + u_{xx}$$

$$= -2(u - 2B_{N-1})^2 (v + 2C_{N-1}) + (u - 2B_{N-1})_{xx} = -2\overline{u}^2\,\overline{v} + \overline{u}_{xx}, \tag{C.31}$$

$$r_{21}^{(0)} = 8A_{N-1}^2 C_{N-1} - 8A_{N-2}C_{N-1} + 8B_{N-1}C_{N-1}^2 - 8A_{N-1}C_{N-2} + 8C_{N-3}$$

$$- 4uC_{N-1}^2 + 4vA_{N-1}^2 - 4vA_{N-2} + 4vB_{N-1}C_{N-1} - 4vA_{N-1}D_{N-1}$$

$$+ 4vD_{N-2} - 4uvC_{N-1} - 2uv^2 + 2v_x A_{N-1} - 2v_x D_{N-1} + v_{xx}$$

$$= -2(u - 2B_{N-1})(v + 2C_{N-1})^2 + (v + 2C_{N-1})_{xx} = -2\overline{u}\,\overline{v}^2 + \overline{v}_{xx}, \tag{C.32}$$

由 (C.20) 可得 $R(\lambda) = \overline{V}^{(3)}$. 命题得证.

命题 2.3(7) 的证明　我们仅证明 T 满足

$$T_z + TV^{(4)} = H(\lambda)T, \tag{C.33}$$

其中

$$H(\lambda) = \begin{pmatrix} h_{11}^{(4)}\lambda^4 + h_{11}^{(3)}\lambda^3 + h_{11}^{(2)}\lambda^2 + h_{11}^{(1)}\lambda + h_{11}^{(0)} \\ h_{21}^{(3)}\lambda^3 + h_{21}^{(2)}\lambda^2 + h_{21}^{(1)}\lambda + h_{21}^{(0)} \\[2mm] h_{12}^{(3)}\lambda^3 + h_{12}^{(2)}\lambda^2 + h_{12}^{(1)}\lambda + h_{12}^{(0)} \\ h_{22}^{(4)}\lambda^4 + h_{22}^{(3)}\lambda^3 + h_{22}^{(2)}\lambda^2 + h_{22}^{(1)}\lambda + h_{22}^{(0)} \end{pmatrix} \tag{C.34}$$

$h_{ns}^{(i)}$ $(n, s = 1, 2; i = 0, 1, 2, 3, 4)$ 不依赖于 λ. 利用 (2.88) 和 (2.71), 我们得

$$\delta_{jz} = -8\lambda^3 v + 4\lambda^2 v_x - 6uvv_x + 2\lambda(2uv^2 - v_{xx}) + v_{xxx} - 2[-8\lambda^4$$

$$+ 4\lambda^2 uv - 3u^2v^2 - u_x v_x - 2\lambda(uv_x - vu_x) + vu_{xx} + uv_{xx}]\delta_j \tag{C.35}$$

$$- [-8\lambda^3 u - 4\lambda^2 u_x + 2\lambda(2u^2v - u_{xx}) + 6uvu_x - u_{xxx}]\delta_j^2,$$

$$A_z(\lambda_j) = -B_z(\lambda_j)\delta_j - B(\lambda_j)\delta_{jz}, \tag{C.36}$$

$$C_z(\lambda_j) = -D_z(\lambda_j)\delta_j - D(\lambda_j)\delta_{jz}. \tag{C.37}$$

比较 (C.33) 中的 λ^{N+4}, λ^{N+3}, λ^{N+2}, λ^{N+1} 和 λ^{N} 的系数, 并利用 (2.91) 和 (2.92), 我们得

$$h_{22}^{(4)} = -h_{11}^{(4)} = 8, \quad h_{11}^{(3)} = h_{22}^{(3)} = 0, \tag{C.38}$$

$$h_{12}^{(3)} = -8(u - 2B_{N-1}) = -8\bar{u}, \quad h_{21}^{(3)} = -8(v + 2C_{N-1}) = -8\bar{v}, \tag{C.39}$$

$$h_{11}^{(2)} = -h_{22}^{(2)} = 4(u - 2B_{N-1})(v + 2C_{N-1}) = 4\bar{u}\,\bar{v}, \tag{C.40}$$

$$\begin{aligned} h_{12}^{(2)} &= 4(4B_{N-2} - 4B_{N-1}D_{N-1} - 2uA_{N-1} + 2uD_{N-1} - u_x) \\ &= -4(u - 2B_{N-1})_x = -4\bar{u}_x, \end{aligned} \tag{C.41}$$

$$\begin{aligned} h_{21}^{(2)} &= 4(4A_{N-1}C_{N-1} - 4C_{N-2} + 2vA_{N-1} - 2vD_{N-1} + v_x) \\ &= 4(v + 2C_{N-1})_x = 4\bar{v}_x, \end{aligned} \tag{C.42}$$

$$\begin{aligned} h_{11}^{(1)} &= -h_{22}^{(1)} = -2[-8A_{N-1}B_{N-1}C_{N-1} + 8B_{N-2}C_{N-1} + 8B_{N-1}C_{N-2} \\ &\quad - 8B_{N-1}C_{N-1}D_{N-1} - 4uC_{N-2} + 4uC_{N-1}D_{N-1} - 4vA_{N-1}B_{N-1} \\ &\quad + 4vB_{N-2} - 2u_xC_{N-1} - vu_x - 2v_xB_{N-1} + uv_x] \\ &= -2[-(v + 2C_{N-1})(u - 2B_{N-1})_x + (u - 2B_{N-1})(2C_{N-1} + v)_x] \\ &= -2(-\bar{v}\,\bar{u}_x + \bar{u}\,\bar{v}_x), \end{aligned} \tag{C.43}$$

$$\begin{aligned} h_{12}^{(1)} &= 2[8A_{N-3} + 8B_{N-1}^2C_{N-1} - 8B_{N-2}D_{N-1} + 8B_{N-1}D_{N-1}^2 - 8B_{N-1}D_{N-2} \\ &\quad - 4uA_{N-2} - 4uB_{N-1}C_{N-1} + 4uA_{N-1}D_{N-1} - 4uD_{N-1}^2 + 4uD_{N-2} \\ &\quad + 4vB_{N-1}^2 - 4uvB_{N-1} + 2u^2v - 2u_xA_{N-1} + 2u_xD_{N-1} - u_{xx}] \\ &= 4(u - 2B_{N-1})^2(v + 2C_{N-1}) - 2(u - 2B_{N-1})_{xx} = 4\bar{u}^2\bar{v} - 2\bar{u}_{xx}, \end{aligned} \tag{C.44}$$

$$\begin{aligned} h_{21}^{(1)} &= -2[8A_{N-1}^2C_{N-1} - 8A_{N-2}C_{N-1} + 8B_{N-1}C_{N-1}^2 - 8A_{N-1}C_{N-2} + 8C_{N-3} \\ &\quad - 4uC_{N-1}^2 + 4vA_{N-1}^2 - 4vA_{N-2} + 4vB_{N-1}C_{N-1} - 4vA_{N-1}D_{N-1} \\ &\quad + 4vD_{N-2} - 4uvC_{N-1} - 2uv^2 + 2v_xA_{N-1} - 2v_xD_{N-1} + v_{xx}] \\ &= 4(u - 2B_{N-1})(v + 2C_{N-1})^2 - 2(v + 2C_{N-1})_{xx} = 4\bar{u}\,\bar{v}^2 - 2\bar{v}_{xx}, \end{aligned} \tag{C.45}$$

$$h_{11}^{(0)} = -h_{22}^{(0)} = -16A_{N-1}^2 B_{N-1} C_{N-1} + 16A_{N-2} B_{N-1} C_{N-1}$$

$$+ 16A_{N-1} B_{N-2} C_{N-1} - 16 B_{N-3} C_{N-1} - 16 B_{N-1}^2 C_{N-1}^2 + 16 A_{N-1} B_{N-1} C_{N-2}$$

$$- 16 B_{N-2} C_{N-2} - 16 B_{N-1} C_{N-3} - 16 A_{N-1} B_{N-1} C_{N-1} D_{N-1}$$

$$+ 16 B_{N-2} C_{N-1} D_{N-1} + 16 B_{N-1} C_{N-2} D_{N-1} - 16 B_{N-1} C_{N-1} D_{N-1}^2$$

$$+ 16 B_{N-1} C_{N-1} D_{N-2} + 8u B_{N-1} C_{N-1}^2 + 8u C_{N-3} - 8u C_{N-2} D_{N-1}$$

$$+ 8u C_{N-1} D_{N-1}^2 - 8u C_{N-1} D_{N-2} - 8v A_{N-1}^2 B_{N-1} + 8v A_{N-2} B_{N-1}$$

$$+ 8v A_{N-1} B_{N-2} - 8v B_{N-3} - 8v B_{N-1}^2 C_{N-1} + 8uv B_{N-1} C_{N-1} - 4u^2 v C_{N-1}$$

$$+ 4uv^2 B_{N-1} - 3u^2 v^2 + 4u_x C_{N-2} - 4u_x C_{N-1} D_{N-1} - 4v_x A_{N-1} B_{N-1}$$

$$+ 4v_x B_{N-2} - u_x v_x + 2u_{xx} C_{N-1} + vu_{xx} - 2v_{xx} B_{N-1} + uv_{xx}$$

$$= -3(u - 2B_{N-1})^2 (v + 2C_{N-1})^2 - (u - 2B_{N-1})_x (v + 2C_{N-1})_x$$

$$+ (v + 2C_{N-1})(u - 2B_{N-1})_{xx} + (u - 2B_{N-1})(v + 2C_{N-1})_{xx}$$

$$= -3\bar{u}^2 \bar{v}^2 - \bar{u}_x \bar{v}_x + \bar{v} \bar{u}_{xx} + \bar{u} \bar{v}_{xx},$$

$$\text{(C.46)}$$

$$h_{12}^{(0)} = 16 B_{N-4} - 16 A_{N-1} B_{N-1}^2 C_{N-1} + 32 B_{N-1} B_{N-2} C_{N-1} + 16 B_{N-1}^2 C_{N-2}$$

$$- 16 B_{N-3} D_{N-1} - 32 B_{N-1}^2 C_{N-1} D_{N-1} + 16 B_{N-2} D_{N-1}^2 - 16 B_{N-1} D_{N-1}^3$$

$$- 16 B_{N-2} D_{N-2} + 32 B_{N-1} D_{N-1} D_{N-2} - 16 B_{N-1} D_{N-3} - 8u A_{N-3}$$

$$- 8u B_{N-2} C_{N-1} - 8u B_{N-1} C_{N-2} + 8u A_{N-2} D_{N-1} + 16u B_{N-1} C_{N-1} D_{N-1}$$

$$- 8u A_{N-1} D_{N-1}^2 + 8u D_{N-1}^3 + 8u A_{N-1} D_{N-2} - 16u D_{N-1} D_{N-2} + 8u D_{N-3}$$

$$- 8v A_{N-1} B_{N-1}^2 + 16v B_{N-1} B_{N-2} - 8v B_{N-1}^2 D_{N-1} - 8uv B_{N-2}$$

$$+ 8uv B_{N-1} D_{N-1} + 4u^2 v A_{N-1} - 4u^2 v D_{N-1} - 4u_x A_{N-2} - 4u_x B_{N-1} C_{N-1}$$

$$- 4u_x A_{N-1} D_{N-1} - 4u_x D_{N-1} + 4u_x D_{N-2} - 4vu_x B_{N-1} + 6uvu_x - 4v_x B_{N-1}^2$$

$$+ 4uv_x B_{N-1} - 2u_{xx} A_{N-1} + 2u_{xx} D_{N-1} - u_{xxx}$$

$$= 6(u - 2B_{N-1})(v + 2C_{N-1})(u - 2B_{N-1})_x - (u - 2B_{N-1})_{xxx}$$

$$= 6\bar{u} \bar{v} \bar{u}_x - \bar{u}_{xxx},$$

$$\text{(C.47)}$$

$$h_{21}^{(0)} = 16A_{N-1}^3 C_{N-1} - 32A_{N-1}A_{N-2}C_{N-1} + 16A_{N-3}C_{N-1}$$

$$+ 32A_{N-1}B_{N-1}C_{N-1}^2 - 16B_{N-2}C_{N-1}^2 - 16A_{N-1}^2 C_{N-2} + 16A_{N-2}C_{N-2}$$

$$+ 16A_{N-1}C_{N-3} - 16C_{N-4} + 16B_{N-1}C_{N-1}^2 D_{N-1} - 8uA_{N-1}C_{N-1}^2$$

$$+ 16uC_{N-1}C_{N-2} - 8uC_{N-1}^2 D_{N-1} + 8vA_{N-1}^3 - 16vA_{N-1}A_{N-2} + 8vA_{N-3}$$

$$+ 16vA_{N-1}B_{N-1}C_{N-1} - 8vB_{N-2}C_{N-1} - 8vB_{N-1}C_{N-2} - 8vA_{N-1}^2 D_{N-1}$$

$$+ 8vA_{N-2}D_{N-1} + 8vA_{N-1}D_{N-2} - 8vD_{N-3} - 8uvA_{N-1}C_{N-1} + 8uvC_{N-2}$$

$$- 4uv^2 A_{N-1} + 4uv^2 D_{N-1} + 4u_x C_{N-1}^2 + 4vu_x C_{N-1} + 4v_x A_{N-1}^2 - 4v_x A_{N-2}$$

$$+ 4v_x B_{N-1}C_{N-1} - 4v_x A_{N-1}D_{N-1} + 4v_x D_{N-2} - 4uv_x C_{N-1} - 6uvv_x$$

$$+ 2v_{xx}A_{N-1} - 2v_{xx}D_{N-1} + v_{xxx} - 32B_{N-1}C_{N-1}C_{N-2}$$

$$= 6(2B_{N-1} - u)(v + 2C_{N-1})(v + 2C_{N-1})_x + (v + 2C_{N-1})_{xxx}$$

$$= \overline{v}_{xxx} - 6\overline{u}\,\overline{v}\,\overline{v}_x.$$

$$(C.48)$$

由 (C.33) 可得 $H(\lambda) = \overline{V}^{(4)}$. 命题得证.

附录 D 方程 (4.94) 的解析表达式

$$\psi_1^{(1)[0]} = 2\sqrt{\frac{-\mathrm{i}\tau}{\delta_1}}e^{\frac{1}{2}\mathrm{i}\xi}, \quad \psi_2^{(1)[0]} = 2\sigma\delta_1 e^{-\frac{1}{2}\mathrm{i}\xi}, \quad \psi_3^{(1)[0]} = 2\sigma\delta_2 e^{-\frac{1}{2}\mathrm{i}\xi},$$

$$\psi_1^{(1)[1]} = -\frac{\mathrm{i}e^{\frac{1}{2}\mathrm{i}\xi}}{2\delta_1\sqrt{\frac{-\mathrm{i}\tau}{\delta_1}}}(-\mathrm{i} + 2\tau t + 4z(\delta_2^2 - a\tau + \delta_2^2\tau\rho_1 + \delta_1^2(1 + \tau\rho_1)))^2,$$

$$\psi_2^{(1)[1]} = -\frac{\mathrm{i}e^{-\frac{1}{2}\mathrm{i}\xi}}{2\sigma(\delta_1^2 + \delta_2^2)}(\mathrm{i} + 2\tau t + 4z(\delta_2^2 - a\tau + \delta_2^2\tau\rho_1 + \delta_1^2(1 + \tau\rho_1)))^2,$$

$$\psi_3^{(1)[1]} = -\frac{\mathrm{i}\delta_2 e^{-\frac{1}{2}\mathrm{i}\xi}}{2\sigma\delta_1(\delta_1^2 + \delta_2^2)}(\mathrm{i} + 2\tau t + 4z(\delta_2^2 - a\tau + \delta_2^2\tau\rho_1 + \delta_1^2(1 + \tau\rho_1)))^2,$$

$$\psi_1^{(1)[2]} = \frac{\sqrt{-\frac{\mathrm{i}\tau}{\delta_1}}}{48}e^{\frac{1}{2}\mathrm{i}\xi}(-24P_2^2 - \frac{3}{\tau^2} + \frac{1}{\tau}(4\mathrm{i}(3P_1 + 4P_2^3(\delta_1^2 + \delta_2^2)) - 4\mathrm{i}(3P_3 - 4P_2^3(\delta_1^2$$
$$+ \delta_2^2))) + 2P_2(12P_3 - 4P_2^3(\delta_1^2 + \delta_2^2)) - 2P_2(12P_1 + 4P_2^3(\delta_1^2 + \delta_2^2))),$$

$$\psi_2^{(1)[2]} = \frac{\sigma\delta_1}{48}e^{-\frac{1}{2}\mathrm{i}\xi}(-24P_2^2 - \frac{3}{\tau^2} + \frac{1}{\tau}(4\mathrm{i}(3P_3 - 4P_2^3(\delta_1^2 + \delta_2^2)) - 4\mathrm{i}(3P_1 + 4P_2^3(\delta_1^2$$
$$+ \delta_2^2))) + 2P_2(12P_3 - 4P_2^3(\delta_1^2 + \delta_2^2)) - 2P_2(12P_1 + 4P_2^3(\delta_1^2 + \delta_2^2))),$$

$$\psi_3^{(1)[2]} = \frac{\sigma\delta_2}{48}e^{-\frac{1}{2}\mathrm{i}\xi}(-24P_2^2 - \frac{3}{\tau^2} + \frac{1}{\tau}(4\mathrm{i}(3P_3 - 4P_2^3(\delta_1^2 + \delta_2^2)) - 4\mathrm{i}(3P_1 + 4P_2^3(\delta_1^2$$
$$+ \delta_2^2))) + 2P_2(12P_3 - 4P_2^3(\delta_1^2 + \delta_2^2)) - 2P_2(12P_1 + 4P_2^3(\delta_1^2 + \delta_2^2))),$$

$$\psi_1^{(1)[3]} = \frac{\sqrt{-\frac{\mathrm{i}\tau}{\delta_1}}e^{\frac{1}{2}\mathrm{i}\xi}}{2880}(-\frac{45}{\tau^3} + \frac{1}{\tau}(-180P_2^2 - 30P_2(12P_3 - 4P_2^3(\delta_1^2 + \delta_2^2)) + 30P_2(12P_1$$
$$+ 4P_2^3(\delta_1^2 + \delta_2^2)) + 2(-75P_2P_4 + 30P_3(3P_3 - 4P_2^3(\delta_1^2 + \delta_2^2)) + P_2(15P_5$$
$$- 72P_2^2P_3(\delta_1^2 + \delta_2^2) - 4P_2^2(\delta_1^2 + \delta_2^2)(12P_3 - 4P_2^3(\delta_1^2 + \delta_2^2)))) + 2(-75P_2P_4$$
$$- 30P_3(3P_1 + 4P_2^3(\delta_1^2 + \delta_2^2)) - P_2(15P_4 + 72P_2^2P_3(\delta_1^2 + \delta_2^2) - 4P_2^2(\delta_1^2 + \delta_2^2)$$
$$\times (12P_1 + 4P_2^3(\delta_1^2 + \delta_2^2)))) - \frac{1}{\tau^2}(-6\mathrm{i}(15P_4 + 72P_2^2P_3(\delta_1^2 + \delta_2^2) - 4P_2^2(\delta_1^2$$

$$+ \delta_2^2)(12P_1 + 4P_2^3(\delta_1^2 + \delta_2^2))) + 6\mathrm{i}(15P_5 - 72P_2^2 P_3(\delta_1^2 + \delta_2^2) - 4P_2^2(\delta_1^2 + \delta_2^2)$$

$$\times (12P_3 - 4P_2^3(\delta_1^2 + \delta_2^2)))))),$$

$$\psi_2^{(1)[3]} = \frac{\sigma \delta_1 e^{\frac{1}{2}\mathrm{i}\xi}}{2880}\left(-\frac{45}{\tau^3} + \frac{1}{\tau}(-180P_2^2 - 30P_2(12P_3 - 4P_2^3(\delta_1^2 + \delta_2^2)) + 30P_2(12P_1\right.$$

$$+ 4P_2^3(\delta_1^2 + \delta_2^2)) + 2(-75P_2 P_4 + 30P_3(3P_3 - 4P_2^3(\delta_1^2 + \delta_2^2)) + P_2(15P_5$$

$$- 72P_2^2 P_3(\delta_1^2 + \delta_2^2) - 4P_2^2(\delta_1^2 + \delta_2^2)(12P_3 - 4P_2^3(\delta_1^2 + \delta_2^2)))) + 2(-75P_2 P_4$$

$$- 30P_3(3P_1 + 4P_2^3(\delta_1^2 + \delta_2^2)) - P_2(15P_4 + 72P_2^2 P_3(\delta_1^2 + \delta_2^2) - 4P_2^2(\delta_1^2 + \delta_2^2)$$

$$\times (12P_1 + 4P_2^3(\delta_1^2 + \delta_2^2)))) - \frac{1}{\tau^2}(6\mathrm{i}(15P_4 + 72P_2^2 P_3(\delta_1^2 + \delta_2^2) - 4P_2^2(\delta_1^2 + \delta_2^2)$$

$$\times (12P_1 + 4P_2^3(\delta_1^2 + \delta_2^2))) - 6\mathrm{i}(15P_5 - 72P_2^2 P_3(\delta_1^2 + \delta_2^2) - 4P_2^2(\delta_1^2 + \delta_2^2)$$

$$\times (12P_3 - 4P_2^3(\delta_1^2 + \delta_2^2)))))), \quad \psi_3^{(1)[3]} = \frac{\delta_2}{\delta_1}\psi_2^{(1)[3]},$$

其中

$$\xi = at + (-a^2 + (\delta_1^2 + \delta_2^2)(2 + \rho_1^2(\delta_1^2 + \delta_2^2)))z,$$

$$\tau = \sqrt{-\delta_1^2 - \delta_2^2}, \quad \sigma = \sqrt{-\frac{\mathrm{i}\tau}{\delta_1(\delta_1^2 + \delta_2^2)}}, \quad P_2 = t - 2z(a - \delta_1^2\rho_1 - \delta_2^2\rho_1 + \tau),$$

$$P_1 = t - 2(az - z\delta_1^2\rho_1 - z\delta_2^2\rho_1 + 2b_1\tau + 2\mathrm{i}c_1\tau + 5z\tau),$$

$$P_3 = -t + 2az - 2z\delta_1^2\rho_1 - 2z\delta_2^2\rho_1 + 2z\tau + 4(b_1 + \mathrm{i}c_1 + 2z)\tau,$$

$$P_4 = t + 2(-az + 16b_2\delta_1^2 + 16\mathrm{i}c_2\delta_1^2 + 16b_2\delta_2^2 + 16\mathrm{i}c_2\delta_2^2 + z\delta_1^2\rho_1 + z\delta_2^2\rho_1$$

$$+ 4b_1\tau + 4\mathrm{i}c_1\tau + 7z\tau),$$

$$P_5 = -t + 2az - 32(b_2 + \mathrm{i}c_2)(\delta_1^2 + \delta_2^2) - 2z\delta_1^2\rho_1 - 2z\delta_2^2\rho_1 + 2z\tau - 8(b_1$$

$$+ \mathrm{i}c_1 + 2z)\tau.$$

附录 E 怪波解 $(|q_1[3]|, |q_1[4]|)$

$|q_1[3]| = |-3(-18(1 + 100t^2 + 480tz + 10576z^2)^2(-1 + 100t^2 - 200iz + 480tz$

$+ 10576z^2) - 12i(1000000t^6(2i + 75z) + 14400000t^5z(2i + 75z)$

$+ 96000t^3z(-4i + 325z35760iz^2 + 2466000z^3) + 10000t^4(-4i + 325z$

$+ 47280iz^2 + 2898000z^3) + 1440tz(-2i - 525z - 101536iz^2 + 3624800z^3$

$+ 12183552iz^4 + 8388883200z^5) + 300t^2(-2i - 525z - 104608iz^2$

$+ 3874400z^3 + 37877760iz^4 + 1021646000z^5) + z(-225 - 923456iz$

$+ 3342800z^2 - 1174127104iz^3 + 78655827200z^4 - 989664514048iz^5$

$+ 88720828723200z^6) + 1200c_1(500t^3(-i + 75z) + 3600t^2z(-i + 75z)$

$+ 12z(-i + 175z - 576iz^2 + 793200z^3) + 5t(-i + 175z - 1728iz^2$

$+ 87600z^3)))\Omega + 90000b_1^2(1 + 100t^2 + 480tz + 10576z^2)\Omega^2 + (1 + 100t^2$

$+ 480tz + 10576z^2)(27 + 9000c_1^2 + 1000000t^6 + 3600iz + 14400000t^5z$

$+ 1005552z^2 + 38073600iz^3 + 583983360z^4 + 1182944382976z^6$

$+ 1440000t^3z(-1 + 2192z^2) + 150000t^4(-1 + 2576z^2) + 1440tz(9 + 1200iz$

$- 185760z^2 + 111851776z^4) + 300t^2(9 + 1200iz - 197280z^2 + 136218880z^4)$

$- 1200c_1(500t^3 + 3600t^2z - 15t(1 + 9424z^2) - 36(z + 9808z^3)))\Omega^2$

$+ 300b_1\Omega(3i(1 + 30000t^4 + 400iz + 288000t^3z - 13088z^2 + 4691200iz^3$

$- 299004672z^4 + 5760tz(1 + 100iz + 288z^2) + 1200t^2(1 + 100iz + 864z^2))$

$+ 200z(9 - 30000t^4 - 288000t^3z + 103456z^2 + 87484672z^4 - 960tz(-3$

$+ 11728z^2) - 200t^2(-3 + 15184z^2))\Omega + 3i(3 + 10000t^4 + 400iz + 96000t^3z$

$$+ 17696z^2 + 3769600\mathrm{i}z^3 - 99668224z^4 + 1920tz(-1 - 100\mathrm{i}z + 288z^2)$$

$$+ 400t^2(-1 - 100\mathrm{i}z + 864z^2))\Omega^2) - 300\mathrm{i}z(-3 + 100t^2 - 400\mathrm{i}z + 480tz$$

$$+ 10576z^2)(9 + 10000t^4 + 96000t^3z + 96544z^2 + 111851776z^4 + 1200c_1(5t$$

$$+ 12t) + 960tz(-3 + 10576z^2) + 200t^2(-3 + 11728z^2))\Omega^3)/((1 + 100t^2$$

$$+ 480tz + 10576z^2)(-300\mathrm{i}z(9 + 10000t^4 + 96000t^3z + 96544z^2$$

$$+ 111851776z^4 + 1200c_1(5t + 12z) + 960tz(-3 + 10576z^2) + 200t^2(-3$$

$$+ 11728z^2)) + 90000b_1^2\Omega + (9 + 90000c_1^2 + 1000000t^6 + 14400000t^5z$$

$$+ 1005552z^2 + 2597315328z^4 + 118294438976z^6 + 30000t^4(1 + 12880z^2)$$

$$+ 288000t^3(z + 10960z^3) + 1440tz(9 - 58848z^2 + 1118581776z^4)$$

$$+ 300t^2(9 - 56544z^2 + 136218880z^4) - 1200c_1(500t^3 + 3600t^2z - 15t(1$$

$$+ 9424z^2) - 36(z + 9808z^3)))\Omega + 300\mathrm{i}z(9 + 10000t^4 + 96000t^3z + 96544z^2$$

$$+ 111851776z^4 + 1200c_1(5t + 12z) + 960tz(-3 + 10576z^2) + 200t^2(-3$$

$$+ 11728z^2))\Omega^2 + 300b_1(3\mathrm{i}(-1 + 100t^2 + 480tz - 9424z^2) + 200z(9 - 300t^2$$

$$- 1440tz + 8272z^2)\Omega - 3\mathrm{i}(-1 + 100t^2 + 480tz - 9424z^2)\Omega^2))),$$

$$|q_2[3]| = \frac{4}{3}|q_1[3]|,$$

其中 $\Omega = e^{\frac{\mathrm{i}(5t+12z)}{1+100t^2+480tz+10576z^2}}$.

$$q_1[4] = 3e^{\frac{\mathrm{i}}{400}(20t+19999z)}(-14175 + 10^{12}t^{12} - 11340000\mathrm{i}z - 1.2 \times 10^{12}t^{11}z$$

$$+ 141728350z^2 + 59388660000\mathrm{i}z^3 + 32740375514175z^4$$

$$+ 2311351203240000\mathrm{i}z^5 - 37268369973002700z^6 + 2087589610800360000\mathrm{i}z^7$$

$$- 81446579774980200225z^8 - 59985594959663996400\mathrm{i}z^9$$

$$- 13808101620138004500018z^{10} - 240120024002400120002400\mathrm{i}z^{11}$$

$$+ 1000600150020001500060001z^{12} + 6 \times 10^{10}t^{10}(-3 - 400\mathrm{i}z + 10011z^2)$$

$$- 2 \times 10^{10}t^9z(-9 - 1200\mathrm{i}z + 30011z^2) + 1.5 \times 10^9t^8(-15 + 2400\mathrm{i}z$$

$$- 300054z^2 - 8007200\mathrm{i}z^3 + 100180033z^4) - 2.4 \times 10^8 t^7 z(-75 + 12000\mathrm{i}z$$

$$- 1500090z^2 - 40012000\mathrm{i}z^3 + 500300033z^4) - 2400000t^5 z(-675 + 90000\mathrm{i}z$$

$$+ 4949475z^2 + 840084000\mathrm{i}z^3 - 34510500189z^4 - 600280025200\mathrm{i}z^5$$

$$+ 5003500630033z^6) + 4000000t^6(-675 + 90000\mathrm{i}z + 4949475z^2$$

$$+ 840084000\mathrm{i}z^3 - 34510500189z^4 - 600280025200\mathrm{i}z^5 + 5003500630033z^6)$$

$$+ 150000t^4(945 + 216000\mathrm{i}z + 1797300z^2 + 720360000\mathrm{i}z^3 + 15019798950z^4$$

$$+ 3363360168000\mathrm{i}z^5 - 108138021000252z^6 - 160240056003300\mathrm{i}z^7$$

$$+ 10020007000840033z^8) - 20000t^3 z(2835 + 648000\mathrm{i}z + 5397300z^2$$

$$+ 2160360000\mathrm{i}z^3 + 45019799370z^4 + 10083360100800\mathrm{i}z^5$$

$$- 324138012600108z^6 - 4802400336014400\mathrm{i}z^7 + 30020004200360011z^8)$$

$$- 120tz(4725 - 1890000\mathrm{i}z + 479254725z^2 + 25201080000\mathrm{i}z^3$$

$$- 1394991001350z^4 - 68396399820000\mathrm{i}z^5 + 570075009899850z^6$$

$$+ 24016801680024000\mathrm{i}z^7 - 1350540069003000015z^8$$

$$- 20008001200080002000\mathrm{i}z^9 + 100050010001000050001z^{10}) + 600t^2(4725$$

$$- 1890000\mathrm{i}z + 479264175z^2 + 25203240000\mathrm{i}z^3 - 1394973006750z^4$$

$$- 68389199100000\mathrm{i}z^5 + 570225049498950z^6 + 24050408400168000\mathrm{i}z^7$$

$$- 1351620345021000135z^8 - 20024006000560018000\mathrm{i}z^9$$

$$+ 100150050007000450011z^{10}))/(2025 + 10^{12}t^{12} - 1.2 \times 10^{12}t^{11}z$$

$$+ 931512150z^2 + 14377135503375z^4 + 15307830135002340z^6$$

$$+ 37363499865005400135z^8 + 12602700059981999100006z^{10}$$

$$+ 10006001500200015000060001z^{12} + 6 \times 10^{10}t^{10}(1 + 10011z^2)$$

$$- 2 \times 10^{10}t^9 z(3 + 30011z^2) + 1.5 \times 10^9 t^8(9 - 59982z^2 + 100180033z^4)$$

$$- 2.4 \times 10^8 t^7 z(45 - 299970z^2 + 500300033z^4) - 2400000t^5 z(585 + 1350315z^2$$

$$- 4502099937z^4 + 5003500630033z^6) + 4000000t^6(585 + 1350315z^2$$

$$- 4502099937z^4 + 5003500630033z^6) + 150000t^4(225 + 9002340z^2$$

$$- 8994599370z^4 + 3981995800084z^6 + 10020007000840033z^8)$$

$$- 20000t^3z(675 + 27002340z^2 - 26994599622z^4 + 11981997480036z^6$$

$$+ 30020004200360011z^8) + 1800t^2(675 - 20248875z^2435045001950z^4$$

$$+ 749955004500210z^6 + 150019984998600015z^8$$

$$+ 33383350002333483337z^{10}) - 120tz(2025 - 60748875z^2$$

$$+ 1305045001170z^4 + 2249955002700090z^6 + 450019990999400005z^8$$

$$+ 100050010001000050001z^{10})),$$

$$|q_2[4]| = \frac{4}{3}|q_1[4]|.$$